U0777769

普通高等教育电气工程与自动化类“十一五”规划教材

建筑智能化系统

吴成东　主编

机械工业出版社

建筑智能化是现代信息技术与建筑相结合的产物，体现了建筑、设备与信息技术的融合。本书论述了建筑智能化系统的新理论与新技术，介绍了建筑智能化系统的基本构成与功能，主要包括：智能建筑系统基本概论、办公自动化系统、通信自动化系统、计算机网络系统、建筑设备监控自动化系统、建筑安全报警控制系统、建筑火灾报警控制系统，以及建筑智能化系统工程实例等内容。

本书通过大量工程应用实例，重点介绍了建筑智能化系统设计方法和设备选择原则，分析了典型建筑智能化系统工程的特点，并给出了系统工程设计的原理图、系统结构图与平面图，便于读者学习理解和掌握。

本书内容丰富，深入浅出，图文并茂，其主要特点是不仅讲述建筑智能化系统的基本理论，而且通过典型工程应用实例，论述建筑智能化系统关键技术与系统设计方法，因此，本书具有较强的普适性，具有广大的读者群。本书可以作为高等院校智能建筑技术、电气工程及自动化、建筑设备、自动化等专业，以及高职高专相近专业建筑智能化课程的教材，也可供建筑设计研究院、智能建筑系统集成商、房地产开发及物业管理等部门的工程技术人员学习使用，还可作为相关行业专业技术人员培训的参考书。

图书在版编目（CIP）数据

建筑智能化系统/吴成东主编．—北京：机械工业出版社，2011.8（2025.8重印）

普通高等教育电气工程与自动化类“十一五”规划教材

ISBN 978-7-111-34986-0

Ⅰ.①建…　Ⅱ.①吴…　Ⅲ.①智能建筑-自动化系统-高等学校-教材　Ⅳ.①TU855

中国版本图书馆CIP数据核字（2011）第107337号

机械工业出版社（北京市百万庄大街22号　邮政编码100037）
策划编辑：贡克勤　责任编辑：贡克勤　任正一
版式设计：张世琴　责任校对：张莉娟
责任印制：单爱军
北京盛通数码印刷有限公司印刷
2025年8月第1版·第7次印刷
184mm×260mm·17.5印张·427千字
标准书号：ISBN 978-7-111-34986-0
定价：49.00元

电话服务　　　　　　　　　　网络服务
客服电话：010-88361066　　机　工　官　网：www.cmpbook.com
　　　　　010-88379833　　机　工　官　博：weibo.com/cmp1952
　　　　　010-68326294　　金　书　网：www.golden-book.com

机工教育服务网：www.cmpedu.com

全国高等学校电气工程与自动化系列教材
编 审 委 员 会

序

随着科学技术的不断进步，电气工程与自动化技术正以令人瞩目的发展速度，改变着我国工业的整体面貌。同时，对社会的生产方式、人们的生活方式和思想观念也产生了重大的影响，并在现代化建设中发挥着越来越重要的作用。随着与信息科学、计算机科学和能源科学等相关学科的交叉融合，它正在向智能化、网络化和集成化的方向发展。

教育是培养人才和增强民族创新能力的基础，高等学校作为国家培养人才的主要基地，肩负着教书育人的神圣使命。在实际教学中，根据社会需求，构建具有时代特征、反映最新科技成果的知识体系是每个教育工作者义不容辞的光荣任务。

教书育人，教材先行。机械工业出版社几十年来出版了大量的电气工程与自动化类教材，有些教材十几年、几十年长盛不衰，有着很好的基础。为了适应我国目前高等学校电气工程与自动化类专业人才培养的需要，配合各高等学校的教学改革进程，满足不同类型、不同层次的学校在课程设置上的需求，由中国机械工业教育协会电气工程及自动化学科教学委员会、中国电工技术学会高校工业自动化教育专业委员会、机械工业出版社共同发起成立了“全国高等学校电气工程与自动化系列教材编审委员会”，组织出版新的电气工程与自动化类系列教材。这套教材基于**“加强基础，削枝强干，循序渐进，力求创新”**的原则，通过对传统课程内容的整合、交融和改革，以不同的模块组合来满足各类学校特色办学的需要。并力求做到：

1. 适用性：结合电气工程与自动化类专业的培养目标、专业定位，按技术基础课、专业基础课、专业课和教学实践等环节，进行选材组稿。对有的具有特色的教材采取一纲多本的方法。注重课程之间的交叉与衔接，在满足系统性的前提下，尽量减少内容上的重复。

2. 示范性：力求教材中展现的教学理念、知识体系、知识点和实施方案在本领域中具有广泛的辐射性和示范性，代表并引导教学发展的趋势和方向。

3. 创新性：在教材编写中强调与时俱进，对原有的知识体系进行实质性的改革和发展，鼓励教材涵盖新体系、新内容、新技术，注重教学理论创新和实践创新，以适应新形势下的教学规律。

4. 权威性：本系列教材的编委由长期工作在教学第一线的知名教授和学者组成。他们知识渊博，经验丰富。组稿过程严谨细致，对书目确定、主编征集、资料申报和专家评审等都有明确的规范和要求，为确保教材的高质量提供了有力保障。

此套教材的顺利出版，先后得到全国数十所高校相关领导的大力支持和广大骨干教师的积极参与，在此谨表示衷心的感谢，并欢迎广大师生提出宝贵的意见和建议。

此套教材的出版如能在转变教学思想、推动教学改革、更新专业知识体系、创造适应学生个性和多样化发展的学习环境、培养学生的创新能力等方面收到成效，我们将会感到莫大的欣慰。

全国高等学校电气工程与自动化系列教材编审委员会

汪槱生 陈伯时 郑大钟

前　言

智能建筑是信息时代的产物，它将建筑技术与计算机、网络与通信、控制与传感器、建筑管理等技术有机结合，将建筑物内各种硬件设备与软件系统连接起来构成建筑智能化系统，因此说，智能建筑技术将随着信息科学技术的进步而发展，并显示出良好的发展潜力。在21世纪，世界建筑的主体将是智能建筑，不少智能建筑被誉为城市现代化建设的标志。

伴随着智能建筑技术的快速发展，使得社会对智能建筑技术领域的人才需求不断增加，同时，对高层次的专业技术人才提出了新的更高的要求。与人才培养相适应的要求是建立充分反映学科发展前沿、内容先进的教材体系。本书作为建筑智能化系统课程的教材，力求在内容上充分反映国内外智能建筑领域的最新理论与技术成果，通过典型工程案例论述建筑智能化系统工程设计的基本思想和方法，并通过分析智能化系统的技术特点，论述建筑智能化系统理论和技术与工程实际相结合的切入点，着重培养读者分析和解决智能建筑工程实际问题的能力。

本书的各章节内容安排相对独立，便于各学校根据专业特点和授课课时的要求，灵活地实施课堂教学，既可以全部讲授书中的内容，也可以有选择地讲述主要章节的内容。

参加本书编写的主要人员有东北大学吴成东教授，沈阳建筑大学的李界家教授、陈莉教授、丁君德工程师、丛明讲师、李孟歆副教授，东北建筑设计研究院刘洋工程师等。其中，吴成东、陈莉、丁君德、丛明、李孟歆、刘洋合作编写第1、4、5、6、7、8章，李界家负责编写第2、3章。吴成东教授担任主编并统稿。

本书是作者根据多年来的科学研究和教学实践成果，以及从事建筑智能化系统设计与施工的经验编写而成的。在编写过程中，作者参阅了大量的国内外相关文献资料，一些工程设计技术人员提供了建筑智能化系统工程案例和工程设计图样，对丰富本书的内容起到了重要的作用，在此，作者向他们表示最诚挚的谢意。

建筑智能化技术的发展日新月异，其理论和实践也在不断地充实、完善和提高，由于编者的写作水平有限，书中难免存在错漏之处，敬请广大读者和同行专家批评指正。

编　者

2011年5月于沈阳

目　录

第1章 概　　论

1.1 智能建筑的定义

建筑物除了结构的稳定、造型的美观、内部空间划分的合理性等传统建造要求外，人们对建筑在信息交换、舒适性、安全性、节能性等方面提出了更高的要求。一种能够满足社会信息化发展和人们生活与工作水平提高的新型建筑——智能建筑(Intelligent Building)应运而生。

智能建筑的概念首先在美国产生。1984 年，在美国的 Hartford 市诞生了世界第一座智能大厦，由于该大厦带来了良好的经济效益和社会效益，引起了世界建筑业的广泛重视和效仿，使得智能建筑技术在世界范围内得到了迅猛发展。智能建筑已经成为 21 世纪国际建筑领域的主流技术与产品，成为学术界与工业界的热点研究课题之一，并显示出良好的发展势头。

智能建筑是现代建筑技术与计算机网络技术、通信技术、控制技术、传感器技术、管理技术等有机结合的产物，它采用智能化控制与管理技术，将建筑内的各种信息设备、安全措施和办公自动化系统等连接起来构成建筑智能化系统，并以信息网络为基础形成网络化的建筑智能化管理系统。

智能建筑是信息时代的产物，建筑智能化系统的智能化水平将随着科学技术的进步而不断提高，其内涵也将不断丰富和发展。因此，世界各国学术界对于智能建筑的定义存在着一定的差异。目前，国际上对于智能建筑的定义存在多种形式，至今尚无统一的定义。国际对于智能建筑的定义主要有以下几种：

美国智能建筑学会对于智能建筑的定义如下：

智能建筑是将结构、系统、服务、运营及其相互联系全面综合并进行优化，为用户提供一个高效率与高舒适性，而且具有经济效益的建筑环境。

我国学术界对于智能建筑的定义如下：

智能建筑是以建筑为平台，兼备信息设施系统、信息化应用系统、建筑设备管理系统，集结构、系统、服务、管理及其优化组合为一体，向人们提供安全、高效、便捷、节能、环保和健康的建筑环境。

欧洲智能建筑协会对于智能建筑的定义如下：

智能建筑是使其用户发挥最高效率，同时又以最低的维护成本，最有效的管理本身资源的建筑物。

日本智能建筑学会对于智能建筑的定义如下：

智能建筑是指兼备信息和通信，为办公自动化信息服务，有楼宇自动化等多种功能的便于进行智力活动需要的建筑物。

从上述定义可以看出，尽管各国对于智能建筑的定义在形式上存在着一定的差别，但是，这些定义对于智能建筑的本质描述是相近的，即智能建筑的本质是将信息技术与建筑技术有机结合，并通过优化组合控制和管理服务，构造出高效节能、安全舒适的建筑环境。

1.2 智能建筑系统的构成与功能

智能建筑的主要表现形式一般可分为三种：即智能大厦、智能住宅和智能住宅区。虽然三种形式在功能上存在着明显的差异，但是，其本质是相同的，都是利用先进的控制技术、通信技术和管理技术来提高建筑物的服务功能，为人们提供高效、舒适的办公环境和居住环境。

在国际智能建筑领域，一般将智能建筑系统结构描述为三个子系统，即建筑设备自动化系统（Building Automation System，BAS）、通信自动化系统（Communication Automation System，CAS）和办公自动化系统（Office Automation System，OAS）。在我国，由于建筑安全防范和消防行业管理的特殊性，则把建筑设备自动化系统细分为三个子系统，即楼宇设备控制子系统、安全防范子系统和消防自动化子系统。

建筑设备自动化系统的主要功能是对建筑设备的运行状况进行监测和控制，如：建筑给水与排水系统设备状态监测、采暖通风与空调系统设备状态监控、冷却水系统与热交换系统设备状态监控、供配电系统设备状态监控、电梯系统状态监控、照明系统状态监控、停车场管理系统状态监控；火灾自动报警与消防联动系统监控；安全防范系统监控，其主要包括出入口安全控制系统、视频安全监控系统、入侵报警等系统设备的状态监控等。

建筑通信自动化系统的主要功能是实现建筑内外的语音通信、数据通信和图文通信。通信自动化系统主要包括计算机网络系统、综合布线系统、数字会议系统、卫星及有线电视系统、公共广播系统、程控交换系统等。目前，通信网络线路主要分为无线通信线路和有线通信线路两种，其中，无线通信技术包括卫星通信、微波通信和红外线通信。

办公自动化子系统的主要功能是实现数据处理、信息管理和决策支持。该子系统主要包括信息查询、电子邮件管理、事务与文件处理、物业管理、财务管理、决策支持等功能。

智能建筑各子系统之间的组成关系如图 1-1 所示。

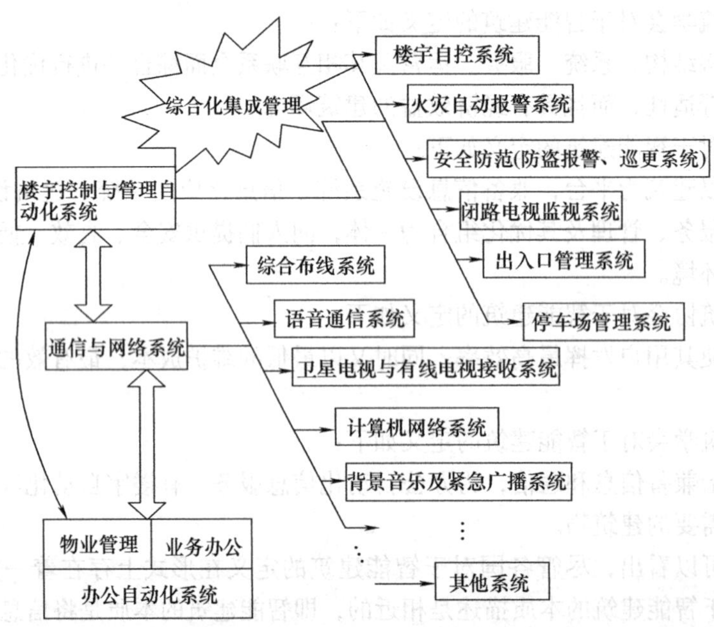

图 1-1 智能建筑各子系统之间的组成关系

1.3 智能建筑系统集成

在实际建筑工程中，建筑智能化系统并不是由上述若干个子系统简单叠加组合而成的，而是通过所谓的系统集成平台，将上述子系统与建筑结构环境有机结合，从而实现对整个建筑物的综合管理。因此可以说，建筑智能化系统的关键技术是系统集成技术。

对于建筑智能化系统集成技术，应该从以下方面予以理解：

要求系统集成能够满足信息共享和交换要求，系统集成不是简单的“一体化”概念；系统集成功能应针对建筑物的管理要求，集成功能应在子系统功能实现的基础上实现；系统集成能够解决不同系统之间互联技术问题。

在进行建筑智能化系统集成时，系统应该满足两个基本条件：即各个系统之间可以相互有效地通信；各个系统之间可以充分实现共享数据。

随着计算机网络技术的进步，对智能建筑系统集成网络环境提出了新的要求，如要求采用客户机/服务器和浏览器/服务器网络模式；要求客户机端用户功能可任意规定；要求各系统可以实现有机联动等。

智能建筑系统主要结构、功能及集成关系如图1-2所示。图中，SIC表示系统集成控制中心，PDS表示综合布线系统。三个子系统BAS、OAS和CAS通过系统集成控制系统联系在一起，有机地构成整个建筑智能化系统。

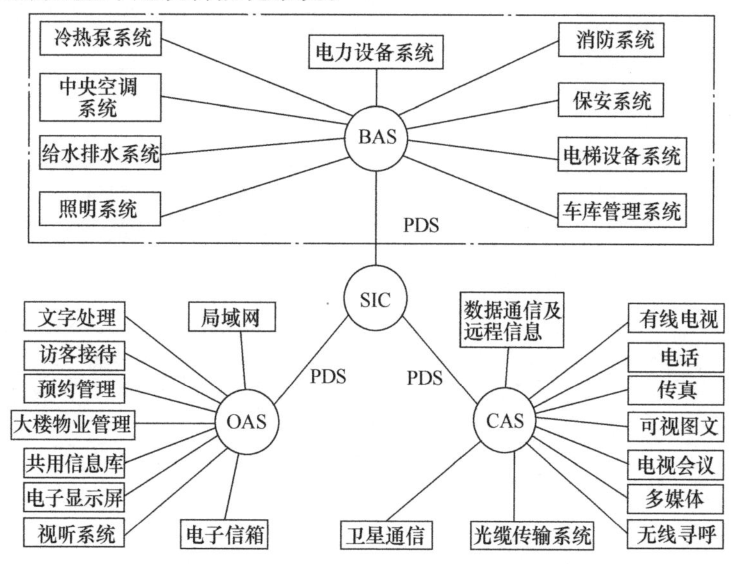

图1-2 智能建筑系统主要结构功能及集成关系

1.4 智能建筑技术的发展趋势

智能建筑技术的发展日新月异，与建筑智能化系统相关的新理论、新技术不断出现，并在工程实践中得到检验和应用。一般说来，建筑智能化技术的发展趋势主要表现在以下方面：

首先，充分体现出以人为本的建设理念，强调人与建筑智能化系统的和谐；

其次，基于可持续发展的建设模式，实现建筑智能化系统良好的性能价格比，使系统具有良好的可扩充性、开放性和冗余性等特点；

第三，充分体现绿色建筑的理念，实现建筑智能化技术与自然环境的有机结合；

第四，通过系统先进的控制与管理技术实现建筑物的高效节能，提高建筑系统的运行效率；

第五，有机地引入现代信息技术，实现智能建筑系统控制与管理的数字化、网络化、智能化与集成化；

最后，由于无线网络技术的特点，使得其在建筑智能化系统领域得到了广泛应用，采用无线网络技术替代有线网络技术受到人们的广泛关注，并显示出良好的发展势头。

思 考 题

1. 简述建筑智能化系统的构成。
2. 智能建筑系统的主要功能有哪些?
3. 如何理解智能建筑系统集成与各子系统的关系?

第2章 办公自动化系统

办公自动化系统（Office Automation System，OAS）是智能建筑的重要组成部分，是在管理信息系统（Management Information System，MIS）和决策支持系统（Decision Support System，DSS）的基础上兴起的一门综合性技术，涉及行为科学、社会科学、管理科学、系统工程学和人机工程学等多种学科，并以计算机、通信、自动化等技术为支撑技术。它以先进的科学技术装备办公系统，达到提高工作效率与管理水平，使办公系统达到信息灵活、管理方便和决策正确的目的。

在当今的信息社会中，作为信息加工的场所办公室，不仅要处理与日俱增的日常业务信息，而且要产生大量各类辅助决策信息，OAS系统使办公管理更加现代化和科学化。

OAS系统可分为组织机构、办公制度、办公人员、办公环境、办公信息和办公活动技术手段6个基本要素。各部分有机结合相互作用构成有效的OAS系统。OAS系统功能结构如图2-1所示。

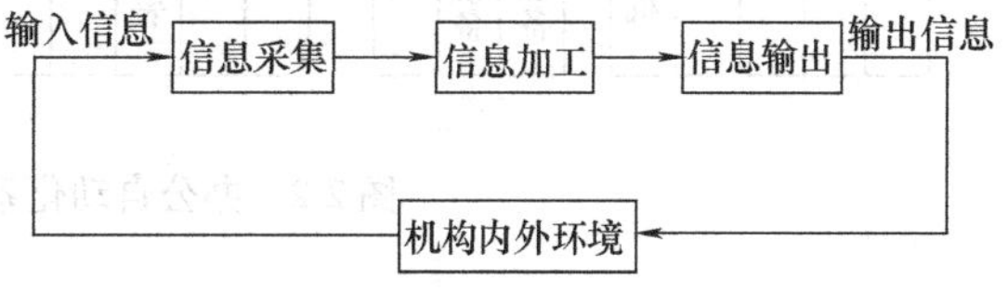

图2-1 OAS系统功能结构

由图2-1可以看出，OAS系统主要功能包括：信息采集、信息加工和信息输出三大部分，输出信息通过机构内外环境与输入信息建立联系，形成信息反馈，构成人—机信息处理系统。它是以提高办公效率、保证工作质量和舒适性为目标的综合性、多学科的实用技术，其内容包括语音、数据、图像、文字信息等。办公自动化系统的定义是：利用先进的科学技术，使人们的部分办公业务活动物化于各种现代化办公设备中，并由这些设备和办公人员构成服务于某种目的的人—机信息处理系统。

2.1 办公自动化系统的构成及特点

2.1.1 办公自动化系统的构成

办公自动化的支撑技术是计算机技术、通信技术和自动化技术，这些技术的支撑主要体现在办公自动化所用的设备中。办公硬设备是指计算机设备、通信设备和各种办公用的电子装置和机器设备，以及支持办公硬设备的各种电子、机电和光电器件等。办公的软设备包括数据库、专用应用软件和通用应用软件，以及支持办公软设备的各种系统软件。

1. 办公自动化系统硬件

办公自动化系统中的硬件设备按功能和作用可分为计算机、图文处理设备、语音处理设备、图形图像处理设备、信息存储设备、网络通信设备和会议设备等。办公自动化系统主要设备构成如图2-2所示。

（1）计算机 计算机是办公自动化系统的主要设备。办公自动化系统中信息的采集、输入、存储、加工、传输和输出依赖于计算机技术，文件和数据库的建立和管理以及各种办公软件的开发与应用都依赖于计算机。办公自动化系统中使用的计算机可以是大型机、中型机、小型机或微型机，一般要求它们具有较大的存储容量与较高的运算速度。微型机具有高性能价格比、易于安装维护、占地面积小等优点，因而它是办公自动化系统中使用数量最多的计算机。

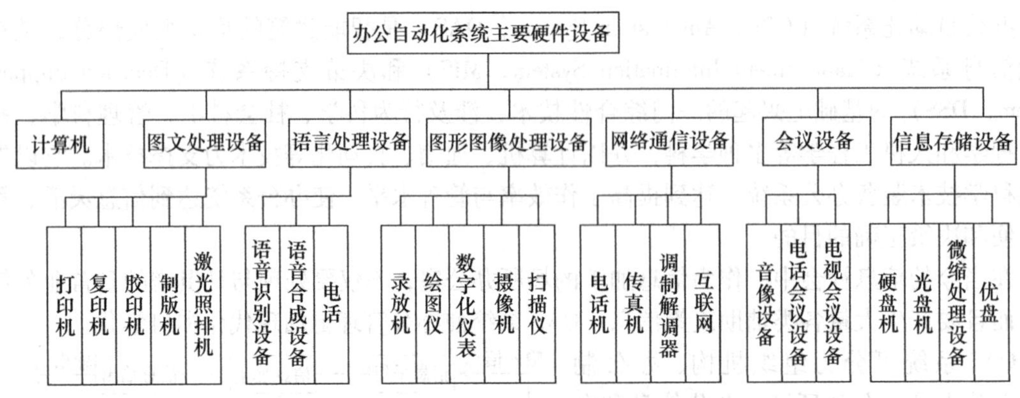

图 2-2　办公自动化系统主要设备构成

（2）图文处理设备　包括打印机、复印机、胶印机、制版机和激光照排机等。

（3）语音处理设备　包括电话（如专用电话、录音电话、可视电话、智能电话和多功能电话等）、语音识别设备和语言合成设备等。

（4）图形图像处理设备　包括录放机、绘图仪、数字化仪、扫描仪、摄像机和其他图形图像输入输出设备等。

（5）网络通信设备　在办公自动化系统中，计算机网络将计算机与计算机或终端设备相连，实现设备之间的相互通信和资源共享。目前的计算机网络可分为两种：一种是在一座大楼或小区域内的计算机之间的近距离连接；另一种是远程网络，它是远距离的连接系统。在远程网络和某些办公设备的使用中，需要使用通信网络线路。通信网络系统是办公自动化的神经系统，它克服了时空障碍，极大地缩短人际交流距离。主要设备有电传机、传真机、调制解调器、各种局域网和远程网等。

（6）会议设备　包括音像设备、电话会议设备、电视会议设备和计算机远程会议设备等。

（7）信息存储设备　除计算机存储设备外，还包括微缩处理设备、光盘存储设备、硬盘机及优盘等。

2. 办公自动化系统软件

软件是办公自动化系统中重要组成部分。办公自动化系统只有通过软件才能充分有效地利用硬件资源，将用户的具体业务和计算机系统结合起来，完成为人们服务的全过程。办公自动化系统的效能主要体现在软件系统的效能上，软件系统的质量在很大程度上决定着办公自动化系统的使用价值。所以，软件系统的建设对于办公自动化系统具有重要作用。办公自动化软件安装在计算机中，由计算机支持运行。从办公应用的观点看，可以把这些软件分为基本软件、办公自动化通用软件和办公自动化专用软件三种。

（1）基本软件　基本软件是维持计算机本身运行以及提供开发管理和应用所必需的软件，主要包括操作系统、编译程序、软件工具和数据库管理系统等。另外，还包括构成计算机网络通信环境所需的软件，如网络操作系统、网络管理软件以及通信软件等。

（2）办公自动化通用软件　这是可以商品化并为大多数办公自动化系统用户所共用的办公应用软件，为办公室提供基本支持环境的主要软件有：文字输入、文字处理、电子表格处理、文档处理、电子出版系统、图形图像处理、语音处理、财务统计报表软件和电子日程管理软件等。把这类办公自动化通用软件集成在几个软件包中则形成组合办公软件，方便了各类用户的使用。

（3）办公自动化专用软件　这是面向特定单位和部门有针对性地开发的办公应用软件。其中，既有日常办公事物处理软件，也有结合经营业务开发的软件。对机关事业单位，它的日常事务有文件处理、会议安排、行政、基建工作、车辆调度和人事管理等，而对公司企业，日常的主要事务是编制经营计划、处理供销业务、市场动态分析、库存统计和财务收支等。

2.1.2　办公自动化系统的特点

办公自动化系统是高级的决策支持系统，它将各种先进设备和各种软件功能紧密组合，是信息化社会的重要标志。它主要有以下特点：

1）办公自动化是一门综合性科学。办公自动化涉及到行为科学、系统科学、管理学、社会学及人机工程学等。它以行为科学为主导、系统科学为理论基础，综合利用计算机技术及通信技术完成各项办公业务。

2）办公自动化是一个人机信息系统，具有信息处理功能。一个较完整的办公自动化系统应包括信息采集、加工、改造、传递和存储等环节。其主要任务是向各级办公人员提供各种所需的信息。因此，人、信息系统、各种设备和辅助工具是办公自动化系统三个互相联系的基本组成部分。信息是加工对象，机器是加工的工具，人是加工过程的设计者、指挥者和加工结果的享用者。

3）办公自动化是对语音、数据、图像和文字等信息一体化处理的过程。可把基于不同技术的办公设备在网络上使用，将文字处理、语音处理、数据处理和图像处理等功能组成在一个系统中，实现设备共享，使办公室具有综合处理这些信息的功能。

4）办公自动化的目标是提高办公效率和办公质量，它是产生更高价值信息的一个辅助手段，办公自动化加速了信息的流通，提高了办公效率和准确性，提高了办公人员的决策质量。办公自动化使办公人员的劳动智能化、办公工具的电子化和机械化、办公活动的无纸化和数字化，有效地提高了办公人员的工作效率。

2.2　办公自动化系统的分类和功能

2.2.1　办公自动化系统的分类

办公自动化系统是一种广义的信息系统概念，是由支持办公活动中范围广泛的多种技术集合而成的综合信息系统，是将计算机用于数据处理和信息管理的有效手段。

办公自动化系统的发展由初级到高级不断完善。经历了单机、网络及综合系统几个阶段。根据不同类型的办公室和办公机构，可将办公自动化系统分为三个层次：即事务处理办公自动化系统、管理信息办公自动化系统和决策支持办公自动化系统。办公自动化系统的层次结构如图 2-3 所示。

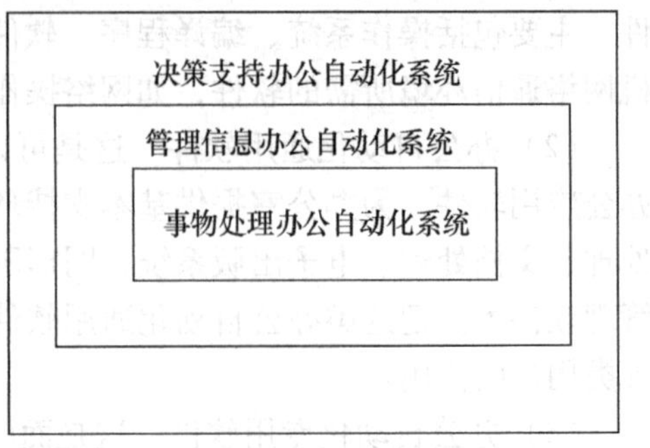

图 2-3　办公自动化系统的层次结构

事务处理办公自动化系统包括基本办公事务处理和机关行政事务处理两大部分，支持机构内各办公室的基本办公事务处理和机关的行政事务处理。

管理信息办公自动化系统除承担事务型办公系统的事务外，主要任务是完成本部门的信息管理。它是各种办公事务处理活动与管理控制结合的办公自动化系统。

决策支持办公自动化系统以事务处理和信息管理为基础，主要承担辅助决策任务。

2.2.2　办公自动化系统的主要功能

计算机技术和通信技术的发展为信息处理的现代化、自动化和智能化提供了物质基础。在办公活动中，通常使用的信息有数据、声音、文字、图表和影像等。因此，一个完善的办公自动化系统应具有文字处理功能、数据处理功能、行政管理功能、图形图像处理功能、语音处理功能、决策支持功能和网络通信功能等。

1. 文字处理功能

文字处理是办公室主要工作之一，主要处理要求能迅速处理各类办公文件和报告，并具备文字编辑、修改、存储、打印、排版和复制等功能，还能为用户提供各种文字输入方法，进行全屏幕编辑等。

2. 数据处理功能

数据处理是办公自动化的基本功能。其中包括财务数据、人事数据、文档数据、产供销数据、市场数据、人口数据、气象数据、计划统计数据和账目数据等。通过这些数据评价工作质量，从而做出相应的决策。

3. 行政管理功能

对办公设施和系统资源，如会议室、自动电话、电子传真机、广播电台等进行管理调度，包括编制办公日程安排，制订工作计划，以求有效地利用时间和物质资源，提高办公效率。

4. 图形图像处理功能

图形图像处理功能是用办公设备对图像信息进行处理的技术，其中包括图像增强和复原、图像传送和图像识别等功能，某些模糊不清的图像，例如天文图像、卫星图像，经过计算机处理后，可以变得清楚而能够识别，还可以利用图像传送技术进行远程电视会议等。图形处理功能包括基于数据绘制各种图表，利用光学字符阅读器直接读入各种手制表格，以及采用辅助设计方法处理各种工程图形等。

5. 语音处理功能

在办公自动化系统中，语音具有重要的作用。语音处理系统能识别和合成不同的声音，在文件输入、个人保密、身份鉴别和语音识别等方面起着重要的作用。近年来，语音处理技术得到快速发展，在自动报时、拨号、银行账目查询、声讯服务和语音识别等方面得到了广泛的应用。

6. 决策支持功能

决策是根据预定的目标做出的决定，它是办公活动的重要组成部分。决策需要经过提出问题、收集资料、确定目标、拟订方案、分析评价和最后选定等环节。在信息管理工作中，收集获得大量的信息资料是决策工作的基础。办公自动化系统的建立能够自动地分析采集到的信息，提供各种可供参考的优选方案，为决策提供技术支持。基于决策支持办公自动化系统，可以建立综合分析、预测发展等计算机运算模型，可以根据大量的原始数据信息自动做出比较符合实际的决策方案。

7. 网络通信功能

利用局域网络和广域网络传输技术，使办公自动化系统具有网络通信能力，可以把各种设备连成通信网络，使它们能够相互通信和实现资源共享。现代科学技术的发展使得大量的通信工作转移到办公室中进行，使得人们可以利用计算机网络技术进行办公事务处理、仓库管理、交通管理和情报检索等工作。

2.3 办公自动化系统常用设备

办公自动化设备是指在办公活动中为了提高办公效率进行现代化管理所使用的各种工具和设备，是专门用于生成、传输、存储、加工和输出信息的一系列机器装置和设备。

办公自动化系统主要设备有：计算机、打印机、复印机、传真机、扫描仪、多功能一体机和绘图仪等。

2.3.1 计算机

计算机是最常用的办公设备，它由主机和外围设备组成。主机是计算机硬件系统中的重要部分，计算机的性能主要由主机决定。主机箱内部装有主板、中央处理器（CPU)、内存、硬盘驱动器、光盘驱动器、显示卡和声卡等部件。输入设备主要有键盘和鼠标，输出设备主要有显示器和打印机等。

1. 主板

主板也叫做母板或系统板，它是主机箱内最大的一个集成板，上面集成了 CPU、内存条、电源等多个插槽及各种扩展卡的插槽。它是所有硬件设备的安装与连接的平台。图 2-4 所示为一种主板基本构成外观图。

目前，市场上比较流行的主板有黑潮 BI—600 主板、翔升 X58 主板、盈通蓝派 X58、DFI 790GX 主板等。

2. 中央处理器

(1) CPU 工作原理　中央处理器即 CPU，也称为微处理器，它是计算机系统的核心部件，决定计算机系统整体性能的高低，它是整个计算机系统运算与控制的中心，其外形结构如图 2-5 所示。

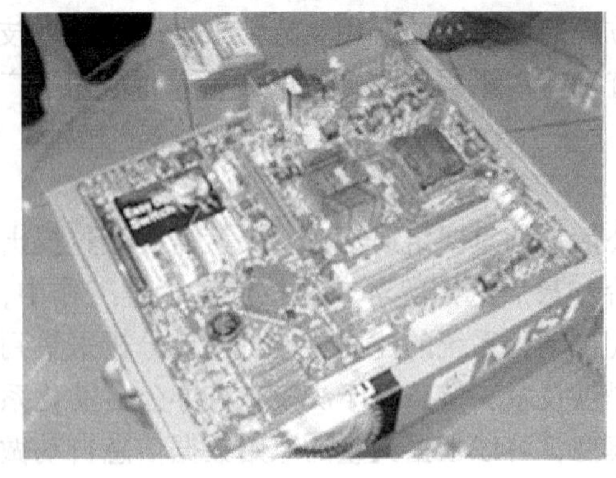

图 2-4 主板结构图

图 2-5 CPU 外形结构

CPU 的内部结构可分为控制、逻辑和存储三大部分。其工作原理是：首先由程序发出指令发给 CPU 的控制单元，由控制单元进行初步调节，然后送给逻辑运算单元，待逻辑运算单元计算好之后再将计算结果发送给存储单元，最后由存储单元将结果输出到显示器上或保存到其他外部存储器中。

（2）CPU 的性能指标

1）CPU 的主频 主频是 CPU 的时钟频率，即 CPU 工作频率，它是 CPU 每秒能够完成的运算次数，单位是 MHz（兆赫）。通常 CPU 主频越高，表示 CPU 在一个时钟周期里所能完成的指令就越多，CPU 的速度也就越快。如：Intel Core 2 Duo E7400 处理器采用了 45nm 制程的 Wolfdale 核心，主频为 2.8GHz。

2）CPU 的外频与倍频 外频是系统总线的工作频率，而倍频则是外频与主频相差的倍数，主频 = 外频 × 倍频。如：Intel Pentium E5200 采用 45nm 工艺制造，基于 Wolfdale 双核心架构，采用 LGA775 接口，主频为 2.5GHz，外频为 200MHz，倍频为 12.5。

3）高速缓存 高速缓存是一种速度非常快的存储介质，它介于 CPU 的寄存器与其他设置（如内存）之间，当 CPU 处理数据时，高速缓存用来存储一些常用或即将用到的数据或指令。当 CPU 需要这些数据或指令时直接从高速缓存中读取，而不需再到内存甚至硬盘中去读取，这样可以大幅度提升 CPU 的处理速度。其容量从 128KB 到几兆不等，其容量的增大可以显著地提高 CPU 性能。但是，由于生产工艺水平和成本的限制，其容量也受到限制。

4）指令集 CPU 的性能可以用工作频率来表现，而 CPU 的强大功能则依赖于指令系统。指令系统决定了 CPU 能够运行什么样的程序。一般来说，指令越多则 CPU 的功能越强。目前，主流的 CPU 指令集有 Intel 的 MMX、SSE、SSE2、SSE3、ME64T 及 X86-64 扩展指令集等。

3. 存储设备

（1）内存 内存是计算机用来存放临时运行的程序和数据的地方，可以由 CPU 直接编程访问。主存储器存取速度快，容量小，一旦关掉计算机电源，内存中的信息则被清除。

内存可分为只读存储器（Read Only Memory，ROM）和随机存储器（Random Access Memory，RAM）。ROM 主要用于系统主板上装 BIOS、加密卡等重要的不允许修改的数据或资料存储，其中，BIOS 是固化在 ROM 芯片中的系统引导程序，完成对系统的加电自检、引导和设置系统基本输入输出接口等功能。ROM 只能读出不能写入。RAM 是随机存储器，它是存放程序和临时数据的地方。内存容量的大小和存取速度是影响计算机运行速度和效率的重要因素。

随着计算机性能的不断提高，对内存性能的要求也逐步升级。从当年仅仅依靠高频率提升带宽的 DDR，到支持双通道高速数据传输的 DDR2，再发展到现在的 DDR3，其内存性能不断提升。

DDR3 是经常使用的高性能内存。DDR3 内存频率在 800MHz 以上，45nm 双核处理器，它的特点是更快的速度、更高的数据带宽、更低的工作电压和功耗以及更好的散热性能。DDR3 内存设计的目的是支持需要更高数据带宽的 4 核处理器，使其性能更出色。

内存的性能指标主要包括：

1）时钟频率　它表示内存所能稳定运行的最大频率，对于内存而言，频率越高则其带宽越大。

2）延迟时间　延迟时间是内存的一个重要指标，主要包括 CAS 延迟时间。一般来说，延迟时间越短，内存的工作效率就越高，降低延迟时间有助于加快内存在同一频率下的工作速度。

3）内存容量　内存条是由一片片内存芯片构成的，内存芯片的容量一般有几百 MB 或几个 GB，由若干块内存芯片就能构成内存条。内存容量的大小影响着计算机系统的运行速度。

（2）硬盘　硬盘的主要性能指标包括：

1）硬盘容量　容量直接反应硬盘“库容”的大小，其单位为千兆字节（GB）。硬盘的容量根据需要选定。计算机使用的硬盘容量一般在几百 GB 以上。

2）高速缓存　高速缓存是硬盘与外部总线交换数据的场所，它可以提高硬盘的读写速度，目前主流硬盘的缓存主要有 2MB 和 8MB 等几种。

图 2-6 所示是固态硬盘的外形图。

英特尔公司提供的 X18-M 和 X25-M 两款固态硬盘分别为 1.8 英寸和 2.5 英寸规格，采用 50nm 工艺 MLC NAND 闪存颗粒，其写入速度为 70MB/s，持续读取速度达到 250MB/s。

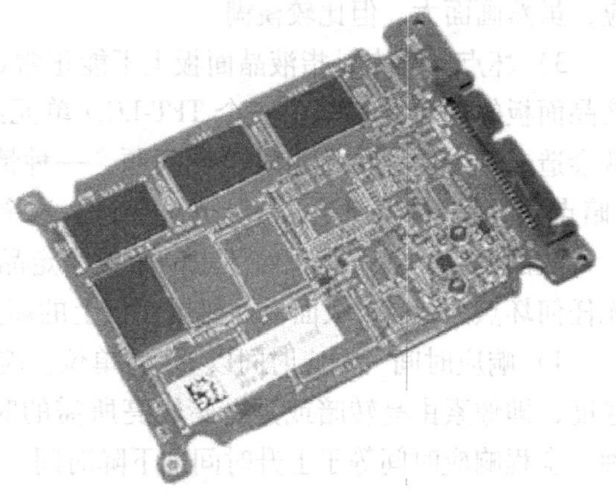

图 2-6　固态硬盘的外形图

（3）闪存盘　闪存盘 USB 也叫做优盘，指采用 Flash Ram 作为存储媒体并用 USB 接口连接的存储设备，闪存与 RAM 存储器类似，可以随时读写数据，断电后数据不会丢失，抗振性能远远超过笔记本电脑硬盘。优盘存储容量可以达到几个 GB，移动硬盘存储容量可以达到几百个 GB。

图 2-7 所示为优盘外形图。

（4）显示器　显示器的种类很多，目前经常使用的显示器有：Acer X203Hbd 显示器、华硕 VK266H 显示器、三星 3D 2233RZ 显示器、惠普 HP LP2480zx 显示器等。

图 2-8 所示为一种显示器外形图。

图 2-7 优盘外形图

图 2-8 显示器外形图

显示器的性能指标主要有：

1）亮度与对比度 对比度是关系到显示器色彩是否丰富的技术参数，对比度越大表示输出白色与黑色时更分明，影像看起来更具有立体感。亮度越大，则在较强光线的环境下仍可以显示清晰的影像。

2）最佳分辨率 液晶显示器只有在显示与该液晶显示屏的分辨率完全一样的画面时才能达到最佳效果，而在显示小于最佳分辨率的画面时，液晶显示则采用两种方式来显示：一种是居中显示，如在一台最佳分辨率为 1024×768 的显示器上显示 800×600 分辨率时，显示器只以其中间的 800×600 个像素来显示画面，周围则为阴影，由于这种方式信号分辨率是一一对应的，所以画面清晰，但画面太小；另外一种是扩大方式，将 800×600 画面通过计算方式扩大为 1024×768 的分辨率来显示，由于此方式处理后的信号与像素并非一一对应，虽然画面大，但比较模糊。

3）坏点 坏点是指液晶面板上不能正常显示的点，它又分“暗点”和“亮点”两种。液晶面板的每个像素都由三个 TFT-LCD 单元组成，因此，只要其中有一个单元出现故障，就会造成一个像素在显示时出现问题，一种情况是完全不能让光线通过，此时这个点叫做“暗点”；另一种情况是始终让光线穿过，这个点始终亮着，称其为“亮点”。

液晶面板一般按其上面坏点的个数来定品质级别，坏点数量在三个以内的为 A 级面板；无任何坏点的是 AA 级面板。如果面板上的坏点较多，则为 B 级面板。

4）响应时间 响应时间以 ms 为单位。响应时间是指 LCD 各像素点对输入信号反应的速度，即像素由亮转暗或是有暗转亮所需的时间。液晶的响应时间分上升、下降和全程三种，全程响应时间等于上升时间加下降时间。通常说某显示器响应时间为 16ms 是指全程响应时间。

5）可视角度 可视角度是指站在位于屏幕边某个角度时仍可清晰看见屏幕影像所构成的最大角。

液晶显示器的可视角度包括水平可视角度和垂直可视角度两个指标，水平可视角度表示以显示器的垂直法线（即显示器正中间的垂直假想线）为准，在垂直于法线左方或右方一定角度的位置上，仍然能够正常看见显示图像，这个角度范围就是液晶显示器的水平可视角度；同样，如果以水平法线为准，上下的可视角度称为垂直可视角度。

4. 鼠标

鼠标利用自身的移动把移动距离及方向的信息变成脉冲送给微型计算机，再由微型计算机把脉冲转换成鼠标光标的坐标数据，从而达到指示位置的目的。

鼠标的分辨率通常用 CPI 来表示，即每英寸点数。它表示鼠标在物理表面上每移动 1 英寸（2.54cm），光学传感器所接收到的坐标点数。

目前，市场上的鼠标主要采用光电结构，主流光电鼠标的分辨率在 400～800CPI 之间，图 2-9 所示为某种鼠标的外形图。

5. 键盘

键盘是最常用的主要输入设备，用户通过键盘可以将英文字母、数字、标点符号、汉字及其他图形和文字输入到计算机的存储器中，从而向计算机发出命令或输入数据。在 PC 中，键盘是与主机箱分开的一个独立装置。

图 2-10 所示为某种无线键盘外形图，它支持 USB 键盘接口。

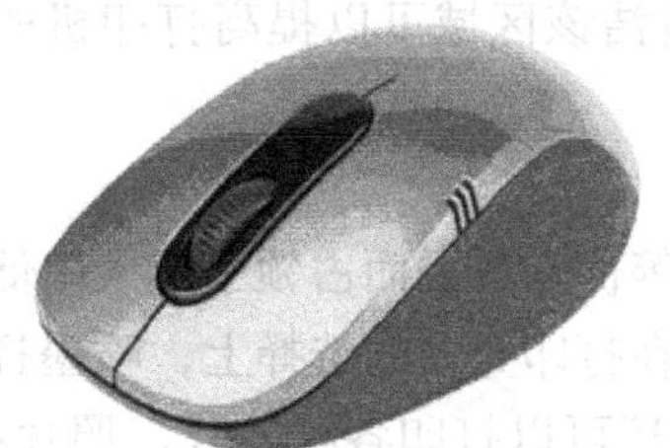

图 2-9　某种鼠标外形图

图 2-10　某种无线键盘外形图

2.3.2　打印机

打印机是计算机信息的主要输出设备，能将已存储在计算机中的信息打印输出到纸上形成书面文件，它是计算机控制的精密机电一体化系统。

目前，市场上常见的打印机有三大类：激光打印机、喷墨打印机和针式打印机。

1. 激光打印机

激光打印机分为黑白和彩色两种，可提供高质量、快速和低成本的打印方式。

无论是黑白激光打印机还是彩色激光打印机，其基本工作原理是相同的，它们都采用了类似复印机的静电照相技术，将打印内容转变为感光鼓上以像素点为单位的点阵位图图像，再转印到打印纸上形成打印内容。与复印机不同的是光源不同，复印机采用的普通白色光源，而激光打印机则采用的是激光束。

图 2-11 所示是 HP CP2025dn 彩色激光打印机外形图。其具备黑白和彩色同速输出能力，速度达 20 页/min，月打印能力为 40000 页，打印分辨率为 600×600dpi（其中，dpi 表示每英寸包含的像素数量），自动供纸方式，最大支持 384MB 内存，最大打印幅面为 A4，支持网络打印和自

图 2-11　HP CP2025dn 彩色激光打印机外形图

动双面打印。

激光打印机的日常维护主要有以下几个方面：

（1）清洁电晕丝　电晕丝上的高压会吸引空气中的灰尘、墨粉和纸屑等，使得电晕丝表面放电不均匀，从而影响感光鼓上电荷的分布不均匀，造成图像质量下降。具体处理方法是使用特制的清洁刷在电晕丝上前后滑动数次，清除掉上面的灰尘与异物。

（2）清洁传输引导区　如果打印机经常发生取纸错误（无介质送入或一次送入多页），就需要更换或清洁取纸滚筒。清洁时用一块蘸有酒精的无绒布擦洗取纸滚筒，使用干燥的无绒布擦去取纸滚筒上的浮尘，等取纸滚筒完全变干后再将其重新装入打印机。

（3）清扫静电消除梳　静电消除梳是一组金属齿，需要定期使用软刷清扫。

（4）清扫分离爪　打开位于出纸区内的熔接器，就会看到一些大的塑料爪，可用干净的毛刷将每个分离爪清洁干净。

（5）清洗或更换熔接辊清洗垫　清洗垫的主要作用是将熔接过程中粘在辊子上的残留墨粉清除。清洁垫要定期清除或者更换。

（6）清洁硒鼓区域　一般无须经常清洁硒鼓区域，但清洁该区域可以提高打印机的打印质量。

2. 彩色喷墨打印机

彩色喷墨打印机由于其具有良好的打印效果和价格低廉等优点，因而占领了广大中低端市场。此外，喷墨打印机还具有更为灵活的纸张处理能力，在打印介质的选择上，喷墨打印机也具有一定的优势：既可以打印信封、信纸等普通介质，还可以打印各种胶片、照片纸、卷纸、T 恤转印纸等特殊介质。

喷墨打印机是在针式打印机之后发展起来的，采用非打击的工作方式。目前，喷墨打印机按打印头的工作方式可以分为压电喷墨技术和热喷墨技术两大类型。

图 2-12 所示是 HP Officejet Pro K5400dn 喷墨打印机外形图。

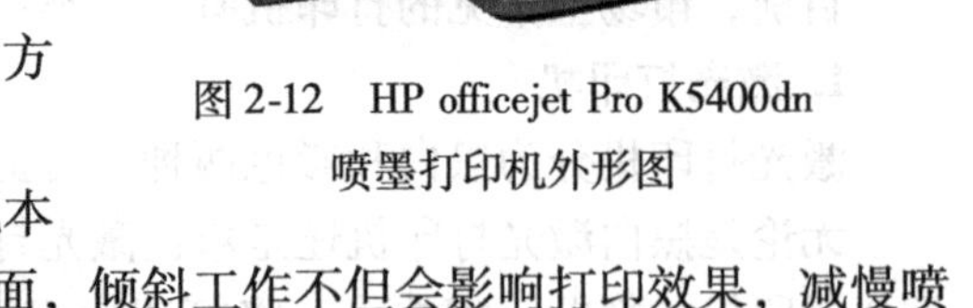

图 2-12　HP officejet Pro K5400dn 喷墨打印机外形图

喷墨打印机的日常维护主要包括以下几个方面：

（1）水平桌面放置打印机　由于喷墨打印机本身的工作方式要求打印机放置的地方必须是水平面，倾斜工作不但会影响打印效果，减慢喷嘴工作速度，而且会损害内部的机械结构。

打印机不要放在地上，以免异物或灰尘进入打印机内部。

（2）做好防尘措施　打印机工作时不要打开前面板，以避免灰尘吹入机器内部。打印完毕后，在散热半小时后应立即盖上防尘罩，不要使设备空置在房间中。

（3）拔电源前关掉机器　在不使用打印机或搬动打印机之前，要做永久性断电工作。要求先关掉打印机电源，让喷嘴复位和墨水盒盖上，断掉电源线和信号线，防止墨水挥发。

（4）小心安装墨盒　墨盒的支撑机构的可承受力度很小，在安装新墨盒时，用适当力度即可安装好，不要大力推动支架。

（5）适时清洁　打印机的外部和内部一样，都需要定时进行清洁。打印机外部可以用湿水软布来抹擦，清洁液体必须是水之类的中性物质，不能用酒精。内部尽量用干布来抹擦，而且不能接触内部的电子元件和机械装置等。

（6）打印机上避免重压　不要在打印机上面放置其他物品，以免压坏打印机外壳或小物品掉入打印机内。

（7）装上了墨水就一定要用　喷嘴喷一次墨后有剩余的墨水留在附近，经常使用喷墨打印机，墨盒中的新墨水会冲洗掉上次剩余的墨水，否则它们会慢慢凝固，造成喷嘴堵塞。

（8）不要使用多种墨水　由于各厂商使用的墨水化学成分不同，因此，应该尽量选用同一牌子的墨水，不要频繁更换，以免对墨盒和打印头造成伤害。墨盒有一定使用寿命，加墨的次数也是有限的，通常使用十次左右就要更换。

3. 针式打印机

在打印机的历史上，针式打印机之所以在很长一段时间内流行不衰，与其低廉的价格、较低的打印成本和很好的易用性是分不开的。但是，它的打印质量较差，噪声较大。目前，除一些特殊行业外，办公室中已经较少使用针式打印机。

2.3.3 复印机

复印机是现代办公设备之一，主要用来复印文件和书刊等，同时还被用于大幅面工程图样的复印以及一些特殊的用途，如显微胶片的放大复印等。

目前，市场上的复印机主要有模拟复印机和集几项功能一身的数码复印机。近年来，复印机的技术革新速度很快，已由普通的复印机向着高速、低噪声、高分辨率、彩色化方向发展，由传统的模拟式向数字化方向发展，使复印机的功能更加完备。数码复印机凭借其优越的性能，已经成为市场主流产品。

图 2-13 是 Aficio MP4000B 数码复印机外形图，其复印打印速度达到 40 页/min，集复印、网络打印、网络扫描和传真等多种功能于一体，支持 USB2.0 及以太网（10Base-TX/100Base-TX）技术。

图 2-13　Aficio MP4000B 数码复印机外形图

1. 复印机的保养

复印机应进行定期保养，保养工作的主要内容如下：

1）在复印机工作前，应首先检查工作电压是否符合要求。

2）保持复印室的卫生清洁，及时清除灰尘。

3）将当天需要用的复印纸松动，以防复印纸粘贴过紧，造成搓纸困难或一次搓纸多张的情况发生。

4）若复印量较大时，复印完后需清洁装置内的墨粉。

5）复印完毕后，应切断电源，待复印机稍凉后罩上外罩。

6）要根据一定的复印量进行定期保养。

2. 复印机的日常维护

复印机经常出现故障的部位主要有光学部分、电器部分和纸路部分等。

（1）光学部分的维护　光学部分的问题主要表现为玻璃脏、反光镜有灰尘、镜面松动和有异物等，它们会造成复印有底灰、有斑点和比例变形等现象。

反光镜面松动应紧固，光路有异物应清除。

（2）电器部分的维护　电器部分的主要问题是电晕电极的接触不良或者受污染，电极丝断裂或者电极丝上有异物等。造成电晕电极放电困难，使复印品无图像、色彩淡、有划痕等故障。如有上述故障，应进行擦拭或者更换电晕丝。

（3）纸路部分的维护　纸路部分的故障主要表现为卡纸和不能搓纸等。

卡纸是复印机的一种常见故障。造成卡纸的原因有两方面：一方面是输纸系统的问题，另一方面为纸张本身的质量问题。当出现卡纸时，复印机面板上会显示卡纸的部位，维护人员可以根据卡纸的部位进行故障的排除。

复印机使用时间长，搓纸轮会搓不动纸，这是由于纸屑、灰尘等粘在搓纸轮上，使其表面光滑，摩擦力减小，不能将纸送入复印机。可用一块不起毛的布沾水湿润后擦拭搓纸轮，干燥后就可以使用。

2.3.4　传真机

传真机是指在公用电话网或其他相应网络上用来传输文件、报纸、相片、图表及数据等信息的通信设备。

目前，市场上常见的传真机可分为4大类，即热敏纸传真机、热转印式普通纸传真机、激光式普通纸传真机（也称为激光一体机）和喷墨式普通纸传真机（也称为喷墨一体机）。

图2-14是KX-FC976CN台式传真机外形图。

图2-14　KX-FC976CN台式传真机外形图

传真机的日常维护与保养主要有以下几个方面：

1. 选择安装场所

1）传真机应放于水平平坦之处，且避免阳光直射或火炉等热源，保证机器散热与热敏纸不变质。

2）传真机应良好接地，且采用标准化的电源插座，勿与强噪声电器（打印机等）共用电源。

3）不要安装在窗户下面，防止灰尘进入光学扫描系统。

2. 采用正确操作方式

1）除传送文稿外，不要在传真机上放置任何物品。

2）传真机在工作时不可打开机盖。

3）勿用润滑剂润滑传真机机械传动部件。

3. 定期清洁除尘

1）在对传真机清除灰尘之前，应先拔掉交流电源插头。

2）用中性清洁剂擦拭传真机外表面。

3）用吹气毛刷清洁反光镜上的灰尘。

4）定期（1 ~2 年）更换荧光灯和分离橡皮（自动分页机构中）。

4. 传真机运行要求

1）不要频繁地开机。

2）不宜在高温、强磁、强腐蚀性气体环境中使用。

3）不要使用非标准传真纸。

2.3.5　扫描仪

扫描仪是一种集光学、机械和电子技术为一体的高科技产品，是将各种形式的图像信息输入计算机的重要工具，是继键盘和鼠标之后的第三代计算机输入设备。人们通常将扫描仪用于计算机图像的输入，从最直接的图片、照片、胶片到各类图样、文稿资料，都可以用扫描仪输入到计算机中，进而实现对这些图像形式信息的处理、管理、使用、存储和输出等。图 2-15 是 HP Scanjet N6350 网络扫描仪外形图。

图 2-15　HP Scanjet N6350 网络扫描仪外形图

1. 扫描仪的组成

扫描仪主要由光学成像、机械传动和转换电路三大部分组成。其中，光学成像部分包括光源、光路和镜头；转换电路部分包括 A/D 转换电路和控制机械部分运动的控制电路；机械传动部分包括步进电动机、扫描头及导轨等。其工作原理是：光学成像、机械传动和转换电路相互配合，将反映图像特性的光信号转换为计算机可接受的电信号送入计算机，通过输出设备输出扫描图像。

2. 扫描仪的性能参数

（1）分辨率　分辨率又分为光学分辨率和最大分辨率。光学分辨率越高则清晰度越好，它是影响扫描质量的关键因素。光学分辨率有横向和纵向两组数值，横向分辨率更为关键，取决于感光器件的识别精度和光学系统的性能。纵向分辨率是指扫描仪纵向步进电机的移动精度，单位为 dpi。最大分辨率又称为插值分辨率，是指利用软件技术在硬件产生的像素点之间插入新的像素点获得更高的分辨率。

（2）色深　色深（色彩位数）是表示扫描仪能辨析的色彩范围。扫描仪的色彩位数越多就越能真实反映原始图像的色彩，扫描仪所反映的色彩就越丰富，扫描出图像的效果就越真实，当然也造成图形文件容量的加大。在日常办公应用中，一般采用的是分辨率为 1200 ×2400dpi、色深 48BIT 的扫描仪。

3. 扫描仪的日常维护与保养

1）检查扫描仪的锁紧装置是否已锁上。清洁工作必须在锁紧装置处于锁上的状态下进行。

2）取下扫描仪上罩，检查并清洁上罩玻璃板上的灰尘，特别是基准白处，应仔细清除干净，否则扫描图像会出现竖线条。

3）如果发现扫描仪在使用过程中有噪声，可能是滑动杆缺油或是积垢了。先打开锁紧装置，将滑动杆螺钉拧开，并将镜头组件与皮带分开，抽出滑动杆，用纸巾清洁滑动杆、镜头组上的滑动杆套环和齿轮组，清洁完毕后重新组装，并在滑动杆和齿轮组上涂少许润滑油，来回拖动几下擦掉多余的润滑油，调整皮带的松紧。

2.3.6 多功能一体机

1. 多功能一体机的功能

多功能一体机集合了打印、传真、复印、扫描、PC-Fax 和电话等功能，既可与计算机相连替代打印机与扫描仪，也可以脱机工作，实现普通传真机及电话的功能。

图 2-16 是 Phaser3200MFP/N 多功能一体机外形图，它具备了打印、复印、扫描和传真功能，打印/复印速度最高可达 24 页/min，打印分辨率为 1200×1200dpi，复印分辨率为 600×600dpi。具备 CentreWare 网络管理功能和证卡复印功能。Phaser 3200 MFP/N 标配 64MB 打印内存、300MHz 高性能处理器。

该设备还支持从 PC 直接发送传真以及直接扫描至电子邮箱等功能。

图 2-16 Phaser 3200MFP/N 多功能一体机外形图

2. 日常使用注意事项

1）不要把设备放置在距离窗口很近的地方（空气中的灰尘较多），或者是有地毯的工作环境，由于灰尘颗粒易进入打印机，造成光路不清洁，引起打印浓度、重影、深浅不一致等问题。

2）在复印和扫描时，应尽量使用质量比较好的纸张，以免在走纸过程中纸屑脱落进入设备造成设备故障。

3）保证设备清洁，尤其是平板玻璃清洁，以免造成扫描头无法定位。

4）保证电源环境的稳定，但是尽量不要使用 UPS 稳压电源。

5）尽量避免使用以下介质：粗糙的低压花纸或有涂层的纸、不完整的打印纸、多种纸混杂在一起、易熔化的燃料纸（110℃/s）等。

3. 多功能一体机扫描平板的清洁过程

1）关闭打印机，拔掉电源。

2）使用略浸有非研磨玻璃清洁剂的软布或者海绵布清洁玻璃（注意：不要使用有化学性质的清洗剂，如研磨剂、苯、乙醛、酒精、四氯乙烷等，不要向玻璃板上直接倾倒液体）。

3）用鹿皮或者纤维海绵干擦玻璃。

2.3.7 绘图仪

1. 绘图仪的结构

绘图仪是一种输出图形、图像的计算机外围设备。以往绘图仪仅用在专业 CAD 领域，近年来，在许多办公环境中也开始使用绘图仪作为高档的办公图形图像输出设备。早期的绘图仪采用多笔记录方式，速度慢，图形线条归位精度不高。目前的绘图仪大多采用喷墨方式，即彩色多喷头绘图仪，图 2-17 为 iPF820 五色绘图仪外形图。

iPF820 绘图仪的打印分辨率为 2400 × 1200dpi，采用五色墨水盒，随机标配的墨水容量为 330ml，共有手送、卷筒纸和双卷筒供纸三种方式。最大打印长度为 18m，装载大型图解 LCD 面板和快速解除计算机负担的大容量硬盘，高精度线条输出。

图 2-17　iPF820 五色绘图仪外形图

2. 绘图仪工作原理

多喷头彩色喷墨绘图仪的工作原理是：在多喷头墨滴被喷到介质上之后，在同一位置再喷上其他几种颜色的墨滴，这些混合墨滴在液态情况下发生混合和化学反应，就得到与各原色不同的颜色。

着墨介质的质量对彩色喷墨绘图的效果影响较大。墨点喷出时不能太浓，当它到达介质后不可能瞬间干固，因而它在介质的着墨点周围扩散。扩散的结果造成分辨率下降。因此，许多喷墨绘图仪使用表面涂有一层助干剂的介质。还可以将图像直接喷射在专用胶片上，用于印刷制版。

2.4　办公自动化系统设计及工程实例

本节通过实例介绍办公自动化系统的基本功能、层次结构及在智能建筑中的应用。

2.4.1　办公自动化系统设计

1. 办公自动化系统设计要求

1）系统既能满足通用办公自动化系统的要求，又要为专业办公自动化系统打下基础。

2）系统应具有与广域网的连接能力，实现与互联网的连接。

3）系统应具有良好的安全防范措施。

4）系统应具有以下子系统：物业管理子系统、信息服务和管理子系统、智能卡管理子系统、公用信息管理子系统以及电视会议和电子公告信息服务子系统等。

5）根据业务需求设置各种专业办公自动化系统功能。智能建筑办公自动化系统内容广泛，如行政管理办公系统、旅游饭店信息系统、商业经营管理系统、银行业务处理系统、教育系统、医院信息管理系统、图书档案检索系统、铁路航空售票系统、停车场管理系统、物业管理系统等。

2. 办公自动化系统设计原则

（1）目的性　办公自动化系统是以实现管理目标为目的的系统，管理系统的目标是多样的，如优质、高效、低耗、节能和低污染等。在某些情况下，可将多目标问题转化为单目标问题，即将效率、质量、产量、消耗、能耗和利润等目标中的某一项作为主要目标，而将其他目标作为约束条件，如企业往往将最大利润作为主要目标。

（2）综合性　办公自动化系统的功能是综合性的，包括预测、规划、优化、决策、指挥、组织、监控、协调等多方面的经济效益、社会效益和环境效益。

(3) 递阶性　现代管理系统常采用递阶结构，即采用集中管理与分散管理相结合的多级递阶管理体制。例如，各种企业管理系统、行政管理系统、经济管理系统、科技管理系统、教育管理系统和智能建筑管理系统等，普遍采用集中与分散结合的递阶结构的分级管理体制。

(4) 开放性　管理系统应是开放系统，而不是封闭系统。管理系统需要与其外部环境进行信息、能量或物质交互作用，需要与社会各界进行交流等。为达到上述目标，系统应具有开放性。

2.4.2　办公自动化系统结构

传统的办公自动化系统按照其职能主要可分为三个层次：即事务处理办公自动化系统、管理信息办公自动化系统和决策支持办公自动化系统。其中，管理信息办公自动化系统是整个传统办公自动化系统的基础。

1. 事务处理办公自动化系统

(1) 系统功能　事务型办公理处业务可分为办公事务处理和行政事务处理两部分。事务处理办公自动化系统的功能如图 2-18 所示。

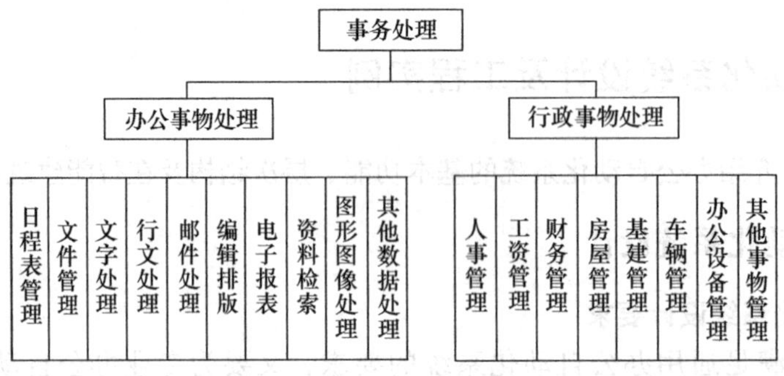

图 2-18　事务处理办公自动化系统的功能

利用通信技术和计算机技术支持事务处理的项目有邮件系统、电子会议系统、计算机会议系统和国际联机信息检索系统等。

(2) 系统组成　事务处理办公自动化系统由计算机软硬件、基本办公设备、通信设备和处理事务的数据库组成。图 2-19 为事务处理办公自动化系统结构图。

事务处理办公自动化系统可分为两种：一种是支持一个办公室业务处理的单机系统；另一种是利用计算机和通信技术组成网络系统。在办公事务处理中，最为普遍的应用是文字处理、电子排版、电子表格处理、文件收发登录、电子文档管理、办公日程管理、人事管理、财务统计、报表处理和数据库等。针对这

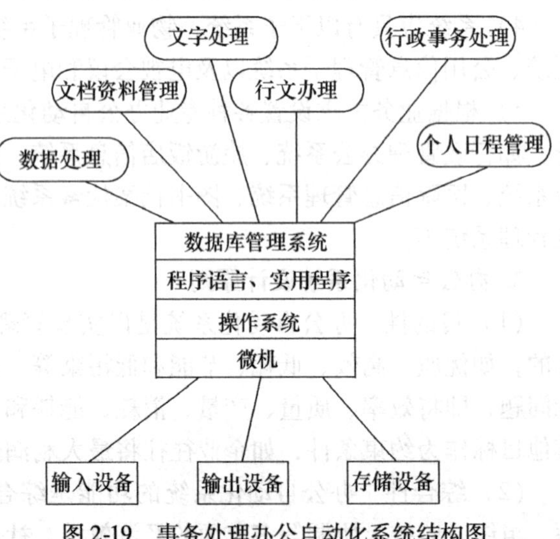

图 2-19　事务处理办公自动化系统结构图

些常用的办公事务处理的应用，可以做成应用软件包，包内的不同应用程序之间可以互相调用或数据共享，以提高办公事务处理效率。此外，在办公事务处理可以使用多种办公自动化系统，如电子出版系统、电子文档管理系统、全文检索系统、光学汉字识别系统等。在公用服务业和公司经营业务方面，逐步实现办公自动化，如售票系统、银行储蓄业务系统等。

2. 管理信息办公自动化系统

（1）系统功能　管理信息系统是把事务处理办公系统和数据库紧密结合的一种信息处理系统。管理信息系统可以对企业的各种运行情况进行测试，如利用过去的数据预测未来，从企业全局出发辅助企业进行决策，利用信息控制企业的行为，帮助企业实现其规划目标等。管理信息办公自动化系统的功能如图 2-20 所示。

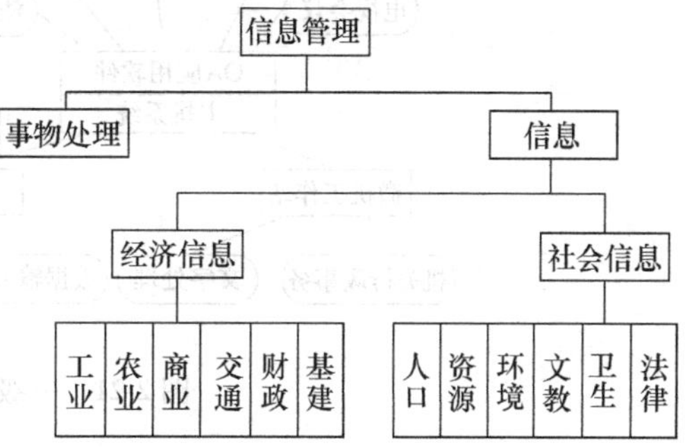

图 2-20　管理信息办公自动化系统的功能

管理信息办公自动化系统除具备事务处理办公自动化系统的功能外，还增加了管理信息系统的功能。它主要涉及政治、经济、社会发展以及行政管理信息。

信息管理是组织机构在管理和经营工作中的重要内容，无论是政府机关的行政管理工作，还是公司企业的经营业务都离不开信息管理。

（2）系统组成　管理信息办公自动化系统使各个部门之间有较强的通信能力，可实现本部门网络之间或与远程网之间的通信，其结构形式有三种：即三级网络结构、宽频带网络结构和程控交换机通信网络结构。

1）三级网络结构　三级网络管理系统结构如图 2-21 所示。大、中型计算机是系统的核心部分，处于系统结构的最高层，完成管理信息系统的主要功能。该系统在综合数据库和专业数据库的支持下，对计划、财政、建设、工交、统计等方面进行管理，从而为决策提供有利的支持；小型机处于系统结构的中层，完成对各终端和工作站的后援支持和与中心处理机的通信支持，以及办公事务处理功能；工作站和终端完成一般的文字处理和数据处理，以及数据的输入、输出和信息的查询检索功能。这种结构具有较强的分布处理能力和高可靠性。

2）宽频带局域网结构　宽频带局域网结构如图 2-22 所示。系统采用宽频带局域网将大、中型机和小型机连接起来，形成了三级网络结构。它们之间的层次关系不明显，属于隐形的三级网络结构。大、中型机和小型机以平等地位连接在宽频带局域网上。这种结构可靠性高，分布处理能力强。

3）PABX 综合通信网结构　程控交换机综合网结构如图 2-23 所示。它是以程控专用交换机为通信枢纽的综合通信网，具有安装灵活方便、可靠性高和综合通信等特点。系统可以建立一个或若干个微型机局域网，也可以不设局域网而用小型机来代替。

3. 决策支持办公自动化系统

决策支持办公自动化系统（Decision Support System，DSS）旨在帮助决策者提高决策能力和水平，提高决策的质量和效果。

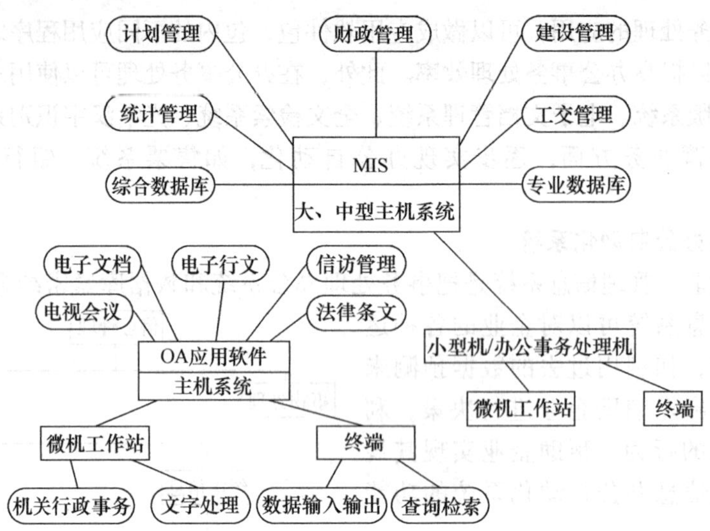

图 2-21 三级网络管理系统结构

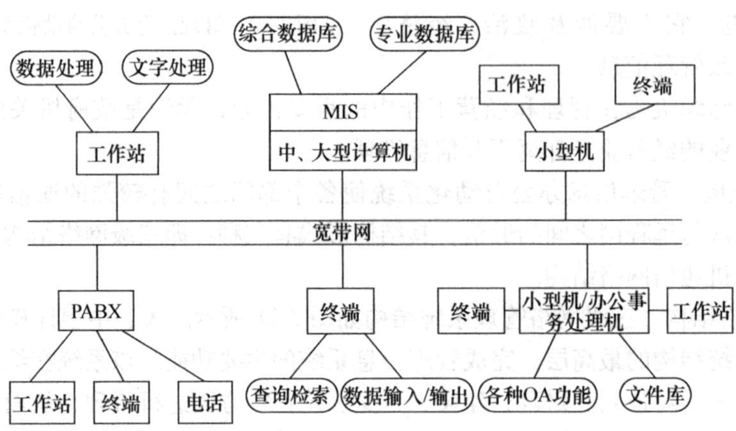

图 2-22 宽频带局域网结构

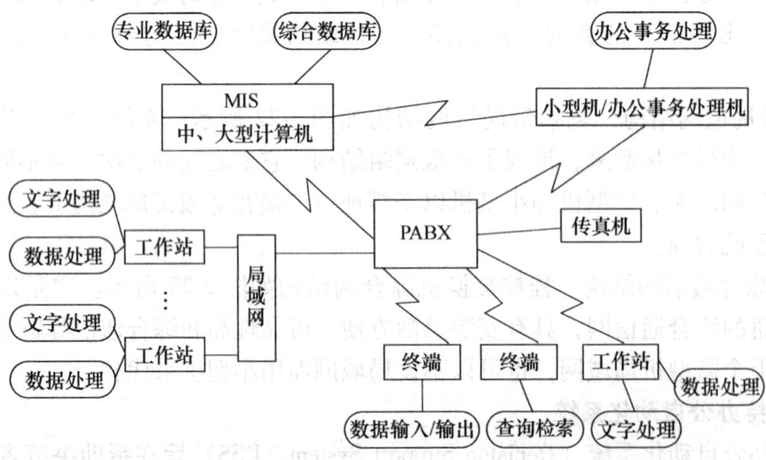

图 2-23 程控交换机综合网结构

计算机在管理中的应用已由基本业务的电子数据处理阶段，发展到全面、高效地处理事务的管理信息系统阶段（Management Information System，MIS）。由于管理的核心问题是决策，在前两种系统的基础上，信息系统必须直接面向决策，信息系统发展到了新的阶段，即决策支持系统阶段。

（1）系统功能 决策支持办公自动化系统的功能如图2-24 所示，该系统除具备事务处理型及管理型办公自动化系统功能外，还具备决策功能，在经济发展预测、经济效益预测和经济结构分析等有关国民经济和企业经济发展方面，建立决策系统的支持。与决策支持密切相关的技术是建立多种模型，包括经验模型和数学模型。

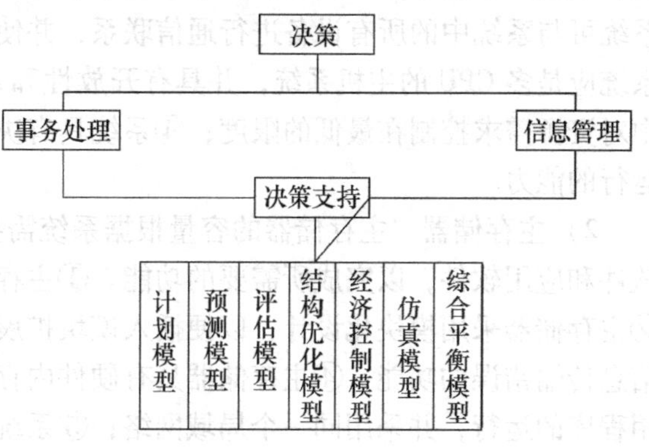

图 2-24 决策支持办公自动化系统的功能

办公自动化系统中除了低层次的事务处理外都存在决策活动，系统具有辅助决策能力的强弱反映了系统水平的高低。作为一个较高水平的决策支持系统，仅以数据库为基础是不够的，应以模型库及方法库为基础。

（2）系统组成

1）计算机软硬件及办公用基本设备 这类系统的计算机、办公用基本设备、办公应用软件与管理型办公系统基本相同，但这些设备一般在综合通信网或综合业务数字网支持下工作。

它的应用软件则是在管理信息办公自动化系统基础上，扩充了决策支持功能。在管理信息系统和办公事务处理系统的基础上，通过知识库和专家系统进行多种决策和判断，最终实现综合决策支持，如经济信息决策、经济计划决策、经济预测决策等系统，以及某一业务领域的专家系统。

2）数据库 在管理信息及事务处理办公自动化系统的基础上，加入综合数据库和大型知识库综合数据库，把各种专业数据库的资料进行归纳处理，把与全局或系统目标有关的重要数据存入综合数据库。

大型知识库主要包括模型库、方法库和综合数据库，在模型库和方法库中存放各种模型和方法。

2.4.3 办公自动化系统配置及功能

智能大厦管理信息系统的目标是提供大厦内全面、完整的综合信息，在优化处理的基础上进行预测计划和决策，使智能大厦的管理水平达到先进科学。提供大厦内各智能单元和设备之间信息和资源共享，提高生产效率和经营效益，同时，降低智能大厦的运行成本，提高系统运行效率。

1. 办公自动化系统的硬件配置要求

智能大厦办公自动化系统主要由应用网络服务器和数据库服务器等组成。应用网络服务器包括处理器、主存储器、应用管理网络服务器等，其他设备还包括磁盘存储、脱机储存器和不间断电源等。

(1) 应用网络服务器

1）处理器　支持系统同步分时运行并具有多道程序批处理功能。①系统易于功能扩展，满足未来的需求。同时，如果系统中某个硬件突然发生故障不会造成整个系统瘫痪；②系统可与系统中的所有设备进行通信联系，并使系统的所有外围设备在运行中相互配合；③系统应是多 CPU 的主机系统，并具有开放性和兼容性，可提供系统扩展功能，在扩展过程中对资源需求控制在最低的限度；④系统具有决策支持系统所需硬件配置，并具有最大限度运行的能力。

2）主存储器　主存储器的容量根据系统需要设定，同时应提供所需的响应时间、系统软件和应用软件，以完成所需要的功能。①主存储器具有足够处理与支持工作负荷的能力；②主存储器采用模块化设计，以便插入模块扩展系统功能；③主存储器具有保护与检测系统信息传输错误的功能；④主存储器具有硬件内存存储功能，以保护在多道程序运行状态下应用程序的运行，并采用同一个局域网络；⑤系统网络界面结构具有适应性，可支持所有的界面接口设备。

3）磁盘存储　系统应提供足够的磁盘驱动能力，以完成操作系统程序、应用系统程序、数据库和操作内容的存储功能及有效运行数据库存储的内部操作功能。①系统的磁盘存储量（固定的和可移动的）足以维持系统工作负荷和操作需要，系统可以提供磁盘驱动器的工作范围；②磁盘存储应能够完成所有操作信息，包括内部存储。附加的存储功能要支持必要的软件，如操作系统、开发与支持工具（如系统和程序语言、编译程序、系统软件）、数据库及其内部操作等；③磁盘存储能力是可提升的，控制器和磁盘驱动器的容量和响应将提供最大限度的数据存取和最短的信息传送时间。

系统可完成以下设定工作：磁盘存储能力、平均存取时间和数据传送率。当磁盘有故障时及时恢复文件。

4）脱机存储器　系统可提供足够空间和速度，用以制作备份文件的存储器。该存储器除了制作备份文件外，也进行某些过程处理。

系统提供工具性程序，储存和恢复所有获取的信息，或从脱机存储器获得的备份文件可按操作员设定的格式调出并且显示出来；①脱机存储器可保障最大限度地进行信息存储，并始终保持最大的信息传送速率；②脱机存储器所使用的盘（如磁盘、光盘等）是由供应商设定的，如果设定一种以上的脱机存储器，则将列出每一种脱机存储器的详细资料。

(2) 数据库服务器　系统具备适当数量的数据库服务器。数据库服务器支持关系数据库管理系统，也允许操作员调用和存取实时数据和共享历史数据资源。

1）系统的数据库服务器能够满足上述硬件及容量规划需要，并且能与局域网络集成。

2）系统应提供数据库服务器的界面接口连接设备。

2. 办公自动化系统的功能要求

(1) 管理信息系统的功能

1）支持系统软件的安装与操作。

2）允许操作员开发与运用附属的应用程序。

3）为工作站提供易于使用的人机界面图形应用系统。

4）系统软件具有结构化、模块化和实用性强的特点。

（2）网络服务器操作系统

1）操作系统支持并行处理的分布式计算机系统，可对系统进行实时和分时处理，并对多道程序运行进行批处理。

2）操作系统是开放式系统，并且能够在客户机/服务器环境下运行。

3）系统易于改进和提升，以便用户增加工作负荷，如提供决策支持系统硬件处理器。

4）在无须改变系统主要软件或对应用软件进行改变的情况下，可进行对称多重处理操作。

5）系统应保证在一种应用程序发生故障的情况下（如终止运行或由于计算原因造成过多的任务程序运行），不影响整个系统的运行。

（3）网络服务器系统功能

1）存储器管理功能　存储器管理功能包括：①存储器系统具有虚拟存储器进行高效快速分页的分段技术；②操作系统能动态地优化使用每个存储器、主存储器、辅助存储器及其外围设备；③操作系统支持 32/64 位运算；④虚拟存储器必须确保在没有界面设备与其他设备或操作系统相连接的情况下，可以同步运行多个应用程序。

2）数据库管理功能　数据库管理功能包括：①系统提供应用软件数据库所需要的调用和存取方法；②该调用和存取方法对各种存储设备是独立的；③提供固定的和可变的长度记录。

3）管理功能　管理功能包括：①系统具有综合资源管理程序，以记录与报告系统所完成的操作及资源利用情况；②系统具有综合程序和文件管理的功能；③系统具有统计、故障恢复和记录功能；④系统具有诊断程序，以分析硬件和软件发生故障的原因。

4）脱机存储与磁盘管理　脱机存储与磁盘管理包括：①系统提供数据保护功能；②系统提供附加保护功能，以防止由于磁盘反射造成硬盘发生故障。

5）安全功能　安全功能包括：①系统提供防止非授权者存取数据、操作员因操作错误丢失数据及防病毒等保护功能；②系统保证正确的信息（如报警和确认信息、系统联动操作记录等）只可读，但不可修改和重写，以防止记录或文件被篡改；③系统的任何对象都有安全功能，例如打印机、文件和文件目录等；④系统采用单一网络，而且入网时只接受一个操作员资料和密码；⑤系统提供密码编码功能，以保证密码安全。

（4）程序语言/编译程序

1）系统提供的编译程序具有诊断、程序调整、程序最优化和跟踪程序执行的功能。系统允许已连接起来的程序段用不同的语言编写。

2）程序语言/编译程序系统允许从一个工作站到另一个工作站的网络连接，无需重新编译，并提供接口。

（5）程序开发辅助手段　系统应提供以下程序开发辅助手段：①全屏幕文本编辑器；②程序生成和程序开发软件包；③交互调试程序；④为用户提供窗口图像屏幕设计，格式化程序及管理辅助手段；⑤标准程序库和子程序等。

（6）数据库管理系统　管理信息系统数据库是一个集中和分散式的关系型数据库管理系统，以便更好地应用系统，并可与数据库管理系统的实时数据库一起配合使用。

数据库管理系统应具有以下功能：

1）采用委托/重新运行技术保证所设计的系统可靠运行。

2）可实现对数据库管理系统实时数据库的调用和控制功能。

3）具有数据字典功能、数据库存储功能和数据库管理功能。

4）数据库管理系统应支持分布式数据库系统，并提供在分布式数据系统状态下所需要的软件。

5）数据库管理系统应支持在多处理和多磁盘操作情况下的并行多处理功能。

6）数据库管理系统应包括一个综合的用户特定子系统，子系统提供不同等级的特定范围，可为操作员提供不同的数据库操作等级。

2.4.4 办公自动化系统实例分析

1. 校园办公网络信息系统

校园办公网络是将各种不同应用的信息资源通过网络设备相互联接起来，形成校园区内部网络系统，对外通过路由设备接入广域网。校园网建设主要包括两部分内容：技术方案设计和应用信息资源建设。技术方案设计主要包括网络技术选择、设备选择和网络布线等；应用信息系统资源建设主要包括内部信息资源建设和外部信息资源建设等。

校园办公网络信息系统一般包括：教学、科研、办公、学习业务应用管理系统、数字教学系统、数字化图书馆系统、校园资源规划管理系统、建筑物业管理系统、校园卡应用系统、校园网安全管理系统等。

某校园办公网络信息化系统主要由校园网络中心、教学子网、办公子网、图书馆子网、宿舍子网、后勤子网等组成。系统中的局域网是数据通信系统，该网络平台提供用户所需的带宽、通信协议和管理控制要求。该校园网络的基本结构如图 2-25 所示。

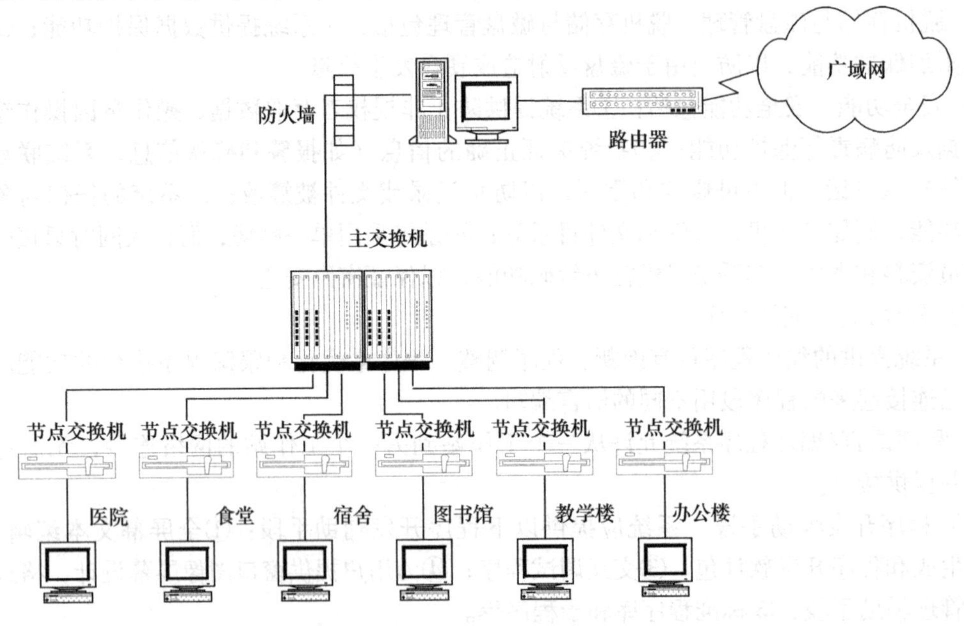

图 2-25 校园计算机网络结构

（1）校园网络中心　校园网络中心主要包括主干网络、校园网与因特网的互联、远程访问服务等。公共网络设备包括交换机、路由器、终端与网络端连接设备，如调制解调器、远程访问服务器等。

1）主干网络　主干网络一般采用高速以太网技术、FDDI、ATM 技术等，目前一般采用万兆位以太网技术。校园网的中心交换机采用智能型机箱式以太网交换机，它可选插 10、100Base-TX、100Base-FX 模块等，适用于大型主干网络和高速率、高端口密度、多端口类型的复杂网络。

2）校园网与因特网互联　校园网互联以 TCP/IP 协议为平台。局域网经过防火墙和路由器实现与广域网的连接和隔离。

3）远程访问服务　访问服务器安装在本地局域网中，为远程访问人员提供上网服务。

（2）教学子网　利用网络实现计算机辅助多媒体教学、双向教学、远程教育，如交互式多媒体课堂、电子阅览室、教师培训等。教学子网由于对速度要求较高，一般采用自适应以太网交换机，它可提供 10/100Mbit/s 交换式端口或万兆位以太网模块。

（3）办公子网　办公子网能提供物业管理、教育管理、教学评估、经营管理、金融管理、交通管理和食堂管理等方面综合服务。主要功能有文字处理、模式识别、图形处理、图像处理、情报检索、统计分析、决策支持、计算机辅助设计、印刷排版、文档管理、电子账务、电子邮件、电子数据交换、来访接待、电子黑板、电视会议和同声传译等。另外，先进的办公子网还可提供辅助决策功能，从低级到高级逐步建立办公服务的决策支持系统。

办公子网主要面向学校的各级领导及职能部门，能够实现对网络数据的查询、修改、添加、删除等操作，同时应能够满足视频传输的要求。因此，办公子网可以采用自适应集线器，它除具备普通双速集线器功能外，还专门提供了交换式端口，能为连接在该端口上的设备提供独享的 10/100Mbit/s 带宽，有效地提高了数据的传输速率。

（4）图书馆子网　图书馆子网具有图书档案管理、数字化图书馆等功能，可以实现多媒体视听图书馆、虚拟图书馆等。可采用性能优良的自适应以太网交换机，存储器可以采用光盘库。

（5）宿舍区子网及后勤子网　宿舍区子网即在学生宿舍内部联网，用以直接浏览学校发布的信息及查阅电子文档资料。后勤子网覆盖范围较大，主要有食堂消费、医疗费用等智能卡计费系统。由于宿舍子网和后勤子网对带宽的要求并不高，可以采用 10/100Mbit/s 自适应集线器或交换机。

2. 酒店办公网络信息系统

酒店办公网络信息系统主要用于酒店预订及连锁经营管理。主要功能包括：前台和后台计算机管理；预订、收银、财务、报表、查询和 Email 邮件管理；Internet 应用等计算机综合管理。

某酒店办公网络系统结构如图 2-26 所示。

（1）系统设计要点

1）网络结构　酒店网络系统主体设计采用星形局域网结构。

所有网络系统线路由中心机房出发，通过管道到用户端。中心机房处的线路用配线架进行端接，用户端的线路通过信息插座进行端接。由于布线系统的拓扑结构是星形网络结构，所有线路的网络设备均设在机房配线柜中，可以方便地控制上网的数目、位置及处于的网段。由于每个站点到网络设备均是独立的线路，因而每个站点、端口响应及故障均不会影响

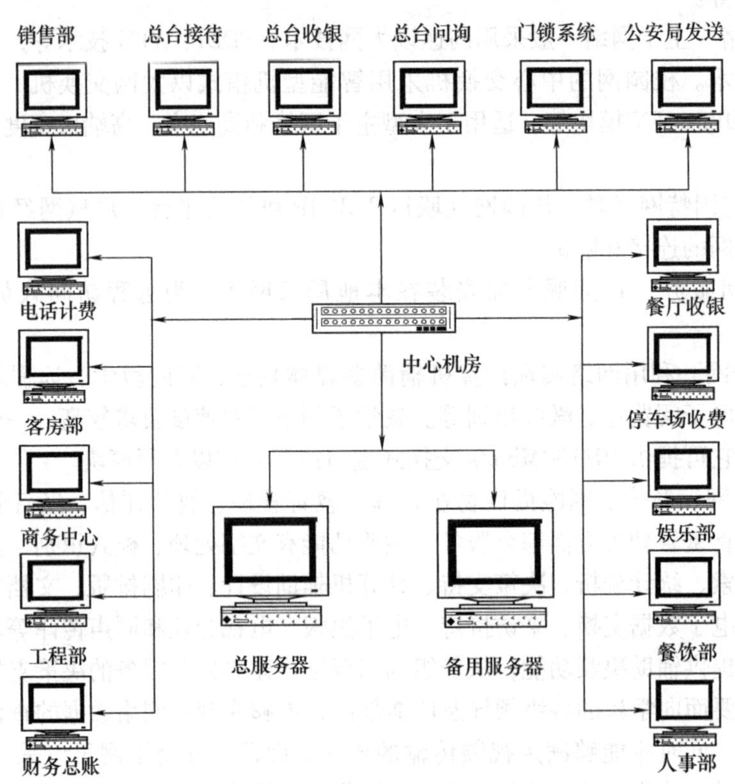

图 2-26 酒店办公网络系统结构

到其他站点。

2）网络服务器　网络服务器是整个系统的心脏，它的运行情况直接关系到系统的稳定性。因此，主服务器应选择著名品牌专用服务器，如 DELL、HP、IBM 等。

3）网络工作站　网络工作站是系统的重要组成部分，主要负责数据的采集和加工处理等工作，它是各部门基本的工作单元，每个工作站内存配置达到 512MB 以上，以保证和提高系统的运行效率。

4）接口模块　主要接口包括：一卡通接口、电话计费接口、Internet 计费接口、VOD 视频点播接口。

①电话计费：每个房间电话自动计费和自动记账。结账时统一付费。

②VOD 视频接口：与酒店 VOD 系统连接，客户 VOD 消费自动记到其账单下。

③Internet 计费接口：对商务客房所提供 Internet 上网计费账户的管理。

④一卡通接口：通过与酒店 IC 卡/磁卡门锁连接实现一卡通管理，凭 IC 卡/磁卡在酒店实现挂账消费，统一结算，并实现内部 IC 卡/磁卡管理。也可实现酒店发行的消费卡功能。

(2) 系统功能

1）营销管理

①客人资料档案管理：当客人第一次来店或住店，为其创建一个新的客人历史档案，记录客人的相关信息。

②团队信息管理：包括管理团队档案信息、团队预订信息、团队消费信息、团队物品管理和团队价格等。

③事件管理：包括事件跟踪、客户要求和全程服务。

2）预订管理　包括客房预订、餐厅、娱乐厅预订和会议室预订等。

3）总台收银管理　包括预付金、房间结账、复式记账模式、团体结账、不退房结账、交易审核、快速挂账、自动挂账、特殊付款、自动转账和欠账管理等。

4）客房管理　包括房态管理、客房查询、洗衣管理、耗品管理和出租管理等。

5）餐饮、娱乐管理　包括餐厅点菜、灵活的打折管理、特色菜、计时收费和多卡管理等。

6）经理决策系统　包括客源分析、收入分析、国籍分析、房价分析、客房分析、团队分析和业绩查询等。

7）电话计费　包括自动计费、话单录入、话单查询、话费管理和客人查询等。

8）系统管理　主要包括数据备份、日志管理、操作员管理、站点管理和网络监视等。

3. 期货交易所办公自动化系统

期货交易所每天的成交额在数亿元以上，其分支机构及会员单位遍布全国或世界各地，每天除了产生大量的行情数据外，还要进行公文发布、内部资料会员信息及综合信息的传递。为了实现信息的快速传递、历史数据的管理及查询，提高期货业务操作的效率，根据期货交易所全国范围的辐射区域及期货业务管理方面的功能需求，设计了期货交易所办公自动化与业务管理系统，简称期货交易所 OAS 系统。

（1）系统网络体系结构　期货交易所 OAS 系统网络体系结构分为系统总体网络、主所系统网络和分所系统网络三个层次。

1）总体网络结构　期货交易所 OAS 系统总体网络结构如图 2-27 所示。主所和各个分所各配置一台 OAS 主机，与主机构成群集结构。

OAS 主机作为 Web 服务、E-mail 服务及其他业务的服务器。期货交易所的工作人员和其他会员可通过 Intranet 网络进行数据存取，如查询行情、各种消息、历史数据、通知和资料等，并可在 Intranet 网络上进行各部门的内部业务处理。

系统采用 HP9000/800 系列小型机作为 Internet 服务器，以实现期货交易所内部的 Intranet 网络信息处理功能。Internet 服务器分为 Web 服务器、E-mail 服务器、防火墙服务器、代理服务器和应用程序服务器。

Internet 服务器由 HP－UX 提供标准的 TCP/IP 协议支持，可以和其他厂商实现上述协议，在 UNIX 平台进行联网通信。

Web 服务器在 HP9000/800 系列小型机上运行 Web 服务软件，可方便地建立期货交易所的电子出版物和公告板等。可供本地或远程 PC 通过网络使用 Web 浏览器查询所需的信息。

防火墙服务器在 HP9000/800 系列小型机上运行防火墙服务软件，可阻止非授权的用户存取期货交易所网络数据，保护网络安全。

代理服务器在 HP9000/800 系列小型机上运行代理服务软件，在代理服务器与国际 Internet 网相连时，将其与期货交易所网络隔开，即将内部的网络地址隐藏。

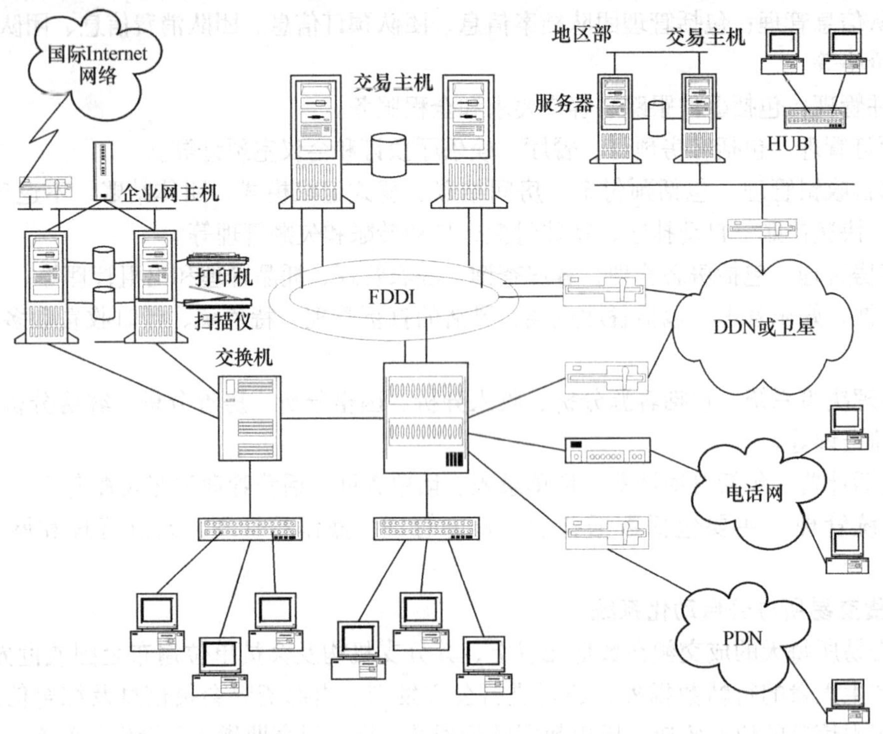

图 2-27 期货交易所 OAS 系统总体网络结构

E-mail 服务是在 HP9000/800 系列小型机上运行 HP OpenMail 软件，该软件遵循 X. 400 国际标准，实现多媒体电子邮件功能。

应用程序服务器的作用是运行在 HP9000/800 上的数据库系统，以及处理各部门业务的应用系统。

2）交易所主所系统网络结构 期货交易所 OAS 系统主所网络结构如图 2-28 所示。

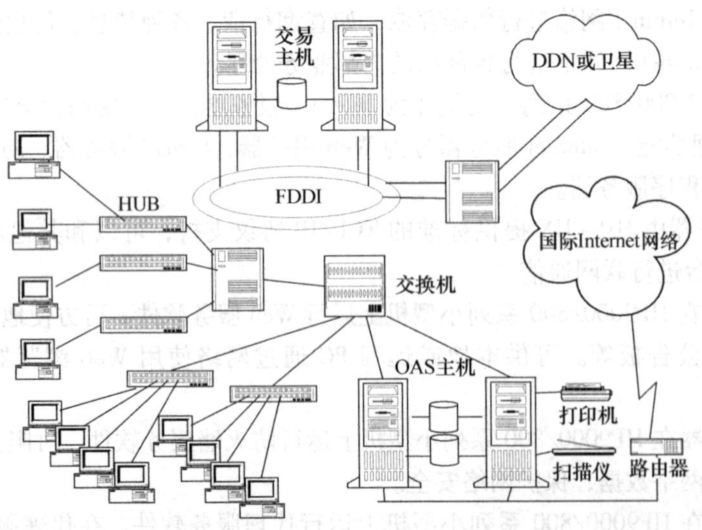

图 2-28 期货交易所 OAS 系统主所网络结构

该系统采用两台 HP9000/800 小型机用作 Intranet 和办公自动化 OAS 系统主机，作为 Web 服务器、E-mail 服务器、数据库服务器和应用程序服务器，此外，有一台 HP9000/800 主机用作防火墙服务器和代理服务器。通过这台主机可以方便地与国际 Internet 网相连，使期货交易所内部网络中的站点可以随时查找 Internet 网上的信息，同时，又可以保证期货交易所内部网络免受其他非法用户的侵害。

3）分所网络结构　在期货交易所的分交易中心，配有 HP9000/800 系列小型机，与原有的交易机互联，构成群集结构。

分所设有交易主机，实现交易主机与 OAS 主机的热备份，保证交易业务的可靠与正常运行。如果交易主机发生故障，则交易系统立刻切换到 OAS 主机上，保证交易系统不间断运行。网络设备充分利用交易系统网络的功能，在不增加新网络设备的情况下即可满足分所的 OAS 系统需求。

同时，OAS 主机配置 Internet 软件，使分所的 OAS 主机也具有 Web 服务、E-mail 服务和 OAS 应用程序服务等功能，存储分所相关信息与数据，供相关工作人员查询使用。

（2）系统的功能　期货交易所 OAS 系统功能如图 2-29 所示。主要包括日常事务处理、业务管理、电子邮件处理、Internet 和日程管理 5 个方面。

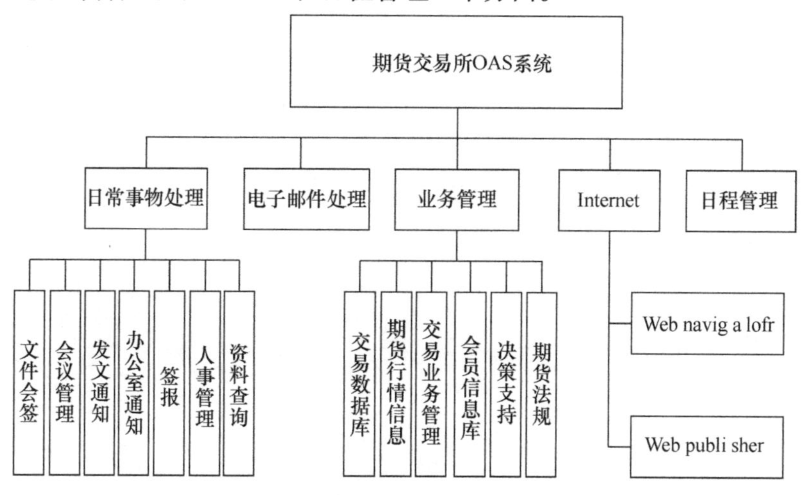

图 2-29　期货交易所 OAS 系统功能

1）日常事务处理　日常事务处理主要处理期货交易所内部的办公事务，如文件会签、签报、会议管理、业务部门发文通知、办公室通知、人事管理、资料查询及请示汇报等。针对各子系统中的每一个模块，将用一个或多个 Notes 数据库来实现，这些模块包含许多工作流处理和控制功能。

2）业务管理　期货业务管理子系统主要管理交易信息与数据、期货行情信息、交易所业务管理、会员信息、决策支持和期货法规等。各子系统主要提供信息共享与查询功能。每个数据库都是一个专门设计的 Notes 数据库，提供足够的信息和方便快捷的查询手段。

3）电子邮件处理　利用 Notes 本身提供的功能完善的邮件系统，可以在期货交易所各部门、员工之间，期货交易所与外界（如会员）之间方便地相互传送信息，用户对邮件可以进行电子签名及加密，并能设置其优先级等。

4）Internet 用户可在 Notes 中直接通过 Internet 接发邮件，并能方便地浏览 Internet 上的信息。

通过 Notes 来使用 Internet 的好处是不需要为 Notes Client 设置 IP 地址，即 Notes 客户端不需安装 TCP/IP 就可通过 Notes 来使用 Internet。另外，可以利用 Notes 提供的安全保密性来管理系统。

5）日常事务管理 除了日常办公事务和信息处理功能外，另一个重要的功能是日程管理，它可将个人工作计划、通信录和待办事宜等进行有效的管理。

思 考 题

1. 办公自动化系统的构成与功能是什么？
2. 办公自动化系统常用设备有哪些？

第 3 章　通信自动化系统

通信自动化系统是智能建筑的中枢神经系统，主要包括电话通信、计算机网络、卫星电视和闭路电视接收系统等，它是实现建筑物与外界联系，获取信息、感知外部世界、加强信息交流的关键系统。通过该系统中的电话、传真、可视电话、计算机等设备，可以实现高速信息传输，可连接多种通信终端设备，以确保建筑物内数字、文字、声音、图形、图像和电视等信息的高速传输。

3.1　通信自动化系统的构成

智能建筑的通信自动化系统主要有两个功能：一是支持各种形式的通信业务；二是能够集成不同类型的办公自动化系统和楼宇自动化系统，形成网络并进行统一管理。通信自动化系统的组成如图 3-1 所示。

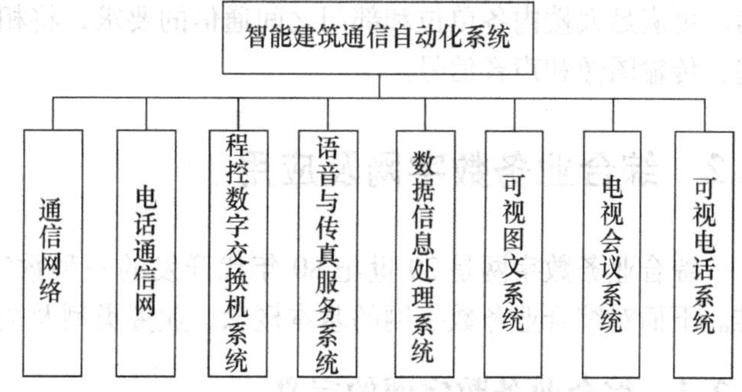

图 3-1　通信自动化系统的组成

系统的主要功能描述如下：

1. 通信网络

通信网络主要用于传输信息和共享资源。常见的网络形式有局域网、城域网、以太网、令牌环网、令牌总线网、FDDI（光纤数据分布接口）、ATM 网、Intranet 等。以太网是常用的一种局域网，目前有 10Mbit/s、100Mbit/s 快速以太网和千兆以太网等类型。

2. 电话通信网

电话通信网指在本地网和长途网上开展电话业务的一种业务网络，主要由电话终端设备、传输链路和电话交换设备组成。

电话网分为公共电话网和专用电话网。专用电话网是某些部门系统内部为业务联络、指挥调度、保密专用等建设的网络。公用电话网按网络等级结构分为国际电话网、国内长途电话网和本地电话网。

3. 程控数字交换机系统

程控数字交换机按用途可分为市话、长话和用户交换机。程控数字交换机系统是集数字通信技术、计算机技术、电子技术为一体的集散控制系统，可在建筑物内实现用户之间语音、数据、图像、宽带多媒体业务以及移动通信业务。

4. 语音与传真服务系统

语音与传真服务系统是在公用电话网上向用户提供存取语音信息、图文传真的服务系统。该系统主要包括语音信箱系统、电话信息服务系统、综合语音信息平台系统等。

5. 数据信息处理系统

数据信息处理系统包括信息处理系统、电子数据交换、电子信箱以及传真存储转发系统，主要完成数据信息的处理、交换、存储和转发等功能。

6. 可视图文系统

可视图文系统利用公用电话交换网和公共数据分组交换网以图像通信的方式向智能建筑内用户提供公共数据库和专用数据库中的各类信息，以满足用户最大范围共享信息资源的要求。

7. 可视电话系统

可视电话系统是利用公用电话线路的会话型图像通信模式。利用这种通信系统可实现图像与语音信息同时传输。可视电话是一种小型图像通信终端，这种系统使用简单，无需特殊线路，而且价格相对低廉。

8. 会议电视系统

会议电视系统是一种以视觉为主的交互式多媒体图像通信系统。它利用通信及电子技术进行本地区或远程地区点对点之间或多点之间双向视频、双向音频、数据等交互式的实时通信。可满足大楼内各单位和部门之间通信的要求，将相隔两地或几个地点的会议室连接在一起，传输图像和声音信号。

3.2 综合业务数字网及应用

综合业务数字网是20世纪80年代开发的一种数字网络，目前已形成较完善的国际标准。下面对综合业务数字网的基本概念、业务类型及关键技术进行简单介绍。

3.2.1 综合业务数字网的定义

综合业务数字网（Integrated Services Digital Network，ISDN）是在综合数字网（Integrated Digital Network，IDN）的基础上发展起来的一种能提供数据连接的网络，它能提供包括语音和非语音等多种电信业务服务。

综合数字网IDN是由数字传输、数字交换和共路信令组成的电话传输网，其系统组成框图如图3-2所示。

图3-2 IDN系统组成框图

综合业务数字网ISDN是在IDN基础上改进形成的，它把电话、电报、传真、数据、图像、计算机等不同源的电信业务合并在一个网内进行传送和处理，实现了交换局之间的数字化，同时实现用户二级双向数据传输，它是综合数字技术和综合电信业务互相结合的电信网络，其组成框图如图3-3所示。

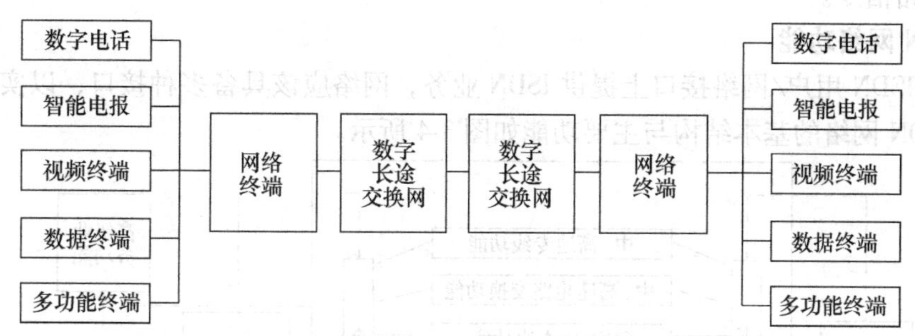

图 3-3 ISDN 网组成框图

综合业务数字网 ISDN 具有以下特点：

1）ISDN 是一种可提供多种业务的电信网络。

2）ISDN 是一个开放式网络结构，采用开放系统互联分层原则，易于网络扩展。

3）ISDN 除具有电路交换外，还具有分组交换和非交换的专线业务。

4）ISDN 可在网内实现端到端的数字连接，因此，该网络具有综合多种业务的能力。

5）ISDN 的用户终端设备和网络组成可以分别开发，网络可用不同方式向用户提供各种业务。

6）ISDN 网络具有数字信号的优点，其可靠性高，差错和流量可以控制，并且容易实施系统加密。

7）在一条用户线上提供各种通信业务，例如电话、数据、可视图文、可视电话、传真机、电子信箱、会议电视和语音服务等。

3.2.2 ISDN 网络组成及功能

1. ISDN 网络组成

ISDN 网络通常由三部分组成：即用户网、本地网和长途网。

用户网指用户所在地的用户设备和配线，在 ISDN 系统环境下，用户的进线方式比电话网用户要复杂得多，一般的用户网具有三种结构。

（1）总线结构　当同一用户拥有多种终端时可采用总线结构。此时多个终端被连接在一条无源总线上，享有相同的用户号码。此方式在一条 2B + D 基本速率用户线上可以同时开通电话、数据和传真等多种业务，由于是无源总线方式，用户终端可以根据需要来配置，不需要网络控制，这种方式具有连接电缆最短、能够实现多种通信功能的特点。

（2）星形结构　星形结构通过用户交换机和 ISDN 终端直接通过参考点接入网络。这种方式适合于语音与数据业务的综合，具有用户终端独立运用、集中控制、维护与管理方便、易于网络扩展等特点。

（3）网状结构　网状结构由一组环路数字节点和环路链路组成，具有网络接口简单、分散控制和容量均等分配等特点，在过载的情况下系统也能稳定地工作。

本地 ISDN 的建设是以 ISDN 端局为基础的，可以为用户提供 ISDN 业务的主要部分。实现 ISDN 功能需要在用户到端局之间使用 ISDN 用户信令。在 ISDN 端局之间或端局到汇接局之间采用共路信令。

2. ISDN 网络功能

为了在 ISDN 用户/网络接口上提供 ISDN 业务，网络应该具备多种接口，以实现各种电信业务。ISDN 网络的基本结构与主要功能如图 3-4 所示。

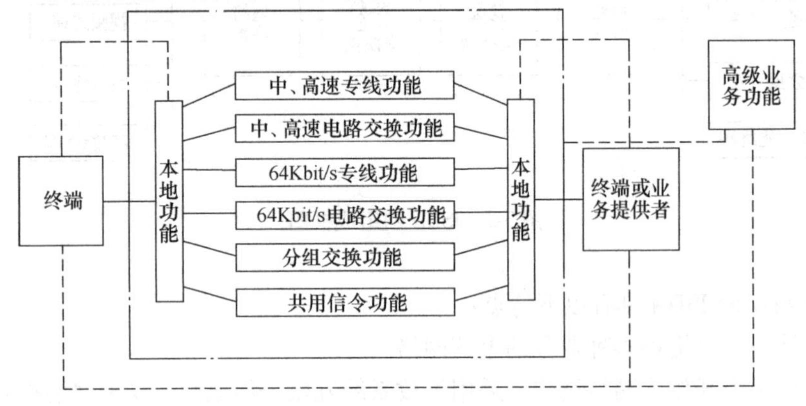

图 3-4　ISDN 网络的基本结构与主要功能

(1) 电路交换功能　在 ISDN 网络中，电路交换功能的基准传输速率是 64Kbit/s 及 2 × 64Kbit/s 和 384Kbit/s。

(2) 分组交换功能　分组交换与电路交换不同，它是将用户发来的一整份报文分割成若干定长的数据块（即分组），使这些数据块（分组）以存储转发方式在网内传输。

分组信息载有接收地址和发送地址的标志，在传送数据分组之前，首先选择路由器建立通路，然后依序传送，即在终端之间不需建立固定的物理通路。ISDN 网络可以实现数据分组交换功能。

(3) 专线功能　专线功能是指不利用 ISDN 网内的交换功能，而是利用分散在各地分支的小交换机相互连接起来，形成本单位的专用网络，从而为企业和机关团体服务。

(4) 共路信令功能　共路信令是完成 ISDN 呼叫控制功能的信令系统，它将信息通路与信令通路相分离，在信令通路上完成 ISDN 基本业务和补充业务的控制。

3.2.3　ISDN 用户/网络接口

ISDN 用户/网络接口指网络用户与网络本身之间的联络通道，通过它实现在一个网络中使用端到端的数字连接，提供语音和非语音的多种综合业务。ISDN 用户/网络接口是 ISDN 的关键技术，在 ISDN 技术发展中起到了重要作用。

1. 用户/网络接口

(1) 接口具有通用性　ISDN 用户/网络接口能够在接口的传输容量范围内提供任意速率的多种业务功能。

(2) 可扩展多个终端　一个 ISDN 用户/网络接口可连接多个终端，而且不同的终端能同时使用。

(3) 终端具有可移动性　终端设备能通过系列插头和插座连接到终端接口。

2. ISDN 用户接入参考点配置

ISDN 用户接入网络的参考点配置图如图 3-5 所示。主要由终端设备、网络终端设备、终端适配器和线路终端设备 4 部分组成。其中 R、S、T、U、V 是参考点，R 是终端适配器和非 ISDN 终端设备的分界点，T 是用户和网络的分界点，V 是线路终端和交换终端的分界点，S 位于终端设备和网络终端设备之间，U 是网络终端设备的接口点。

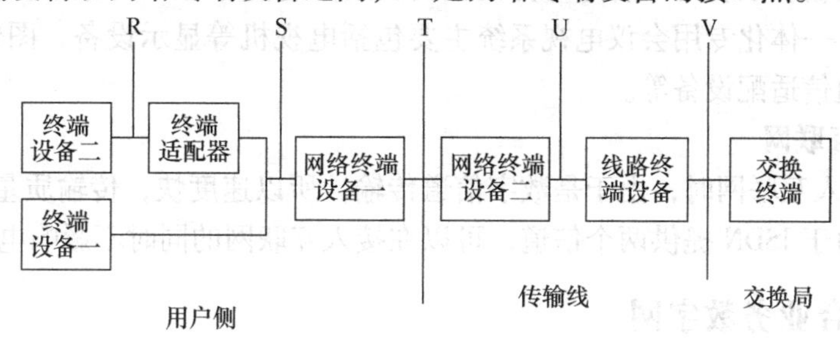

图 3-5　ISDN 用户接入网络的参考点配置图

（1）终端设备　ISDN 可允许两类终端接入网络。在图 3-5 中，终端设备一为 ISDN 标准终端设备，即符合 ISDN 接口标准的用户设备，例如数字电话机和 4 类传真机；终端设备二为非 ISDN 终端设备，它包含了现有通信网中的终端设备（如模拟话机），例如，具有 RS-232 物理接口终端和具有 X. 25 接口的终端，也可以是其他终端设备。

（2）网络终端设备　网络终端设备主要有两种。在图 3-5 中，网络终端设备一完成用户线传输电路终端和用户网络接口第一层终端的连接，具有维护、检测、时钟同步、供电、多路复用及接口等功能；网络终端设备二具有交换和集成、第二、三层协议处理、终端接口和维护等功能。

（3）终端适配器　它将非 ISDN 终端设备（如模拟电话机）转接到网络中，并能进行速率适配和规程变换。

（4）线路终端设备　它是用户环路和交换局之间的端接接口设备，具有交换设备和线路传输端接的接口功能。

3. 2. 4　ISDN 的应用

ISDN 开展的业务主要有数字电话、传真、会议电视和高速接入互联网等。

1. 数字电话

在 ISDN 中的电话业务是端对端的数字传输。因此，一般采用含有数字电话功能的多功能终端。

2. 可视图文

可视图文是交互式双向通信业务。利用交换网络将计算机中心与可视图文终端连接起来，用户可通过键盘发出命令向数据中心索取数据、图形和文字等信息，数据中心根据用户需求提供所需信息。

3. 传真

经过扫描把连续的光信号转换成数字电话信号即为数字传真。目前，三类和四类传真机为数字传真机，其中 4 类传真机的传输速率为 64Kbit/s，具有接入 ISDN 的能力。

4. 会议电视

采用计算机预测编码技术，将拍摄到的图像信号进行数字压缩，在 64Kbit/s 的信道上同时传输图像和语音信号，利用这个系统可以通过各种信息终端进行图像和语音双向通信。

基于 ISDN 的会议电视系统可分为两种类型，即小型桌面视频会议系统和一体化专用会议系统。小型桌面会议系统是在普通计算机上安装图像编辑解码卡、通信卡和相应软件，使之成为会议终端。一体化专用会议电视系统主要包括电视机等显示设备、图像编解码设备、远程适配设备和通信适配设备等。

5. 高速接入互联网

采用 ISDN 接入互联网时，由于是数字信道传输，所以速度快，传输质量明显优于普通模拟电话线路。由于 ISDN 提供两个信道，可以在接入互联网的同时不影响电话的使用。

3.2.5 宽带综合业务数字网

1. 基本概念

宽带综合业务数字网（B-ISTN）是在电话数字网的基础上发展起来的电信网，该网络能够提供用户间端对端的数字连接，并同时承担电话和多种非话业务。

以前的电话网、高速传真数据网、广播电视网等是互不相通的网络，不同的业务就要连接在不同的网上完成，既不方便又不经济。综合业务数字网克服了这一缺点，其主要特点是以一对用户线为用户提供可供电话、传真、数据图像和电视广播等多种业务终端复用的多条通道，实现双向数字复用，可降低成本。

综合业务数字网根据所传输和交换的频带宽度可分为窄带综合业务数字网和宽带综合业务数字网。窄带综合数字业务网是在 64Kbit/s 基础上把各种业务综合在一起的通信网。而宽带综合业务数字网的传输、交换频带要比它宽得多，它是一种可支持多种速率，从语音、数据到视频业务的综合业务数字网，可以进行高清晰度电视、可视电话、视频点播、远程教育、高速数据传输等宽带业务。

2. B-ISDN 技术

同步转移模式是以时分交换和复用为基础的，因此，只适用于固定传输速率的连续型业务，主要在窄带 ISDN 中应用。

异步传输模式是一种快速分组交换、面向分组的转移模式。采用异步时分复用技术，将信息分解和包装在固定长度但较小的信息分组中，从而具有灵活分配带宽和高效复用等特点。这些信息分组称为信元，同时，ATM 中采用了电路交换中面向连接的通信方式，保证了信息的顺序性。

3. 基本特征

（1）高速化　B-ISDN 能使用户以 150Mbit/s 的速率传输数据。传输速率为 1000Mbit/s 数据信息网络，可满足的高速数据传输、高速文件传输、可视电话、会议电视、宽带可视图文、高清晰度电视及多媒体功能终端等业务需要。

（2）数字化　B-ISDN 是全数字化网络，包括数字化终端设备、数字化用户环路和数字化传输干线。无论是语音、文字、数据还是图像都可以在网络上传输。

（3）综合化　B-ISDN 是一种全方位、多功能的信息传递网络，除了传送电话等传统电信业务外，还能传送各种宽带业务，包括可视电话、会议电视、高速数据传输和检索型宽带业务、闭路分配型宽带业务和广播型分配宽带业务等。

（4）标准化　B-ISDN 能向用户提供一组标准的多用途入网接口，不同业务的终端可以通过同一接口入网。

4. B-ISDN 网络结构

B-ISDN 的发展可分为三个阶段：

1）第一阶段主要由三个网络组成。第一个网络是以电话交换接续为主体并把静态图像和低速数据综合为一体的电话交换网，主要以电话业务为主。

第二个网络是以存储交换型的数据通信为主体的分组交换网。分组交换网把信息分割成称作"信息包"的小单元进行传输和交换，具有灵活多元业务量的处理特征。

第三个网络是以异步传输方式组成的宽带交换网，它以电路交换与分组交换技术为基础。这种网络能够实现语音、高速数据及图像的综合传输。

2）第二阶段是 B-ISDN 的协议和用户/网络接口已标准化，光缆进入家庭，光交换技术广泛应用。此时的 B-ISDN 能提供包括具有多频道的高清晰度电视在内的宽带业务。

3）第三阶段是 B-ISDN 中引入智能管理网，由智能管理网的控制中心管理三个基本网络组。第一个网络是电路交换与分组交换组成数字综合传输网络，第二个网络是异步传输模式组成的数字综合传输宽带网络，第三个网络是采用光交换技术组成的多频道广播电视网。

3.2.6　利用通信卫星的 ISDN

1. 概述

ISDN 要提高其通信能力就需要利用通信卫星的优点，实现 ISDN 的最佳化和全球化。卫星通信的特点是覆盖地域广，通信距离远，点对多点的互联及广播能力，建设时间短，设备成本低等。特别是对于不发达地区，卫星是直接跨入 ISDN 的最合适的工具。卫星在未来的 ISDN 发展中主要有两方面的作用：

1）ISDN 网内提供两点或多点信息传输。

2）提供用户/网络和网络/网络接口时，基于卫星系统可以构成 ISDN。

卫星通信的主要弱点是传播时延过长和回声干扰，必须进行适当处理才能满足 ISDN 的要求，主要有两个方面：

1）建立适合于卫星线路传输的标准与规约。

2）采用适当的多址与交换方式。

2. 卫星系统在 ISDN 中的作用

ISDN 可分为三个主要部分：

第一部分为各种终端设备组成的用户网络。

第二部分为本地连接网络。

第三部分为由多个交换点和传输网络组成的运输网络。按此划分，卫星系统的主要作用有以下方面：

1）作为 ISDN 运输网　利用转型卫星通信系统或更大地球站构成的卫星通信网，可作为 ISDN 的运输网，其中可能出现两种情况：

① 过渡型或混合型：中心网络既有非 ISDN 的普通电话系统用户，又有基本接续用户。在向 ISDN 过渡的过程中，既可在部分地区进行 ISDN 业务，又可兼顾原有的非 ISDN 业务。

一旦新的 ISDN 运输网络建立，则该卫星设施可改作新设施的备份，也可作为旁路设施处理拥塞节点的溢出业务，从而提高网络的服务水平和全网的经济性。

② 提供专用 ISDN：地球站与专用小交换机连接，为某些商业用户在其工作场所布置和使用综合业务工作站。

2）利用 VSAT 系统作为本地网和运输网　安装在用户处或其附近的 VSAT 可提供本地网和运输网的功能，并能支持基本接续和初始接续业务。对现有的某些 VSAT 经适当修改其传输速率和信令规约，可支持 ISDN 提供的大部分业务，且通过网关完成必要的转换之后再接入符合 CCITT 标准的 ISDN。

3）提供一端（用户—用户）ISDN 业务　利用高级卫星（ADSAT）和新一代 VSAT 能够形成独立的 ISDN，取代某些地面 ISDN。实际上，利用现有的地面站和卫星技术就可提供多地址、用户—用户（或用户机）业务。若使用具有多波束的高级卫星，则在提供 ISDN 业务方面其经济与技术效益更高。

3. 应用举例

图 3-6 是卫星和地面 ISDN 综合的系统工作原理图。

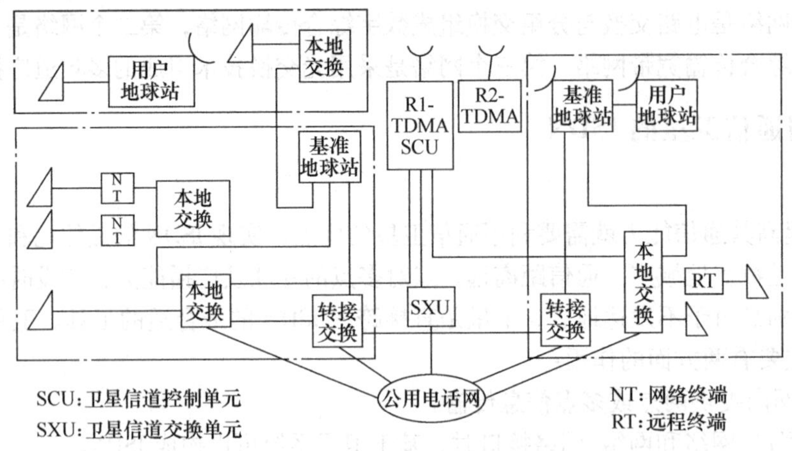

图 3-6　卫星和地面 ISDN 综合的系统工作原理

（1）系统及网络控制　该系统是提供 ISDN 业务传输的卫星通信系统，系统由 64 座 TDMA 地面站组成，它与地面线路结合分工合作，大量的固定业务由地面线路传送，少量的动态时间变化的业务由按申请的分配卫星通信系统传送。

卫星系统工作频率为 20/30GHz，由图 3-6 可见，为了建立 B 信道或用户线，要求卫星信道采用按申请分配方式。由于卫星信道供许多传输网络共用，为了避免分配冲突和提高信道的利用效率，系统由控制中心集中控制。控制中心包括卫星信道交换单元（SXU）和卫星信道控制单元（SXU）。SXU 向地面交换局发射或接收其呼叫控制信号，SCU 在发端和收端业务之间分配并建立卫星信道，网络中的呼叫来自 ISDN 终端。卫星信道是实时分配的，一旦通信结束则立即释放。如某个卫星系统应用在几个不同的地面部分，就有可能产生多跳连接，为避免出现此现象，必须保证在发端交换局相接的地球站与最靠近终点的终端交换局相接的地球站之间分配卫星信道。即该系统既有动态信道分配功能，又有动态选择路由功能。

(2) 用于 ISDN 的时分多址（TDMA）结构　当传输容量大于单载波（或转发器）TDMA 系统时，必须用多个 TDMA 系统的复合来满足较大的业务量。因此，可通过安装多个独立的 TDMA 系统或协同（同步）的 TDMA 系统来实现。用基准站控制所有卫星通信系统运行的业务，可以避免双跳卫星传输。通信分帧是实时分配工作的，因此，转发器跳变的控制信号必须由 TDMA 设备实时地提供给射频单元，按分帧分配（时隙和载频）信号来改变上下变频器的频率。

这样，ISDN 业务的帧格式既能适应按申请分配的要求，又能适应动态转发器跳变。这里，帧结构以 64Kbit/s 数据分帧和同步分帧为基础。同步分帧时隙在转发器上是交错排列的。一个基准 TDMA 设备可对连接该 TDMA 系统所有业务终端实现同步控制。所以，除用一个 TDMA 终端同时传送多个（复合）分帧外，任何业务均可分解为单个 64Kbit/s 的数据分帧，使用任何分配的频率和时隙传输。

3.3　电话机系统工程

3.3.1　概述

电话系统是各类建筑物必须设置的系统，它为智能建筑内部各类办公人员提供了快捷便利的通信服务。电话系统主要包括用户交换设备、通信线路网络和用户终端设备三大部分。在智能建筑系统中，独立电话系统的用户交换设备一般采用程控数字用户交换机或虚拟交换机，其通信线路网络采用综合布线或者常规线路传输系统，用户终端设备包括电话机、传真机等，用户终端设备通过接入程控用户交换机市话中继线连成全国乃至全球的电话网络。

3.3.2　电话机工作原理

电话通信是通过声能与电能相互转换，并利用电作为媒介来传输语言的一种通信技术。两个用户要进行通信，最简单的形式就是将两部电话机用一对线路连接起来。

电话机发展经历了从磁石式到供电式、模拟式到数字式、有线电话到无线电话等过程，其基本原理如下：

电话机中的送话器和受话器分别实现声电和电声的转换。通常送话器由振动膜片、碳粒和两个电极组成。当有声音作用在膜片时，声音的压力使碳粒的电阻发生改变，进而使回路电流产生相应的变化。常用的受话器为电磁式，用来将声音的电流信号转换为声音，它由磁铁、线圈和振动膜片组成。当线圈中有声音电流通过时，就会产生相应的磁力使膜片振动引起声波，恢复声音信号。

电话的工作原理如图 3-7 所示。

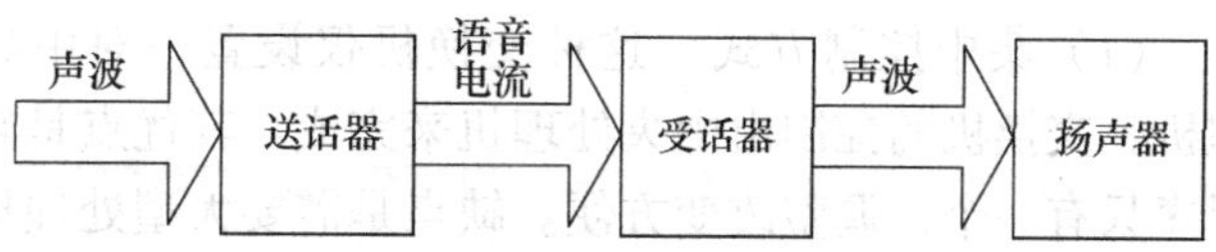

图 3-7　电话机工作原理

电话的工作原理如下：

1）当发话者拿起电话机对着送话器讲话时，声带的振动激励空气振动形成声波。

2）声波作用于送话器上，使之产生电流，称为语音电流。

3）语音电流沿着线路传送到对方电话机的受话器内。

4）受话器作用与送话器相反，即把电流转化为声波，通过空气传至人的耳朵中。此外，通过互联网也能可以打普通电话，这种技术的关键是服务供应商要在互联网上建立一套完善的电话网关。所谓电话网关是指可以将 Internet 和公共电话网连接在一起的电话系统，其一端与 Internet 连接，另一端是电话系统（IP 电话）。当用户上网后，使用专用的网络电话软件，可以通过传声器和声卡将语音进行数字化压缩处理，并将信号传输到离目的地最近的电话网关，电话网关将数字信号转换成可以在公共电话网上传送的模拟信号，并接通对方电话号码，双方就可以通过互联网电话网关通话。

3.3.3 程控交换机

程控交换机的全称为存储程序控制交换机（与之对应的是布线逻辑控制交换机，简称布控交换机），也称为程控数字交换机或数字程控交换机。程控交换机利用计算机技术完成控制和接续等工作。通常专指用于电话交换网的交换设备，它以计算机程序控制电话系统的正常运行。

数字程控交换机分为长途交换机和本地交换机。另外，还有专用于信令网和智能网等类型。数字程控交换机的基本功能是用户线接入、中继接续、计费和设备管理等。本地交换机自动检测用户的摘机动作，给用户的电话机回送拨号音，接收话机产生脉冲信号或双音多频信号，然后完成从主叫到被叫号码的接续。在接续完成后交换机将保持连接，直到检测出通信的一方挂机为止。

1. 程控交换机的优点

（1）技术上的优越性　程控交换机能够提供新的用户服务功能，如缩位拨号、来电显示、叫醒业务和呼叫转移等业务。可以通过故障诊断程序对故障进行检测和定位，以使发生故障时紧急处理迅速及时，因此，它在维护管理和可靠性方面具有灵活性。

为适应交换机外部条件的变化，增加新业务往往只需要改变软件（程序和数据）就能满足不同外部条件（如市话局、长话局的不同需求）的需要，便于利用电子器件的最新成果使整机技术上的先进性得到发挥。

（2）经济上的优越性　交换设备体积小，采用电子器件减小了交换机的体积，占用机房面积小；用电子器件代替机械部件，大大减低了能量消耗，随着集成电路价格的降低，可以大幅度降低交换机成本；可以采用远端用户模块方式降低线路设备费用；检测和诊断故障的自动化，减少了维护工作量，节省了维护人员；制造工艺简单，生产效率得到提高。

2. 程控交换机的类型

程控交换机按话路的传输方式可分为空分和时分两种。按其控制方式可分为集中控制、分级控制和全分散控制三种。其分类如图 3-8 所示。

（1）集中控制方式　这种交换机仅设置一对中央处理机，交换机的控制由中央处理机来完成。其优点是软件程序只有一个，调整改变方便。缺点是需要大型处理机而且需要双备份，这样才能保证其可靠性。空分式程控交换机都采用此种控制方式，其结构如图 3-9a 所示。

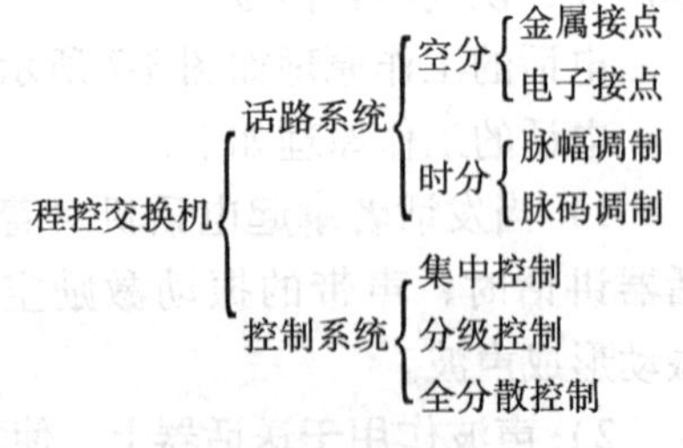

图 3-8　程控交换机分类

（2）分级控制方式　分级控制方式又称为分散控制方式。随着计算机技术的发展，使交换机的控制系统采用专业处理机成为可能。交换机的功能可分为三级：第一级用来完成监视用户摘机、挂机、接收脉冲拨号等简单而频繁的工作。这一级需要配置若干个小型微处理机，称为用户处理机。第二级用来处理如查询用户数据、建立拨号音通路、进行数字接收与数字分解、中继线呼叫检测和数字交换模块控制等复杂工作。在这一级一般配置功能较强的高速微机，称为呼叫处理机。第三级用来完成诊断故障及维护管理等工作。一般配置功能较强的高速处理机，称为主处理机。也有一些交换机将二级、三级合并为一级，称为中央处理机。

分级控制方式的优点是将中央处理机的工作分散到一级或二级微处理机中，并由它们代替中央处理机的工作，从而减少故障对整个交换机的影响，其结构如图 3-9b 所示。

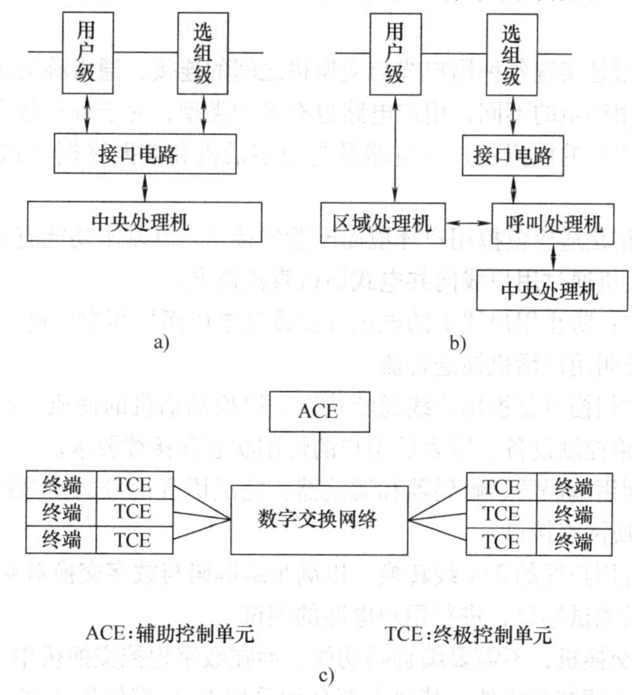

图 3-9　程控交换机控制方式分类
a）集中控制方式　b）分级控制方式　c）全分散控制方式

（3）全分散控制方式　全分散控制方式取消了中央处理机，把各种控制功能分散给各个处理机，如信号的控制（摘机、挂机等）是终端设备的工作范围，在终端设备的接口部分配置微处理机来完成此项功能。交换网络的控制及呼叫功能的控制均可设置相应的微处理机来完成。其优点是增加容量或新功能时仅增加相应微处理机，而不影响原有处理机工作，当发生故障时影响面最小，其控制原理如图 3-9c 所示。

3.3.4　程控交换机基本构成

程控交换机的主要任务是实现用户间通话的接续，基本划分为两大部分：话路设备和控制设备。话路设备主要包括各种接口电路（如用户线接口和中继线接口电路等）和交换（或接续）网络；在纵横制交换机系统中，控制设备主要包括标志器与记发器，而在程控交换机系统中，控制设备则为计算机，包括中央处理器（CPU）、存储器和输入/输出设备等。

程控交换机实质上是采用计算机进行程序控制的交换机，它利用对外部状态的扫描数据和存储程序来控制和管理整个交换系统。

1. 交换网络

交换网络的基本功能是根据用户的呼叫要求，通过控制部分的接续命令建立主叫与被叫用户间的连接通路。在纵横制交换机系统中，采用各种机电式接线器（如纵横接线器、编码接线器、笛簧接线器等）。在程控交换机中，主要采用由电子开关阵列构成的空分交换网络和由存储器等电路构成的时分接续网络。

2. 用户电路

用户电路的作用是实现各种用户线与交换机之间的连接，通常称为用户线接口电路。根据交换机制式和应用环境的不同，用户电路也有多种类型，对于程控数字交换机来说，目前主要有与模拟话机连接的模拟用户线电路及与数字话机和数据终端（或终端适配器）连接的数字用户线电路。

模拟用户线电路是适应模拟用户环境而配置的接口，其基本功能有：

1）馈电：交换机通过用户线向共电式话机直流馈电。

2）过电压保护：防止用户线上的电压冲击或过电压而损坏交换机。

3）振铃：向被叫用户话机馈送铃流。

4）监视：借助扫描点监视用户线通断状态，以检测话机的摘机、挂机和拨号脉冲等用户线信号，并转送给控制设备，以表示用户的忙闲状态和接续要求。

5）编解码：利用编码器、解码器和滤波器，完成语音信号的模/数与数/模转换及与数字交换机的数字交换网络接口 。

6）混合：进行用户线的2/4 线转换，以满足编解码与数字交换对4 线传输的要求。

7）测试：提供测试端口，进行用户电路的测试。

对于模拟程控交换机，不需要编解码功能，而在数字程控交换机中，除某些特定应用的小型交换机利用增量调制方式外，其他大部分均采用 PCM 编解码方式。数字用户线电路是为适应数字用户环境而设置的接口，它主要用来通过线路适配器或数字话机与各种数据终端设备（计算机、打印机、VDU 等）相连。

3. 出入中继器

出入中继器是中继线与交换网络间的接口电路，用于交换机中继线的连接。它的功能和电路与所用的交换系统的制式以及局间中继线信号方式有密切的关系。对模拟中继接口单元，其作用是实现模拟中继线与交换网络的接口，基本功能有：

1）发送与接收表示中继线状态（如空闲、占用、应答和释放等）的线路信号。

2）转发与接收代表被叫号码的记发器信号。

3）供给通话电源和信号音。

4）向控制设备提供所接收的线路信号。

对于最简单的情况，某一交换机的中继器通过中继线与另一交换机连接，并采用用户环路信令，则该模拟中继器的功能与作用等效为一部话机。若采用其他更为复杂的信号方式，则中继器应实现相应的语音、信令的传输与控制功能。

数字中继线接口单元的作用是实现数字中继线与数字交换网络之间的接口，它通过

PCM 有关时隙传送中继线信令完成类似于模拟中继器所应承担的基本功能。但是，由于数字中继线传送的是 PCM 群路数字信号，因而它具有数字通信的一些特殊问题，如帧同步、时钟恢复、码型交换、信令插入与提取等，即要解决信号传送、同步与信令配合三方面的连接问题。

数字中继接口单位的基本功能包括：帧与复帧同步码产生、帧调整、连零抑制、码型变换、告警处理、时钟恢复、帧同步搜索及局间信令插入与提取等。

4. 控制设备

控制部分是程控交换机的核心，其主要任务是根据外部用户与内部维护管理的要求，执行程序和各种命令，以控制相应硬件实现交换及管理功能。

程控交换机控制设备的核心是微处理器，通常按其配置与控制方式的不同可分为集中控制和分散控制两类。为了更好地适应软硬件模块化的要求，提高处理能力及增强系统的灵活性与可靠性，广泛采用部分或完全分布式控制方式。

3.3.5　程控数字交换机

程控数字交换机系统是采用数字交换、计算机、通信、信息和微电子技术等先进技术进行系统集成的模块化结构的集散系统。它不仅为智能建筑内部工作人员提供常规的模拟通信手段，而且能满足用户对数据通信、计算机通信、窄带多媒体通信和宽带通信的要求。系统综合了脉冲编码调制、时分多路复用交换以及无阻塞结构等先进技术。

1. 程控数字交换机的结构

数字交换机分为选组级和用户级两部分，每部分由各自的处理机进行控制，处理机之间可进行通信。数字交换系统结构如图 3-10 所示。用户级的主要任务是集中用户的话务量，然后通过用户级和选组级间的数字中继线送至选组级。用户级设备集中起来就组成了一个远端模块（或叫模块局），它和选组局（母局）之间由数字中继线连接。这样可以提高线路设备的利用率，节省设备投资，同时提高了系统的传输质量。用户模块和远端模块之间的差别在于后者通过数字中继设备和选组级相连。数字中继设备的主要任务是码型转换，这是由于传输距离远，需要用 HDB3 码进行传输。

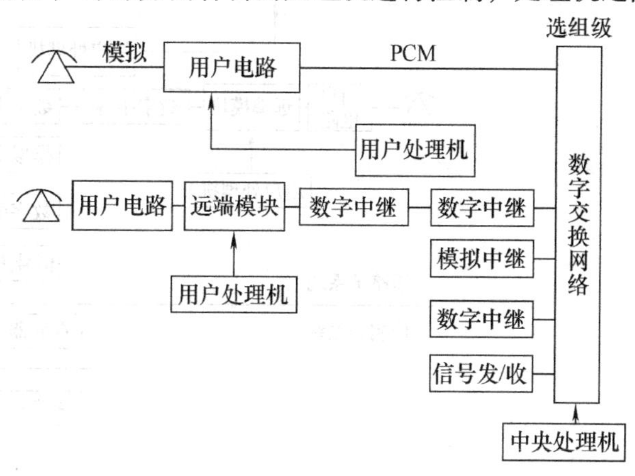

图 3-10　数字交换系统结构

2. 程控数字交换机用户电路功能

数字交换机用户电路的主要功能有：

（1）馈电　在数字交换机里通过用户电路向用户馈电，一般采用恒压馈电，电压为 -48V或 60V。

（2）过电压保护　用户线是外线引入，有可能受到雷击或与高压线碰撞。因此，在总配线架上的第一对用户线都装有保护器，它能保护交换机不受高压袭击。但是，从保护器输出的电压仍可能达到上百伏，这个电压也不允许进入交换机，所以，需要过电压保护。一般采用二极管桥式钳位电路，称为二次保护。

(3) 振铃　由于振铃电压较高（国内规定90V±15V）。采用电子器件来实现较为困难，成本也很高，因此，程控数字交换机一般采用振铃继电器，有些交换机采用高压电子器件实现，取消了振铃继电器。

(4) 监视　通过监视用户线直流电压来监视用户线回路的通/断状态，从而确定用户的各种状态，即用户语音摘/挂机状态、号盘话机发出的拨号脉冲、投币话机的输入信号、用户通话时的话路状态（挂机监视）等。

(5) 编译码和滤波器　完成模拟信号和数字信号间的转换、译码及滤波。

(6) 混合电路　混合电路是实现二线和四线的转换功能。当用户话机采用模拟信号时是二线双向传输，当采用PCM数字信号时是四线单向传输。即在去话方向进行编码，在来话方向进行译码，故采用混合电路进行二/四线的转换。

(7) 测试　主要是将各继电器的触点或电子开关闭合，将用户线与测试设备接通，使交换机及其分机对用户线进行测试。

除上述7项基本功能外，用户电路还具有极性倒换、衰减控制、收费脉冲发送、投币电话机硬币集中控制等功能。

图3-11为数字交换网络结构图。

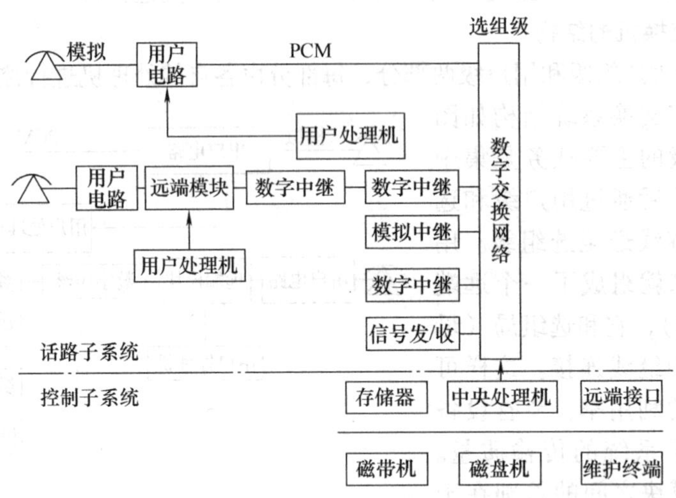

图3-11　数字交换网络结构图

3.3.6 IP电话

IP电话是按国际互联网协议规定的网络技术开通的电话业务，即通过Internet网络进行实时的语音传输服务。

1. IP电话网络的组成

IP电话系统主要由IP电话网关、IP承载网和IP电话网管理系统等组成。IP电话网络模型结构如图 3-12 所示。

（1）IP 承载网　用于传送 IP 电话的承载网可以是公网，也可以是专网。

（2）IP 电话网关　完成来自 PSTN 语音业务流的编解码功能，并将压缩编码后的语音业务流打成包，通过 IP 承载网传给目的网关。

（3）网守　网守是可选组件，在系统中存在 H. 323 网守时，其必须提供以下 4 种功能，即地址翻译、宽带控制、许可控制和区域管理。

（4）IP 电话网络的管理　主要由网守和用户数据库、结算系统组成，负责用户的接入认证、地址解析、计费和结算等工作。

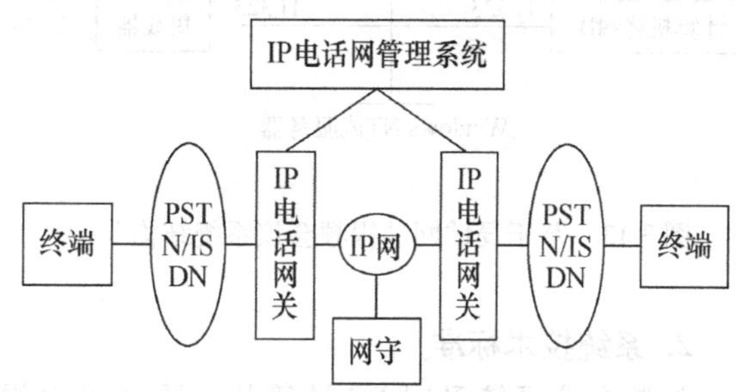

图 3-12　IP 电话网络模型结构

2. 系统工作过程

（1）声电转换　通过压电陶瓷等装置将声波变换为电信号。

（2）量化采样　将模拟电信号转换成数字信号。

（3）封包　将一定时长的数字化后的语音信号组合为一帧，然后将这些语音帧封装到一个实时传输协议（Realtime Transport Protocol，RTP）报文中，并进一步封装到 UDP 报文和 IP 报文中。

（4）传输　IP 报文在 IP 网络由源端传递到目的端。

3.4　视频会议系统

3.4.1　视频会议系统概述

视频会议系统（Video Conferencing System）又称会议电视系统，它是一种以视觉为主的图像通信和交互式多媒体通信方式。它利用图像通信、计算机通信及电子技术进行本地或远程点对点、点对多点、多点对多点的双向视频、双向音频和数据等交互式实时通信。

视频会议系统是现代通信系统中迅速发展的一种新型通信手段，它可以将两地或多个地点会议室的电视设备连接在一起，使各方与会人员有如身临现场一起开会的感觉，进行“面对面”的对话，对高效率的会议办公具有重要意义。近年来，视频会议技术还应用于远程教育和远程医疗等领域。

1. 系统组成

基于局域网的视频会议系统结构如图 3-13 所示。系统主要由下列设备组成：若干个计算机会议终端、一条 10Mbit/s 或 100Mbit/s 的局域网 LAN（Local Area Network）、一台 Windows NT 或服务器，以及用于运行视频会议的管理软件（控制会议的进行情况）、集线器（用于连接其他符合 H. 323 协议的 LAN 网）。

当计算机终端 A 与终端 B 进行视频会议时，可由终端 A 直接呼叫终端 B 的 IP 地址，当 B 应答后视频会议就可开通。如需要查询终端 B 的 IP 地址，可向服务器内的数据库查询。

系统需采集和重现每个与会者的图像和声音。

视频会议系统配置如图 3-14 所示。

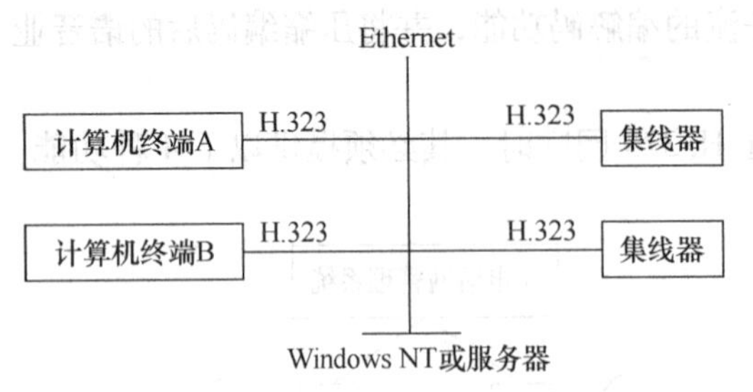

图 3-13　基于局域网的视频会议系统结构

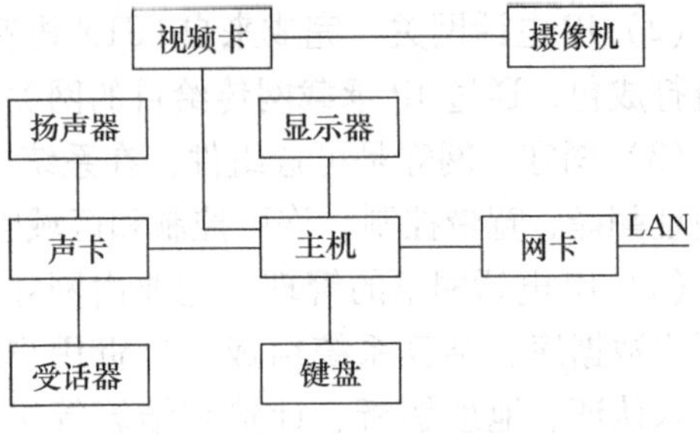

图 3-14　视频会议系统配置

2. 系统技术标准

视频会议系统采用 PC 计算机，除了可以提供音频和视频信号外，还具有数据处理功能。传输信号由下列部分组成：

（1）视频信号　含数字编码的动态图像，伴有视频控制信号。

（2）音频信号　含数字编码语音，伴有音频控制信号。

（3）数据信号　含静态图像、传真、文档、文件和其他数据。

（4）通信控制信号　控制远端设备的数据，实现交换、逻辑通道的开关、模式控制和其他功能。

（5）呼叫信号　实现呼叫建立、断接和其他呼叫控制功能。

为了保证视频会议系统的可互用性，ITU 制定了在以太网上传输视频会议的 H. 323 协议及相关标准。

3. 系统特点及功能

特点：视频会议可以让用户直接用 PC 计算机进行研讨和交流，对所商讨的文件进行讨论及修改。使身处两地或多个不同地方的人们可以进行“面对面”的会谈。这是传统的通信设备，如传真机和电话所不具备的功能。

会议功能：共享视频，主发言人和其他与会者的形象可以实时显示在会议窗口，给人以身临其境的真实感。

白板和应用共享：白板类似于 Windows 下的画板，无论是接受方还是传送方，都能对共有的画板内容进行编辑和修改，其效果如同在一块白板上讨论问题一样。每位与会者都可同时开启同一应用程序，在任何程序上的修改或输入信息都会自动通知其他与会者。

会议管理：会议管理软件用于建立和控制视频会议，其中有召集会议、控制会议进程、维护会议状态、控制用户的加入和退出等，并能提供网络的互通、处理丢失的链路和网络变化等。

聊天工具：任何两位与会者之间可以进行私下交谈。

3. 4. 2　电视会议系统

1. 电视会议系统概述

电视会议是采用电视技术通过通信网络召开会议的通信方式。电视会议系统是由贝尔实验室研制出来的，在 20 世纪 70 年投入使用。但是，当时是以模拟方式传送图像和声音，对信号的进一步处理非常困难。

随着大规模集成电路、压缩算法及视觉处理研究取得突破性的进展，关于电视会议的国际标准相继制订，使得电视会议的发展更为迅速，成为现代信息社会中不可缺少的通信方式之一。图 3-15 所示为电视会议场景示例。

2. 电视会议系统组成

电视会议是集通信技术、计算机技术、微电子技术于一体的异地通信方式。电视会议系统由终端设备、传输设备和传输通道及网络管理系统所组成，其组成原理如图 3-16 所示。

（1）终端设备　主要有编码器、解码器、摄像机、监视器、送话器、扬声器和音视频合成器等。

（2）传输设备　主要有切换、放大、调制解调接口和图像处理等设备。

（3）传输通道　各会场之间的信号通道，含全声地点切换设备及电缆、光缆、微波和卫星等多种传输形式。

（4）网络管理设备　会场设有组织多点分会场召开同一会议的核心设备，即多点控制单元（Multipoint Contnd Unit，MCU）、网络管理和测试等设备。

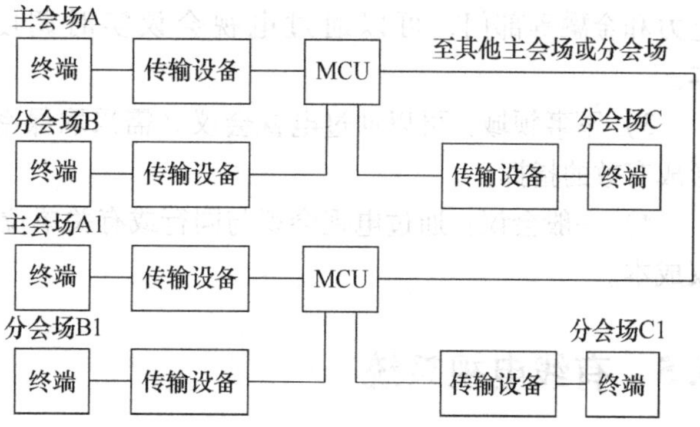

图 3-15　电视会议场景

图 3-16　电视会议系统组成原理

3. 系统设备功能

图像编码和解码器：图像编码和解码器是电视会议的核心设备，它的任务是实现图像信息的压缩，这是图像传输中的关键技术。

CCITT 于 1990 年通过了实现国际互接电视会议编码器的 H261 协议。它规定了数字图像统一中间格式，使编码与解码器的输入、输出端与电视制式无关，并采用了统一编码算法，规定了码率为 $p\times64\text{Mbit/s}(p=1\sim30)$。当编、解码器互通时，只要确定其中一种码率，就不存在 PCM 标准互换的问题了。

（1）多点控制单元　多点控制单元（MCU）将各端口传输来的数字信号进行分离，取出视频、音频、数据信号，分别送入相应的处理单元，然后再将视频信息进行切换、音频信息进行混合、数据信号选择确定路由后送至有关端口。

（2）声音模块　由语音混合器、交换矩阵和语音控制三部分组成。把来自各会场的声音信号混合后经过编码与其他信息混合后传输出去，并完成音控信号的提取与交换。

（3）图像模块　输入各接口的图像信息，依据控制命令输出至各会场的图像信息。

（4）数据模块　提供各会场之间进行数据信息交换的功能。

（5）控制模块　对输入、输出多点控制单元的信息进行控制及各模块内部操作的控制，并协调各模块之间的动作。

4. 电视会议系统的特点及应用

（1）系统特点　电视会议系统集电视、数字压缩、传输和数字通信等相关技术于一体，对各种传输通道具有良好的适应性，如对 LAN、PSTN、ISDN、VSAT、ATM 等都具有良好的支持能力。因此，在智能大厦中只要具有一种上述通信网络就能方便地应用此系统，并且可以方便地按会议电话的习惯进行多种会议控制操作，如：

1）广播方式：会场发言，其余会场听讲。

2）对讲方式：两会场交谈，其余会场听讲。

3）座谈方式：所有会场都参加会谈，画面由主席控制或由 MCU 指派任一终端。

（2）系统应用　电视会议以其快捷、实时、低成本和省时等特点得到了广泛的推广应用。其主要应用领域有：

1）防灾指挥会议：通过电视会议可以快速实时地了解受灾情况及布置救灾方案，为救灾争取宝贵的时间。

2）行业性调度会议：对于涉及面广需频繁召集调度会议的行业，如铁路、交通、电力和金融等部门，可以通过电视会议实时调度有效地压缩调度周期，降低会议成本。

3）军事领域：可以通过电视会议（需采取保密措施）快速准确地传达指挥部的命令，形成有效的指挥。

4）一般会议：通过电视会议与同行或有关单位进行技术交流，提高工作效率，降低会议成本。

3.5　有线电视系统

有线电视系统（CATV）是智能建筑系统的重要组成部分。由于有线电视克服了无线电视容量受限和接收质量无法保证等问题，以其图像质量高、节目内容丰富和服务范围广等特点受到电视用户的青睐。

3.5.1　有线电视系统的组成

1. 有线电视系统结构

有线电视系统由前端系统、传输系统、用户分配系统三个部分构成。有线电视系统结构如图 3-17 所示。

系统中各个组成部分依据所处的位置不同，其所起的作用也不同，所以，在进行系统设计时需要考虑的重点也不相同。

（1）前端系统　前端系统是有线电视网络中单向广播源信号的接收、汇集、处理、控制及发送设备的系统。电视信号的接收主要通过两类天线：一类是普通天线；另一类是卫星接收天线。在双向有线电视网络中，它是双向数据交互信道的调度和控制中心。广播源信号包括卫星广播电视节目、本地无线广播电视节目及本地有线广播电视节目。

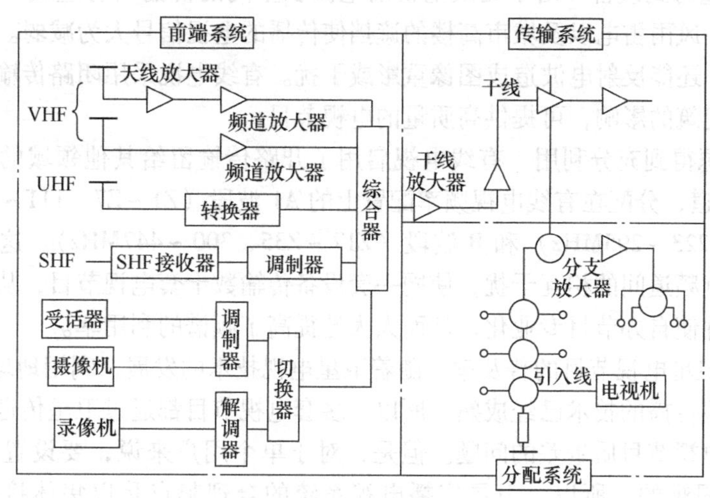

图 3-17　有线电视系统结构

前端设备的作用是将不同信号源接收的电视信号处理成高品质、无干扰杂波的电视节目。这些电视节目分别占用一个频道进入系统的前端设备。前端设备首先把这些单频道的电视信号合成一路含有多套电视节目的宽带复合信号，完成这一任务的设备叫混合器。

有线电视的信号源主要有：卫星发射的模拟和数字电视信号、当地电视台发射的电视信号、微波台转发的微波信号、电视台自办的电视节目、系统内传输的上行电视信号和数据信号等。

前端的接收设备主要有：电视接收天线、卫星天线、微波天线、摄像机、录像机、计算机、视频服务器、调制解调器等。

（2）传输系统　该部分的任务是把前端输出的高质量信号传送给用户分配系统，若是双向传输系统，还需把上行信号反馈至前端。干线传输系统主要由干线放大器、线路延长放大器、电缆或光缆、斜率均衡器、电源供给器和电源插入器等组成。干线是有线电视信号长距离传输的物理通道。传输干线可以是射频电缆、光缆、多路微波或它们的组合。

根据系统的功能及规模的不同，干线部分的指标对整个系统指标的影响也不同。对于大型系统，由于干线较长，干线部分的质量好坏对整个系统指标的影响较大；对于小型系统，因为干线较短，则干线部分的质量对整个系统指标的影响较小。

（3）用户分配系统　该部分是把干线传输来的信号分配给系统内所有的用户，并保证各个用户的信号质量。对于双向传输系统还需要把上行信号传输给干线传输部分。用户分配系统主要器件有：分配放大器、分支器、分配器、用户终端和机上变换器等，对于双向系统还有调制器、解调器和数据终端等设备。

2. 有线电视的特点

有线电视系统容量大，节目套数多，图像质量高，不受无线电视频道拥挤和干扰的限制，具有开展多功能服务的优势。其主要特点有：

（1）收视质量得到改善　由于无线电视的电波在空间的传播具有直线性，很容易受到空间电波的干扰，风雨雷电以及城市高楼的遮挡使传播的电视信号大为减弱。另外，建筑物不仅能阻挡电波，还能反射电波造成图像重影或干扰。有线电视采用闭路传输方式，不受地形的制约和高楼建筑的影响，可提供高质量的电视节目。

（2）频谱资源得到充分利用　有线电视启用了开路传输留给其他领域的频段，即增补频道，共35个频道，分配在有线电视频率配置上的A1波段（Z1~Z7，111~167MHz），A2波段（Z8~Z16，223~295MHz）和B波段（Z17~Z35，300~447MHz）。这样，因有线电视能够有效地抑制频道间的相互干扰，使同一套设备传输数十套电视节目，从而可用多通道同时广播，有条件使自办节目专业化，从而大大地提高了频谱的利用率。

（3）提高了卫星电视节目的普及率　随着卫星电视技术的发展，利用地球同步卫星在C波段进行广播电视传播的技术已经成熟。所以，多套电视节目都通过卫星传送，很好地解决了偏远地区收看电视节目质量差的问题。但是，对于单个用户来说，要设置一套完整的卫星接收系统是有困难的。所以，卫星广播电视系统的合理起点是以集体接收为主，而有线电视台把卫星广播电视作为节目源，由接收设备接收卫星电视信号，通过前端和传输线送给用户。这样可以节省用户购置卫星接收机的费用，同时有效地提高了卫星电视的收视率。

（4）能够提供交互式的双向服务　由于有线电视频谱的扩展和双向传输技术的成熟，有线电视的经营者为了满足社会和经济发展的需要，在有线电视系统中利用剩余的带宽开展双向服务。其主要内容有：①干线放大器工作状态的自动监控；②电视和声音信号的回传，如电视会议、可视电话等；③用户的交互式电视服务，即付费电视；④防盗、防火、保安监测报警等；⑤数据通信；⑥各种服务、娱乐业务、资料查询和电子购物等。

（5）能够提供有偿服务　有线电视易于收费管理，改变了纯投入式的无线电视的管理方式，可以成为广播电视部门经济收入的重要来源，其经济效益显著。

3.5.2 有线电视系统设备选择

1. 放大器

在有线电视系统中，放大器的种类较多，根据放大器在系统中位置及作用不同其可分为以下几种：

（1）天线放大器　天线放大器主要在前端部分使用，用来放大天线接收下来的微弱信号，以改善整个系统的载噪比。当接收天线输出端的信号电平低于60dB μV时就要考虑使用天线放大器。但是，当信号电平低于53dB μV时，即使使用天线放大器也不能获得满意的接收效果。

天线放大器根据其带宽分为宽带型和频道型两种：宽带型天线放大器的带宽是分段的，通常分为VHF-I频段（48.5~92MHz）、VHF-III频段（167~223MHz）、UHF-I频段（450~800MHz）、UHF-II频段（800MHz~1GHz），适用于系统接收频道较少、带外干扰不严重的场合；频道型天线放大器的带宽为8MHz，适用于系统接收频道较多、带外干扰较大的场合。

（2）频道放大器　主要应用在系统前端部分，对某一频道的信号进行放大使其输出信号电平达到一定值。实际上，频道放大器是一个带宽为 8MHz 的选频放大器，在放大该频道内信号的同时对频道外的信号和干扰进行抑制。有的频道放大器还带有自动增益控制功能，以保证当信号变化时该频道放大器的输出电平保持不变。

(3) 宽带放大器　宽带放大器在系统的每个部分几乎都要使用到，在不同的场合使用不同性能的宽带放大器。宽带放大器的带宽可以是全频道的（即包括 VHF 和 UHF 频段），也可以是分段的（即 VHF 频段或 UHF 频段）。放大器的增益可以统一调整，也可按频段分别调整。

(4) 干线放大器　干线放大器专门用在系统的干线传输部分，用来弥补信号在同轴电缆中传输产生的衰减。其特点是增益不高，输出电平也不高，考虑到电缆衰减的频率特性和温度特性，该放大器一般均具有自动增益控制和自动斜率控制功能。高质量的干线放大器则同时具备上述两种功能。

干线放大器带宽的上限一般由系统干线传输信号的最高频率来确定，主要有 300MHz、450MHz、550MHz 三种。

干线放大器一般只有一个输出端口，有时为了满足系统整体的需要，有些干线放大器除了一个主输出端口外，还有一个或若干个输出端口，这些端口输出信号的电平略高于主输出端口输出的信号电平以满足分支线直接供用户端分配的要求，这种干线放大器称之为干线分支放大器。另有一些干线放大器输出端口的输出信号电平略低于主输出端口的信号电平，以满足干线其他支路的传输，这种干线放大器称之为干线分配放大器。

(5) 分配放大器　通常置于干线传输的末端，用来提高干线放大器输出端口的信号电平，满足分配网络对信号的要求，在系统前端部分使用的宽带放大器属于同一类型。

(6) 延长放大器　用于系统的分配网络中，随着信号被分配其电平值会逐渐降低，达不到用户终端所需的电平值。为了使信号的分配能继续进行，必须对信号再次放大。用来再次提高信号电平的放大器称之为延长放大器，也称为线路放大器。这种放大器和分配放大器一样，均属于宽带放大器类。

2. 频道变换器

频道变换器又称频率变换器。它的功能是在不改变原频道的信号频谱结构的前提下，改变高频电视信号的载频，即将原来某个频道（例如 1 频道）的高频电视信号，送入频道变换器的输入端，从其输出端就能获得另一频道（例如 3 频道）的高频电视信号，而其信号内容仍是原频道信号的内容。

频道变换器通常在下列场合下采用：一种是当系统处于强场区时，系统用户终端的电视机有可能先后收到由 CATV 系统分配网络送至电视机的信号和由电视台发射的空间波直接窜入电视机（因为信号强度大）的信号，显然，这两个同一频道的信号进入电视机在时间上有先后顺序，系统提供的信号经过传输和分配要迟于直接窜入的信号，但是，因为信号较强就构成了主图像，直接窜入的信号虽然早收到，但是，因为信号弱，故造成在图像的左方出现重影，又称前重影。前重影只能采取频道变换的办法将该频道的信号转换到另一个频道上加以克服。另一种情况是当系统采取全频道传输而干线传输距离很长时，为了减少干线传输电缆对高频信号衰减大的影响，通常在前端把高频段频道的信号转换到低频段的频道上，以减小干线电缆对高频电视信号的衰减。

(1) 频道变换器的种类　频道变换器从工作原理上可分为一次变频和二次变频两大类。

一次变频指只通过一次频率变化就直接将原频道的信号转换到另一频道上。这种频道变换器的优点是体积小，造价低。其缺点是转换过程中存在多种干扰，特别是拍频干扰限制了某些频道之间的转换。另外，为了满足所有 VHF 和 UHF 之间的频道能互相转换，需要有 660 种规格的频道变换器。

图 3-18 是一次变频方案频道变换器的原理框图。

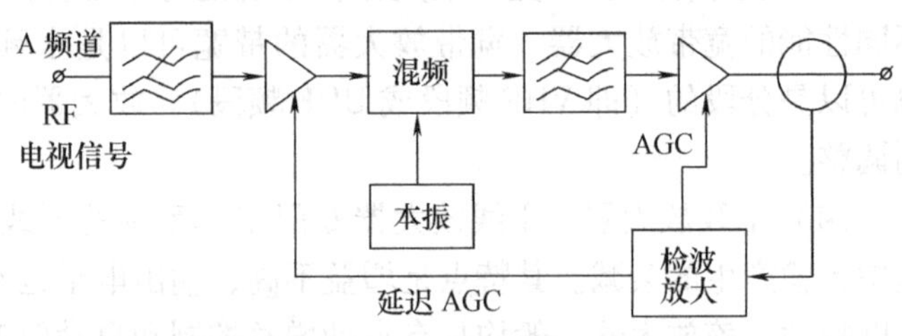

图 3-18 一次变频方案的频道变换器

二次变频是指先将原频道的高频电视信号通过变频方式转变到某一特定频率（称为接口频率）上。在 CATV 系统中规定，将电视接收机图像中频作为二次变频的频率转为变换器的接口频率，我国电视制式规定图像中频为 38MHz。通过第二次变频将接口频率变换到所需频率。

通常，将原频道的高频电视信号转换成接口频率的中频电视信号的设备称为下变频器，将中频电视信号转换成新频道高频电视信号的设备统称为上变频器。上、下变频器在结构上是独立的，故便于组合使用。二次变频的频道变换器只需 68 种规格就能将 UHF 频段内任一频道的高频电视信号转换到 VHF 频段内的任一频道上，而且转换性能优于一次变频方式的频道变换器。二次变频方式的上、下变频器的电路组成方式是一样的，仅是电路的参数不一样。

图 3-19 是上、下变频器电路组成框图。

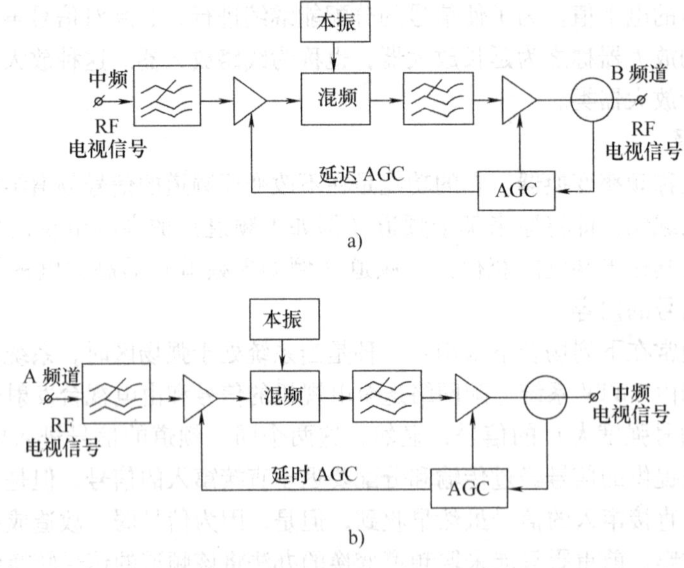

图 3-19 上、下变频器组成框图
a) 上变频器 b) 下变频器

(2) 频道变换器的主要性能参数 频道变换器的主要性能参数如表 3-1 所示。

表 3-1　频道变换器的主要性能参数

项　目		单　位	Ⅰ类	Ⅱ类
增益	标称值	dB	24，27，30，33，36，39，42，45，48，51，54	
	允许偏差		±3 ~ ±1	
带内平坦度	VHF	dB	±1	
	UHF		±1.5	
带外衰减		dB	≥20	
最大输出电平		dB μV	110，115，120	
噪声系数	VHF	dB	≤8	
	UHF		≤10	
反射损耗	VHF	dB	≥10	
	UHF		≥7.5	
AGC 特性		dB	输入电平为 dB μV 时，输入电平变化 ±10，输出电平变化在 ±1 以内	
频率准确度	VHF	kHz	≤5	≤20
	UHF		≤25	≤50
频率总偏差	VHF	kHz	≤20	≤75
	UHF		≤100	≤500
无用输出抑制		dB	≤ -60	不作规定

3. 电视调制器

电视调制器是将系统节目源中的视频和音频信号变成能够在系统中传输的高频电视信号。这些视频、音频信号来自于系统演播室的摄像机、录像机、激光视盘和电影电视转换机，也可以来自于卫星接收机和微波接收机。

（1）电视调制器的种类　电视调制器从电路组成方式上可分为高频调制方式和中频调制方式两大类。高频调制方式是直接利用视频和音频信号调制载频，图 3-20 是高频调制方式电视调制器电路原理框图。

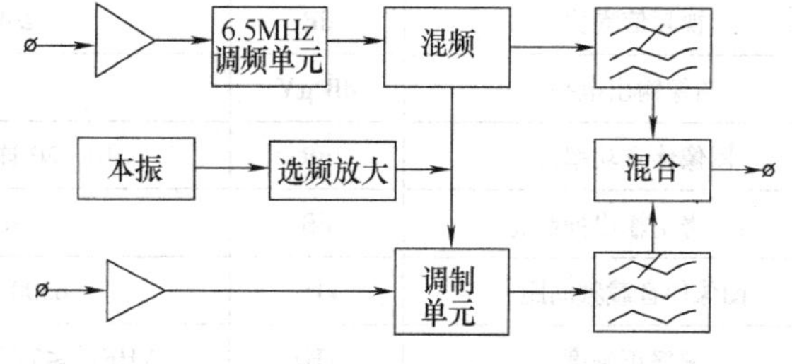

图 3-20　高频调制方式电视调制器电路原理框图

中频调制方式是先将视频、音频信号调制成电视中频信号，即图像中频频率为 38MHz，伴音中频频率为 31.5MHz，然后通过上变频器将中频电视信号变换成高频电视信号。图 3-21 是中频调制方式电路原理框图。

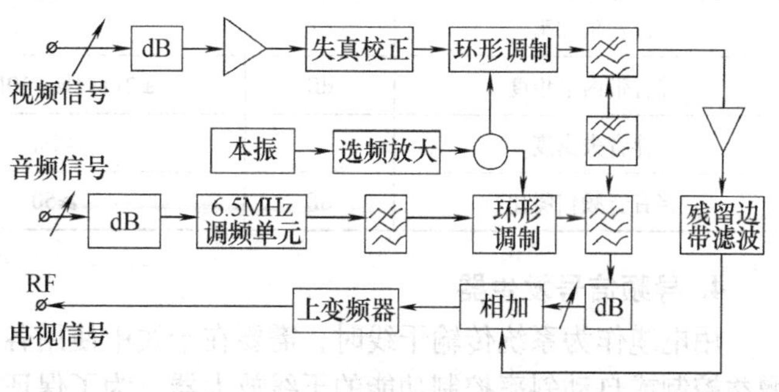

图 3-21　中频调制方式电路原理框图

由原理图可以看出，高频电视信号中的许多指标，例如调制度、残留边带、微分增益、微分相位失真和群延时失真等均能得到较好地处理，故其电气性能优于高频调制方式的电视调制器。

随着数字电子技术的发展，采用频率合成技术的全频道电视调制器和适合邻频传输的邻频道电视调制器已投入使用。

（2）电视调制器的主要性能参数 调制器的主要性能参数有最大输出电平、频率稳定度、图像调制度、微分相位和微分增益等。表3-2列出了调制器的技术要求。

表3-2 调制器的技术要求

项目	名称	单位	Ⅰ类	Ⅱ类
视频输入信号	幅度（峰-峰值）	V	1（全电视信号）	
	极性		正极性（白色电平为正）	
	输入阻抗	Ω	75	
音频输入信号	标称电平	V	0.775	
	输入阻抗	Ω	600不平衡，50kΩ	600Ω不平衡
视频信号钳位能力		dB	≥26	不做规定
视频信号调制度（%）			80±7.5	70±10
视频带内平坦度		Ω	±3(5MHz内)	±6
微分增益（DG）			≤8%	≤10%
微分相位（DP）		度	≤8	≤12
色/亮度时延差		ns	≤60	≤100
视频信噪比		dB	≥45	不做规定
图像输出电平		dB μV	≥92	
图像伴音功率比		dB	10~20连续可调	15±5
带外寄生输出抑制比		dB	≥60	不做规定
图像伴音载频间距		kHz	6500±10	6500±12
频率正确度		kHz	VHF：≤5，UHF：≤25	VHF：≤20，UHF：≤50
频率总偏差		kHz	VHF：≤20，UHF：≤100	VHF：≤75，UHF：≤500
伴音最大频偏		kHz	±50	
伴音预加重		μs	50	
伴音带内平坦度		dB	±2(80Hz~10kHz)	±3(330Hz~7kHz)
伴音失真度			≤2%	不做规定
伴音音频信噪比		dB	≥50	不做规定

4. 导频信号发生器

用电缆作为系统传输干线时，需要在干线中使用各种类型的干线放大器。对于带有自动增益控制或自动斜率控制功能的干线放大器，为了保证能正常工作，在系统前端必须向干线提供一个频率固定、幅度一定的高频信号，以满足干线放大器自动控制系统工作的需要。这个高频信号称之为导频信号。导频信号发生器一般安置在系统的前端部分，导频信号和前端其他的信号混合后送入系统的干线传输部分。

（1）导频信号的种类　根据干线放大器对导频信号的要求可分为单导频信号发生器（提供一路导频信号）和双导频信号发生器（提供两路导频信号）。图 3-22 是导频信号发生器原理图。

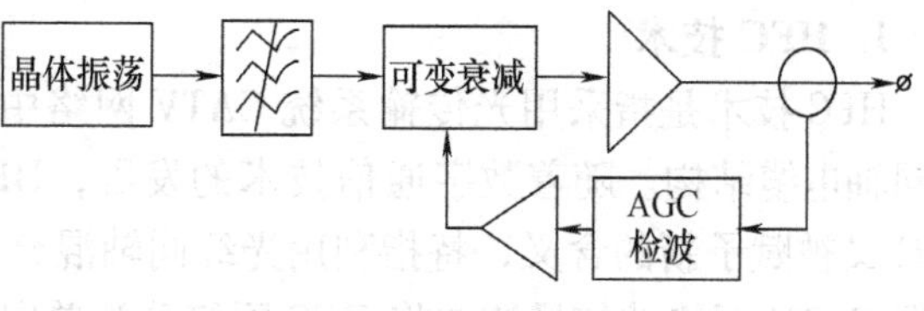

图 3-22　导频信号发生器原理图

（2）导频信号发生器主要性能参数

导频信号发生器的主要性能参数如表 3-3 所示。

表 3-3　导频信号发生器的主要性能参数

项　目	单　位	性能参数	项　目	单　位	性能参数
频率准确度	kHz	±10	输出电平温度稳定系数	dB	±0.5
频率总偏差	kHz	±50	输出电平调节范围	dB μV	0 ~ -15
输出电平	dB μV	110，120	寄生信号抑制比	dB	< -60

5. 信号处理器（邻频处理器）

在系统传输频道不太多的情况下通常采用隔频传输的形式。这种形式大大降低了频道使用效率，例如，在有 12 个频道的 VHF 频段，最多只能使用 7 个频道，即 1，3，5，6，8，10，12 频道（因为 5 频道和 6 频道之间的间隔为 83MHz），不能采用邻频传输的原因是目前的电视频道的间隔为 8MHz，每个频道的图像载频和伴音载频的间隔为 6.5MHz，这样，下一频道图像极易受到上一频道伴音的干扰。为了能利用相邻的频道来传输信号，一方面适当调整同一频道内伴音和图像功率的比例，尽可能减小伴音的幅度；另一方面要使系统内所用的频道滤波器和频道放大器加大对频道外信号的衰减，即要对原有频道的信号进行处理。

信号处理器从电路组成上可分为解调与调制式和外差式两种。解调与调制式是将原频道的高频电视信号解调成视频信号和音频信号，然后对视频、音频信号进行必要的处理，最后再通过邻频电视调制器变成符合邻频传输的高频电视信号后进入系统。

外差式是采用两次变频的方式，工作原理和采取两次变频方式的频道转换器基本一致。不同的是邻频处理器在高频电视信号变成中频电视信号后，即对中频电视信号中的图像信号和伴音信号进行分离，从而对伴音电平进行调整以满足邻频传输的要求，然后与图像信号混合变成新的中频电视信号，再通过变频转换成新的高频电视信号。图 3-23 所示为信号处理器组成框图。

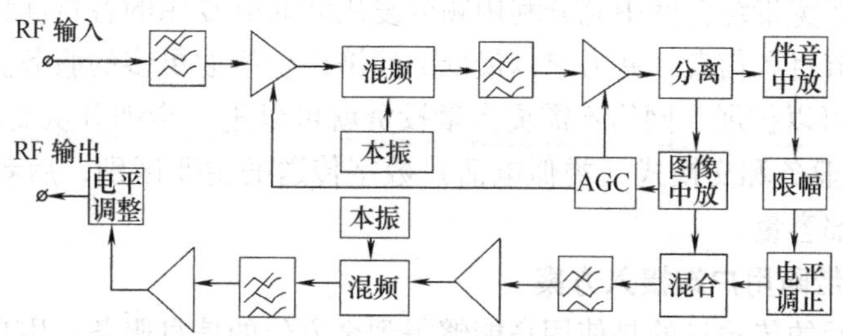

图 3-23　信号处理器组成框图

3.5.3 有线电视宽带网络通信系统

1. HFC 技术

HFC 技术是指采用光传输系统 CATV 网络中的干线传输部分，而用户分配网络仍然保持同轴电缆结构。随着数字通信技术的发展，HFC 技术已成为宽带接入的最佳选择，因而 HFC 又被赋予新的含义，特指利用光纤同轴混合来进行宽带数字通信的 CATV 网络。目前，依据 CATV 网络的信号流向将 HFC 网络分为单向和双向两种。由于单向 HFC 只能运营单向广播信号，而双向 HFC 则可传输各种数字信号，通常把双向 HFC 网络称为 HFC，而把单向 HFC 称为 CATV。

2. 有线电视宽带网的频带划分

根据网络规模、信息量的多少、功能的强弱及设备性能等因素，可以将 HFC 的频带划分为三种形式：

1）低分割：上行频带为 5 ~ 30MHz，或者 55 ~ 42MHz
　　　　　下行频带为 50 ~ 550MHz

2）中分割：上行频带为 5 ~ 108MHz
　　　　　下行频带为 150 ~ 550MHz

3）高分割：上行频带为 5 ~ 186MHz
　　　　　下行频带为 222 ~ 550MHz

在上行频带不多时，目前大多数设备都采用低分割方式。上行与下行频带划分原理如图 3-24 所示。

3. 有线电视宽带网的特点

有线电视宽带网络具有多样性和兼容性的特点，具体表现为：

（1）模拟信号和数字信号并存

目前，我国的电视信号仍以模拟信号为主，同时，正在从模拟信号向数字信号过渡。首先，在卫星转播电视信号上采用了数字压缩编码信号传输技术，可以预见，在有线电视信号传输方面数字信号将迅速代替模拟电视信号传输。

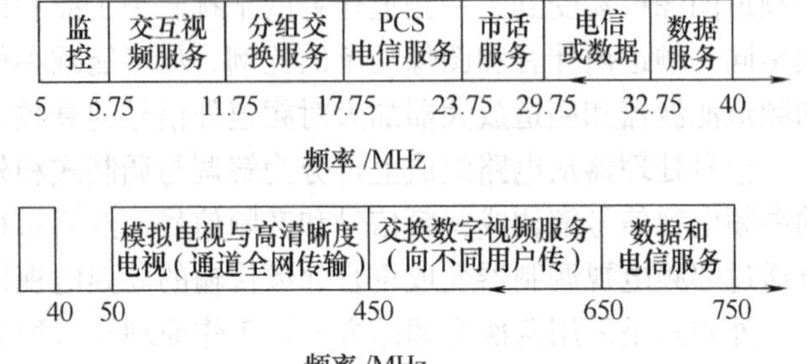

图 3-24 上行与下行频率划分原理

（2）频分复用与时分复用并存　对于多路模拟信号采用时分复用方式。由于模拟信号和数字信号并存，在宽带综合网中充分利用频分复用和时分复用的各自优势，力求以有限的频带来传输更多的节目和信息，并力求以最低的经济代价换取更多的服务。

（3）HFC 系统可以扩展　网络不需要大量投资就可以进一步细分从而增加了用户带宽。这是 HFC 宽带传送业务和交换式（类似电话）数字传送的主要区别，后者必须在开始时就设定未来业务的全部容量。

4. 有线电视宽带网用户端接入方案

有线电视宽带网的传输目的是使用户能够得到全方位的信息服务。用户在使用时关心的是操作简单、方便快捷。因此，用户端接入方案至关重要。接入技术好就能够受到用户的欢迎，赢得市场。目前常用的有以下几种接入方案：

（1）HFC Cable Modem 用户或机顶盒用户　HFC Cable Modem 用户接入方式的拓扑图如图 3-25 所示。接入方案为 HFC 电缆、Cable Modem 或机顶盒接入设备。这种接入方式采用符合 MCNS 标准的 Cable Modem 产品，上行速率最高达 10Mbit/s，下行速率最高达 45Mbit/s，使得视频、音频和数据三项业务在同一网上传输，并逐步发展到利用机顶盒实现以上业务。

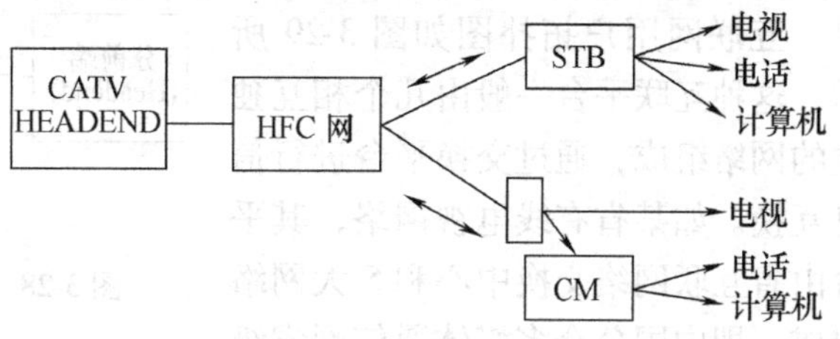

图 3-25　HFC Cable Modem 用户接入拓扑图

（2）租赁线路用户　租赁线路用户接入方案的拓扑结构如图 3-26 所示，接入方案是采用光纤或电缆、ATM 交换机、IP 路由器、广域网复用器方式。这种方式通过 ATM 网络接口提供 E1 等电路仿真、帧中继或 ISDN 服务。此种方式主要被各行业系统用户采用。

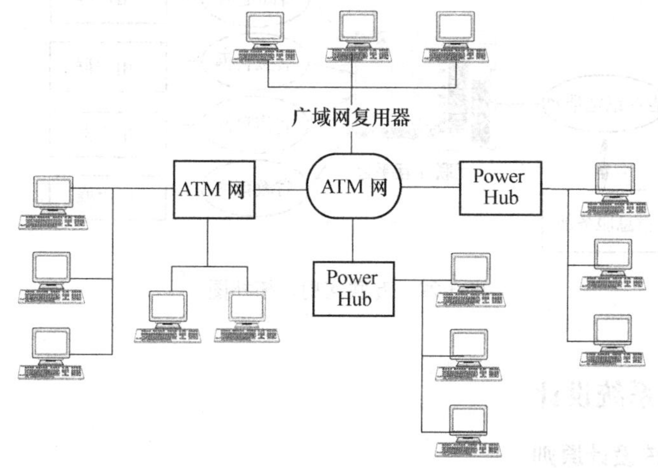

图 3-26　租赁线路（Lease Line）用户接入方案的拓扑结构图

（3）虚拟专用网用户　虚拟专用网（VPN）用户接入方案的拓扑结构如图 3-27 所示，接入方案是采用光纤或电缆、Cable Modem、ATM 交换机、广域网复用器或 Power Hub 等方式。这种方式通过网关接入当地的有线电视网络，该网络作为公用网络，通过 ATM 和 IP VLAN 技术为用户提供一个独立和封闭的专用网络。在该网络中，分布在城域或省域范围内的用户感觉不到地理位置对其数据在公用网络中传输造成的影响。此种方式主要面向政府、银行、电力等部门以及大型企业。

图 3-27　虚拟专用网（VPN）用户接入方案的拓扑结构图

（4）分前端生活区或写字楼小区　分前端（Headend）生活区或写字楼小区用户接入方案的拓扑结构如图 3-28 所示，接入方案采用 Cable Modem 或 ATM + Cable Modem 的方式，利用 Cable Modem 的 MCNS 技术标准及 ATM 技术，为有线电视网络覆盖区域的住宅小区、办公楼等集中生活和工作的区域提供简便、快捷的多功能服务（物业管理、Internet 等）。

（5）互联平台上的其他网络用户　互联网用户拓扑图如图 3-29 所示，这种互联平台一般由几个相互独立的网络组成，通过交换平台进行信息互换。如某省有线电视网络，其平台由省互联网络交换中心和 5 大网络组成，即中国公众多媒体通信网省级节点、省视讯宽带网（有线电视网）、省教育科研网、省金科网和省信息网。接入方式为省视讯宽带网通过全网的中心节点，即某网管中心与互联平台相连，从而实现对省内各大网络的高速互访。各网的用户通过互联平台访问省视讯宽带网。

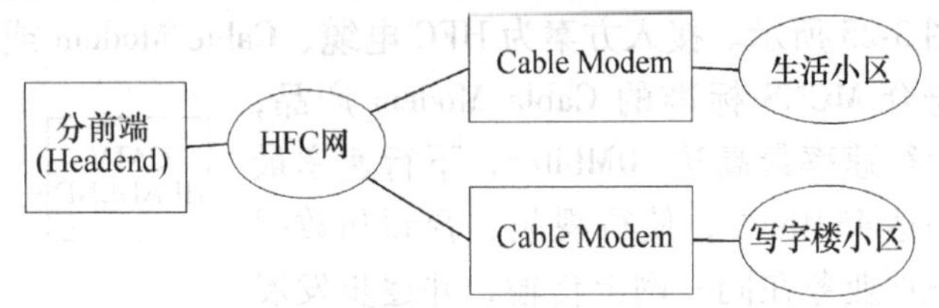

图 3-28　分前端（Headend）生活区或写字楼小区用户接入方案拓扑结构图

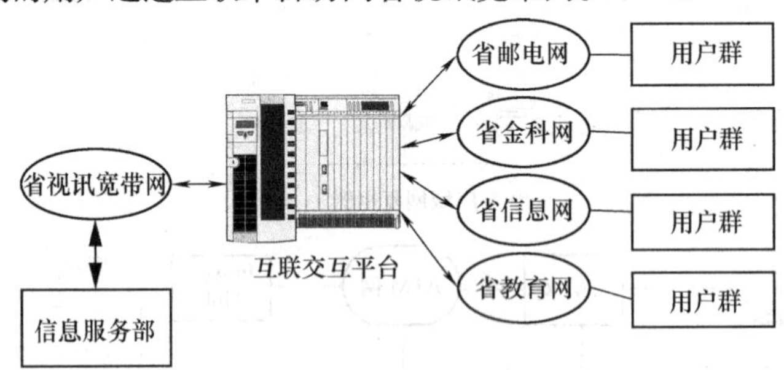

图 3-29　互联网用户拓扑图

3.5.4　有线电视系统设计

1. 有线电视系统设计原则

有线电视系统是一种将各种电子设备、传输线路组合成一个整体的综合网络。按照系统设计的大小和功能的不同，要立足现状、规划长远，采用技术先进、经济合理的指标来设计有线电视系统工程。其设计应遵循以下原则：

1）以传输电视信号为主，同时也适合传输综合信息，如开通双向宽带综合信息服务。

2）频道的选择和数量应根据当地电视广播、调频广播、卫星接收传输、自办节目等信号源的状况和经济条件确定，应预留 1～2 个频道。

3）选用的设备、部件和材料应符合国家有关标准和规定，并应满足传输频率的要求。如果为双向传输系统，所用的设备、部件和材料应该具有双向传输功能。

4）在同一系统中，所有的设备、材料和部件的性能应一致。

5）选用的设备和部件的输入、输出标称阻抗、电缆的标称特性阻抗均应为 75Ω。

6）用户终端的数量按照实际需要而定，对于一般办公建筑物，可以在 50～80m² 范围内设置一个用户终端，对于商住建筑物则需要每个房间设置一个终端。

2. 有线电视系统设计主要内容

有线电视系统设计的主要内容包括三个方面：一是相关资料的收集，二是总体技术方案的制定，三是总体技术方案的评价。

（1）相关技术资料收集主要包括：

1）调查空中电视频道和调频频道的情况

2）调查卫星传输电视节目和广播电视节目的情况

3）确定自行播放的节目套数

4）收集当地的环境资料

5）收集和调查可用于架设电缆和光缆的电线杆或地下管道情况

（2）总体技术方案的制定主要包括如下内容：

1）前端位置的确定

2）传输方案的选择

3）用户小区的划分

4）干线走向的确定

5）系统指标的分配

6）系统电源的配置

7）系统费用的预算

（3）总体技术方案的评价内容主要包括两个方面：

1）方案的技术指标　系统的质量指标是否达到或满足国家标准或行业标准的要求，系统的功能是否满足当前和今后发展的需求。

2）经济性能指标　在相同的技术性指标的前提下，投资额是否达到最低。

3.5.5　有线电视系统工程设计

1. 前端部分的工程设计

（1）天线输出电平的计算　由于各电视发射台发射的信号到达系统所在地的空间场强不同，所以，对应的接收天线输出的信号电平就不一样，因此，在前端设计时，要对接收天线输出电平进行计算。通常可按下式计算：

$$S_a = E + G + 20\lg\lambda - L_A - 18 \tag{3-1}$$

式中，S_a 为接收天线的输出电平；E 为接收点场强（dB）；G 为接收天线的绝对增益（dB）；λ 为信号的波长（m）；L_A为接收天线至前端间的电缆衰减量（dB）；常数 18 为安全系数。

由式（3-1）可见，随着场强和天线增益的提高，天线输出电平变大，频率越高，天线的输出电平就越低。

（2）前端的组成形式　确定了系统的总体技术方案后，根据系统的规模、功能和分配的技术指标等因素，在充分考虑系统的性能价格比的前提下，合理地设计出前端的组成形式。

1）小型有线电视系统前端的组成形式　虽然城市有线电视网得到了迅速的发展，但是，在一些单位内部、楼堂馆所、乡村等地，独立的小型有线电视系统仍然具有很大的市场。这种系统一般为全频道工作方式，容量不大（12 频道左右），用户数量在三千户以下。其前端系统的组成形式主要有：

①直接混合型前端：直接混合型前端系统如图 3-30 所示。该电路的特点是将各频道的信号经过无源混合器混合后送入主放大器放大，通常主放大器采用多波段放大器，这样可以适当降低放大器的非线性失真度。有时也可采用只有一个输入端的全频道放大器作为主放大

器，这种结构形式的电路在小型系统中得到广泛应用。

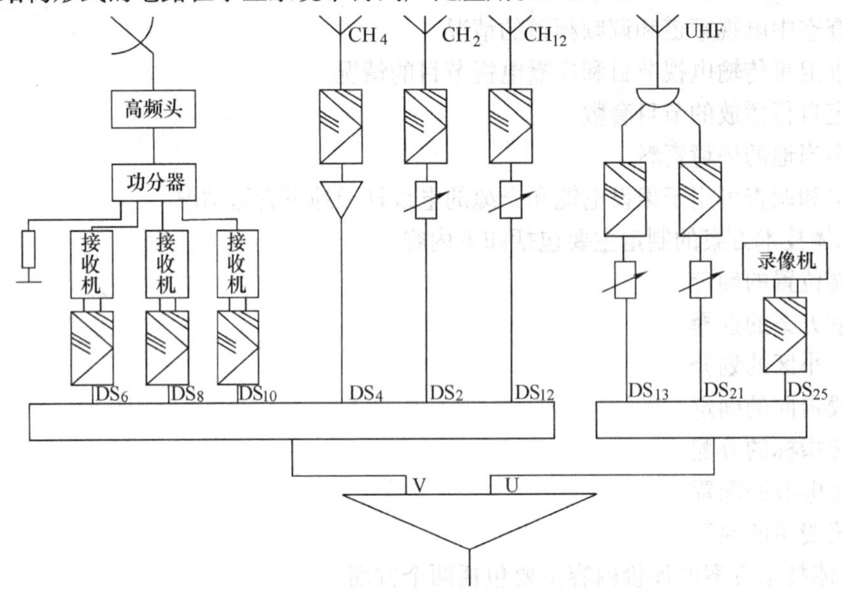

图 3-30 直接混合型前端系统

②前端载噪比计算：DS_2、DS_{12}、DS_{13}、DS_{21}频道均接收开路信号，且空间场强较高，在没有加天线放大器时，这些频道的前端输出载噪比按下式计算：

$$\frac{C}{N}=S'_{\mathrm{a}}-N_{\mathrm{F}}-2.4 \tag{3-2}$$

式中，S'_{a}为有源设备的输入电平；N_{F} 为有源设备的噪声系数；常数 2.4 为频道数量较少时的取值，当频道数量较多时应取 2.5。

DS_6、DS_8、DS_{10}、DS_{25}均为采用调制器输出的信号（卫星接收机、录像机等输出的信号视频信噪比一般较高），对这些频道前端输出载噪比的计算，可看成是调制器和主放大器两级相串接后载噪比的叠加，即：

$$\frac{C}{N}=-10\lg\left(10^{-\frac{C/N调制器}{10}}+10^{-\frac{C/N主放大器}{10}}\right) \tag{3-3}$$

在实际的系统中，上述各频道前端输出的载噪比都比较高，通常不需要计算。图中的 CH_4 天线输出电平最低，因此，前端输出的载噪比取决于 DS_4 频道的载噪比，可先分别求出天线放大器和主放大器各自的载噪比，然后再求出两台放大器串接后的叠加值。

③前端非线性失真：在直接混合型前端电路中，由于频道数量较少，主要考虑的非线性指标是交调比。因此，对于宽带主放大器来说，其输出电平应受交调比指标的限制。

④频道放大器混合型前端：频道放大器混合型前端结构如图 3-31 所示。该前端电路中每个频道都采用频道型放大器件，由于各个频道均工作在单频道状态，这种前端电路的主要特点有：①理论上没有非线性失真，仅存在频道内互调失真；②放大器输出电平很高，可达 115～120dB μV；③频道放大器一般均有 AGC 功能，通常当输入电平在（70±10）dB μV 内变化时，输出仅变化±1dB μV。

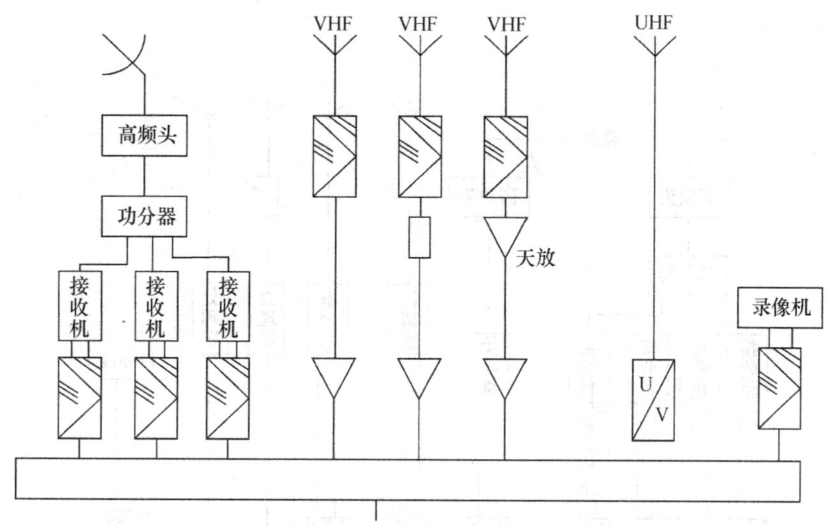

图 3-31　频道放大器混合型前端

基于上述优点，该前端属于高质量的全频道电路，在较高档的宾馆类和大型全频道系统中一般均采用此类前端。

2）大中型有线电视系统前端的组成形式　目前，大中型有线电视系统的前端均采用邻频传输技术，并开发利用增补频道作为系统内部扩展频道容量的新途径。

①大中型有线电视系统前端：大中型有线电视系统前端结构如图 3-32 所示。对于卫星、微波和录像等输出的视频信号，要用调制器转换成射频信号，然后从前端输出。对于开路射频信号，要先经过调制解调进行处理，使之成为符合邻频传输的射频信号后再从前端输出。

系统前端的有源器件均是频道型器件，主要考虑的指标是载噪比，但是，由于系统前端的无源混合器一般均选用高隔离度定向耦合器式混合器，这些混合器的接入损耗大，当混合器输出端电平较低时，要在前端设置一台宽带驱动放大器（一般均为前馈型放大器，非线性指标高），此时前端需要适当考虑非线性指标。

②前端载噪比的计算：对于由调制器组成的前端电路，只要天线的输出电平在解调器的输入电平范围之内，则解调器输出的视频信噪比均较高。因此，这类前端的载噪比主要取决于调制器自身的载噪比，生产厂家提供的调制器载噪比通常有带内载噪比、带外载噪比等。事实上，调制器输出的噪声是宽带的，带外的噪声虽然不影响本频道，但是，与其他频道混合后却会影响其他频道。因此，对于本频道而言，除本身的带内载噪比外，还要加上其他频道调制器的带外载噪比。

任一频道调制器输出的载噪比应为$\frac{C}{N_{总带外}}$与$\frac{C}{N_{带外}}$的叠加，即

$$\frac{C}{N_{调制}} = -10\lg\left(10^{-\frac{C/N_{带内}}{10}} + 10^{-\frac{C/N_{带外}}{10}}\right) \tag{3-4}$$

当频道数量相当多时，不能忽略带外载噪比的影响。若前端在调制器输出端接有宽带放大器时，前端输出的载噪比应为

$$\frac{C}{N} = -10\lg\left(10^{-\frac{C/N_{调制}}{10}} + 10^{-\frac{C/N_{宽放}}{10}}\right) \tag{3-5}$$

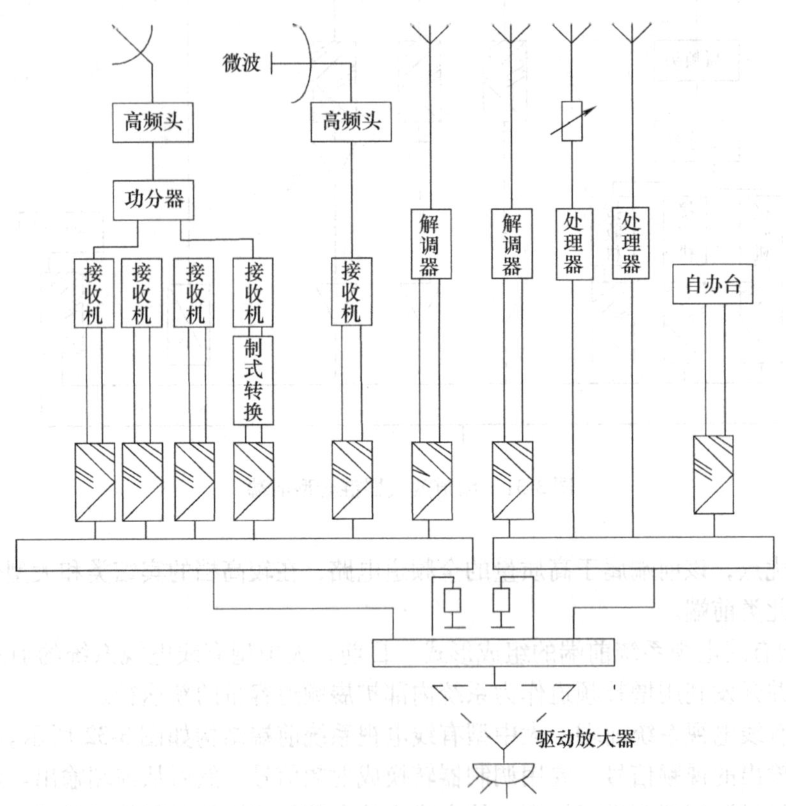

图 3-32 大中型有线电视前端

2. 干线传输部分的工程设计

(1) 确定干线电长度和串接的放大器台数 在进行干线部分的设计时，根据干线传输的距离，首先要确定传输电缆和放大器的型号及实用增益（通常干线放大器的实用增益在 20~25dB 之间取值)。这样就可求出每条干线总的电长度、需要串接的放大器台数和放大器的间距等。其计算方法如下：

干线电长度（L）= 干线距离 × 电缆损耗

串接放大器台数 = 干线电长度/放大器实用增益

放大器间距 = 放大器实用增益/电缆损耗

(2) 合理分配技术指标 对于采用电缆传输方式的系统，干线传输部分的核心部件是放大器，干线部分指标的好坏主要取决于放大器自身的技术指标和工作状态。合理地选择放大器和设计放大器的工作状态是传输部分设计的关键，而放大器工作状态的确定 是依据系统分配给放大器要求满足的技术指标而定的。对于不同规模的系统，在进行总体技术设计时，明确了干线部分的技术指标，则在进行干线部分的设计时，需将此指标合理地分配给每台放大器。通常干线部分的放大器均为同型号、等间距设置，每台放大器应满足的指标为

$$C/N_i = C/N_{干线} - 10\lg(1/n) \tag{3-6}$$

$$CM_i = CM_{干线} - 20\lg(1/n) \tag{3-7}$$

$$CTB_i = CTB_{干线} - 20\lg(1/n) \tag{3-8}$$

（3）干线放大器传输电平的计算

1）输入电平的计算　当放大器的型号已经确定并分配了一定的载噪比指标后，需要确定放大器的输入电平，因为放大器的载噪比与输入电平密切相关。每台放大器的输入电平应满足下式：

$$S_a > C/N_i + N_F + 2.4 \tag{3-9}$$

当放大器为同型号、等间距设置时，式（3-9）也可直接写成

$$S_a > C/N_{干线} + 10\lg n + N_F + 2.4 \tag{3-10}$$

在通常情况下，放大器的实际输入电平应取比上式的计算结果高 3dB 左右，对于无 ALC 功能的干线，余量取 5dB 左右，这主要是考虑干线电平受温度影响的原因。

2）输出电平的计算　放大器的非线性指标与输出电平密切相关。当每台干线放大器分配了一定的 CM_i、CTB_i 等指标后，则每台的输出电平应满足下面的关系式：

$$S_o \leqslant S_{ot} - \frac{1}{2}\left[CM_i - \left(CM_{ot} + 20\lg\frac{C_t - 1}{C - 1}\right)\right] \tag{3-11}$$

$$S_o \leqslant S_{ot} - \frac{1}{2}\left[CTB_i - \left(CTB_{ot} + 20\lg\frac{C_t - 1}{C - 1}\right)\right] \tag{3-12}$$

当放大器为同型号、等间距设置时，则上式也可写成：

$$S_o \leqslant S_{ot} - \frac{1}{2}\left[CM_{始线} - \left(CM_{ot} + 20\lg\frac{C_t - 1}{C - 1}\right)\right] - 10\lg n \tag{3-13}$$

$$S_o \leqslant S_{ot} - \frac{1}{2}\left[CTB_{始线} - \left(CTB_{ot} + 20\lg\frac{C_t - 1}{C - 1}\right)\right] - 10\lg n \tag{3-14}$$

式中，S_{ot}为生产厂家给出的放大器输出端某一测试电平值（dB μV）；CTB_{ot}为厂家给出的 C_t 个频道测试信号同时输入、输出为 S_{ot}时的组合三次差拍比（dB）；S_o 为放大器的实际工作电平（dB μV）；CTB 为 C_t 个频道输入时放大器输出电平为 S_o 时的组合三次差拍比（dB）。

在通常情况下，放大器的实际输出电平应取比上式的计算结果低几个分贝，这主要考虑电平的波动及提高系统的非线性指标要求。

（4）放大器电平的倾斜方式　由于同轴电缆的频率特性使得不同频道的信号在电缆中传输时损耗不一样，根据这个特点，干线放大器输入、输出端电平的设置方式主要有下列三种：

1）全倾斜方式　干线放大器输入端各频道电平相同，输出端电平呈倾斜状态，频道越高，输出电平越高，如图 3-33 所示。

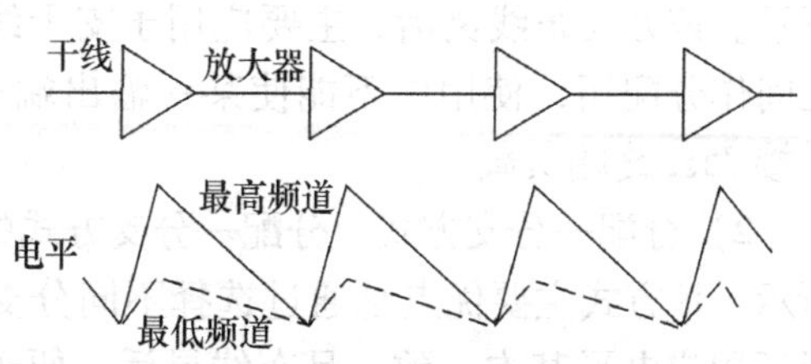

图 3-33　放大器电平全倾斜方式

2）平坦输出方式　放大器输出端各频道电平相同，由于电缆的频率特性使得放大器输入端低频道电平高，高频道电平低，如图 3-34 所示。

3）半倾斜方式。半倾斜方式是介于上述两者之间的方式。上述放大器的输入电平指的是入口电平，而目前使用的放大器内部一般均有衰减器和斜率均衡器，有的放大器增益可调倾斜。因此，放大器内部放大级的输入电平与入口电平不一定相同，如图 3-35 所示。

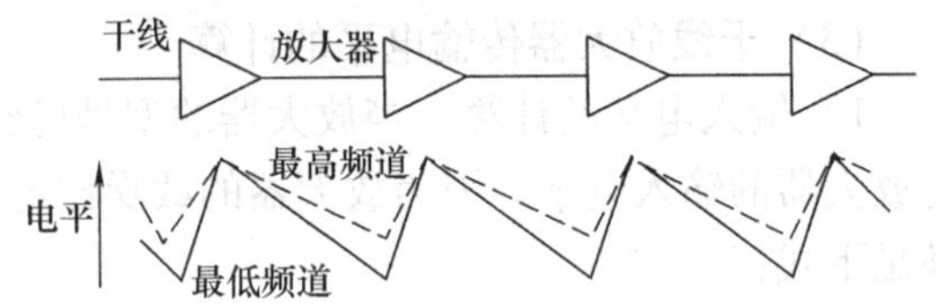

图 3-34 放大器电平平坦输出方式

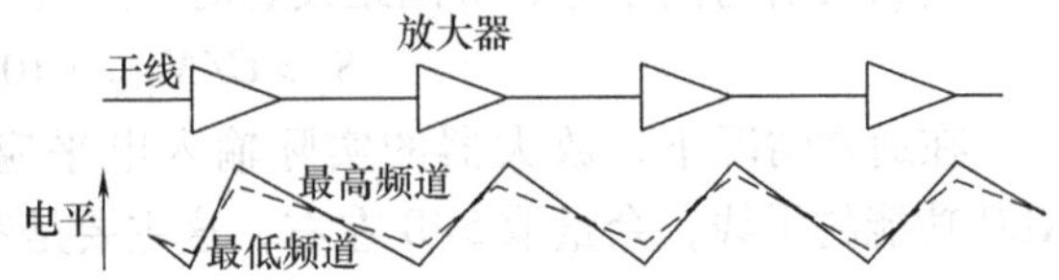

图 3-35 放大器电平半倾斜方式

上述三种方式在干线传输中均可采用，通常全倾斜方式和平坦输出方式应用较多。

（5）干线电平变化的控制

1）温度变化的影响　由于同轴电缆具有温度特性，其温度系数约为 0.2%/C°，在某一常温下设计的干线放大器的输入、输出电平值会随着环境温度而改变，导致干线上的电平值、斜率、载噪比和非线性失真指标发生变化。

2）干线放大器不平度的影响及控制　干线放大器的一个参数称为响应平坦度或不平度，它反映的是宽带放大器的幅频特性。当干线上串接的放大器台数为 n 时，就会有 n 个不平度相加，干线上的均衡器也会有不平度，这些不平度相加虽然是随机的，但是，当串接的台数很多时，也可能导致干线电平发生一定的变化，通常要求干线部分的不平度不超过 2dB。因此，在大型系统中要求放大器自身的不平度指标高，若出现不平度值过大，可每隔若干台放大器设置一台不平度校正器进行校正。

（6）干线放大器的供电　干线放大器的供电方式有两种：一种是分散供电方式；另一种是集中供电方式。在小型系统中，由于干线很短往往采用分散供电方式。即每个放大器的电源直接引自 220V 的市电。而在较大型的系统中，一般采用低压集中供电方式。集中供电的低压交流电通常为 60～65V，50Hz 或 30～36V，50Hz，采用频分复用的原理与射频信号共缆传输。集中供电时，一台电源供给器能供给多少台放大器工作，主要取决于同轴电缆的环路电阻，以及放大器的功耗和最低工作电压。

（7）分配系统的组成形式　分配系统的组成形式是依据用户建筑物的平面布局情况确定的，所以分配系统主要为用户提供合适的系统输出口电平，每台放大器为了能够服务更多的用户，要求放大器具有较高的输入、输出电平和较高的放大器增益，一般放大器的增益可达 30dB 以上。由于是高电平工作，为了满足非线性失真指标，分配系统串接的放大器一般不超过 3 台。根据分配系统中无源器件的组合方式不同，分配系统可分成各种不同方式。

1）分配—分配方式　分配—分配方式的基本结构如图 3-36 所示。该方式布线灵活，主要应用于支干线、分支干线、楼栋之间作分配用，使用中不能使某一输出端空载，若暂时不用，需接 75Ω 终端负载。

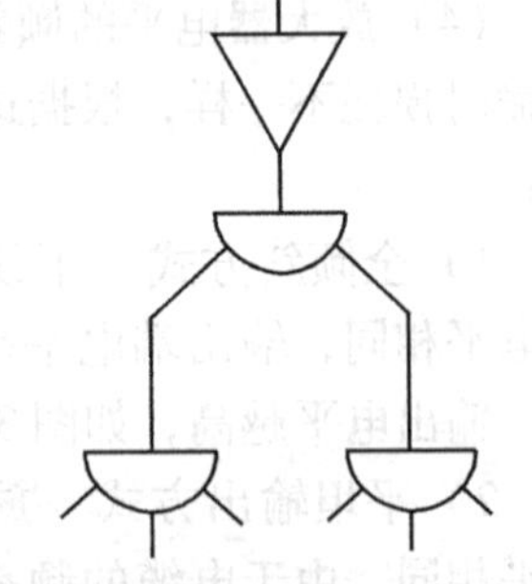
图 3-36 分配—分配方式的基本结构

2）分配—分支方式　分配—分支方式的基本结构如图 3-37 所示。该方式主要优点是通过选择不同分支损耗的分支器能够保证用户电平基本一致，且布线灵活，便于管理。因此，城市 CATV 分配系统一般均采用此方式。

3）分支—分支方式 分支—分支方式的基本结构如图 3-38 所示。该方式的特点与分配—分支方式基本相同，也是城市 CATV 分配系统常用的方式。

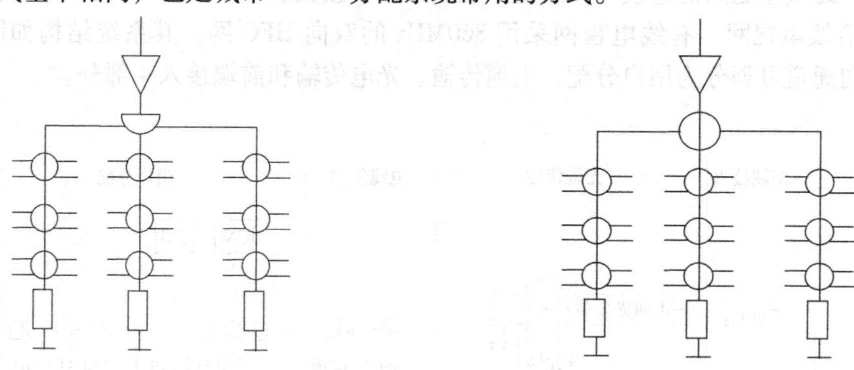

图 3-37 分配—分支方式的基本结构

图 3-38 分支—分支方式的基本结构

4）串接单元方式 串接单元方式的基本结构如图 3-39 所示。严格地讲，该方式也属于分配—分支方式（或分支—分支方式），但此方式中的分支器为串接单元（又称串接分支器），它是将用户终端和分支器合二为一，这种方式的优点是施工方便，造价低。缺点是可靠性较差，目前基本不采用。

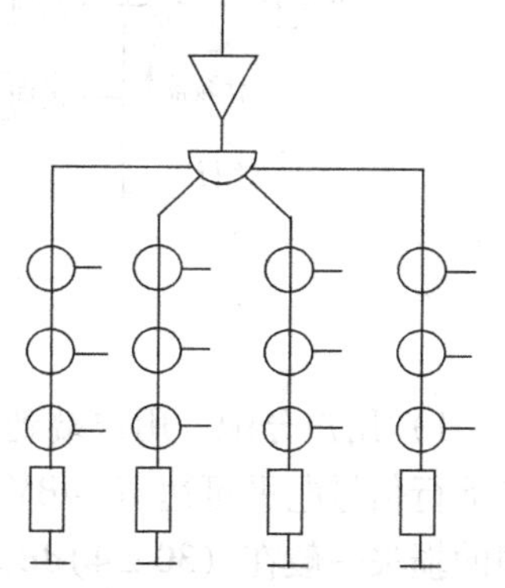

图 3-39 串接单元方式的基本结构

3. 有线电视系统设计实例

图 3-40 为某酒店的卫星与有线电视系统结构图，该系统主要包括卫星电视系统和有线电视网。

（1）卫星电视系统 卫星电视节目根据酒店卫星频道的要求，通过卫星接收系统接收电视信号接入酒店有线电视系统。卫星接收系统主要包括卫星接收天线、下变频器、功率分配器、卫星接收机和制式转换器等设备。酒店的自办节目可通过 DVD、LD、VCD 和录像机等其他视频设备播放。

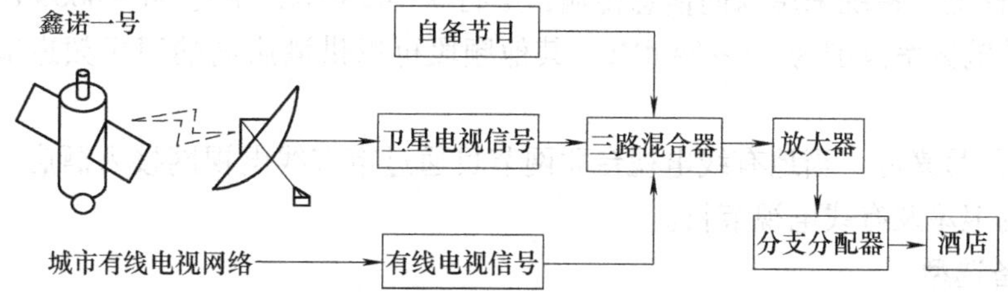

图 3-40 某酒店的卫星与有线电视系统结构图

信号的前端处理系统通过调制解调器、前端放大、RF 混频设备将各信号源的视频信号经过调制并混频后，送入传输系统，节目的混频应根据经营管理的需求，对卫星电视节目、有线电视节目和自办节目信号进行顺序编排后输出。

传输线缆采用 860MHz 的双向同轴电缆，垂直干线同轴电缆采用无缝铝管电缆及连接器件，各层水平支线同轴电缆采用四重屏蔽物理发泡电缆。电缆到电缆、电缆与分支分配器、电缆与用户终端盒之间的连接均采用全屏蔽压接式 F 接头。

(2) 有线电视网　有线电视网采用 860MHz 的双向 HFC 网，其系统结构如图 3-41 所示。按反向通道可划分为用户分配、电缆传输、光电传输和前端接入 4 部分。

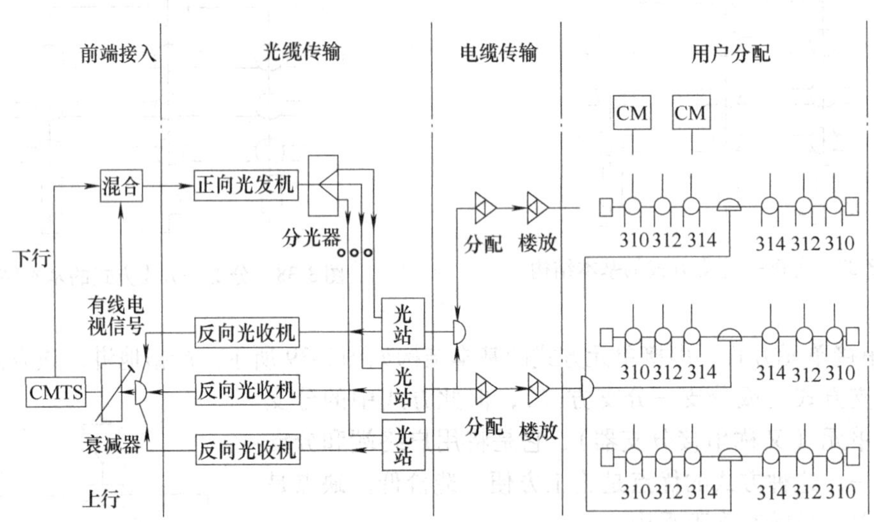

图 3-41　酒店有线电视系统结构

1) 用户分配　用户端到楼道放大器下行输出口为用户分配部分。由于楼道放大器输出口下行信号电平可达 100dBV 以上，所以，用户接收设定电平为 (65 ±4) dB μV，用户分配网的损失一般在 (30 ±4) dB。

楼道放大器下行输出口到光纤站下行输出口为电缆传输，对于双向放大器的下行增益，可根据光纤站下行输出口的电平高低而定，一般在 20 ~ 40dB 之间，用来补偿分支、分配和线路损耗，使下行最终损耗在 0 ~ 10dB 之间。

2) 传输性能　系统采用双向信息传输，上行 5 ~ 42MHz，下行 54 ~ 860MHz，其中有线电视台联网传输频率范围为 42 ~ 54MHz，其他频段可以供酒店内的卫星频道节目和数字信号传输。

3) 系统信号来源　当地有线电视台联网节目通过市有线电视网接入酒店，可提供多套本地及各地的卫星及有线电视节目。

(3) 设备选型

1) 邻频调制器采用广播级高频调制器，其工作频率为 860MHz。它采用中频调制体制，电路上采用双重频率锁定技术，输出端采用宽带放大器，使输出音频在 120dB 以上。

2) 系统采用双向干线放大器、延长放大器和分支放大器。

3) 为确保有线电视信号传输清晰度，分配网络采用高质量的双向放大器、分支器和分配器等设备。

4) 主干网采用星形结构，干线部分采用高物理发泡同轴电缆。干线及分配网络的设备材料清单如表 3-4 所示。

表 3-4　干线及分配网络的设备材料清单

序　号	设备名称	型　号	品　牌	产　地
1	分配器		JESMAY	中国
2	分支器		JESMAY	中国
3	用户终端	MW—DT—06—F	迈威	中国
4	同轴电缆	SYWV75—9		中国
5	同轴电缆	SYWV75—12		中国
6	双向用户放大器	MW—BLE—MI	迈威	中国

3.6　微波与卫星通信技术

3.6.1　微波通信

1. 微波通信技术概述

微波是一种先进的通信方式，它利用微波携带信息通过电波空间同时传送若干相互无关的信息，并且能够进行再生中继。它具有传输容量大、长途传输质量稳定、投资少、建设周期短和维护方便等特点，因而得到了广泛的应用。而建立在微波通信和数字通信基础上的数字微波通信，同时具有数字通信和微波通信的优点，受到各国的普遍重视。因此，数字微波中继通信、光纤通信和卫星通信被称为现代通信传输的三大主要技术手段。

（1）微波通信的概念　微波通信是用微波作载波传送数字信号，需将基带数字信号对载波进行调制实现数字信号的频带传输。为了充分利用线路资源，通常在微波通信中采用频分复用方式，即利用载波的方法从发信端把基带信号在不同的载频上形成载波来传输，在收信端再将基带信号从载波上卸下来。微波是波长为 1m ~ 1mm 或频率为 300MHz ~ 300GHz 的电磁波。ITU 对每个频段的应用都有严格的规定，表 3-5 列出了无线电波频率的划分原则。

表 3-5　无线电波频率划分表

频段名称	频率范围	波长范围	频段名称		频率范围	波长范围
长波	30 ~ 300kHz	1000 ~ 10000m	微波	分米波	300 ~ 3000MHz	1 ~ 10cm
中波	300 ~ 3000kHz	100 ~ 1000m		厘米波	3 ~ 30GHz	1 ~ 10mm
短波	3 ~ 30MHz	10 ~ 100m		毫米波	30 ~ 300GHz	1 ~ 10mm
超短波	30 ~ 3300MHz	1 ~ 10dm				

（2）微波通信的特点

1）微波波段的载波工作频率高（相对短波波段而言），在相对带宽相同的情况下，其信道的绝对带宽比短波要大得多，因而可传送较多的信息量。

2）由于微波的波长短，所以容易制成高增益天线，天线增益可达几十分贝。

3）天线干扰、工业干扰及太阳黑子的变化，在微波波段基本不起作用。

4）与有线通信相比，微波中继通信有较大的灵活性。

5）在微波波段，电磁波的传播是直线视距的传播方式。要进行远距通信必须采用中继通信方式，即每隔50km左右设置一个中继站，将前站的信号接收下来经过放大再向下一站传输。

（3）无线电波的传播特性　无线电波通过多种传输方式从发射天线传播到接收天线，主要有自由空间波、对流层反射波、电离层波和地波等，其原理如图3-42所示。

1）表面波传播　表面波传播指电波沿着地球表面到达接收点的传播方式。电波在地球表面上传播，以绕射方式可以到达视线范围以外。地面对表面波有吸收作用，吸收的强弱与带电波的频率及地面的性质等因素有关。

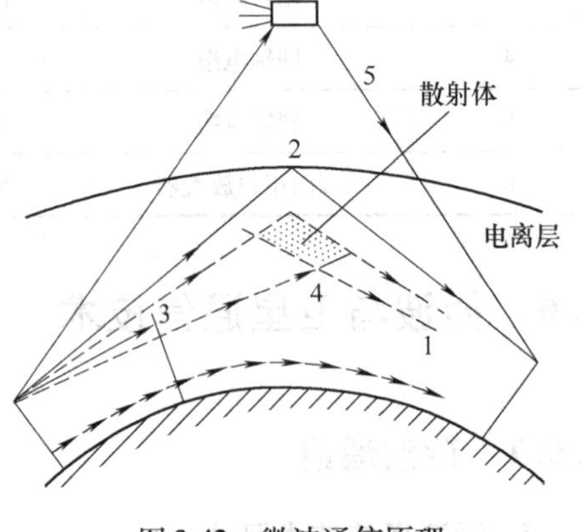

图3-42　微波通信原理

2）天波传播　天波传播指自发射天线发出的电磁波，在高空被电离层反射回来到达接收点的传播方式。电离层对电磁波除了具有反射作用以外，还有吸收能量与引起信号畸变等作用，其作用强弱与电磁波的频率和电离层的变化有关。

3）散射传播　散射传播指利用大气层对流层和电离层的不均匀性来散射电波，使电波到达视线以外地方的传播方式。对流层在地球上方约16000m处，是异类介质，反射指数随着高度的增加而减小。

4）外层空间传播　外层空间传播指无线电在对流层和电离层以外的外层空间进行传播的方式。这种传播方式主要用于卫星或以星际为对象的通信中，以及用于空间飞行器的搜索、定位和跟踪等。自由空间波又称为直达波，沿直线传播，主要用于卫星和外部空间的通信，以及陆地上的视距传播。视线距离通常为50km左右。

2. 微波通信系统

（1）微波通信系统的组成　微波通信系统组成如图3-43所示。微波是一种波长很短的无线电波，它具有类似光波的传输特性，即直线传输，绕射能力弱，会产生折射和反射现象。一条长度为几百公里甚至几千公里的微波通信系统，一般是由距离为50km左右的多微波站连接组成的，主要包括微波终端站、中继站和分路站等。

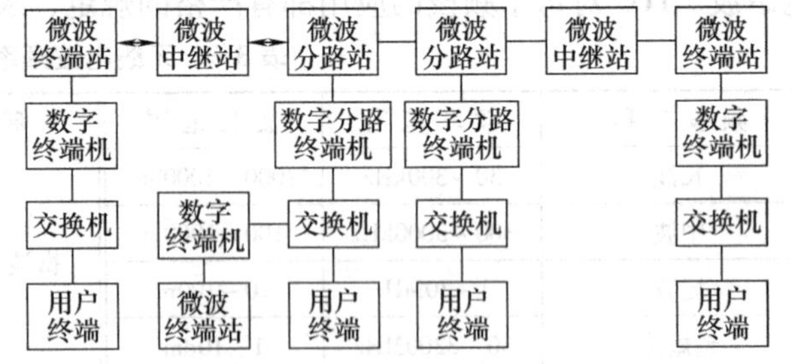

图3-43　微波通信系统组成

（2）微波通信系统的工作原理

1）终端站　终端站是位于系统终端的微波站，在这个站装有调制和解调设备，其工作原理如图3-44所示。

微波收信机和发信机是微波站的主要设备，简称为高频架，它的作用是对信号进行频率搬迁、频率变换和放大。

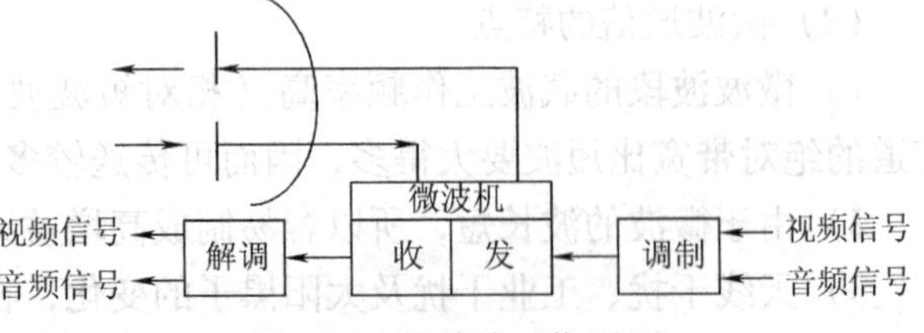

图3-44　终端站工作原理

2）天线系统　天线系统多采用收

发共用和多波导天线。因此，天线系统除了用来接收发射微波信号和传输微波信号的馈线外，还必须有极化分离器波道的分并线路系统等。终端站天线馈线系统与微波设备之间的连接如图 3-45 所示。

3）微波站　微波站的基本功能是传输数字信息。按工作性质不同可分为数字微波终端站、数字微波中继站和数字微波分路站三类。

①终端站：数字微波终端站的任务是把终端机的时分多路数字基带信号调制到微波频率上并发射出去，同时，又将接收到的微波信号解调出数字基带信号送到数字终端机。

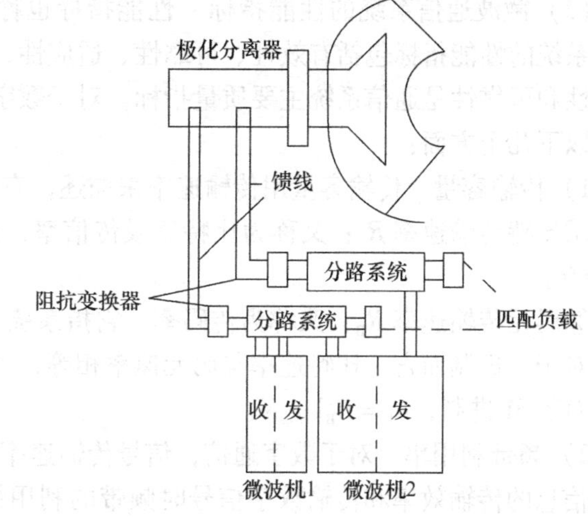

图 3-45　终端站天线馈线系统与微波设备之间的连接

②中继站：微波信号在传输过程中因传输损耗而衰减，同时，由于有噪声混入而使传输性能降低而出现误码。中继站的任务是将信号在品质没有降低之前接收下来，经过判断识别后把干扰噪声清除掉，再生出与发送端一样“干净”的波形，再调制到微波频率上继续传输。它无需调制和解调设备，只对微波信号进行放大和转发，其工作原理如图 3-46 所示。

③分路站：分路站是微波中继站的一种，除完成中继站的任务外，它还要完成线路分支任务。

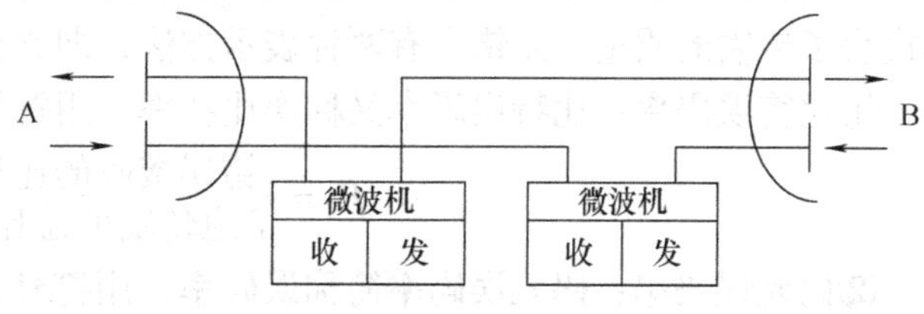

图 3-46　中继站工作原理

微波站的主要设备包括数字微波发送信号设备、数字微波接收信号设备、天线、馈线、收发信机、调制器、多路复用设备，以及为保障线路正常运行和无人维护所需的电源设备、监测控制设备等。为了把电波聚集起来成为波束并送至远方，一般采用抛物面天线，其聚焦作用可大大增加传送距离。多个收发信机可以共同使用一个天线而互不干扰。我国现用的微波系统中，在同一频段、同一方向上可以有六收六发同时工作，也可以八收八发同时工作，以增加微波电路的总体容量。多路复用设备有模拟和数字之分。模拟微波系统每个收发信机可以工作于 60 路、960 路、1800 路或 2700 路通信，可用于不同容量等级的微波电路。数字微波系统应用数字复用设备，以 30 路电话按时分复用原理组成一次群，进而可组成二次群 120 路、三次群 480 路、四次群 1920 路，并经过数字调制器调制于发射机上，在接收端经数字解调器还原成多路电话。在最新的微波通信设备中，其数字系列标准与光纤通信的同步数字系列（SDH）一致，称为 SDH 微波。这种新的微波设备，可以在一条电路上的八个束波可以同时传送三万多路数字电话信号（2.4Gbit/s）。

4）数字终端机　数字终端机的基本功能是把来自交换机的多路音频模拟信号变换成时分多路数字信号，送往数字微波传输通道，然后，把数字微波传输信道收到的时分多路数字信号反变换成多路模拟信号送到交换机。

5）交换机　交换机是用于功能单元、信道或电路的暂时组合，以保证按要求进行通信操作的设备。用户可通过交换机进行呼叫连接，建立暂时的通信信道或电路。这种交换可以是模拟交换，也可以是数字交换。

（3）微波通信系统的性能指标　性能指标也称为质量指标，它是对整个系统规定的。通信系统的性能指标包括有效性、可靠性、适应性、标准性和经济性等。其中，传输信息的有效性和可靠性是通信系统主要质量指标。对于数字微波中继通信系统，传输性能指标主要包括以下几个方面：

1）传输容量　传输容量用传输速率来描述，有两种表示传输速率的方法。

①比特传输速率 R_b：又称为比特率或传信率，即每秒通信系统所传输的信息量，单位为 bit/s。

②码元传输速率 R_B：又称为传码率，它指系统每秒所传输的码元数，单位为 Bd。

对于二进制而言，比特速率与码元速率相等，即 $R_b = R_B$。

对于 M 进制，$R_b = R_B \log_2 M$。

2）频带利用率　对于数字通信，信号传输速率越高则所占用的信道频带也越宽。为了体现信息的传输效率和传输数字信号时频带的利用情况，引入了频带利用率 η［单位为 bit/(s · Hz)］这一指标来表示单位频带的信息传输速率，即

$$\eta = \frac{\text{信息传输率}}{\text{频带宽度}} \tag{3-15}$$

3）传输质量　在传输数字信号时，由于噪声和其他原因对方会判断错误，传输的差错率代表了传输的质量。差错率有两种表示方法，即比特误码率和码元误码率。

①比特误码率：比特误码率又称误比特率，用符号 P_b 表示，其定义式为

$$P_b = \frac{\text{错误接收的比特数}}{\text{信道传输的总比特数}} \tag{3-16}$$

②码元误码率：码元误码率简称误码率，用符号 P_B 表示，其定义式为

$$P_B = \frac{\text{错误接收的码元数}}{\text{信道传输的总码元数}} \tag{3-17}$$

3.6.2 卫星通信技术

通信系统已成为智能建筑的重要组成部分，特别是卫星通信系统，已经使智能建筑的信息交换伸展到全世界。

1. 卫星通信的定义

卫星通信是指利用人造地球卫星作中继站转发或反射无线电信号，在两个或多个地球无线电通信站之间进行通信的技术，其结构如图 3-47 所示。

1979 年，世界无线电行政会议（WARC）规定宇宙无线电通信有三种方式，即宇宙站与地球之间的通信、宇宙站之间的通信、通过宇宙站转发或反射而进行的地球站之间的通信。

宇宙站是指设在地球大气层以外的宇宙飞行体或其他天体上的通信站。地球站是指设在地球表面上的通信站，包括陆地上、水面上和大气低层中移动的或固定的通信站。卫星通信属于宇宙无线电通信中的第三种方式。

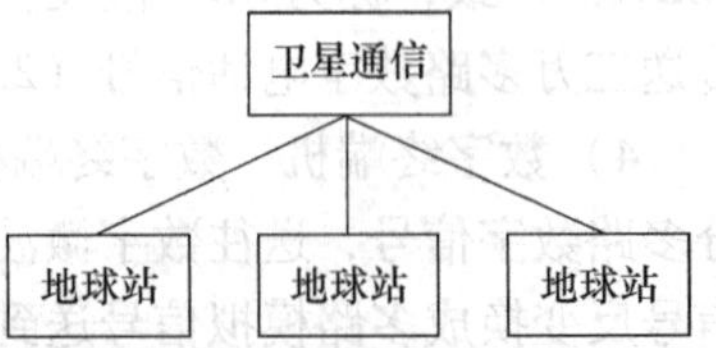

卫星通信

地球站　地球站　地球站

图 3-47　卫星通信结构

2. 卫星通信的分类

按不同角度可以把卫星通信系统分成以下几类：

（1）按卫星制式分类 可分为随机卫星通信系统、相位卫星通信系统和静止卫星通信系统。

（2）按通信覆盖区的范围分类 可分为国际卫星通信系统、国内卫星通信系统和区域卫星通信系统。

（3）按用户性质分类 可分为公用（商用）卫星通信系统、专用卫星通信系统和军用卫星通信系统。

（4）按业务分类 可分为固定业务通信卫星、移动业务通信卫星、广播业务通信卫星和科学试验业务通信卫星。

（5）按多址方式分类 可分为频分多址卫星通信系统、时分多址卫星通信系统、空分多址卫星通信系统、码分多址卫星通信系统和混合多址业务卫星通信系统。

（6）按基带信号分类 可分为数字制式卫星通信系统和模拟制式卫星通信系统。

3. 卫星通信的特点

卫星通信与微波中继通信等其他方式相比有如下特点：

（1）卫星通信覆盖区大，通信距离远 由于卫星离地面距离远，一颗卫星可以覆盖地球三分之一的表面积，因而利用三颗同步卫星即可实现全球通信。所以，目前它是远距离越洋通信和电视转播的主要手段。

（2）卫星通信具有多址连接能力 地面微波中继通信系统的服务区域基本上是一条线，而在卫星通信中，在卫星所覆盖的区域内，所有地面站都能利用这一卫星进行相互间的通信，即多址连接。

（3）卫星通信的频带宽，容量大 卫星通信采用微波频段，而且一颗卫星上可设置多个转发器，故通信容量很大。如IS-V通信卫星可同时传输12000路电话信号和两路电视信号。

（4）卫星通信机动灵活 卫星通信的建立不受地理条件的限制，地面站可以建立在边远山区、岛屿、汽车、飞机和舰艇上。只要建立起地面站就可以与同一系统内的其他站进行通信。

（5）卫星通信的质量好，可靠性高 卫星通信的电波主要在自由空间传播，而且通常只经过卫星一次转接，噪声影响小，故通信质量好，正常运转率达99.8%以上。

（6）卫星通信的成本与距离无关 微波中继或电缆载波通信系统，其建设投资和维护费用都随距离而增加。而卫星通信的地面站至空间转发器这一区间并不需要线路投资，因而对国际通信或远程通信而言，按每话路和每公里的费用比较，卫星通信系统是最便宜的。

4. 卫星通信系统的组成

（1）卫星通信系统的组成结构 根据卫星通信系统的任务，一条通信线路由发端地面站、上行链路、卫星转发器、下行链路和收端地面站组成，如图3-48所示。其中，上行链路和下行链路是无线电波的传播路径。系统为了进行双向通信，每一地面站均设有发射和接收系统。

由于收、发系统一般是共用一副天线，故需要用双工器以便将收、发信号分开。地面站规模的大小视通信系统的用途而定。转发器的作用是接收地面站发来的信号，并经变频和放大后再转发给其他地面站，它由天线、接收设备、变频器、发射设备和双工器等组成。

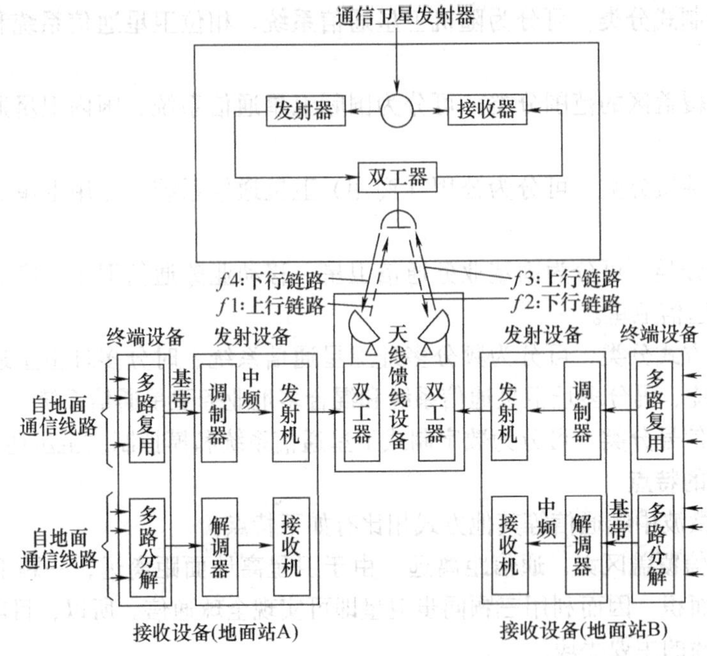

图 3-48 卫星通信系统的组成

(2) 卫星通信系统的工作过程 卫星通信系统的工作过程可用频分多路电话信号的传输来说明。由市内通信线路送来的电话信号，在地面站 A 的终端设备内经多路复用后，输出的是多路电话的基带信号，带宽依话路数而定。基带信号被送至调制器，对 70MHz 或频率最高的载波调制成为中频信号。目前，在模拟式卫星通信系统中多采用调频制，故中频信号为调频波，此信号经上变频为微波信号后，再经功率放大器和天线向卫星发射出去。

由地面站 A 发到转发器的信号，经大气层和自由空间的传播，将受到很大的衰减并引入一定的噪声，最后到达卫星转发器。在转发器中，将载波频率为 f_1 的上行信号，经接收机将频率变换成较低的中频信号，并经放大后再变换成载波频率为 f_2 的下行信号，最后经输出级放大，再由天线发向各地面站。

由转发器发射的频率为 f_2 的信号，经自由空间和大气层传播，最后到达 B 站。因转发器的功率小，天线增益低，到达 B 站的信号是很微弱的，必须用高增益天线和低噪声接收机进行接收。被天线接收的信号经双工器、低噪声放大器和下变频器变成中频信号，再送到解调器输出基带信号，最后，利用多路分解设备进行分路，并通过市内通信线路送到各用户。

由 B 站向 A 站传送信号时，与上述过程相同，只是上、下行的频率分别为 f_3 和 f_4。将频率分开是为了避免通信过程中的相互干扰。

5. 卫星通信的多址方式及信道分配技术

多个地面站通过共同的卫星同时建立各自的信道，从而实现各地面站相互间的通信称为多址连接。多址连接和多路复用都是信道复用问题。多路复用是指一个地面站把送来的多个信号在群频即基带信道上进行复用，而多址连接则指多个地面站发射的信号，在卫星转发器中进行射频信道的复用。它们在通信过程中包含多个信号的复合、传输和分离三个过程，如图 3-49 所示，其中的关键问题是如何在接收端从混合的信号中选出所需要的信号。

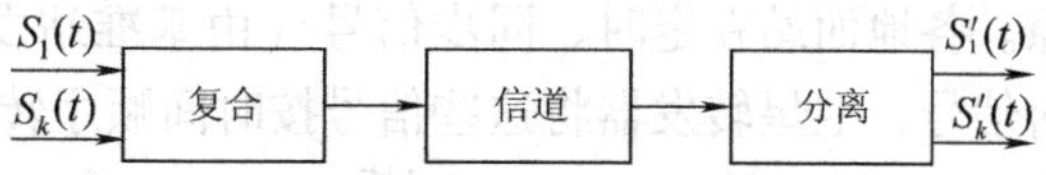

$S_1(t)$ … $S_k(t)$ → 复合 → 信道 → 分离 → $S_1'(t)$ … $S_k'(t)$

图 3-49　信号的复合与分离模型

目前，卫星通信中应用的多址方式有频分多址（FDMA）、时分多址（TDMA）、空分多址（SDMA）和码分多址（CDMA）等方式。

（1）频分多址方式　频分多址（FDMA）方式是按频率高低把各地面站发射的信号配置在卫星频带内的某个位置上，可直接采用现有微波中继通信的成熟技术。

FDMA 方式的一种简化框图如图 3-50 所示。图中只画出了发射系统，其中，f_1，f_2，…，f_k 是各地面站发射的载波频率，B_{sat} 为转发器带宽。

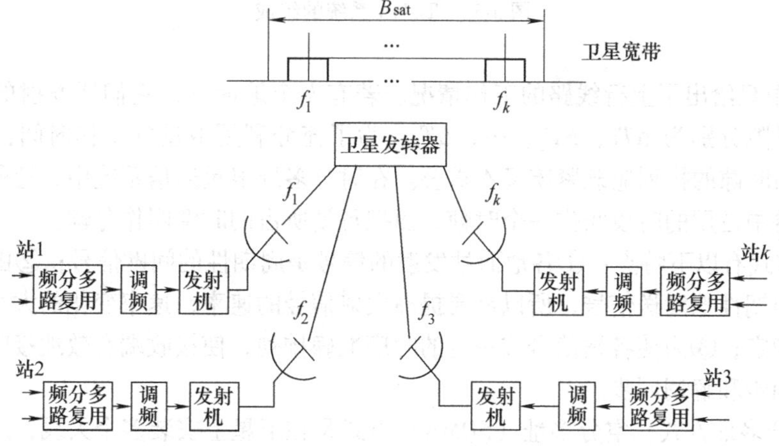

图 3-50　频分多址方式原理

每个地面站传送多路信号时有两种传输方式，一是把各路信号先进行多路复用，而后对副载波进行调制，最后经上变频到指定频率上，因此，经卫星转发的每个载波所传送的是多路信号。通常，每个载波传送的有 12 路、24 路或更多的话路信号，即频分复用/调频（FDM/FM）方式。此外，针对要传输的话路数较多，但每个话路的业务量较小的情况，产生了第二种传输方式，即每个话路分配一个载波，通常称为单路单载波方式。

在采用频分多址的前提下，根据多路复用和调制方式的不同又可分为下列几种方式：

1）FDMA/FM/FDMA 方式：这种方式先将要传送的各话路信号进行频分复用，然后对载波进行调频。各地面站发射的载波频率是不同的，但都在卫星转发器的频带内。

2）SCPC/FDMA 方式：这种方式每一话路使用一个载波，调制方式可以采用 PCM/PSK 方式、△M/PSK 方式，也可以采用 FM 方式。

3）PCM/TDM/PSK/FDMA 方式：这种方式先将话路信号进行脉码调制（PCM），经时分复用（TDM）后，再对载波进行移相键控（PSK），并根据载波频率的不同区分站址。

（2）时分多址方式　在频分多址系统中，转发器的输出行波管工作在多载波状态，由于其非线性特性，将存在严重的交调干扰，为此采用了一种无交调的时分多址方式，即 TDMA方式。

在时分多址方式中，分配给各地面站的已不再是一个特定的载波频率，而是一个特定的时隙。各地面站在定时、同步信号（由基准站发出）的控制下，只在规定的时隙内向卫星发射信号，卫星转发器将这些信号按时间顺序转发出去。TDMA 系统的组成如图 3-51 所示。

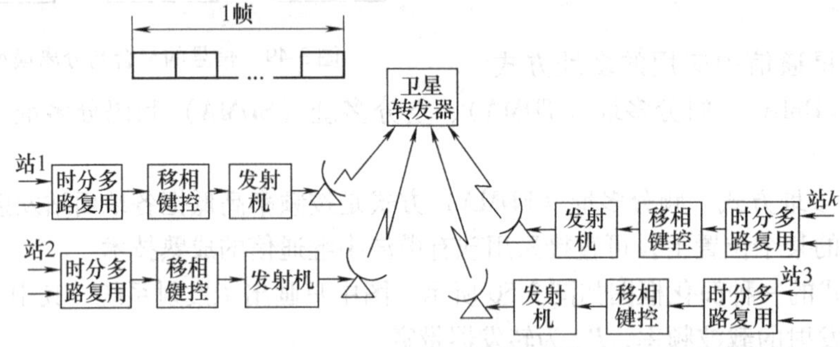

图 3-51 TDMA 系统的组成

图 3-51 中只给出了上行线路的工作情况。若有 k 个地面站，它们所发射的信号在转发器内所占的时隙分别为 ΔT_1、ΔT_2、…、ΔT_k。为了充分利用卫星的工作时间，而各站又互不干扰，各站时隙的排列应既紧凑又不重叠。在时分多址卫星通信系统中，把所有地面站的信号在转发器中占用的时段叫作一个时帧，而把每站所占的时隙叫作分帧。

TDMA 方式有以下特点：①各地面站发射的信号是周期性的间歇信号；②由于各站只能在某一时隙周期性地发送信号，所以需要提高发射信号的速率，速率变化的大小根据时与分长度之比来确定；③为使各站信号按一定的时序准确排列，使接收端有效地接收信号，需要精确的系统同步和解调同步。

（3）空分多址方式　空分多址（SDMA）方式是在卫星上安装多个天线，这些天线的波束指向地球表面的不同区域，由于各区域的地面站所发出的信号在空间上互不重叠，即使各地面站在同一时间用相同的频率工作，也不会相互干扰，从而起到了频率再利用的目的。

（4）码分多址方式　码分多址（CDMA）方式主要应用于容量小、移动性大的卫星通信系统。在码分多址系统中，各地面站使用相同的载波频率，占用同样的射频带宽，发射时间是随机的。各站址的划分是按各站的码型结构不同来实现的。一般选择伪随机（PN）码作地址码。一个地球站发出的信号只能用与它相关的接收系统才能检测出来。

码分多址实质上也是扩展频谱系统，有两种基本类型：一种是直接序列码分多址（CDMA/DS）系统，又称伪随机码多址方式（SSMA）；另一种是跳频码分多址（CDMA/FH）方式。

1）直接序列码分多址方式：直接序列码分多址（CDMA/DS）方式是目前应用最多的一种码分多址方式，其原理如图 3-52 所示。

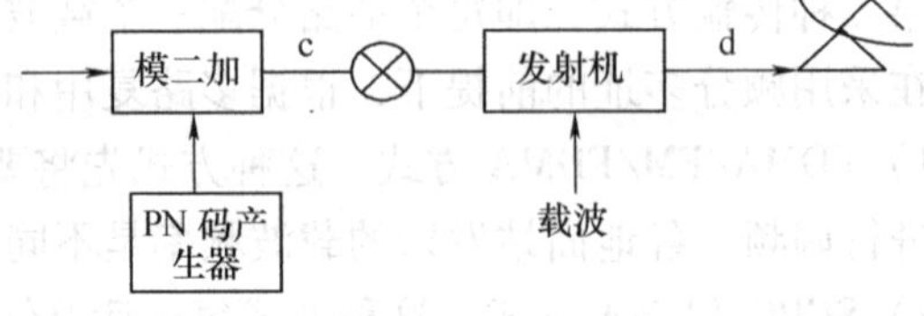

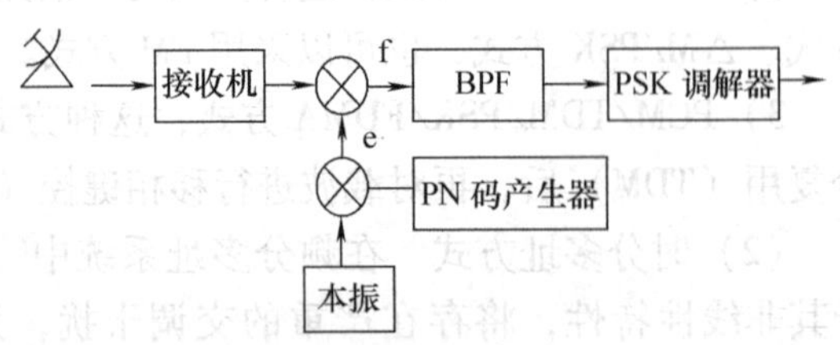

图 3-52 直接序列码分多址（CDMA/DS）方式原理

在发送端，原始信码与 PN 码进行模二加，然后对载波进行 PSK 调制，由于

PN码速率远大于信码速率，形成了PSK信号频谱的扩展，已调信号经上变频后发射出去；在接收端先用与发端码型相同且严格同步的PN码与本振信号和接收信号混频与解扩，得到了窄带的仅受信码调制的中频信号，再经中放和滤波后进入PSK解调器恢复原信码。因此，只要收发两端PN序列码结构相同并且严格同步，就可以正确恢复原信号，而干扰以及其他地址码的信号与接收端PN码不相关，不被解扩反而被扩展，需经中频滤波器滤除。因此，这种系统具有很强的抗干扰能力和保密性，而且比其他多址方式简单灵活，用户可随机通信，因此，在小容量卫星通信系统和军用系统中得到广泛应用。

2）跳频码分多址方式：跳频码分多址（CDMA/FH）方式系统原理框图如图3-53所示。在发送端，利用PN码去控制频率合成器，使之在一个宽范围内规定频率随机跳动，然后与原信码调制后的中频信号混频，再经上变频后发射出去。在接收端，本地的PN码产生器提供和发端完全相同的PN码，驱动本地频率合成器产生同样规律的跳频，与接收信号混频后获得中频已调信号，再经过解调后恢复原信号。

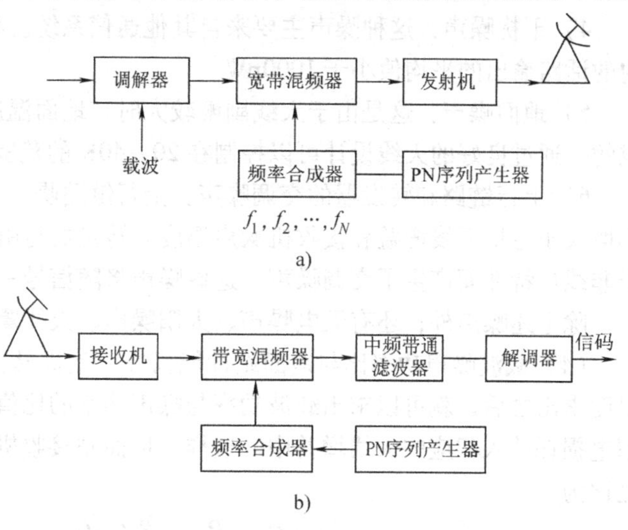

图3-53 跳频码分多址方式系统原理框图
a）FH发射机 b）FH接收机

6. 卫星通信用的频段与电波传播特点

（1）工作频段的选择 卫星通信频段的选择影响系统的传输容量、地面站及转发器的发射功率、天线尺寸和设备的复杂程度等。在选用频段时主要考虑以下几方面：①电波传播过程中的衰减要小；②天线系统接收的外部噪声要小；③有较宽的频带以满足信息传输的要求；④能充分利用现有通信技术；⑤与其他通信、雷达等电子系统间的干扰小。

根据以上要求，选用特高频或微波频段较好。目前，大多数卫星通信系统选择在C波段：6.0/4.0GHz、K波段：14.0/11.0GHz频段工作。

（2）电波传播的特点 卫星通信无线电波主要在大气层以外的自由空间内传播。在目前使用的频段内，大气层的衰减损耗与无线电波在自由空间传播时相比是很小的，故认为电波是在自由空间内传播。这与地面微波中继通信以及对流层散射等通信系统不同，即卫星通信的电波传播信道是相对稳定的。

（3）卫星通信线路的噪声 在卫星通信线路中，地面站接收的信号极其微弱。而且，在接收信号的同时还有各种噪声进入接收系统。由于地面站使用了低噪声放大器，接收机内部噪声的影响已经很小，所以，其他各种外部噪声就必须加以考虑。

地面站接收系统的噪声来源可分为外部噪声和内部噪声两大类。

外部噪声主要有以下几种：

1）宇宙噪声：宇宙噪声大部分来自银河系，其1GHz以下的频率噪声是主要的外部噪声来源。

2）大气噪声：电波经过大气层时，大气的吸收不仅要产生衰减，而且要产生噪声。它将随天线的仰角减小而增大。

3）降雨噪声：降雨时既会对电波产生衰减，又会产生噪声。通常4GHz噪声温度最高可达100K。因此，在设计国际通信卫星4GHz的接收系统时，考虑到暴雨时衰减和噪声的影响一般留有4～6dB的余量。

4）干扰噪声：这种噪声主要来自其他通信系统。根据有关规定，干扰噪声在任一小时内的话路输出的平均值小于1000pW。

5）地面噪声：这是由于天线副瓣较大时，地面温度和地面发射的噪声进入接收系统造成的。通过良好的天线设计可以控制在20～40K的范围内。

6）上行链路和转发器的交调噪声：上行链路噪声主要由转发器的接收系统产生，其大小取决于卫星天线增益和接收机噪声温度。转发器与由行波管放大器同时放大多个载波，由于非线性特性而产生了交调噪声。这些噪声将随信号一起经下行链路进入接收系统。

除上述噪声外，还有天电噪声、太阳噪声、天线罩噪声等。

（4）载波噪声功率比与地面站性能指数　地面站接收系统的载波功率和等效系统噪声温度求出之后，就可以求出载波功率与噪声功率的比值。为计算方便，一般将收、发系统的馈电损耗计入相应的天线增益中。这样，地面站接收机输入端的载波功率与系统总噪声功率之比为

$$\frac{C}{N}=\frac{P_R}{kT_tB}=\frac{P_SG_{TS}G_R}{L_P}\,\frac{1}{k(r+1)T_DB} \tag{3-18}$$

式中，k为玻耳兹曼常数；B为接收机的等效噪声带宽。

若以分贝数表示时，则式（3-18）可写为

$$\frac{C}{N}=P_SG_{TS}-L_P-K-B+\frac{G_R}{(r+1)T_D} \tag{3-19}$$

由此可以看出，地面站接收系统输入端的信号噪声比C/N主要取决于G_R/T_D值的大小，即此比值关系到地面站接收性能的好坏，故把它称为地面站性能指数。通常，G_R/T_D值越大，地面站接收系统性能越好。

在国际卫星通信系统中，为了保证一定的通信质量并且能有效地利用卫星的功率，对标准地面站的性能指数规定为

$$G/T\geqslant 40.7+20\lg\frac{f}{4} \tag{3-20}$$

式中，f为接收信号的频率（GHz）

若$f=4$GHz，则标准地面站的G/T值应大于或等于40.7dB才符合要求。

3.6.3　卫星通信系统与卫星转发器

1. 卫星通信系统组成

图3-54所示为通信卫星的组成框图，它由控制系统、天线系统、遥测指令系统、通信系统和电源系统组成。卫星通信系统中的主体是通信卫星，其保障部分是星上遥测、控制和能源（含太阳能电池和蓄电池）。通信卫星是将所有的地球站发射的无线电信号经卫星转发器传到对方的地球站。

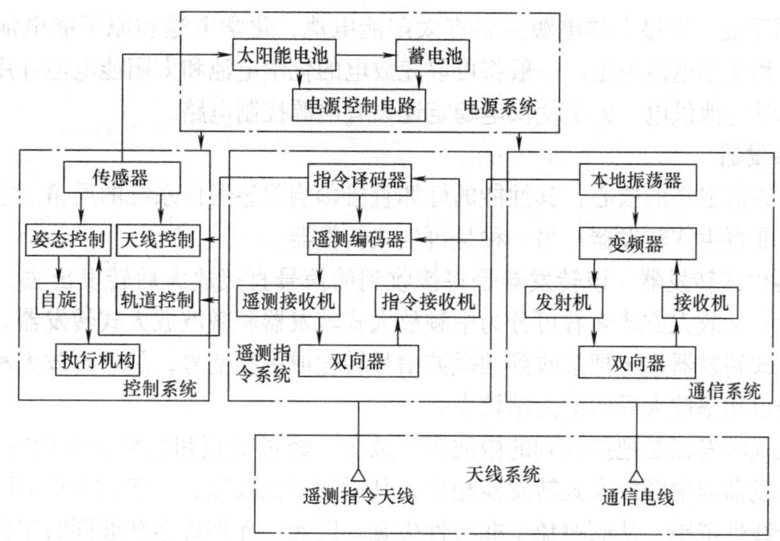

图 3-54　通信卫星系统的组成

（1）控制系统　卫星通信控制系统功能是对卫星的位置和姿态进行控制，由一系列机械或电子可控制调整装置组成。

由于静止卫星在轨道上存在轨道倾斜效应使卫星发生漂移，影响通信的正常进行。为了克服这种影响使卫星保持在指定位置上，通常用位置控制系统来完成这一任务。在地面控制中心发出指令时，位置控制利用装在卫星上的竖向和横向两个气体喷射推进装置分别控制卫星在纬度和经度方向的漂移。

（2）天线系统　卫星通信天线系统包括通信天线和遥测指令天线两种。由于它们装在卫星上，故与地面天线不同，它们体积小、重量轻、馈电可靠性高、寿命长，有适应在卫星上组装的结构特点。另外，卫星天线设在卫星壳体外面，故又要求天线材料必须耐高温和耐辐射。

为了使通信天线对准地球上通信区的微波天线，要求天线方向性强，增益高，以增加卫星的有效辐射功率，更重要的是应使天线波束永远指向地球。

遥测指令天线是工作在高频和超高频的全方向性天线。它用来在卫星进入静止轨道之前和进入静止轨道后，向地面控制中心发射遥测信号和接收地面信号。一般采用倾斜绕杆天线、螺旋天线和套筒偶极子天线等。

（3）遥测指令系统　为保证卫星通信系统正常运行，需要了解卫星内部各种设备的工作情况，以便必要时通过遥测指令调整某些设备的工作状态。为了使地球站天线能跟踪卫星，要求卫星发送 1 ~ 2 个信标信号。

卫星上遥测信号包括使卫星保持正确姿态和正常工作状态（如电源电压、频率、温度、控制气体压力等）的信号，来自传感器的信号以及指令证实信号等。这些信号经放大、模/数转换及编码后调制到副载波或信标信号上，然后与通信信息一起发向地面。

地面测控中心接收到信号后，通过解调和解码恢复出遥测信号，并送到计算机进行信号处理。当发现卫星上某些信号参数不符合要求时，就会立即发出指令信号送到卫星上，卫星上指令接收机接收到该信号后，经检测和译码后送到控制机构。

（4）电源系统　卫星上的电源主要有太阳能电池、化学电池和原子能电池等，目前仍以太阳能电池和化学电池为主。一般将可以充放电的化学电池和太阳能电池并用，在发生星蚀期间，由化学电池供电。为了使供电稳定还设有电源控制电路。

2. 卫星转发器

转发器是通信卫星的核心，其性能的好坏直接影响卫星通信系统的质量。它有两种结构形式，一种是非再生式转发器，另一种是再生式转发器。

（1）非再生式转发器　该转发器是将接收到的信号直接放大后转发出去，而不进行解调和基带处理。从放大方式来看可分为中频放大式转发器和微波放大式转发器。

中频放大式转发器用于把接收到的微波信号转化成中频信号，然后再放大和限幅变换成射频信号，经过功率放大后向地面站转发。

微波放大式转发器是把接收到的微波直接放大，经过变频和功率放大后向地面站转发。微波放大式转发器与中频放大式转发器相比，其射频带比较宽，一般在500MHz左右，而且转发器工作于线性范围，从而避免了非线性失真。因此，允许许多载波同时工作，适合于大容量的系统。

（2）再生式转发器　非再生式转发器主要用于模拟卫星通信系统，而再生式转发器则应用于数字卫星通信系统中。再生式转发器除了转发信号外，还具有信号处理功能。

再生式转发器的优点是可以做到噪声不累积，而且抗干扰能力强。因而，在同样的通信质量要求的情况下可以减小转发器的发射功率。

为使收、发信号能有效地隔离，上、下行的频率应不相同，故在转发器中要进行频率变换。此外，转发器对信号还有处理功能。输入信号要先解调，经信号处理后再将基带信号调制到输出的载频上，这种转发器称为处理转发器。由于它的抗干扰能力强，在军事应用中有重要的意义。

双变频和单变频转发器组成分别如图3-55和图3-56所示。

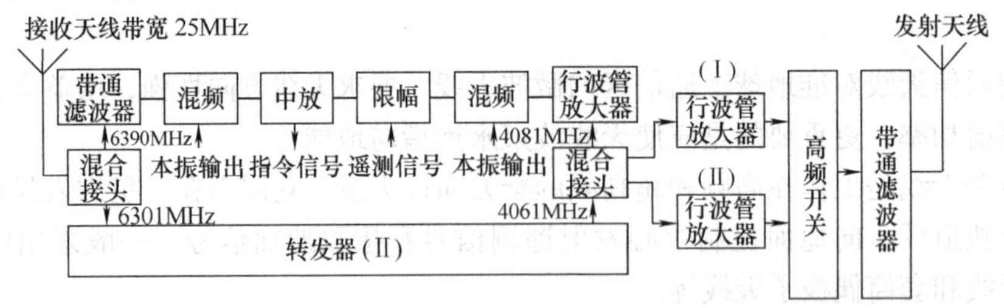

图3-55　双变频转发器组成

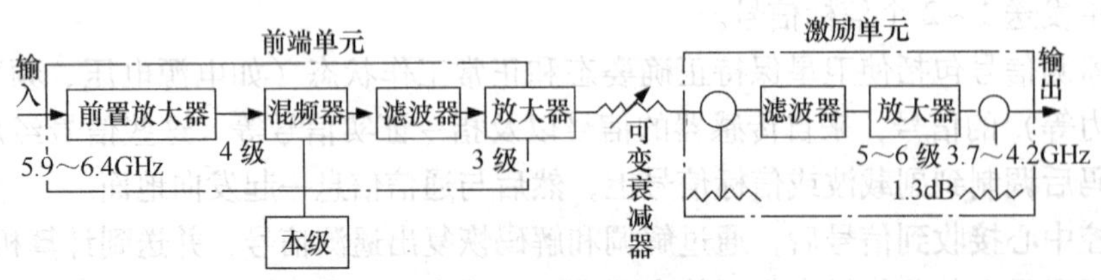

图3-56　单变频转发器组成

3.6.4 VSAT 卫星通信系统

VSAT（Very Small Apture Terminal）卫星通信系统的出现打破了人们对卫星通信原有的观念，使得原来需建立庞大复杂系统变得简单化了。在我国，专用 VSAT 卫星通信网发展很快，使这一系统成为智能建筑可能配置的通信系统。

1. VSAT 卫星系统的组成

典型的 VSAT 系统由主站、卫星和小站（VSAT）组成。

（1）主站　主站又称中心站或枢纽站（HUB），它是 VSAT 通信系统的核心。与普通地面站一样使用大型天线，天线直径一般为 3.5 ~ 8m（Ku 频段）或 7 ~ 13m（C 频段），其发射功率与通信体制、工作频段、数据速率和载波数目等诸多因素有关，一般为数百瓦。为了对全网进行监测和管理，主站配备一般地面站的收、发通信设备，数据接口处还设有一个网络控制中心。

（2）小站（VSAT）　小站一般由小口径天线、室外单元和室内单元组成。天线有正馈和偏馈两种形式。室外单元主要包括功率放大器、低噪声放大器、上/下变频器和相应的监测电路等；室内单元主要包括调制与解调器和数据接口设备等。室内和室外单元通过同轴电缆连接，传送中频信号和供电。

2. VSAT 卫星通信系统的特点

1）多种用户协议支持。支持 IBM SNA/SDLC、BISYNC、ASYNC、X.25 及 TCP/IP 等协议。

2）内部基于 OSI 的网络结构。VSAT 网络通过卫星链路完成计算机及网络间的数据传输。

3）多址访问协议。网络内各 VSAT 分站向主站传输数据是通过共用的内向信道来实现的。各 VSAT 分站对内向信道的访问，通过为卫星信道开发一系列多址访问协议来完成。

4）局域网连接。为网络中局域网用户提供以太网路由器选件接口。

5）网络管理。网络管理功能可通过向网控计算机输入命令进行初始化。网控计算机及相应的硬件（网络操作终端和打印机）构成了中央网控中心。

6）网络控制系统具有软件下载的能力，以使网络操作员在管理中心进行遥控网络、更新网络节点软件和监视网络等工作。

7）网络可保持端—端数据完整性，网络易于重构，容量规划简捷和方便，由软件定义结构参数，支持多数据中心，采用主站冗余切换技术，具有综合网络管理能力、分隔式网络管理及运行稳定等特点。

3. VSAT 网的结构

VSAT 网的基本结构形式是星形结构和网格形结构。

（1）星形网结构　在星形网络中，各远端站只能与中心站通信，而不能直接通信。如果远端站之间需要通信，必须经过中心站转换。在星形网中，各远端站之间虽然可以间接通信，但必须按双跳方式进行。

（2）网格形网结构　在网格形网中，各 VSAT 站之间可直接利用卫星进行通信，这种方式能减轻双跳带来的时间延迟。

4. VSAT主要业务类型

（1）交互式与批方式数据通信业务　VSAT网络以分组交换技术为基础，动态分配卫星带宽资源进行数据通信，它比地面交换网络更有效、更可靠和更迅速地传输数据。

（2）广播式数据通信业务　支持具有连续信息及更新的广播式数据应用，网络可提供从主机中心到各远程VSAT站的实时、单向和多点传输通道。

（3）广播视频业务　可向选定的VSAT组或全部VSAT站提供单向视频广播，信号格式与电视网相同。

（4）语音业务　系统通过加入语音链路模块支持模拟语音业务，提供呼叫统计信息。

（5）传真业务　支持RS-232通信接口、采用异步数据传输的G3传真业务。

3.6.5　卫星通信地球站

地球站是卫星通信系统的重要组成部分，按安装方式可分为固定站和移动站。固定站不能移动，移动站可以建在车辆、船舶或飞机上。

1. 地球站的分类

地球站按天线尺寸分类有：大型站：20～30m；中型站：7.5～18m；小型站：6m以下。

地球站按传输信号形式分有模拟站和数字站。模拟站主要传输多路模拟电话信号及电视图像信号。数字站主要传输高速数字信号。

2. 地球站技术指标

（1）工作频率范围　目前，大部分国际通信卫星尤其是商用卫星使用4/6GHz频段，上行为5.925～6.425GHz，下行为3.7～4.2GHz，带宽为500MHz。政府和军用卫星使用7/8GHz，上行为7.9～8.4GHz，下行为7.2～7.75GHz。这样，使民用和军用卫星通信系统在频率上分开，避免互相干扰。

（2）性能指标（品质因数）　地球站天线的接收增益G与地球站接收系统等效噪声T的比值G/T称为品质因数，它表示地球站对弱信号的接收能力。G/T值越大，其地球站的性能越好。

（3）有效全向辐射功率及稳定度　地球站天线的发射增益与馈入功率之积称为EIRP。它的物理含义是为保持同一接点的接收电平不变，用无方向性天线代替原有方向性天线时所需馈入的等效功率。这一指标越大，说明地球站的发射能力越强。

（4）载波频率的准确度和稳定性　指其实测值和规定值的最大差值，表示为$\Delta f = f_{测} - f_{规}$。载波频率的稳定性是指一定时间间隔内由于各种原因引起的载频漂移量的最大值。

3. 地球站的组成及功能

由于工作频段、服务对象、业务类型及通信体制的不同，故在卫星通信系统中所采用的地球站种类也不相同。但是，从地球站设备的基本组成和工作过程来看则是基本相同的。

典型的双工地球站设备包括电话天线分系统、功率发射分系统、接收分系统、终端分系统、电源分系统和监控分系统6部分，其组成，原理如图3-57所示。

（1）电话天线分系统　它是地球站的重要设备之一，由天线主体设备、馈电设备和天线跟踪设备组成。

天线的基本功能是辐射和接收电磁波，馈电设备具有传输能量和分离电磁波作用，天线跟踪设备使天线始终能对准要收、发信号的卫星。

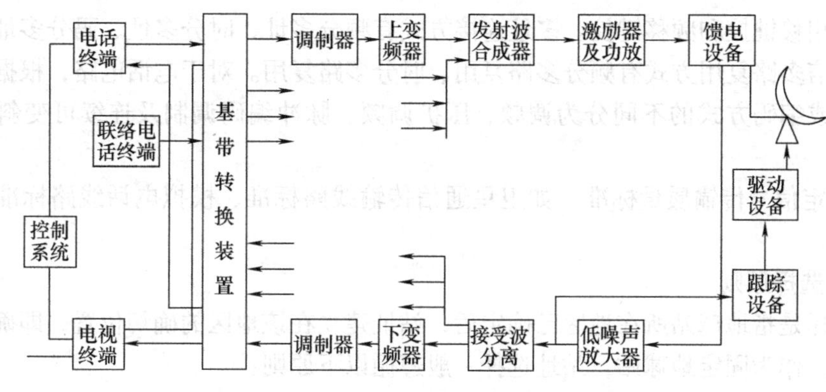

图3-57　地球站组成

（2）功率发射分系统　它的任务是将终端（数据、图像，语音）信号变换处理成基带信号送到调制器，变成中频已调信号。然后送到上变频器，转换成微波段的射频信号，最后由功率放大器送到天线上发射出去。

（3）接收分系统　它将从天线接收来的卫星转发器传输出的微弱信号经馈电设备加到低噪声放大器进行放大，再传输给系统的下变频器，通过下变频器把射频信号变换成中频信号，再经中频放大器送到解调器，解调出基带信号。整个过程与发射分系统的作用相反。

（4）电源设备　负责地球站设备所需的电力供应，并确保地球站能不间断地正常工作。

（5）终端分系统　发射端和信道终端的任务是将用户送来的信息加以处理，变成适合卫星通信体制要求的信号形式；在收端则进行与发射端相反的处理，使收到的信号恢复为原来的形式。

（6）监控分系统　对卫星进行跟踪测量控制其准确进入同步轨道，同时到达指定位置。当卫星正常运行后，要定期对卫星进行轨道修正和位置调整。

3.6.6　卫星通信地球站总体设计

在卫星通信地球站总体设计时，需要对发射站、接收站和卫星转发器三者的性能要求进行综合考虑，寻求最佳的性能效果和最好的经济效益。

1. 建站任务的确定

卫星通信地球站的建设主要包括以下内容：

（1）站址的选择　站址宜选在平地或盆地上满足接收前方空旷的要求，天线场地的选择必须尽量靠近机房，一般要求距离小于30m，衰减不超过12dB。此外，还要考虑地理位置、视野范围、电磁干扰和气象条件等因素。

（2）确定通信卫星的类型、定点位置及其波束辐射区域　目前，通信卫星的类型有国内通信卫星（含租用卫星），例如，中国通信广播卫星（DFH-20），国际商业卫星通信组织（IN－TELSAT，进一步简写为IS）的系列卫星。使用的卫星一经确定，相应的定点位置、波束覆盖区域也随之确定。

（3）确定工作频段及上下行链路的极化方式　目前，卫星通信中经常应用的频段为L频段、S频段、C频段、X频段、Ku频段和Ka频段。其中C频段应用最普遍。

（4）根据要求确定信号的调制、多址连接及多路复用方式　卫星通信中常用的调制方式有调频、相移键控和频移键控。多址连接方式有频分多址、时分多址、码分多址和空分多址。移动通信多路复用方式有频分多路复用、时分多路复用。对于电话电路，根据话音信号的调制方式或编码方式的不同分为调频、压扩调频、脉冲编码调制及连续可变斜率增量调制。

(5) 确定信号传输质量标准　如卫星通信传输线路标准、模拟电话线路标准、数字电话线路标准。

2. 站址选择原则

站址选择是指地球站所在地区已确定后，站址建立在该地区的确切位置，即确定站址的经度和纬度。作为固定地球站，站址选择一般遵循以下原则：

(1) 地球站必须设在卫星天线波束有效覆盖区域内　良好的站址应使其工作仰角大于10°，最小不应低于5°。过小的仰角将会增大接收系统的噪声温度和大气损耗，易受干扰。

(2) 地球站的卫星视界应足够宽　地球站的卫星视界是指地球站在地形地物条件下，可以对准与其进行通信或可能通信的卫星的仰角随方位角变化的轨迹曲线。对于移动卫星则是地球站跟踪该卫星时的方位角和仰角的变化曲线。

(3) 尽可能避开地面的各种干扰源　危害最大的是地面微波站及雷达设备。在选择站址时必须清楚所在地区微波线路及雷达站的分布情况、传送方向和工作频段等情况。选址时要尽可能远离这些干扰源，特别是同频段、同方向（或反方向）传输的微波站。

工业电气设备、机场（特别是机场雷达设备）、飞机航线、高压输变电设备、电台等所产生的干扰，也应特别给予重视。

(4) 对地形环境的要求　一个地球站的天线只能指向一个卫星（多波束天线除外），当利用静止卫星进行通信时，地球站对卫星视界只需要很窄的一个范围。但是，一个通信中心站往往使用多颗卫星，在同一个地点建立多个天线设备。

为了有效地阻挡各种电波干扰，要求站址四周地形地物的天线仰角越高越有利。

(5) 气象条件的要求　地球站工作的可靠性要求很高，建站地区的风、雨、雪、冰、温度、湿度及雾等均直接影响到天线的设计。在沿海地区建站，应避免在常遭强台风、飓风和龙卷风袭击的地方选址。

(6) 地质条件　站址处应具有稳定的地址条件，地面滑动和沉降要小，接地电阻也应满足防雷接地的要求。

(7) 工作条件　对工作条件的要求主要有以下几个方面：

1) 地球站应方便与通信交换网连接。

2) 具有方便可靠的水、电供应。

3) 站址应靠近公路，便于运输。

(8) 具备较好的生活条件。

(9) 站址场地有利于今后的扩充和发展。

3. 地球站建设的总体设计

总体设计是在通信卫星确定的前提下进行的。卫星一经确定，相关工作频段及卫星的有关参数均为已知。所以，地球站的总体设计就归结为通信体制、通信容量、信号传输质量，以及地球站各个分系统参数的设计。

4. 地球站的可靠性设计

可靠性是指在设计条件下和规定时间内正常运行不出故障的概率，按照国际通信组织的规定，地球站在其运行的整个期间，其可靠性指标不应低于99.8%。

地球站可靠性主要由系统的故障次数和故障时间来描述，通常电源和天线的故障率最高，而地球站通信设备和终端设备故障率最低，因此，电源及天线设计成为可靠性设计的重点。

3.7　可视图文系统

3.7.1　可视图文系统的组成

可视图文系统是一种公用的开放式信息服务系统，它将卫星通信、电话、电视、计算机技术等各种资源，利用电话网和分组交换网以图像通信的方式对智能建筑内的用户提供信息服务。用户能以对话方式检索数据库信息，实现最大范围内的信息资源共享。

可视图文系统一般为广域分布式结构，其网络构成如图3-58所示。

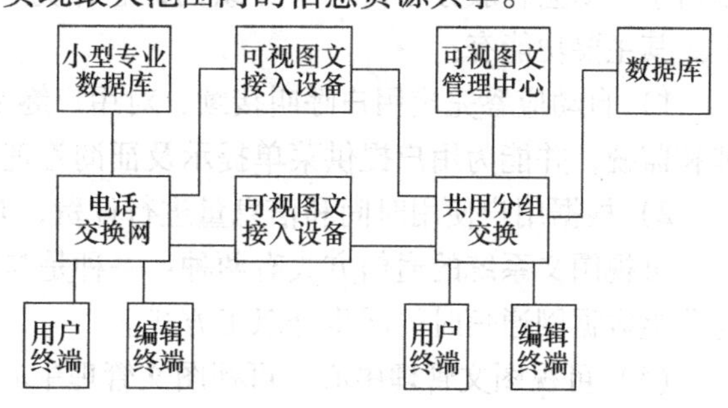

图3-58　可视图文网络构成

（1）用户终端　用户终端由PC计算机上附加可视图文适配卡、显示器、键盘和专用适配器组成。它将用户终端和电话机共同连接到电话网上，使用时先用电话机拨号呼叫接通所需的数据库，然后通过终端设备和数据库进行交互式信息交换。

用户终端的功能如下：

1）输入功能：通过键盘可输入控制命令与数据库进行交换式对话。

2）信息功能：用户终端可显示、输出文字、图形及影像。

3）通信功能：用户终端可利用调制解调器和通信接口，能够进行异步双工通信。

（2）编辑终端　编辑终端是进行数据库建立与管理的专用设备，是在用户终端的基础上加入图像处理装置、同步通信卡及相应的软件，其主要功能有：

1）编辑功能：能够进行文字和图形的编辑及制作。

2）图形生成：采用数字非线性技术将图形制成符合可视图文编码的图形数据。

3）通信功能：编辑终端可以以联机编辑式批传递及在线编辑式进行交互通信。通信方式为全双工方式。

4）文件管理功能：编辑终端能用菜单方式实现文件的读取和存入。

（3）可视图文数据库　数据库是存储可视图文信息资源的地方。数据库可分为公用数据库和专用数据库。公用数据库由国家电信部门经营并向公众提供服务，而专用数据库由相应行业部门、单位和公司管理经营，提供本行业的可视图文业务。数据库主要由前端机和主机完成。

1）前端机基本功能

①与分组网或专线网电路接口连接，并进行相应的通信处理；

②与主机接口连接；

③向用户提供数据库业务菜单或征询单；

④对用户填入的征询单进行语法和语义分析，向用户提供出错信息和帮助菜单；

⑤实现高层通信协议。

2）主机的基本功能

①完成数据库信息的录入、更新、复制、排序、索引、保护以及信息显示页的动态组页；

②完成与终端之间的对话，提供菜单、征询单或直接输入页编号等检索方式；

③根据用户要求组织信息显示页并供用户使用；

④管理用户终端的功能键，并随时向用户提供动态帮助；

⑤负责对用户使用权限的审查，提供数据的安全和保密措施；

⑥对一些关键指标进行连续统计，以供分析决策。

（4）可视图文接入设备　该设备是可视图文系统的管理和控制中心。对于电话网，它相当于自动应答服务台；对于分组网，它作为一个分组终端接到分组交换机或分组集线器上。其主要功能有：

1）自动应答完成用户呼叫接续，对用户终端进行有权识别，对用户的入网使用进行管理和监视，并能为用户提供菜单提示及征询管理服务。

2）根据用户使用时间和信息量进行计费，并根据需要对数据进行统计。

可视图文系统的通信方式有两种：一种是与电话网通信时的异步全双工方式，另一种是与分组数据网通信时的同步全双工方式。

（5）可视图文管理中心　可视图文管理中心即为可视图文信息处理中心，它是由微机、图形适配卡、同步通信卡及相应软件组成，用来控制管理数据库的可视图文信息和画面，实现中西文字和各种尺寸、字体、颜色的混合编辑，以及对镶嵌图形进行编辑，以生成各种图案，具有插入、删除、复制、替换、移动和窗口等编辑功能。

3.7.2 可视图文系统网络结构分类

可视图文系统网络结构分为集中式、集散式和分布式三类。

1. 集中式系统

集中式系统结构如图 3-59 所示，只有一台数据库主机直接连接在电话网上。

为了能同时提供多用户服务，数据库主要与电话网相连，实现多路通信和对可视图文终端的管理。由于全部系统的资源集中在数据库主机，所以该机一般选用大、中型机。为了提高响应时间和减少主机消耗，通常将与电话网通信及管理可视图文终端等任务由一台专用设备来完成，此专用设备称为服务器。服务器与主机通过一条专线相连。

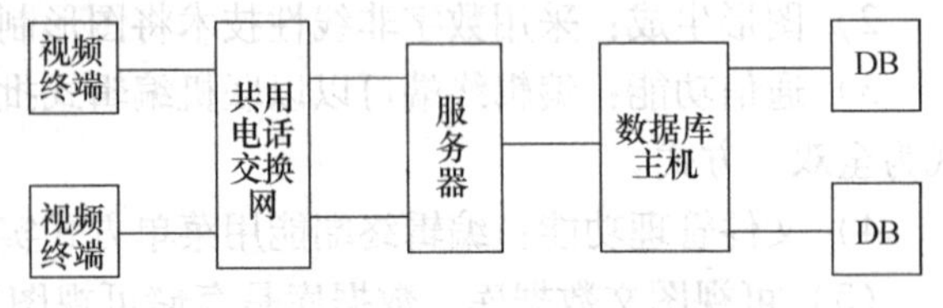

图 3-59　集中式系统结构

2. 集散式系统

集散式系统结构采用了多个地区中心设备来代替集中式结构中的服务器，其系统结构如

图 3-60 所示。

与集中式系统结构相比，其特点是地区中心可以设多个，分布在全国不同地区，与集中式服务器相比，它除了实现电话上的多路通信和管理可视图文终端外，还具有以下功能：

1）具有地区数据库，这个库存放该地区特有信息。

2）提供一个接入分组交换网的网关，外部数据库可以通过分组网与地区中心通信。所以，电话网用户可以通过该地区中心共享分组交换网共享外部数据库资源。

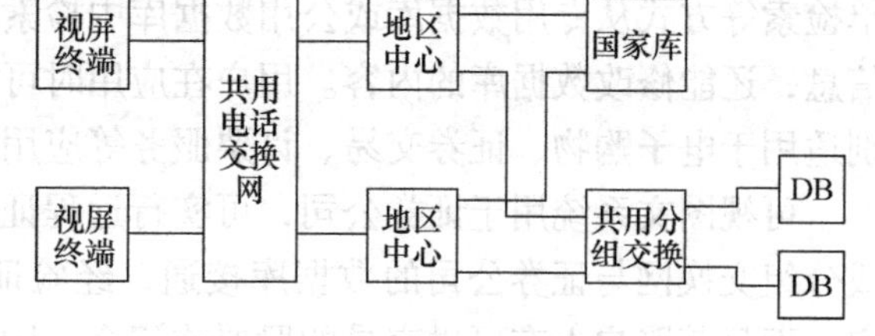

图 3-60　集散式系统结构

3. 分布式系统

分布式系统将所有的数据库全部连接在公用分组网上。公用分组网与公用电话网之间有一台或多台可视图文系统处理中心设备，其系统结构如图 3-61 所示。分布式系统结构中的可视图文处理中心代替了地区中心，它加强了地区中心设备对外部数据库的管理功能，取消了对地区数据库和国家数据库的管理，将国家数据库的管理与外部数据库的管理等同起来。这样的结构综合了集中式和集散式的优点，克服了它们的不足，更加灵活简单、可扩充、易维护。

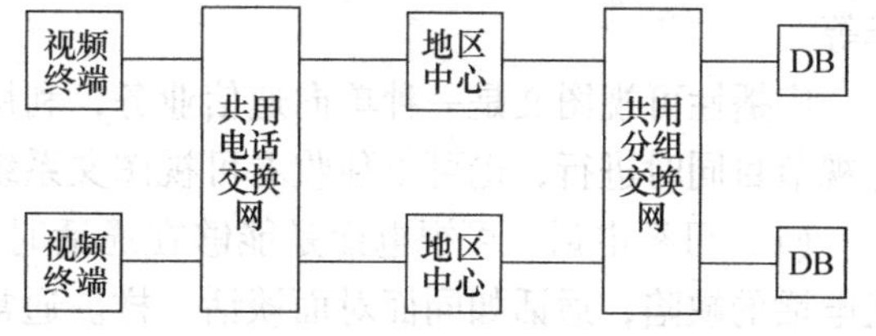

图 3-61　分布式系统结构

3.7.3　可视图文系统的应用

可视图文系统能根据用户输入的检索要求从数据库中找出相应的信息，以数据的编码形式通过电信网络输送到用户终端，在解码后显示在显示器屏幕上。它可以把信息用字符、图形或图像的形式显示出来。用户可通过可视图文系统按照规定的步骤使用终端设备向数据库发送信息，便能得到诸如订票、购物等服务。表 3-6 中列出它的业务范围。

可视图文系统的业务主要有电子查号、电子信箱业务以及检索业务，用户通过直接检索、菜单检索和征询方式，从数据库中索取需要的信息资料，在用户和数据库主机之间进行人机交互式通信过程中，用户只能读取数据库中的数据，不能修改数据库中的内容。

表 3-6　可视图文系统业务范围

公用数据库信息检索	交互式信息服务	远 程 交 易
电话号码、邮政编码	可视图文通信	远程购物
新闻、文艺、体育动态	远程教育	股票、期货委托
金融股票	远程电子游戏	预订飞机、火车、轮船票
天气预报	电子信箱	

例如，查询方式中的电话号码业务，它能及时、准确地为用户提供所需的电话号码，比查号台涉及的范围更广泛，不仅向查询单位或部门提供单位名称、地址、电话号码、电传号码、邮政编码等信息，还可提供该单位的组织机构、乘车路线、业务范围和产品介绍等辅助

信息。

现在普遍使用的交互型可视图文业务是一种双向通信业务，用户可以通过输入终端以菜单检索等方式从专用数据库或公用数据库中检索各种数据资料，不仅能向数据库索取需要的信息，还能修改数据库的内容。用户在应用时可以对数据库进行读和写的操作。这种应用特别适用于电子购物、证券交易、订票服务等应用。

可视图文系统用于证券公司，可实行远程证券委托交易，只要将可视图文终端经电话网或分组交换网与证券公司的数据库接通，经验证用户的密码是在该证券公司注册的有权用户，而且其账户上有可供交易的股票或资金，则用户就可以在异地发出指令买进或卖出。用户也可以只查询证券行情而不买卖股票。

对于计算与信息处理型可视图文，可以由服务主机提供用户本身难以完成的计算或特殊处理功能。可视图文系统利用计算机实现计算、信息处理或某种专门处理能力，向用户提供一般用户无法拥有的计算或特殊处理能力。如大型科学计算、大型数据和图像处理、自动翻译等。

广播性可视图文是一种单向通信业务，利用广播电视信号间隙传送文字或图形，既可与电视节目同时进行，也可单独收看可视图文系统。

（1）可视电话　可视电话是能够在通话时看到对方图像的一种新型电话，它弥补了普通电话的缺陷，通话如同面对面谈话一样。通常，可视电话分为静止图像和动态图像两种模式。动态图像主要以数据网为对象，而静止图像可视电话则以模拟网为对象，一般将动态图像可视电话称为电视电话，而静止图像可视电话称为可视电话。

（2）静止图像可视电话　静止图像可视电话是通过一条普通的电话线传送一路静止的图像，传输一幅图像的时间为几秒钟到几分钟不等。静止图像可视电话机由摄像机、图像监视器和各种信号整理电路组成。摄像机以普通电视扫描速率摄取图像，摄取到的图像送入帧存储器，发送时再从帧存储器中读出。所以发端帧存储器要具备完成快速存储，再慢速读出的功能。接收端把收下的慢速数据存储在收端存储器中，显示时再从存储器把数据以普通电视的速率快速读出。所以，收端存储器要完成慢速存储和快速读出的功能。

典型的静止图像可视电话系统有三种功能，即图像收发功能、图像存储功能和图像显示功能。

思　考　题

1. 通信自动化系统由哪几部分组成？其主要功能有哪些？
2. 简述综合业务数字网的功能及特点。
3. 程控交换机的主要控制方式和特点有哪些？
4. 卫星通信系统一般由哪几个部分组成？
5. 有线电视系统工程设计主要包括哪些内容？
6. 简述微波通信系统的主要特点。

第4章　计算机网络系统

4.1 计算机网络的发展

1946年，世界上第一台电子计算机在美国诞生，但是，当时的计算机技术与通信技术还没有直接的联系，计算机的发展也处于初级阶段。早期的计算机系统也没有提供管理程序和操作系统，人们如果要使用计算机就必须自带程序和数据，并以手动方式上机，操作起来极为不方便，使得计算机技术的普及变得十分困难。

20世纪60年代初期，计算机软件开始采用批处理的方法，用户只需要使用作业控制语言编写上机操作说明，并将程序与数据一起输入到计算机中，计算机就可以自动完成所要求的计算任务。在这一时期，计算机开始应用于军事、科研、工业、商业、政府等部门。这时，用户开始迫切地要求将分散在不同地方的数据进行集中处理，从而促进了通信技术在计算机系统中使用，产生了具有脱机通信功能的批处理计算机系统。但这种脱机批处理计算机系统却需要操作员来对远程输入输出的过程进行操作和管理等人为干预，其工作效率较低。针对脱机通信方式的缺点，人们在计算机中增加了通信控制设备，异地用户的输入输出可以通过通信线路和通信控制设备直接与计算机相连接，即用户可以在没有操作员干预的情况下，一边输入数据，一边接受计算机计算处理结果，提高了工作的效率。实际上，这只是一种联机系统。

20世纪60年代中期，面向终端的计算机通信网络技术得到了迅速的发展，在专用的计算机通信网络中，代表性成果是美国半自动地面防空系统SAGE与美国飞机订票系统SABREI。SAGE系统首先使用人机交互的显示器，采用小型计算机作为前置处理机的工作模式，制订了1600bit/s数据线路的技术规范，并采用高可靠性的路由计算方法。在商用网络中，美国通用电器公司的信息服务网是世界上最大的商用数据处理分时网络之一，其地理覆盖范围从美国延伸到加拿大、欧洲、澳大利亚和日本。SAGE系统和分时计算机系统的研究对数据通信技术的发展起到了重要的推动作用，同时也为计算机网络技术的发展奠定了基础。

纵观计算机网络形成与发展的历史，可以大致将其划分为4个阶段：

第一阶段：20世纪50年代到60年代。

此时计算机和通信技术得到了快速发展，人们开始将彼此独立的计算机技术与通信技术结合起来，完成了数据通信与计算机网络技术的理论研究，为计算机网络发展奠定了理论基础，做好了技术准备。

第二阶段：20世纪60年代到70年代。

在这一阶段中，产生了美国的ARPANET网与分组交换技术。ARPANET是美国国防部高级研究计划局（Advanced Research Project Agency，ARPA）资助研究开发的计算机网络，采用分组交换技术。该网络对计算机网络发展的贡献主要有：完成了对计算机网络定义、分类的研究；提出了资源子网、通信子网的网络结构概念；研究了分组交换技术与方法；采用了层次结构的网络体系结构模型与协议体系。

第三阶段：20 世纪 70 年代到 90 年代。

在 70 年代中期，国际上各种广域网、局域网与公共分组交换网的发展十分迅速，出现了许多类型的计算机网络。但随之而来的是网络体系结构与网络协议的国际标准化问题，各个计算机生产厂商都以自己开发的计算机网络为标准，市场上标准林立，计算机网络类型各不相同，使得计算机网络的推广十分缓慢，这在客观上要求有一种通用的标准化计算机网络体系结构与网络协议的国际标准。

国际标准化组织（International Standards Organization，ISO）在推动开放系统参考模型与网络协议的研究方面做了大量工作，对网络理论体系的形成与网络技术的发展起到了重要的作用。

网络体系结构与网络协议的理论研究成果也为以后的计算机网络理论体系的形成奠定了基础，当今世界上应用最广泛的 Internet 网络就是在 ARPANET 网络的基础上发展起来的。

第四阶段：20 世纪 90 年代初至今。

这一阶段网络的代表性技术是 Internet 与异步传输模式（Asynchronous Transfer Mode，ATM）技术。Internet 作为世界性的信息网络，在各国的经济、政治、军事、文化、科研、教育及社会生活等领域内发挥着越来越重要的作用。以 ATM 技术为代表的高速网络技术的发展，TCP/IP 参考模型及其协议的推广与迅速发展，为全球信息高速公路的建设提供了技术准备。

计算机网络要完成数据处理与通信两大基本功能，因此，在结构上也分为两个部分：负责数据处理的计算机与终端；负责数据通信控制的处理机（Communication Control Processor，CCP）与通信线路。从计算机网络组成的角度来看，典型的计算机网络从逻辑功能上可以分为资源子网和通信子网两个部分，其组成结构如图 4-1 所示。

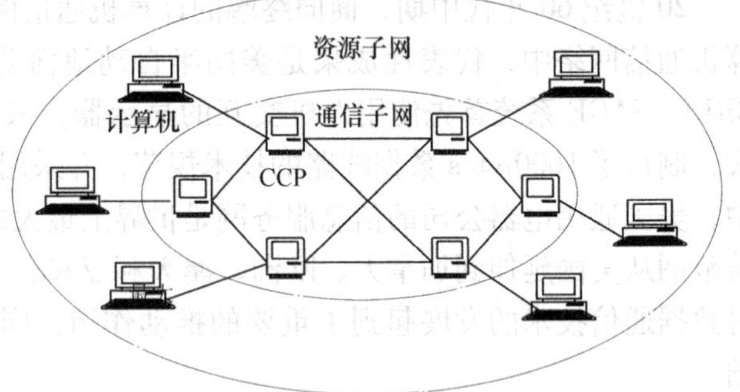

图 4-1　计算机网络组成结构

资源子网由主计算机系统、终端、终端控制器、联网外设、各种软件资源与信息资源组成。资源子网负责全网的数据处理业务，向网络用户提供各种网络资源与网络服务。

网络中的主计算机可以是大型机、中型机、小型机、工作站或微机。主机是资源子网的主要组成单元，它通过高速通信线路与通信子网控制处理机相连接。普通用户终端需要通过主机才能联入计算机网络中。主机要为本地用户访问网络其他主机设备与资源提供服务，同时，要为网络中的远程用户共享本地资源提供服务。随着微型机的广泛应用，联入计算机网络的微型机数量日益增多，它可以作为主机的一种类型直接通过通信控制处理机联入网内，也可以通过联网的大、中、小型计算机系统间接地联入到计算机网络中。

通信子网由通信控制处理机、通信线路与其他通信设备组成，完成网络数据传输和转发等通信处理任务。通信线路为各通信控制处理机之间、通信控制处理机与主机之间提供通信信道。计算机网络采用多种通信线路。常用的通信线路有电话线、双绞线、同轴电缆、光导纤维电缆、无线通信信道、微波与卫星通信信道等。

计算机网络是由资源子网和通信子网构成的，使网络的数据处理与通信有了清晰的功能界面。一个计算机网络可以分解成资源子网和通信子网来分别组建。公用数据网 PDN 是一个互联访问点和交换的网络，它为多点间的多用户同时提供数据传输，有两种基本的公用数据网，即电路交换 PDN 和分组交换 PDN。电路交换网络为在呼叫设备和被呼叫设备间通过公共网络建立物理通信提供了途径。电路交换服务包括综合业务数字网（ISDN），它不需要调制解调器就可以将数字以高速率传送到用户的地点。

分组交换网络使用互联的网络来建立，其基本结构如图 4-2 所示。多用户以分组形式进行信息的网络传送，通常提供无连接服务，也可以提供面向连接的逻辑电路。

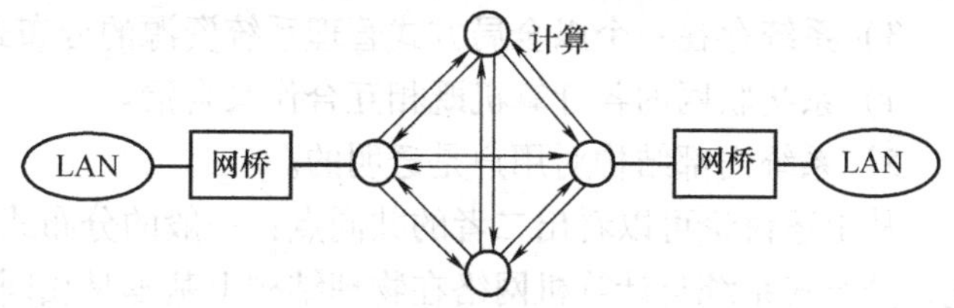

图 4-2　分组交换网络基本结构

分组交换网络提供了点对点之间的无连接服务，也能在分组交换网络上建立一条逻辑电路（或称为虚电路）。逻辑电路提供了大多数电路交换网络的相同功能，但通过网络的路径是预定的。分组流按照一定的顺序从源地址到目的地，而且消除了在目的地重新对分组进行拆装的延迟。对每个分组增加了一个电路标志器，它可以标示目的地的线路，并且从其他电路中区分出来。利用分组交换技术提供的服务主要有 X. 25、帧中继、异步传输模式、交换多兆位数据服务等。

4.2　计算机网络定义与分类

4.2.1　计算机网络的定义

在计算机网络发展过程中，人们对计算机网络提出了不同的定义，反映着当时网络技术发展的水平以及人们对网络理论与技术的认识程度。这些定义可以分为三类：广义的观点、资源共享的观点与用户透明性的观点。从目前计算机网络的特点来看，基于资源共享观点的定义能够比较准确地描述网络的基本特征。相比之下，广义的观点定义了计算机通信网络，用户透明性的观点则定义了分布式计算机系统。

基于资源共享的观点可将计算机网络定义为：

以能够相互共享资源的方式互联起来的自治计算机系统的集合。

该定义符合目前计算机网络的基本特征，主要表现在：

1. 网络建立的主要目的是实现资源共享

计算机资源主要指计算机硬件、软件与数据。网络用户不但可以使用本地计算机资源，而且可以通过网络访问联网的远程计算机资源，还可以调用网中几台不同的计算机共同完成某项任务。

2. 互联的计算机是分布在不同地理位置的多台独立的自治计算机

互联的计算机之间可以没有明确的主从关系，每台计算机可以联网工作，也可以脱离网络独立工作。联网计算机可以为本地用户提供服务，也可以为远程网络用户提供服务。

3. 联网计算机必须遵循统一的网络协议

基于用户透明性观点，计算机网络可定义为：

存在着一个能为用户自动管理资源的网络操作系统，由它调用完成用户任务所需要的资源，而整个网络像一个计算机系统一样对用户是透明的。

该定义描述的是一种分布式计算机系统，即分布式系统。

分布式系统有以下特征：

1）系统拥有多种通用的物理和逻辑资源，可以动态地给它们分配任务。

2）系统中分散的物理和逻辑资源通过计算机网络实现信息交换。

3）系统存在一个以全局方式管理系统资源的分布式操作系统。

4）系统联网的各计算机既相互合作又自治。

5）系统内部结构对用户是透明的。

从上述讨论可以看出二者的共同点：一般的分布式系统是建立在计算机网络之上的，因此，分布式系统与计算机网络在物理结构上基本是相同的。二者的区别主要表现在分布式操作系统与网络操作系统的设计思想不同，因此，它们的结构、工作方式与功能也是不同的。

分布式系统与计算机网络的主要区别在于高层软件上，而不在于它们的物理结构上。分布式系统是一个建立在网络之上的软件系统，这种软件保证了系统高度的一致性与透明性。分布式系统的用户不必关心网络环境中资源的分布情况，以及联网计算机的差异，用户的作业管理与文件管理过程对用户是透明的。

计算机网络为分布式系统的研究提供了技术基础，而分布式系统是计算机网络技术发展的高级阶段。

4.2.2 计算机网络的分类

计算机网络的分类方法是多样的，其中，主要的两种方法是根据网络所使用的传输技术和网络的覆盖范围与规模进行分类。

1. 根据网络传输技术进行分类

网络采用的传输技术决定了网络的主要技术特点，因此，根据网络所采用的传输技术对网络进行分类是一种重要的方法。

在通信技术中，通信信道的类型主要有两类：广播通信信道与点到点通信信道。在广播通信信道中，多个节点共享一个通信信道，一个节点广播信息，其他节点必须接受信息。而在点到点通信信道中，一条通信线路只能连接一对节点，如果两个节点之间没有直接连接的线路，那么它们只能通过中间节点转接。显然，网络要通过点到点通信信道完成数据传输任务。因此，网络所采用的传输技术也只可能有两类，即广播（Broadcast）方式与点到点（Point-to-point）方式。这样，相应的计算机网络也可以分为广播式网络（Broadcast Networks）和点到点式网络（Point-to-Point Networks）。

（1）广播式网络　在广播式网络中，所有联网计算机共享一个公共通信信道。当一台计算机利用共享通信信道发送报文分组时，所有其他的计算机都会“收听”到这个分组。由于发送的分组中带有目的地址与源地址，接收到该分组的计算机将检查目的地址是否与本节点地址相同，如相同则接收该分组，否则丢失该分组。显然，在广播式网络中发送的报文分组的目的地址可以有三类：单一节点地址、多节点式网络和广播地址。

（2）点到点式网络　与广播网络的连接方式相反，在点到点式网络中，每条物理线路连接一对计算机。假如两台计算机之间没有直接连接的线路，那么它们之间的分组传输就要通过中间节点的接收、存储和转发直至目的节点。由于连接多台计算机之间的线路结构可能是复杂的，因此，从源节点到目的节点可能存在多条路由，决定分组从通信子网的源节点到达目的节点的路由需要路由选择算法。

2. 根据网络的覆盖范围进行分类

计算机网络按照其覆盖的地理范围进行分类可以反映不同类型网络的技术特征。由于网络覆盖的地理范围不同，它们所采用的传输技术也不同，因而形成了不同的网络技术特点与网络服务功能。

按覆盖的地理范围进行分类，计算机网络可以分为三类：局域网（Local Area Network，LAN）、城域网（Metropolitan Area Network，MAN）和广域网（Wide Area Network，WAN）。

（1）局域网　局域网（LAN）用于将有限范围内（如一个实验室、一栋大楼及一个校园等）的各种计算机、终端与外围设备互联成网络。局域网按照采用的技术、应用范围和协议标准的不同，可以分为共享局域网与交换局域网。局域网技术发展迅速，应用日益广泛，它是计算机网络中最活跃的领域之一。

（2）城域网　城市地区的网络常称为城域网（MAN）。城域网是介于广域网与局域网之间的一种高速网络。城域网设计的目标是满足几十公里范围内的大量企业、机关、公司的多个局域网互联的需求。以实现大量用户之间的数据、语音、图形与视频等信息的传输功能。

（3）广域网　广域网（WAN）也称为远程网，它所覆盖的地理范围从几十公里到几千公里。广域网覆盖一个国家、地区，或横跨几个洲形成国际性的远程网络。广域网的通信子网主要使用分组交换技术。广域网的通信子网可以利用公用交换网、卫星通信网和无线分组交换网，它将分布在不同地区的计算机系统互联起来达到资源共享的目的。

4.3 网络安全与管理

计算机网络在经济、政治、军事、文化、科研、教育等社会生活各个领域中的广泛应用，已经给人类社会带来了革命性的变化，但同时也带来了许多负面的影响。

电子商务的迅速发展，使得每一时刻都有大量的商业活动及大量的资金通过计算机网络在世界各地流通，而遍布于世界各个角落的网络黑客却正在给网上进行的商业活动造成威胁，同时，受到威胁的还有各国的政治、军事、高科技机密等，这些都严重威胁到国家、企业集团以及个人的安全。

计算机犯罪是一种高科技犯罪，由于其行为的隐蔽性与高技术性，对计算机网络安全造成了巨大威胁。现在计算机犯罪正在以每年 100% 的高速增长，黑客攻击事件则每年递增 1000%，自 1986 年第 1 例计算机病毒出现以来，病毒形式多种多样，技术含量越来越高，令人防不胜防，现已发现的计算机病毒就达几万种之多，它给计算机网络带来极大的威胁。每年由于计算机犯罪而造成的经济损失多达数百亿美元，由此而造成的政治和文化方面的损失更无法估量。目前，计算机犯罪已经引起了普遍关注，引起了社会、道德、政治及法律上的重视。

制订合理的网络安全策略需要正确地评估计算机网络系统的信息价值，所以，网络安全策略的制订并不是一件容易的事。为了对数据信息进行有效的保护，网络安全策略必须能够覆盖数据在计算机网络系统中存储、传送和处理等各个环节，否则安全策略就会失效。例如，某一网络采取了很高的安全措施，可以确保数据在网络中传输的安全性，但并不能保证数据最终存储在某一台计算机上，而信息就有可能从那台没有安全保障的计算机上受到侵袭破坏，整个网络还是不安全的。另外，对计算机网络系统信息价值的评价也是一件复杂的工作，其评估结果也会对网络安全策略的制订产生一定的影响。

网络安全策略的制订是一项十分细致与复杂的工作，它的基础工作是寻找网络安全的薄弱环节，然后针对具体问题采取适当的保护措施。

鉴别网络安全问题是一项基础性工作，一般从以下几个方面进行：访问节点、系统配置、软件断点；内部威胁和物理安全性。

计算机网络安全性指标主要有：

（1）数据完整性　数据在传输过程中的完整性，即数据在发送前和接收后是否完全一致。

（2）数据实用性　在系统故障情况下数据是否会丢失。

（3）数据保密性　数据是否可能被非法窃取。

常用的计算机网络安全机制有：鉴别与授权服务、密码服务、数字签名、验证服务等。随着计算机网络规模的不断扩大，网络体系结构也越来越复杂，同时，也产生了许多管理问题。现在的计算机网络包含着存放在多处的数据信息资源以及要求访问这些数据信息的用户，其网络的安全性成为主要的问题。网络管理的目的是检测并纠正错误以提供网络通信效率，改善有关条件以避免类似错误的重复出现，主要包括：

（1）网络服务的提供　向用户提供新的网络服务类型与增加网络设备，提高网络性能。

（2）网络维护　网络性能监控、故障诊断、故障报警、故障隔离与恢复。

（3）网络处理　网络线路与设备的利用率、数据的采集与分析，以及提高网络利用率的各种控制手段。

4.4 常用网络传输介质

传输介质是网络中连接收发双方的物理通路，也是通信中实际传送信息的载体。常用的网络传输介质可分为两类：一类是有线传输介质，另一类是无线传输介质。有线传输介质主要有双绞线、同轴电缆及光纤电缆；无线传输介质有微波、无线电及卫星通信等。

传输介质的特性对网络的通信速度和通信质量都有很大的影响。描述传输介质特性的主要指标有：

（1）物理特性　说明传输介质的物理结构。

（2）传输特性　介质可以传送模拟信号还是数字信号，以及调制技术、传输容量及带宽等。

（3）连通性　是点到点连接还是多点连接。

（4）地理范围　网上各点间传输介质的最大传输距离。

（5）抗干扰性　防止噪声、电磁干扰对传输数据影响的能力。

（6）价格　介质、元件、安装及维护的费用。

4.4.1　双绞线

双绞线（Twisted-pair）是由规则螺旋结构排列的两根、4 根或 8 根绝缘导线组成的。一个线对可作为一条通信线路，它们是按一定扭矩相互绞合在一起的传输介质，绞合的目的是为了使各线对之间的电磁辐射和外部电磁干扰为最小。

局域网中所用的双绞线可分为屏蔽双绞线（STP）和非屏蔽双绞线（UTP）。双绞线的结构如图 4-3 所示。非屏蔽双绞线由外部保护层与多对双绞线组成，而屏蔽双绞线则增加了一个屏蔽层。

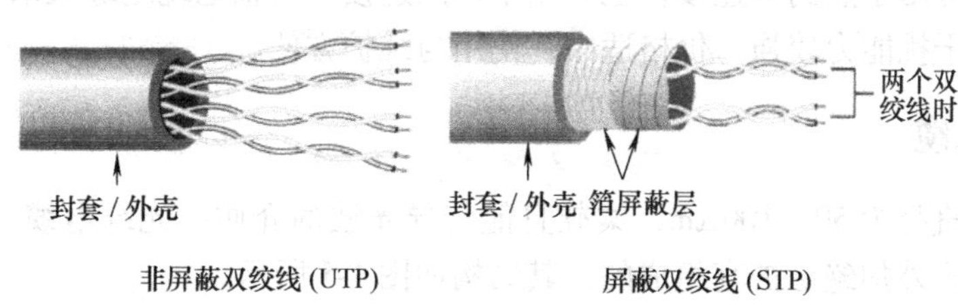

图 4-3　双绞线的结构

双绞线既可用于模拟信号的传输，也可用于数字信号的传输。对于模拟信号，大约每 5～6km 就需要一个放大器。对数字信号的传输，每 2～3km 就需要一台中继器。

根据电气特性，EIA/TIA（电气工业协会/电信工业协会）把双绞线分为五类。

第一类双绞线（CAT1）：通常在局域网技术中不被采用，主要用于模拟语音；

第二类双绞线（CAT2）：主要用在综合业务数据网，如数字语音等，在局域网中很少使用；

第三类双绞线（CAT3）：它是一种 4 对非屏蔽双绞线，适用于语音及 10Mbit/s 的数据传输；

第四类双绞线（CAT4）：它在性能上比第三类有一定的改进，它可以是 UTP，也可以是 STP；

第五类双绞线（CAT5）：它适用于 16Mbit/s 以上速率的应用，最高可达 100Mbit/s。

150ΩSTP 是另外一种高性能屏蔽式电缆，它支持的数据传输速率可达 100Mbit/s 或更高，并支持 600MHz 频带上的全息图像。

近年来，市场上先后出现了带宽更宽的用于高速语音、图像等传输的双绞线，如超五类线、六类线、超六类线、七类线等。

双绞线既可用于点到点连接，也可用于多点连接。双绞线传输数据的最大距离可达到 15km。在 10Mbit/s 局域网中与集线器的最大距离是 100m。双绞线的抗干扰性相对于其他介质比较差，抗干扰能力取决于一束线中曲线对的扭曲长度及适当的屏蔽。但是，其价格比较低，并且安装和维护比较方便。

4.4.2 同轴电缆

同轴电缆是由导体、绝缘层、外屏蔽层及外部保护层组成的，其结构如图 4-4 所示。

根据同轴电缆的带宽不同其可分为基带同轴电缆和宽带同轴电缆。基带同轴电缆一般用于数字信号的传输。宽带同轴电缆一般用于模拟信号的传输，可以使用频分多路复用方法，将一条宽带同轴电缆的频带分成多条通信信道，使用调制方式可支持多路传输，也可只用于一条通信信道的高速数字通信，称之为单信道宽带。

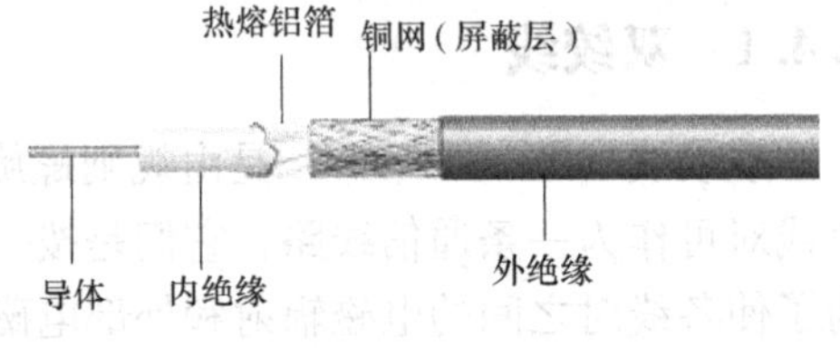

图 4-4 同轴电缆结构

基带同轴电缆使用的最大距离在几公里范围内，宽带同轴电缆最大距离可达几十公里。

同轴电缆既可用于点到点连接，也可用于多点连接。同轴电缆绝缘效果好，频带宽，数据传输稳定，抗干扰能力较强，价格适中，使用与维护方便。

4.4.3 光纤电缆

光纤是一种直径为 50～100μm，柔软且能传导光波的介质。光纤电缆（简称光缆）是由塑胶或玻璃纤维外加绝缘护套组成的，其结构如图 4-5 所示。

光束在折射率很高的单根光纤内传输，外面用折射率较低的包层包裹起来，形成一个光纤通道，多条光纤组成一束构成了一条光缆。由于光纤的折射系数高于外部包层的折射系数，因此，可以形成光波在光纤与包层界面上的全反射。

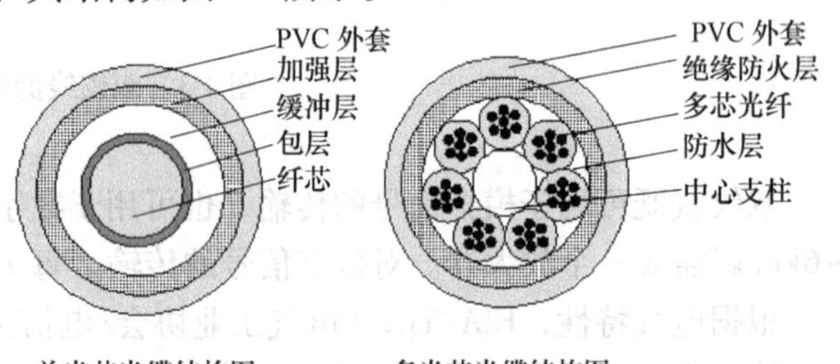

图 4-5 光纤结构

光导纤维通过内部的全反射来传输一束经过编码的光信号。在光纤的发送端主要采用两种光源：发光二极管（Light-Emitting Diode，LED）与注入型激光二极管（Injection Laser Diode，ILD）。在接收端将光信号转换成电信号时，要使用光敏二极管 PIN 检波器或 APD 检波器。光载波调制采用振幅键控调制方法即亮度调节。因此，光纤传输速率可以达到几千 Mbit/s。

光纤传输分为单模和多模两类，单模光纤是指光信号仅与光纤轴成单个可分辨角度的单光线传输，而多模光纤是指光信号与光纤轴成多个可分辨角度的多光线传输。在性能上单模光纤好于多模光纤。

光纤通常是点到点连接的，多点连接只在某些实验系统中应用。光纤信号在不使用中继器的情况下可以在 6～8km 的范围内实现高速率的数据传输，信号衰减很小。目前，它的价格要高于同轴电缆和双绞线。但是，光纤具有低损耗、宽频带、高数据传输速率、低误码率与安全性好等特点，适用于高速网络和骨干网络。

采用光纤传输的缺点是安装需要专门设备以保证光纤的端面平整，使光能顺利地通过；其次是当一根光纤在护套中断裂时，要确定其断裂位置是非常困难的；第三是修复断裂的光纤很困难，需要专门的设备连接两根光纤，以确保光能顺利地通过结合处。

4.4.4 无线传输介质

上述三种有线传输介质的共同缺点是需要一条线路连接计算机，这在很多场合是不方便的。无线传输介质适用于难于布线的场合、移动物体与固定物体，或移动物体与移动物体间的通信。无线介质主要有无线通信（微波通信、蜂窝移动通信）和卫星通信等。

1. 无线通信

无线电信号由天线出发沿两条路径在空间传播，即地波和天波。地波沿地表面传播，天波则在地球表面与地球电离层之间往返反射。无线通信的主要缺点是易受天气等因素的影响，信号幅度变化大容易被干扰。但是它的技术成熟，可用较小的发射功率传输较远的距离，应用领域广泛。

无线通信包括微波通信和蜂窝移动通信两种。

（1）微波通信　频率在 100MHz ~ 10GHz 的信号叫做微波信号。由于微波信号没有绕射功能，所以两个微波天线之间没有物体遮挡时才能正常接受。由于微波信号波长较短，可以将微波信号能量集中在一个很小的波束内发送出去，故可以用很小的功率来进行远距离通信。同时，由于微波频率很高，故可以获得较大的通信带宽，适用于卫星通信与城市建筑物之间的通信。在地面一般采用点到点通信，在卫星通信中微波通信也可以用于多点通信。

（2）蜂窝移动通信　早期的移动通信系统采用大区制的强覆盖区形式，即建立一个无线电台基站，架设很高的天线塔（一般高于 30m），使用很大的发射功率（一般在 50 ~ 200W），覆盖范围可达 30 ~ 50km。大区制的优点是结构简单，不需要交换，但频道数量较少，覆盖范围有限。

将一个大区制覆盖的区域划分成多个小区，每个小区中设立一个基站，通过基站在用户的移动台之间建立通信。小区覆盖范围一般为 1 ~ 20km，因此可以用较小的发射功率实现双向通信。如果每个基站提供几个频道，可容纳的移动用户数就可以从几十到几百个。这样，由多个小区构成的通信系统的总容量将大大提高。由若干个小区构成的覆盖区叫区群。由于区群的结构类似蜂窝。因此，人们将小区制移动通信系统叫做蜂窝移动通信系统。该系统提高了覆盖区域的系统容量，充分利用了频率资源。

在每个小区设立一个（或多个）基站，它与若干个移动站建立无线通信链路。区群中各小区的基站之间可以通过电缆、光缆或微波链路与移动交换中心连接。移动交换中心通过 PCM 电路与市话交换局连接，从而构成了一个完整的蜂窝移动通信的网络结构。第一代蜂窝移动通信是模拟方式，用户的语音信息传输以模拟语音方式出现；第二代蜂窝移动通信是数字方式，涉及语音信号的数字化与数字信息的处理传输问题。

2. 卫星通信

卫星通信具有通信距离远、费用与通信距离无关、覆盖面积大、不受地理条件的限制、通信信道宽、可进行多址通信与移动通信等优点，使卫星通信成为目前主要的通信手段之一。

通过卫星微波形成的点到点通信线路如图 4-6a 所示，它由两个站（发送站、接收站）与一个通信卫星组成，也可通过卫星微波形成广播通信线路，如图 4-6b 所示。卫星上可以有多个转发器，它的作用是接收、放大和发送信息。目前，一般是 12 个转发器拥有一个 36MHz 带宽的信道，不同的转发器使用不同的使用频率。地面发送站使用上行链路向通信卫星发射微波信号，卫星接收上行链路发送来的微波信号经过放大后再使用下行链路发送回地面。由于上行链路和下行链路使用的频率不同，就可以将发送信号和接收信号区别出来。这里，卫星起到中继器的作用。目前主要使用的频段为6/4GHz，也就是上行链路频率为5.925～6.425GHz，下行频率为3.7～4.2GHz。

卫星通信是实现个人通信和信息高速公路最有前途的通信手段之一，对计算机网络技术的发展具有重要的影响。

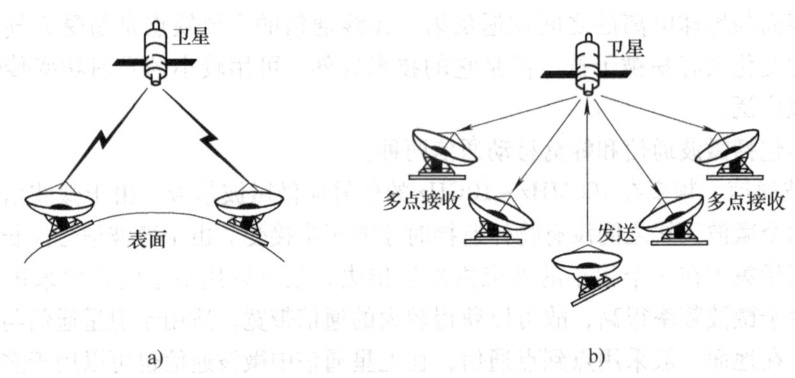

图4-6 卫星通信原理示意图

a）点到点通信线路 b）广播通信线路

4.5 数据传输方式

4.5.1 异步传输和同步传输

1. 异步传输

异步传输的工作原理是每个字符作为一个独立的整体，每次传输一个字符，由5～8位组成，如图4-7所示。为了实现同步，在传送字符前设置一个起始位（逻辑“1”）表示字符信息的开始，后面是字符代码，接着是校验位，最后是1、1.5、2位终止位（逻辑“0”）。字符之间的时间间隔可以是任意的，一个字符的传送时间由起始位和终止位之间的时间来决定。由于每个字符有2～3位的附加位，故降低了传输效率。

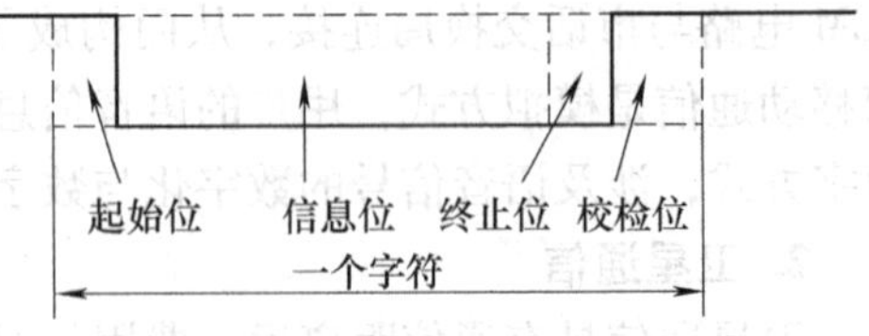

图4-7 异步传输字符结构

2. 同步传输

在数据通信中，为了保证传输数据的正确性需要使收发两端保持同步。所谓同步就是要求通信的收发双方在时间基准上保持一致。同步传输有两种方式：一种是面向字符方式，另一种是面向位方式。为了使接收端能够判断数据组的开始与结束，在每个数据组的开始加个帧头，在尾部加个帧尾，这样一个整体称为一帧。

面向字符是将字符组织成组以组为单位进行传送，其原理如图4-8所示。每组字符之前加上一个或多个用于同步控制的同步字符 SYN，每个数据字符内不加附加位。接收端收到同步字符 SYN 后，根据 SYN 来确定数据字符的起始位和终止位。

对于面向位的同步传输，在数据组的帧尾有一个控制字符以表示数据组传输的结束。当接收端收到 SYN 后便接收数据组，一直到发现结束字符为止，然后再判断下一个 SYN，以实现收发两端的同步。在传送过程中数据组中不能出现与帧尾的控制字符相同的字符。

帧头	数据字符组	帧尾

一个或多个 SYN　　结束控制字符

图 4-8　面向字符的同步传输原理

4.5.2　传输速率及信道容量

对于数据传输，人们总是希望系统的传输速度快，信息量大，可靠性高。这些要求主要体现在以下几个指标：

1. 传输速率

传输速率是指单位时间内传送的信息量。

在数据传输中主要采用三种速率来表示传输速率，即调制速率、数据信号速率和数据传输速率。调制速率又称波特速率，它是信号经过调制后的传输速率，表示每秒内调制信号波的变换次数。

若一个单位调制信号波的长度为 t（单位为 s），则调制速率 B 为

$$B = \frac{1}{t} \tag{4-1}$$

调制速率的单位为 baud（波特），它是调制转换时间的倒数。

例如，若一个调频波的一个“1”或“0”状态的最短时间长度为 $t = 833 \times 10^{-6}$s，则调制速率为

$$B = \frac{1}{t} = \frac{1}{833 \times 10^{-6}}\text{baud} \approx 1200\text{baud}$$

2. 数据信号速率

数据信号速率表示每秒传输的代码位数，即信息的比特数。数据信号速率的单位是 bit（比特/秒）。

数据信号的速率定义为

$$S = \frac{1}{t}\log_2 k \tag{4-2}$$

式中，t 为脉冲宽度；k 为调制信号波的状态数，即一个脉冲所表示的有效状态，在幅度调制中是调制电平数，在多相调制中是相数，其值是 2 的整数倍。

在多路并行传输的情况下，数据信号速率为

$$S = \sum_{i=1}^{m} \frac{1}{t_i}\log_2 k_i \tag{4-3}$$

式中，m 为并行传输的通信路数；t_i 为第 i 路一个单位调制信号波的长度（s）；k_i 为第 i 路调制信号波的状态数或相数。

例如，对于 4 路并行传输，每路一个单位调制信号波的长度为 $t_i = 1.3 \times 10^{-2}$s，采用二状态调制，则调制速率为

$$B = \frac{1}{t} = \frac{1}{1.3 \times 10^{-2}} \text{baud} = 75\text{baud}$$

数据信号速率为

$$S = \sum_{i=1}^{4} \frac{1}{t_i} \log_2 N = \sum_{i=1}^{4} \frac{1}{1.3 \times 10^{-2}} \text{bit/s} = 300\text{bit/s}$$

其中，在并行传输中调制速率各路相等，而数据信号速率是各路速率之和。

3. 数据传输速率

数据传输速率是指单位时间内传送的数据量。其中，数据量的单位可以是位、字符、码组等，时间单位可以是秒、分、时等。

当数据单位为 bit，时间单位为 s 时，数据传输速率与数据信号速率在数值上是相同的。

4.6 TCP/IP 模型与协议

4.6.1 TCP/IP 模型

在介绍目前广泛应用的 TCP/IP（Transmission Control Protocol/Internet Protocol）参考模型之前，这里简单介绍一下 OSI 参考模型。OSI（Open System Interconnection）参考模型是由国际标准化组织 ISO（Internationl Standards Organization）制定的国际互联网协议模型。OSI 参考模型共分 7 个层次，即应用层、表示层、会话层、传输层、网络层、数据链路层和物理层。OSI 模型的出现与推广早于 TCP/IP 模型，但是，由于 OSI 模型自身存在的无法弥补的缺陷，如模型的结构复杂，会话层在应用中很少用到等，使得该模型没有在世界范围内得到广泛普及和流行。

TCP/IP 参考模型是由美国国防部高级计划局提出的一种网络体系结构的国际标准。TCP/IP 参考模型分为 4 个层次，即应用层、传输层、互联层和主机—网络层。目前，大多数的计算机网络都采用 TCP/IP 参考模型，如 Internet 网络等。

TCP/IP 参考模型与 OSI 参考模型的结构及对应关系如图 4-9 所示。

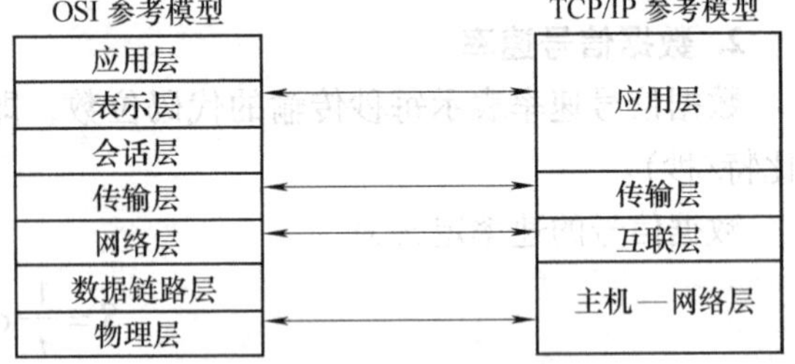

图 4-9 TCP/IP 模型与 OSI 模型的结构及对应关系

下面对 TCP/IP 4 个层次的主要功能进行简单介绍。

1. 主机—网络层

模型中的主机—网络层（Host-to-Network Layer）处于 TCP/IP 参考模型中的底层，它负责通过网络发送和接收数据报。TCP/IP 参考模型允许主机在连入网络时采用多种现成的和流行的网络协议，通信之间的网络系统在这一层次上可以采用不同的协议。在主机—网络层中包括了各种物理网络协议，如局域网的 Ethernet、Token Ring、X.25 等。如果某一种物理网络被用做 IP 数据报的传送，就可以认为此网络是 TCP/IP 模型中主机—网络层的内容。

2. 互联层

模型中互联层（Internet Layer）的主要功能是负责将源主机的数据报文分组发送到目的

主机，源主机和目的主机可以在同一个物理计算机网络上，也可以在不同的物理网络上。其协议规定了互联网中传输数据报的格式，以及从源主机到目的主机过程中数据报的转发机制。主要有如下三个功能：

（1）处理来自传输层的数据报文分组发送请求　在收到数据发送请求后，将数据报文分组封装进 IP 数据报，填充报头并选择发送路径，然后将数据报发送到相应的网络输出线。

（2）处理接收到的数据报　在接收到其他主机发送的数据报之后，检查目的地址，如果需要转发则选择发送路径将其转发出去；如果不需要转发，即目的地址为本节点的 IP 地址，则除去报头，将报文分组交送到传输层进行处理。

（3）处理互链的路径、流控与拥塞问题　其主要功能由互联网协议 IP 来实现。除了端到端的报文分组发送功能外，互联层还提供了其他功能，如标志网络号和主机节点号地址等。为了克服数据链路层对帧大小的限制，IP 还提供了数据分块和重组功能，使较大的 IP 数据报以较小的分组在网络中传输，IP 的另一个重要服务是在相互独立的局域网上建立互联网络，网络间的报文根据它的目的 IP 地址通过路由器传送到另一个网络中去。

3. 传输层

模型中传输层（Transport Layer）的主要功能是负责应用进程之间的端到端的通信。TCP/IP 模型中的传输层主要为互联网中源主机与目的主机对等通信实体之间建立用于会话的端到端连接，为高层协议提供可靠的透明传输服务。其作用与 OSI 参考模型中的传输层功能相似。

4. 应用层

TCP/IP 参考模型中的顶层是应用层（Application Layer），它的主要功能是确定进程之间的通信性质，以满足用户的需要。该层包括了网络中所有的高层协议。

4.6.2　TCP/IP 协议

TCP/IP 协议是用于计算机通信的一个协议族，即传输控制协议/网际协议。TCP/IP 协议族主要包括如下内容：

1. 互联网控制报文协议

互联网控制报文协议（Internetwork Control Message Protocol，ICMP）是 IP 正式协议中的一部分，ICMP 数据报通过 IP 传送出去。由于 IP 提供的是一种不可靠的无连接报文分组传送服务，因此，若路由器或主机出现故障，则可能导致整个网络数据传输的拥塞，此时需要通知发送主机采取相应的措施。为此，采用一类特殊用途的报文发送机制 ICMP。ICMP 通常是由发现传送来的报文分组有问题的工作站产生的。ICMP 数据报分成目的不可达、重定向、参数问题、超时、报源抑制、回送请求/响应、时间请求/响应、信息请求/响应等报文。

高层有关协议可以通过 ICMP 报文实现测试目的主机和可达性状态等任务，如拥塞和流量检测、网关改变路由、时钟同步建立、信息请求和中继、获得子网的屏蔽码、抑制源主机的发送等。

2. 互联网协议

互联网协议（Internet Protocol，IP）是 TCP/IP 协议集中最重要的协议，其他的网络通信协议都是以 IP 协议为基础的。在网络中传输的数据报包括发送方和接收方的 IP 地址，若 IP 协议配置不当，则其他协议发送的数据将无法到达目的地。IP 协议是 TCP/IP 协议集中最底层的协议，它的功能有：将数据信息组成数据报以在 IP 网络上传输；数据报寻址，IP 网络寻址机制；网络间数据报的路由选择，必要的数据报分片及重组，数据信息在上、下层协议之间的传输。IP 协议并不能保证数据报传输的可靠性，其可靠性主要由 TCP 和 UDP 协议提供。

IP 提供了三个基本功能，即：

1）基本数据单元的传送。规定了通过 TCP/IP 网络传输数据的格式；

2）IP 软件执行路由功能。选择传递数据的路径；

3）IP 规则的制订，以确定主机和路由器是如何处理分组以及差错报文分组处理。

3. 地址转换协议

在 TCP/IP 网络环境下，每一个主机都分配了一个 32 位的 IP 地址，这种互联网地址是在国际范围内标志主机的一种逻辑地址。为了让报文分组在物理网上传输，必须知道源地址和目的地址的物理地址，这就需要通过地址转换协议（Address Resolution Protocol，ARP）将互联网地址转换为实际的物理地址。例如，在以太网环境下，为了正确地向目的工作站传送报文分组，必须把目的工作站的 32 位 IP 地址转换成 48 位以太网地址 DA，以便将报文分组正确地发送到目的地址。

4. 传输控制协议

传输控制协议（Transmission Control Protocol，TCP）向远程通信进程用户提供面向连接的可靠通信数据流服务的基本协议，从解决网络通信中出现的数据丢失、重复、乱序及拥塞等问题。TCP 协议是一种可靠的面向对象的协议，它允许将某一主机的数据字节流无差错地传送到目的主机。TCP 协议将应用层发送过来的数据字节流分解成多个字节段，然后将这些字节段发送到互联层再发送到目的主机。当传输层接收到数据字节段时，将其还原成数据字节流后传送到应用层。TCP 允许从用户进程接受任意长度的报文，然后将其划分成长度小于 64K 位的数据段，每个数据段加上 TCP 报头构成完整的 TCP 报文段。

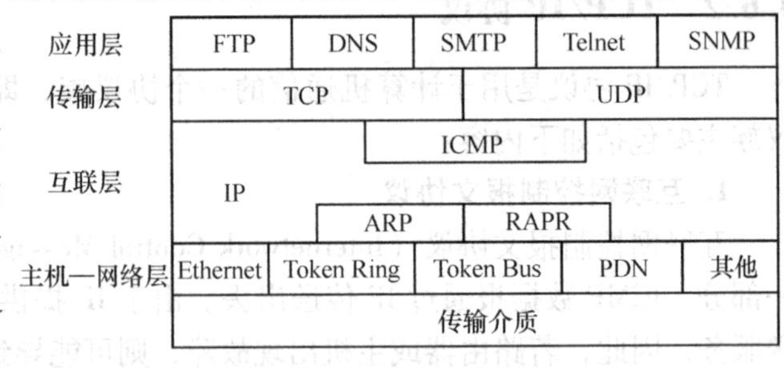

图 4-10　TCP/IP 协议栈结构

地址解析协议 ARP 和 RARP 并不属于某单独一层，它介于物理地址和 IP 地址之间，起着屏蔽物理地址细节的作用。IP 可以建立在 ARP/RARP 之上，也可以直接建立在网络硬件接口协议之上。IP 协议横跨整个协议层次，TCP、UDP 协议都要通过 IP 协议来发送和接收数据。TCP/IP 协议栈结构如图 4-10 所示。

4.6.3　IP 地址与域名系统

计算机网络互联的目标是为网络用户提供一个无缝的通信系统，因此，计算机互联网络必须屏蔽物理网络的具体细节，并提供一个强大的虚拟网络功能，使互联网的设计人员在不考虑物理硬件细节的情况下自由选择地址、数据报格式以及发送技术等。因而编址就成为互联网的关键的组成部分。为了保证互联网中的每一个主机都有唯一确定并且统一的地址，互联网的协议软件定义了一个抽象的编址方案，网络用户、应用程序以及协议软件的高层都使用抽象的地址进行通信。互联网中的计算机地址有两种表示形式，即 IP 地址和域名形式。

1. IP 地址

互联网中每一台计算机（包括路由器）在通信之前都需要指定一个 IP 地址。在 TCP/IP 协议中编址是由互联网协议 IP 规定的，IP 标准规定分配每一台主机一个 32 位作为该主机的 Internet 协议地址，简称为 IP 地址或 Internet 地址。在互联网上传输的每一个数据报都包含了这个 32 位的源 IP 地址和目的 IP 地址。因此，通信双方建立通信之前需要知道对方的 IP 地址。

在互联网中，网络地址用来唯一标志某一计算机网络，主机地址唯一标志此计算机网络上的某一台主机。互联网上的主机与路由器的 IP 地址采用分层结构，每一个 32 位的 IP 地址由网络地址和主机地址两部分组成，其结构如图 4-11 所示。网络地址部分确定计算机从属的物理网络，主机地址确定了网络上的某一台计算机的位置。

网络地址	主机地址

图 4-11　IP 地址结构

IP 地址长度为 32 位，用 X. X. X. X 格式表示，每一个 X 表示 8 位，取值范围为 0 ~ 255，这种格式常称为点分十进制地址。

IP 地址的前五位决定了地址所属的类别，并且决定了网络地址和主机地址的划分。A 类地址的第一位是“0”，B 类地址的前两位是“10”，C 类地址的前三位是“110”，D 类地址的前四位是“1110”，E 类地址的前五位是“11110”。其中，A、B 和 C 类地址属于基本类地址。由于 IP 地址长度固定，类标识符越长则可用的地址空间就越短。

根据不同的取值范围可将 IP 地址分为五类，如图 4-12 所示。

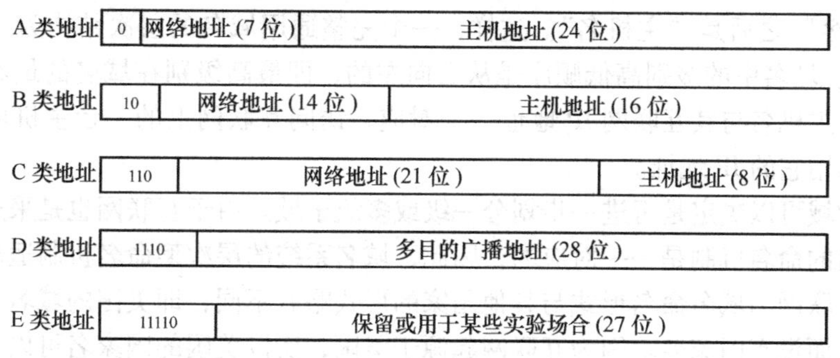

图 4-12　IP 地址的分类与结构

（1）A 类地址　A 类 IP 地址的网络地址空间长度是 7 位，主机地址的空间长度是 24 位。由此可知，A 类地址的地址范围是 1. 0. 0. 0 ~ 127. 255. 255. 255。由于网络地址的空间长度为 7 位，因此，允许有 126 个不同的 A 类计算机网络（网络地址中的 0 和 127 用于特殊目的）。同时，主机地址的空间长度是 24 位，每个属于 A 类网络的主机地址总数可达 2^{24} 个。A 类 IP 地址的编址方案适用于含有大量主机的大型计算机网络的编址。

（2）B 类地址　B 类 IP 地址的网络地址空间长度是 14 位，主机地址空间长度是 16 位。B 类地址的地址范围是 128. 0. 0. 0 ~ 191. 255. 255. 255。由于网络地址空间长度是 14 位，它允许有 2^{14} 个不同的 B 类型网络。同时，主机地址空间长度是 16 位，因此，每个 B 类型的网络中可以容纳多达 2^{16} 个主机。B 类 IP 地址的编址方案适用于大型公司与政府机构。

（3）C 类地址　C 类地址的网络地址空间长度是 21 位，而主机的地址空间长度是 8 位。其地址范围是 192. 0. 0. 0 ~ 223. 255. 255. 255。由于网络地址的空间长度是 21 位，共有 2^{21} 个

C类型的网络。同时，主机地址的空间长度是8位，因此，每一个C类型的网络中可以容纳 2^8 个主机。C类IP地址的编址方案适用于小型公司。

(4) D类地址　D类地址的编址方案不只标志网络，而且还用于其他的特殊用途，如多目的地址广播等，其地址范围是224.0.0.0～239.255.255.255。

(5) E类地址　E类地址的编址方案一般不被采用。该方案主要在一些实验场合下使用，其地址范围是240.0.0.0～255.255.255.255。

2. 域名系统

虽然互联网中每一个主机和物理网络都拥有唯一确定的IP地址，但是，在实际应用中，网络用户并不需要知道自己的IP地址，仅仅需要知道其域名即可。域名是一种符号名字，用来标志互联网中的某一主机。由于域名使用日常生活中常用的符号，便于人类记忆。但是，对于计算机来说域名却是复杂的，为了提高计算机网络的效率，有必要将域名转化成计算机容易识别的二进制IP地址，这项工作是由互联网中的域名系统来完成的。域名系统是互联网中计算机的命名方案，进行域名与IP地址之间相互转换的是域名服务器。

域名系统是互联网中把IP地址翻译成容易记忆名字的一种机制，它要解决互联网中主机命名、主机域名管理、主机域名与IP地址之间的相互映射等问题。域名是一种层次结构化的符号名字。在域名中最高一级是“网点名”。网点是互联网的组成部分，由若干个子网组成，这些子网在地理位置或组织关系上是密切相关的，互联网将网点抽象成一个逻辑“点”来处理。每个网点可以划分成若干个子网或“管理组”，因而域名的第二级是“组名”，在“组名”之后是“主机名”。这样，一个完整通用域名的层次结构为“本地名.组名.网点名”。域名中的级别高低顺序是从右向左的，即最高级别在域名的最右面，左面是其最低级别。主机名与其互联网IP地址一一对应，访问互联网上的一台主机可以用它的主机名，也可以用它的IP地址。

高层次的域可以决定是否进一步划分一级或多级子域。由于互联网也是采用树形的层次结构，与域名的命名机制是一一对应的，因此，域名系统的层次型命名机制适用于互联网。

美国在互联网的域名命名形式与其他国家的形式略有不同，即美国的域名系统中的最高级别是组名，而没有国家名。因为互联网起源于美国，所以美国的国家名可以省略，而其他国家的域名系统则必须将国家名作为域名系统中的最高级。实际上互联网上主机域名的常用格式为：“主机名.机构名.类型名.国家代码”。例如，yahoo.com.cn；hotmail.com；tsinghua.edu.cn；sia.cn；shenyang.gov.cn，等。

4.7 局域网拓扑结构

4.7.1 概述

计算机网络拓扑结构可以根据通信子网中通信信道的类别分为两类：点到点线路通信子网拓扑结构、广播信道通信子网拓扑结构。在采用点到点线路的通信子网中，每一条物理线路连接一对节点。

采用点到点线路的通信子网的基本拓扑结构有4类：星形、环形、树形、网状形。在广播信道的通信子网中，一个公共的通信信道被多个网络节点共享。采用广播信道通信子网的基本拓扑结构有 4 种：总线型、星形、环形、无线通信与卫星通信型。

局域网与广域网的主要区别在于它们覆盖的地理范围。由于局域网设计的主要目标是覆盖有限的地理范围，因此，它们从基本通信机制上选择了与广域网不同的方式，即从存储转发方式转变为共享介质方式和交换方式。因此，局域网在传输介质和介质存取控制方式上具有其特点。

4.7.2　总线型拓扑结构

总线型拓扑是局域网主要的拓扑结构之一，总线型局域网拓扑结构如图 4-13 所示。总线型局域网的介质访问控制方法采用的是共享介质方式。

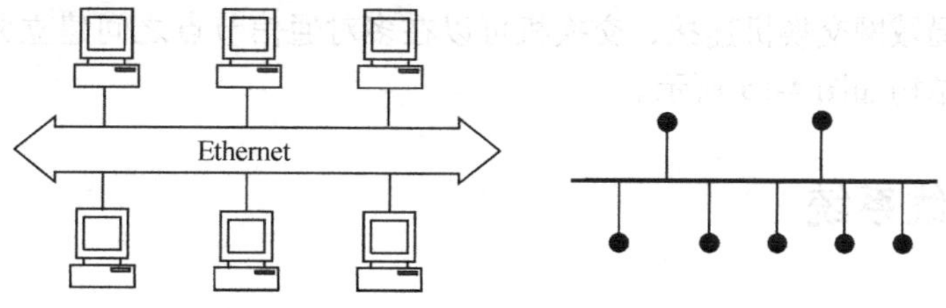

图 4-13　总线型局域网拓扑结构

总线型局域网的主要特点有：

1）所有的节点都通过相应的网络接口卡直接连接到一条作为公共传输介质的总线上。

2）总线通常采用同轴电缆或双绞线作为传输介质。

3）所有节点都可以通过总线传输介质发送或接收数据，但一段时间内只允许一个节点利用总线发送数据。当一个节点利用总线传输介质以广播方式发送数据时，其他节点可以用收听方式接收数据；

4）由于总线作为公共传输介质为多个节点共享，就有可能出现同一时刻有两个或两个以上的节点利用总线发送数据的情况，因此会出现发送数据冲突的情况，造成传输失败。

5）在共享介质方式的总线型局域网中，必须解决多个节点访问总线的介质访问控制（Medium Access Control，MAC）问题。

所谓介质访问控制方法是指控制多个节点利用公共传输介质发送和接收数据的方法，它是共享介质类型局域网必须解决的问题。介质访问控制方法要解决该哪个节点发送数据、发送数据时会不会出现冲突、出现冲突怎么办等问题。总线型拓扑的优点是结构简单，实现容易，易于扩展，可靠性高。

4.7.3　环形拓扑结构

环形拓扑也是共享介质局域网的基本拓扑结构之一，环形局域网的拓扑结构如图 4-14 所示。图中给出了环形局域网中计算机连接的方式，并给出了环形局域网的拓扑结构。

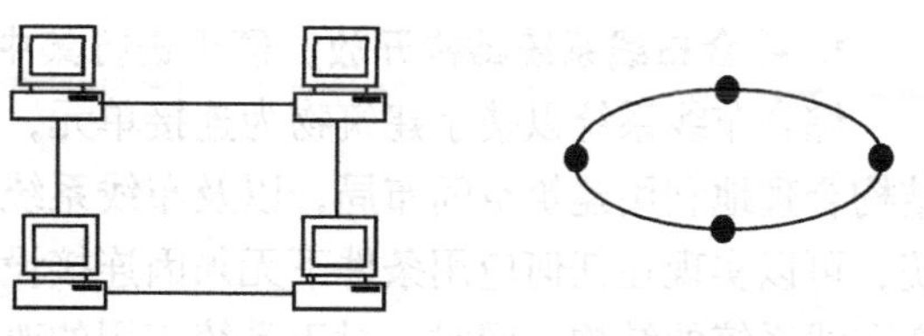

图 4-14　环形局域网的拓扑结构

在环形拓扑结构中，节点通过相应的网络接口卡实现点到点线路连接构成闭合的环形。环中数据沿着一个方向逐站传输。在环形拓扑中，多个节点共享一条环通路，为了确定环中每一个节点在什么时候可以插入传送数据帧，同样要进行控制。因此，环形拓扑的实现也要解决介质访问控制方式问题。与总线型拓扑控制方式相同，环形拓扑一般采用分布式控制方法，环中每一个节点都要执行发送与接收控制逻辑。

4.7.4 星形拓扑结构

只有在出现交换局域网之后才出现了真正的星形拓扑结构，即物理结构与逻辑结构统一的星形结构。交换局域网的中心节点是局域网交换机，在典型的交换局域网中，节点可以通过点到点线路与局域网交换机连接，交换机可以在多对通信节点之间建立并发的逻辑连接。典型的星形拓扑结构如图 4-15 所示。

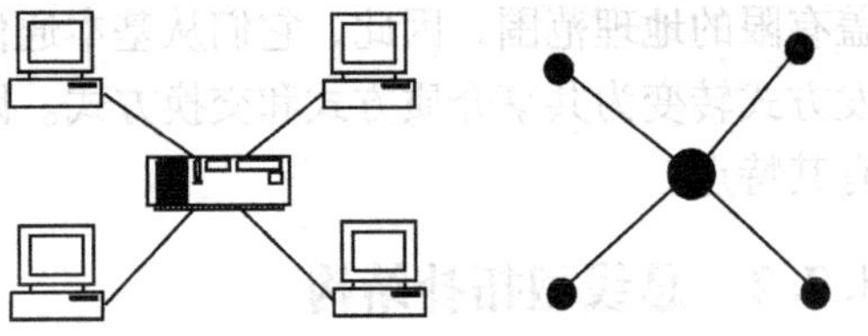

图 4-15 典型的星形拓扑结构

4.8 综合布线系统

4.8.1 综合布线系统的特点

建筑科学与信息技术的有机结合逐步形成了建筑综合布线技术，综合布线系统已经成为建筑智能化系统的重要组成部分。通过综合布线系统实现了智能系统或信息系统的互联，将信息高速公路的触角延伸到每一个区域和单位、办公单元和家庭。综合布线系统承担着互联网信息最后一公里接入的传输任务，已经成为智能建筑及计算机网络系统的重要基础条件和保证，它是影响计算机网络性能指标的主要因素之一。

综合布线系统是建筑物或建筑群内的信息传输线路系统，它连通建筑物群体以及建筑物内的建筑单元，为它们之间的网络数据、语音话务以及视频信息的传输提供物理通道。

在传统的建筑布线系统中，建筑物内的各种系统缺乏统一的规划，具体应用依据自身的需求独立设计，各系统线路自成体系造成了线路拓扑路由无序，互连部件之间的物理接口或不同系统之间互相不能兼容。这种方法存在工程投资高、重复建设、功能单一、维护升级困难等诸多弊病，难以适应信息化应用的需求。

综合化布线方式克服了传统布线的不足，它以联网的建筑物为对象，以办公单元或住宅环境为终端连接的目标，依据技术规范统筹兼顾各类信息传输的性能，统一进行系统的规划和设计，统一系统的连接标准和安装施工。因此，综合布线系统不仅实现了建筑物内语音设备、数据通信设备、安防监视设备以及应用系统的相互连通，而且各类线路的组织与结构均满足国际标准，形成了规范统一的建筑通信网络系统。

综合布线系统主要特点体现在以下方面：

1. 综合布线系统结构开放，便于进行集中管理

综合布线系统以楼宇建筑物为连接单元，以建筑物内的使用单元为连接目标，基于线路结构合理地利用建筑空间布局，以及布线系统与具体建筑应用相对分离的原则。通过布线系统，可以实现在任何应用条件下无须因连接设备异构、位置变动或终端更改等原因而重新改变布线系统的结构。同时，对于系统应用的改动和调整只需通过简单地改变配线端口连接跳线的插接位置，即可以实现灵活地改变系统结构的目的。

这种布线技术有效地满足了多种弱电系统对线路连接和传输的要求，大大减少了系统重新进行布设和改变管理模式的工作量，有效地提高了系统的投资效益。

2. 综合布线系统性能先进，可以适应智能建筑未来发展的要求

综合布线系统采用先进的光纤和双绞电缆结合的布线介质，可以保障传输速率满足宽带业务需求。同时，可以满足智能建筑系统未来发展的技术要求。

3. 综合布线系统具有标准性与兼容性的特点，可以满足不同系统的通信技术要求

在综合布线国际标准中，不但规定了布线系统中传输介质的类型以满足各种线路传输性能的要求，而且还规定了接续组件（如信息插头和信息插座）的几何特征和电器性能标准。这样可以有效地适应不同类型设备之间的连接，满足不同应用系统的信息通信需求，系统具有兼容性。

4. 综合布线系统具有模块性结构，便于系统进行扩充升级。

综合布线系统设计遵循模块化的原则，系统采用积木式标准化组件以保障系统的扩充和运行安全。基于模块化系统结构，一方面分解和细化了系统的总体功能，有利于提高系统的安全性和稳定性指标，同时，便于系统的实施、维护和管理，以及对系统故障进行监测、分析、定位和排除。基于这种模块化的布线系统结构，只需在原有系统配置的基础上增加新的配线设备和扩容部分，就可以对综合布线系统进行扩充。

4.8.2　综合布线系统技术标准

综合布线系统的技术标准涉及介质类型、拓扑结构、用户接口、传输距离、线缆规格、组件性能以及安装工艺等方面，它是建筑综合布线系统设计、施工和测试必须遵守的技术原则。

目前，国际上对于综合布线系统产品设计、制造、安装和维护中所遵循的基本标准主要有两种：一种是美国标准 ANSI/EIA/TIA 568：1995《商务建筑电信布线标准》；另一种是国际标准化组织/国际电工委员会标准 ISO/IEC 11801：1995《信息技术—用户建筑物综合布线》。

另外，还有一些其他的标准规范，如：

EIA/TIA TSB-67：非屏蔽双绞线传输性能测试规范；

EIA/TIA 569：商业建筑通信路线和结构空间布线标准；

EIA/ TIA 606：商业建筑基础结构通信设施管理标准；

EN 50173：欧洲建筑物布线标准。

在国际标准的基础上，我国制订了适合中国地区特点的综合布线系统国家标准，即 GBT/T 50311-2000《建筑与建筑群综合布线系统工程设计规范》，GBT/T 50312-2000《建筑与建筑群综合布线系统工程验收规范》等相关标准，标志着我国综合布线与国际标准的接轨，逐步走向规范化和标准化。

4.8.3　综合布线系统的组成

在计算机局域网中，以建筑物为单元的综合布线系统一般采用模块化结构设计方法，规定了每个模块所涉及的区域和连接对象。在 EIA/TIA 568 标准中，将综合布线的建筑空间划分为 6 个作业区域，分别定义为建筑群子系统、设备间子系统、配线子系统、垂直干线子系统、水平布线子系统和工作区子系统。该标准还规定了这6个子系统的技术要求与内容。

这些子系统的功能相互独立，在更改或变动其中任何一个子系统时，并不会影响其他子系统的功能，这为综合布线系统的技术实施提供了灵活的处理空间。

建筑物群与建筑物综合布线系统结构如图4-16所示。

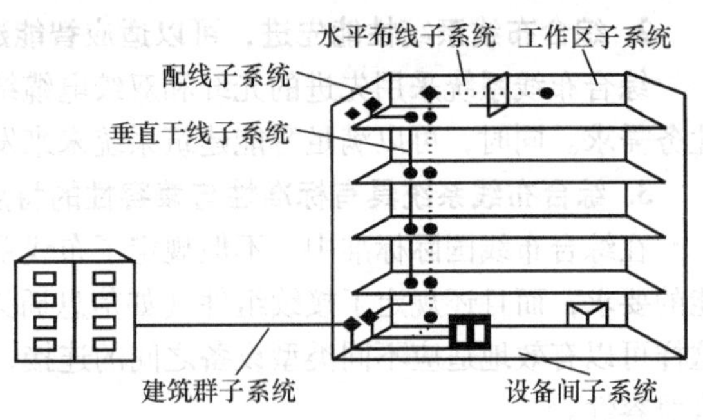

图4-16 建筑物群与建筑物综合布线系统结构

(1) 建筑群子系统 建筑群子系统的功能是实现建筑群中楼宇之间的连接，在建筑物之间通过传输介质实现楼群通信设备之间的互连。建筑群子系统因其工作区域的特点，又将其称为户外子系统。

建筑群子系统的有线连接方法主要有地下管道方式、地下开沟直埋方式和杆路架空方式。对于连接线路，一般选用光缆介质，以适应宽带业务通信以及未来应用发展的需求。同时，微波等无线通信手段也被采用作为传输介质。

(2) 设备间子系统 综合布线系统中的设备间子系统担负着户外子系统和室内传输介质的汇接任务，是实现楼宇网络系统信息交换的枢纽和中心，其作用是把建筑系统各种设备互连起来。依据传输介质类型的不同，通过配备光学或电气配线架可以实现建筑物内部和外部通信线路的转接。

对于设备间子系统位置的选择，应该考虑综合布线系统的拓扑结构、技术规范以及运行维护等因素，同时还应兼顾垂直布线系统和水平布线系统的技术要求，以及建筑物内电磁干扰等因素的影响。

设备间应该保障电源的可靠供应，一般需配备不间断电源（UPS）。设备间室内的清洁度和环境安防问题也应充分重视。为了防止室外电缆上的脉冲电压进入建筑物，户外电缆在进入建筑物时需要在建筑物的入口处添加电气防雷保护装置，并确保系统有效接地，以防止系统遭受雷击或与高压线路接触而造成的损失。

(3) 管理子系统 管理子系统连接设备间子系统的配线架，其功能是实现垂直与水平子系统线路之间的连接，通过它可以组建和变更建筑物内网络拓扑结构，优化调度和灵活组合各建筑单元的系统接入方案。因此，管理子系统也称为配线系统。

管理子系统主要由建筑物各层的配线架、光学或电气的插接组件和连接跳线组成。通过改变配线架上跳线的顺序即可改变综合布线系统的连接关系，从而灵活地调整系统的接入方式，满足系统功能更改、增减、转换和延伸扩展接入线路等要求。通过管理子系统可以充分体现综合布线系统的开放性、灵活性和可扩展性的技术优势。

管理子系统一般需要根据建筑物的规模、建筑单元的数目以及水平和垂直布线系统的技术要求，在每层中设置或者数层公用一套管理子系统。

(4) 垂直主干线子系统 垂直主干线子系统是建筑物内综合布线系统的骨干部分，根据智能建筑应用系统对传输带宽的需求，基于相应的通信技术规范，垂直主干线子系统一般选用双绞线电缆或室内光缆作为传输介质。

在建筑物内竖井中，垂直主干线子系统将通信线路延伸至各个楼层，构成建筑物内通信线路的垂直主干线路由，从而实现与楼层水平布线子系统的连接。

在典型的垂直主干线子系统中，其末端下连建筑物内各个水平区域中的水平布线子系统，始端汇接于管理子系统的配线架部分。一般采用金属桥架作为垂直主干线子系统的通道。

（5）水平布线子系统　水平布线子系统是建筑物内楼层的分支系统，对应于垂直主干线子系统，水平布线子系统的线路呈水平状分布在各个楼层的平面区域，提供各楼层建筑单元（即用户工作区）与垂直主干线子系统的连接。

基于用户工作区不同的应用需求，水平布线子系统可以选用同轴电缆、双绞线或室内光缆作为传输介质，其中双绞线电缆是目前广泛使用的传输介质。水平布线子系统配备有连接水平线路的配线架，其一端通过垂直干线子系统与管理子系统相连接，另一端则直接连接到楼层内用户工作区的信息插座。

当楼层工作区范围较大时，考虑到技术性能等方面的限制以及将来可能的增容扩建需要，一般在水平布线系统设计时适当增加转接机构，以延伸和扩大网络的覆盖区域，满足系统联网的需求。但是，增多转接机构又可能导致系统信号传输质量的下降。因此，在规划设计时应权衡利弊，合理安排。

水平布线子系统是整个综合布线系统中最复杂的区域，它与垂直主干线子系统的区别在于水平布线子系统总是在一个楼层上，并与工作区的信息插座进行连接。

（6）工作区子系统　在综合布线系统中，工作区子系统限定在建筑单元之内的空间范围，其功能是提供用户工作区与水平布线子系统进行连接的接口，实现终端设备接入布线系统的目的。从布线的整体结构来看，工作区子系统在建筑物内属于末端连接区域。

工作区子系统由接口面板、模块化信息插接组件以及与终端设备连接的跳接线组成。其中，信息插接组件和跳接线是系统的关键性部件，跳接线是终端设备与布线系统之间提供连接的物理通道。工作区的接续部件（一般称为信息点、信息插接口）直接与终端设备进行连接。因此，它们的规格型号和性能指标必须符合综合布线系统标准的规定，以满足系统对语音、数据、图像等不同网络应用的需求。

在工程设计中，工作区子系统中信息点的数量取决于实际应用需求、终端设备接口的数量以及网络用户接入方式等综合因素。基于我国建筑行业有关标准，在实际工程中一般在 8 ~ $10m^2$ 内设立一个工作区，安装一对信息插接口，分别用于电话和计算机联网。对于具有多种应用类型、终端设备密度较大的办公环境，或者大空间的公共场所，可根据具体情况适当调整工作区信息插接口设定的数量。

综合布线系统是一种以星形结构为主的混合型拓扑结构，在实际应用中具有较大的灵活性。将综合布线系统划分为 6 个不同的子系统，有利于分析其连接特性和区域性功能。但是，对一个具体的综合布线工程而言，在实现技术标准的基础上，其子系统可以根据建筑群规模、结构、楼宇内区域特点、应用类型及工作区信息点密度等因素进行综合分析和划分。

在综合布线系统标准中规定综合布线系统的拓扑结构为星形结构，限定双绞线水平电缆敷设长度的最大距离为 90m，配线架和交换机之间跳接线的长度控制在 6m 之内，而在工作区中，信息插座与终端设备的跳接线长度一般不超过 3m。因此，终端设备到系统连接设备端口之间的双绞线缆总长度必须控制在 100m 以内，才能满足规范的技术要求。

水平电缆（双绞线）敷设最大长度限定示意图如图 4-17 所示。

网络拓扑结构的选择应该考虑多方面的因素，如系统可靠性、可扩充性和网络特性等。除了可靠进行数据传输外，还要考虑故障诊断和故障隔离的难易程度，在网络出现故障的情况下，应尽量使网络的主要部分仍能正常运行。网络一旦安装完毕，还要满足易于扩展的要求，既方便扩展，又能有效地保护原有的系统。网络拓扑的选择还会影响介质的选择和介质访问控制方法的确定，这些因素又会影响各站点在网络上运行的速度和网络软件与硬件接口的复杂性。这些都是选择拓扑结构时应该考虑的技术问题。

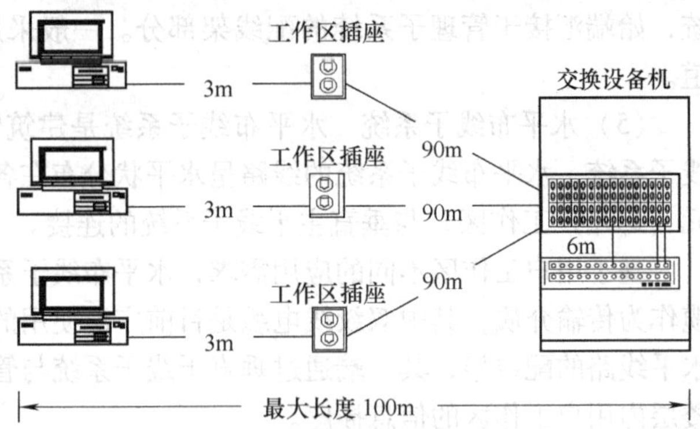

图4-17　水平电缆（双绞线）敷设最大长度限定示意图

4.9　智能建筑计算机网络系统设计

4.9.1　计算机网络系统规划

智能建筑计算机网络系统的建设应根据系统的功能要求进行，做到统筹规划、分期建设、配套发展。计算机网络系统的建设过程可分为以下几个步骤：

(1) 网络系统总体规划　根据智能建筑和信息技术的发展要求制订计算机网络系统的规划，制订出近10年内的网络建设内容和预期达到的目标，然后，在这个规划的指导下制订具体的网络建设计划。

(2) 网络系统建设计划　根据系统的规划制订出近期的系统建设目标、建设内容以及进度安排等。

(3) 用户需求分析　调查智能建筑对计算机网络功能的要求，并在此基础上进行分析以确定网络建设的内容等。

(4) 网络系统设计　根据智能建筑的技术需求，确定网络结构、网络设备、网络操作系统、应用软件以及安全措施等。

(5) 网络设备器材选择　根据网络设计方案进行网络设备的选择。正确选择网络设备是组建计算机网络的重要任务之一。

(6) 布线施工　在网络设备选择完成后，即可以根据系统设计方案进行布线施工。

(7) 网络测试　为了检测系统设计的合理性和施工的正确性，要求对网络系统的性能进行必要的测试。

(8) 服务器的安装与调试　为网络系统安装操作系统和应用服务系统软件，并为其设置相应的参数使之能够正常工作。

(9) 客户端设置　在安装网络操作系统和应用服务软件之后，还要对客户端进行相应的设置，以使客户工作站与服务器有良好的连接，从而有效地实现网络的功能。

(10) 系统的维护与优化　在应用过程中需要对系统进行日常的维护工作，例如，排除一些人为的故障、硬件故障等，另外，还需要对系统进行优化设计。

网络工程的第一步是系统规划和网络方案设计，计算机网络规划主要包括以下内容：

（1）网络系统总体分析　在进行智能建筑的计算机网络设计与施工之前，需要对网络系统总体需求进行分析，主要包括办公事务调研、系统目标分析、系统功能分析、系统配置分析以及可行性论证等。

1）办公事务调研：对项目进行全面调研，确定信息量大小、信息的类型、信息的流程和内外信息需求关系等。对构成本系统的各部门情况进行调研，了解部门与相关机构之间的关系，以及本部门现有设备配置和办公资源的使用情况等，从而为系统进行设备选择与配置提供依据。办公事务调研要确定办公自动化系统的功能和目的，这是建设智能建筑计算机网络系统的基础。

2）系统目标分析：根据办公事务需求分析计算机网络能够完成的基本任务，包括近期、中期和远期的目标，以及将来能够获得的社会效益和经济效益。

3）系统功能分析：确定为实现系统目标具有的功能，如办公事务管理信息资料的存储、查询等，这是设计办公管理事务模块所必需的。

4）系统配置分析：根据系统的需求以及实际的资金投入，确保系统的先进性、实用性、安全性、经济性以及可靠性，合理选择办公自动化设备的配置，并考虑未来发展的需要。

5）可行性论证：对系统的总体方案进行分析、评估、论证和修订等，依靠专家对系统方案的科学性、先进性及可行性进行全面论证和评估，然后才可以进行实施。

（2）网络系统整体规划　网络系统软和硬件体系是计算机网络发展的基础，在网络建设的初期要进行网络整体规划。在规划中对网络协议、软件、硬件体系结构等问题进行充分论证。在确定网络建设方向的同时，更要面向应用与需求，充分利用现有资源结合应用和需求的变化制订相应的方案。

系统设计时应根据系统功能确定物理结构，即由逻辑模型得出物理模型。该阶段的主要任务是根据系统分析阶段确定的系统目标选择实际的系统方案和结构，编写程序设计说明书，选择计算机网络设备等。为了实现系统的功能，需要进行网络硬件系统的设计和软件结构的设计。在选择网络系统硬件设备时，一方面应考虑满足系统对存储容量、响应速度和共享资源等方面的要求，另一方面，要考虑网络的覆盖面积，以及施工、维护、扩展的方便性与可靠性，最后还要考虑系统的安全性，如系统的容错性、防断电、防雷击等。

（3）网络系统服务内容规划　计算机网络中大部分的共享信息、交换信息都要通过网络服务器来存储和传送。服务器的品质在很大程度上影响整个网络的性能。服务器的规划包括对服务器硬件配置的选择、网络信息在服务器上的存储方式、存储格式的设计等。

小型计算机网络的主要功能有：

网络通信：Internet 为用户提供电子邮件传递与管理服务。在国际互联网 Internet 上，电子邮件系统是使用方便和用户最多的网络通信工具。只要对方也是 Internet 的用户，或者是与 Internet 相联的其他网络上的电子邮件用户，Internet 为用户提供完善的电子邮件传递与管理服务。

远程登录：远程登录是通过国际互联网 Internet 进入和使用其他的计算机系统，就像使用本地计算机一样。异地计算机可以在同一房间或同一校园内，也可以在数千公里之外。

文件传输：利用 FTP 传输的文件可以是数据、图像、文本等，也可以是随机存储的文件，用户可以直接将异地文件下载到本地系统，也可以将本地文件上传到异地计算机系统中。

网络信息服务：网络信息服务是互联网 Internet 具有特色和吸引力的功能。信息服务包含信息查询服务以及建立信息资源的服务。

系统应用软件：应用软件在办公自动化系统中起着重要的作用，应用软件的数量和质量决定了办公自动化的使用价值。应用软件分为办公事务软件、管理信息软件与决策支持软件。

办公事务软件是办公自动化系统的基础层，担负着各种办公信息的收集、加工和事务性处理，为管理控制层和决策层提供基础信息。办公事务中的文件报告、办公印刷、通信联系等事务可直接使用公用支撑软件，还有其他定型事物专用软件，例如公文管理软件、文档管理软件、日程计划软件、会议管理软件、信访处理软件、情报资料检索软件等。

管理信息软件建立在办公事务处理层之上，其主要功能是管理该部门信息活动的全过程，对信息进行归纳、综合和整理，并发出管理控制指令。由于该软件系统规模大，结构复杂，因此，需要强有力的数据库支持。

决策支持应用软件是办公自动化的高层应用软件，它为中高层管理人员提供决策支持，以优化管理和社会经济效益为目标，提供专家知识、经验咨询和决策模型等。

选择软件时要考虑操作系统的兼容性、对设备存储量和配置的要求、用户友好性以及价格等，但是，主要应考虑软件系统的功能性。对于特定办公事务应用软件，可以自行设计开发或邀请专业计算机程序设计人员进行开发。

4.9.2 计算机网络设计

随着信息处理与通信功能要求的不断增加，越来越多的单位要求建立一个先进的计算机网络系统。由于每个单位有着自己的行业特点，因此，所需的计算机系统千变万化。从工厂的生产管理系统到证券市场的证券管理系统，从政府的办公系统到医疗单位的管理系统，不同的系统之间区别很大。对不同单位的不同应用环境都要做出详细的计算机网络系统设计方案。一般来说，计算机网络系统方案设计可分成系统总体方案设计、网络系统设计、综合布线设计和网络应用方案设计等几部分。

1. 系统总体方案设计原则

在进行计算机网络的系统设计过程中，一个重要的环节是系统总体方案设计，而系统设计中的重要内容是需求分析。系统总体方案设计主要包括如下内容：

(1) 用户需求分析 对于智能建筑的计算机网络系统建设，首先要进行详细的调查分析，以书面的形式列出系统需求提供给智能建筑的业主与用户进行讨论，然后确定系统的总体设计内容和目标。

(2) 网络设计目标 明确网络系统需要达到的性能指标，如系统的管理内容和规模、正常运行要求、数据传输速度和处理数据量等。

(3) 网络设计原则 确定系统设计目标要求，遵循系统整体性、先进性和可扩充性原则，建立经济合理、资源优化的系统设计方案。

网络设计原则主要包括6个方面。

1) 先进性原则：采用先进、成熟的计算机软件和硬件产品技术，使建立的系统能够最大限度地适应今后技术和业务发展的需要。系统先进性原则主要体现在以下几个方面：

采用的系统结构是先进、开放的体系结构，采用的技术是先进的，如双机热备份、双机互为备份、共享阵列磁盘、容错、多媒体技术等；采用先进的网络技术，如网络交换、网络管理、智能化的网络设备及网络管理软件，实现对网络系统的有效管理与控制，实时监控网络系统的运行情况，及时排除网络系统的故障，及时调整和平衡网络上的信息流量等。

2）实用性原则：网络系统总体方案设计要充分考虑用户当前的层次、管理环节中数据处理的便利性和可行性，将满足用户业务管理作为第一要素进行考虑。一般采取总体设计、分步实施的技术方案，在总体设计的前提下，系统实施中可首先进行业务处理层及管理中的低层管理，稳步向中高层管理及自动化管理过渡，使系统与用户的实际需求连接在一起，这样不但增加了系统的实用性，而且使系统建设保持连贯性。人机操作设计应充分考虑不同用户的实际需要，用户接口及界面设计应充分考虑人体结构特征及视觉特征进行优化设计，界面尽可能美观大方，操作简便实用。

3）可扩充与可维护性原则：系统维护在整个软件的生命周期中所占比重最大，因此，提高系统的可扩充性和可维护性是提高管理信息系统性能的必备手段。以参数化方式设置系统管理硬件设备的配置、删减、扩充、端口设置等。系统地管理并配置应用软件，应用软件采用的结构和程序模块化结构要充分考虑其可维护性和可移植性，即可以根据需要修改模块、增加新功能以及重组系统的结构，以达到程序可重用的目的。数据存储结构设计在考虑其合理规范的基础上应具有可维护性，对数据库表的修改、维护可以在短时间内完成。采用参数定义及生成方式保证其功能具备适应性，系统提供报表及模块管理组装工具以支持系统新的应用。

4）可靠性原则：一个大中型计算机网络系统在任一时刻的系统故障都有可能给用户带来重大的损失，这就要求系统具有高度的可靠性。提高网络系统可靠性的主要方法有：

采用具有容错功能的服务器及网络设备，选用双机备份、Cluster 技术的硬件设备配置方案，出现故障时能够迅速恢复并有适当的应急措施；每台设备均考虑可离线应急操作，设备之间可以相互替代；采用数据备份恢复、数据日志、故障处理等系统故障对策功能；采用网络管理、严格的系统运行控制等系统监控功能。

5）安全性原则：计算机网络上的信息大部分是向用户开放的，但还有一部分是需要保密的。如政府部门的一些机要文件和绝密文件、商业机密、军事机密等都是重要的数据，因此，网络的安全性对办公自动化系统显得尤为重要，在系统的总体设计必须充分考虑。采用操作权限控制、设备钥匙、密码控制、系统日志监督、数据更新严格凭证等多种技术手段，可以防止系统数据被窃取和篡改。

6）经济性原则：在满足系统需求的前提下，应尽可能地选用价格便宜的设备以节省系统的投资，即选用性能价格比好的设备，以最低的成本完成计算机网络系统的建设。

2. 网络系统设计

网络系统设计主要包括网络操作系统设计、数据库设计、网络服务器方案、网络工作站方案、系统结构设计和网络中心设备设计方案等。

（1）网络操作系统方案　网络操作系统的选用应该满足网络系统的功能要求，使网络系统维护简单，具有高级容错功能、易扩充、费用低、产品兼容性与保密性好。

（2）网络数据库方案　网络数据库方案包括选用什么数据库系统和据此建立数据库两

个方面。目前流行的数据库系统主要有 Oracle、Informix、Sybase、SQL Sever 和 DB2 等。在建立数据库时，应尽量做到布局合理、数据层次性好，能够满足不同层次管理者的要求。

(3) 网络服务器方案 网络服务器的选用主要应考虑速度、容量和可靠性三个方面，它们应满足系统的设计要求。系统可靠性内容主要包括系统自动恢复、多级容错、环境监控等。同时，应考虑网络服务器不间断电源的选用。

(4) 网络工作站方案 网络工作站可以选用名牌机或品牌机。根据系统实用性和经济性原则可以选用较低档次的兼容机，也可以选用无盘和有盘工作站，并考虑是否配备打印机等。

(5) 系统结构方案 这一部分是系统设计的中心环节，目前，总线型与星形结构相结合是常用的典型的网络结构，它具有系统结构简单、可靠性高、系统稳定等特点。从传输技术的角度看，要充分利用大容量动态交换技术。同时，在多个节点间建立多个通信链路，最大限度地减少网络数据的帧转发延迟。

(6) 网络中心设备方案 网络中心设备方案就是网络集线器、机柜、机架和配线架的选用。根据工作站的数量和速度要求确定集线器的档次和数量。

3. 综合布线系统设计

综合布线设计在网络设计中占有重要的位置，在网络设计阶段要充分考虑。综合布线一般分为集中式网络配置和分散式网络配置两种。前者将全部网络设备都集中放置在中心机房，各子系统的综合布线线缆集中到中心机房的主配线间，这种标准的综合布线方法主要有以下优点：

1) 系统网络整齐美观，易于管理和维护。

2) 系统网络结构易于调整。

3) 网络设备可实现零冗余，充分发挥系统设备的速度优势。

4) 系统安全性好。

另一种网络设备配置方案称为分散式网络配置。它将服务器、不间断电源和部分集线器放置在中心机房，将各子系统的线口引到各子系统所在的楼层。其优点是系统可扩充性好，系统配置灵活，节省材料和费用。

4.9.3 计算机网络设计应注意的问题

随着信息技术的发展，用户对智能建筑计算机网络的带宽提出了越来越高的要求，出现了许多新技术，如 ATM 技术、千兆以太网技术和 POS（Packet Over SONET）技术等。同时，在网络系统设计中，一些设计者将主要注意力放在主干带宽技术的选择上。然而，在网络系统建设中，通过选择一种高速的主干技术片面地增加网络带宽是不够的，它并不能够给用户带来一个可靠的、支持多媒体应用、保护关键性应用、易管理、易扩展和安全的数据通信网络。由于计算机网络的作用越来越重要，在网络系统的建设中，除了高带宽和高性能之外，还有许多重要问题值得考虑。主要有以下几个方面：

1. 保证关键业务

网络系统中传输的信息数据量大，其中一些应用是关键性的，并对传输延迟敏感，如何保证这些业务的优先权和带宽分配是目前网络建设和管理中的重要问题之一。

要实现关键性业务数据的优先权保证，分布层设备和核心层设备需要各司其职，分别提供相应的功能，其中分布层设备应具有流量侦察、控制进入和流量分级的能力，将送入系统主干的数据进行有效的过滤和分级，而核心层设备应根据分布层送来的数据级别进行有效的拥塞控制和时序排列。

2. 高可靠性

智能建筑计算机网络的可靠性依赖于许多因素，除了网络硬件设备冗余备份外，还涉及到第三层服务备份、链路备份、负载均衡和链路故障时网络的收敛能力等技术问题。

3. 支持多媒体

多媒体技术已广泛应用于远程教学、虚拟工作和音频、视频会议等，这些应用大部分都需要采用多点广播机制来实现具体操作，但其往往要占用较多的网络带宽，如果网络设备能支持多点广播技术就可以有效地减少网络中的带宽占用，避免网络拥塞情况的发生。

4. 安全性

计算机网络连接了每个接入用户，但也带来了安全上的问题。目前的安全管理多集中在对某个设备或分布层设备的处理上，有些网络设备可以提供完善的端到端安全解决方案，它通过一系列认证、授权和动态核查的机制实现了对用户的权限认证和相应的地址分配，防止对网络资源的非法访问，并动态核查网络中的访问是否合法。

由于每个终端用户直接接入分布层网络设备，所以，一些网络产品可以实现多种功能以保证网络的安全。在确定用户身份和网络资源分配后，可以进行管理控制限制某些应用对网络的使用，并提供防火墙特性，进行流量过滤、网络设备之间的认证、访问控制列表功能等。

5. 易管理性

目前，很多公司都致力于提高产品的可管理功能。如 Cisco 局域网交换产品系列具有一系列可管理能力，主要包括 SNMP、RMON、Netflow 统计、HTTP、debug、Syslog、拓扑发现等，充分利用这些能力可以方便地管理计算机网络和用户系统等。

Cisco 推出的计算机网络管理软件 CiscoWorks2000，集成了 Cisco View、Vlan Director 和 Traffic Director 等管理工具，配合 Cisco 的 URT 等功能软件，充分发挥 Cisco 独特的动态 VLAN 技术、DHCP 支持能力等，使用户可以灵活地实现网络管理和资源控制。另外，Cabletron 公司的 Spectrum 软件也提供了优秀的网络管理性能。

6. 可扩展性

随着计算机网络用户越来越多，用户对网络的应用、带宽以及性能要求越来越高，要求网络在建设时选择合适的技术，考虑网络的兼容性和可扩展性，以适应信息时代不断发展的要求，保护系统现有投资。

4.10 网络设备的选择

计算机网络系统常用的网络设备主要有：用于连接到局域网的网卡、构成局域网的集线器、用于局域网互联的网桥和路由器、交换机、服务器、工作站、硬盘驱动器、磁盘控制器、网络打印机以及电缆等。根据网络设备的定义，服务器、工作站、硬盘驱动器、磁盘控制器等不应归到网络设备中，但在组建计算机网络时这些设备都不可缺少。

1. 网卡的选择

网络接口适配器，又称网卡。网卡的选择原则如下：

首先，根据网络类型（令牌环、Ethernet 或 ARCnet 等）选择不同的网络接口适配器；其次，网卡的选择要与网络的总线类型相符，常用的总线类型有 ISA、EISA 和 MicroChannel 等。影响网卡的性能因素主要有媒体访问方法、原始数据传输速率、网卡上有无处理器和网卡与主机的传送方式等。

有的网卡备有处理器，通常称为自适应网卡。有的网卡没有处理器，所有的网络处理都由主机来完成，这要占用一定的主机资源。目前使用的网卡基本上都是自适应网卡。

Ethernet 网卡是目前局域网中广泛使用的一种产品，而且大多数的 PC 都支持 ISA 总线。选择网卡时应注意以下特性：①媒体连接方式；②I/O 地址；③中断；④状态指示种类；⑤与 SNMP 的兼容性；⑥支持的操作系统；⑦自举 ROM 能力。

媒体连接方式通常提供 BNC、AUI 或 RJ45 中的两种或全部方式。RJ45 用于连接双绞线，AUI 用于连接粗缆，而 BNC 用于连接细缆。但是，同一个网卡不能同时进行上述的三种连接，而只能利用一种连接方式。另外，在选择网卡时，应该要求其 I/O 地址和中断支持能力高。对于中断，通常 8 位网卡至少应支持 4 种，而 16 位网卡则应该支持 6 ~ 8 种。I/O 地址应至少支持 4 种，这样，可以在安装网卡时避免与其他硬件设备的 I/O 地址冲突。

2. 集线器的选择

早期的集线器以优化网络布线结构、简化网络管理为目标而设计，现在的 HUB 则是以高性能、多功能和智能化为设计目标。HUB 不仅具有传统 HUB 将多个网络节点汇集到一起的能力，而且采取了模块化结构，可根据需要选择各种模块。这些模块包括支持传输媒体、与媒体的连接方式、通信协议等。

集线器不仅适用于 IEEE802. 3 或 Ethernet 的 10 Base-T 技术，也适用于 802. 5 令牌环或 ARCnet 技术。在令牌环技术中起到集线器作用的设备是多站访问单元（Multiple Access Unit，MAU）；在 ARCnet 技术中集线器有两种类型，即有源 HUB 和无源 HUB。

交换式集线器的特性是使用内部网桥或交换机，对网络通信进行端口交换、网络段交换和模块交换。因此，交换式集线器也有端口交换式集线器、网段交换式集线器和模块交换式集线器等形式。

3. 服务器的选择

服务器是 20 世纪 90 年代的主流计算机产品，是网络环境下为客户机提供共享资源的关键设备。它具有高可靠性、高性能、高吞吐能力和大内存容量等特点，并且具备强大的网络功能和友好的人机界面。随着 Internet 和 Intranet 技术的迅速发展，服务器的应用越来越广泛。

服务器的性能和技术主要是指其硬件的相关性能和技术，其中，以硬盘容量、磁盘阵列、内存大小、容错能力和集群系统等技术为主。

（1）硬盘容量　对于服务器的硬盘空间一般要求是网络中每个用户需求的空间容量乘以网络设计用户数。由于服务器的重要功能之一是为网络用户提供一个共享文件和应用软件的存储中心仓库，因此，一般服务器的硬盘存储空间是 PC 硬盘容量的 10 ~ 100 倍。所以 PC 服务器除了采用大容量本机硬盘外，有些还采用容量更大、稳定性更高及备份机制更强的磁盘阵列。由于磁盘直接与内存交换信息，是随机存储数据的高速存储设备，因而服务器磁盘阵列必须是高可靠性硬盘组，因为它们决定了服务器系统存储空间的大小，还决定了系统的安全稳定性能，根据服务器的应用情况，硬盘容量可以达到的范围为4.3～54GB，甚至更大。

（2）内存大小　因为内存在CPU处理与运算时起到重要的作用，因此，增大内存容量可以提供服务器系统的处理与运算能力。另外，系统处理能力的提高在很大程度上还依赖于系统二级高速缓存的增加。因此，为了提高服务器系统的稳定性、安全性和高速性，PC服务器的内存和二级缓存基本上采用100MHz的存储器。

（3）容错能力及容错系统　容错能力是指出现故障时服务器能继续工作的能力。容错系统一般有两种，具有热备份方案而允许出错的系统以及对出错敏感的系统。要求服务器必须具有高度的可用性和可持续工作能力，即在出现诸如磁盘、风扇、电源或应用程序等故障时也能正常运行。因此，PC服务器除了选用高质量、低故障的电源、磁盘阵列等设备外，还应采用多种部件备份容错方式，如双电源、双风扇、双主机备份通道及双设备通道等。

（4）故障在线修复技术　故障的在线修复技术包括故障部件可带电插拔和部件的在线配置技术。可带电插拔的部件有硬盘、内存、外设插卡、电源及风扇的热插拔等，PC服务器中的先进技术是PCI的热插拔。模块化设计是PC服务器发展的方向。

（5）磁盘阵列　磁盘阵列的特点是提高了存储容量，多台硬磁盘驱动器可以并行工作，提高了数据传输速率。由于具有校验技术，提高了系统的可靠性。如果阵列中有一台硬磁盘损坏，利用其他磁盘就可以恢复损坏磁盘上的数据信息，而并不影响系统的正常工作，或写入热备份盘而使新盘成为热备份盘。磁盘阵列通常配备有冗余设备，如电源和风扇，以保证磁盘阵列的散热和系统的可靠性。为了保证系统的安全、稳定和快速运行，一般将系统软件、数据信息及镜像数据分别放在不同的磁盘阵列中。

（6）智能输入输出技术　由于目前CPU主频速度提升的很快，I/O速度问题已经成为系统速度提升的瓶颈。为此，生产厂商在I/O子系统中加入CPU，负责中断处理、缓冲和数据传输等任务，大大提高了系统的吞吐能力，使主处理器有更多的时间和空间来处理更为重要的工作，这就是智能输入输出技术。

（7）小型计算机系统接口　小型计算机系统接口的优势是该标准得到了广泛支持，几乎所有硬件生产厂商都在开发与接口连接相关的设备，连接设备受物理距离和设备数目的限制。

（8）集群系统　服务器集群是指通过特殊的软件和硬件支持将两台或多台服务器组成服务器集合，目的是减少系统的故障时间，提高系统的可用性。有两种服务器集群方法，一是将备份服务器连接到主服务器上，当主服务器发生故障时备份服务器才投入运行，将主服务器上所有的任务接管过来；另一种方法是将多台服务器连接起来，这些服务器一起分担同样的应用和数据库计算任务，改善响应时间，同时，每台服务器还承担一些容错任务，一旦某台服务器出现故障，可以在系统软件的支持下将这台服务器与系统隔离，并通过服务器之间的负载转嫁机制完成新的负载分配。

（9）对称多处理系统　随着应用功能的提高，单个处理器很难满足实际的应用需求，因而服务器厂商纷纷采用对称多处理系统来解决这一矛盾。PC服务器中常见的对称处理系统采用2路、4路或8路处理器，UNIX服务器可支持64个CPU系统。对称多处理系统的关键是如何更好地解决多处理器之间的协调和通信等技术问题。

服务器和工作站是网络应用的基础，服务器的选择直接影响到网络的整体性能。服务器根据使用的用户数量可以分为工作组级、部门级和企业级。对于不同的需求选择不同的服务器。虽然有多种类型的兼容机可以作为文件服务器，但最好的方法是选择网络操作系统推荐使用的机型。

4. 工作站的确定

由于工作站只能按照自身的处理速度来进行工作，因此，工作站的选择要与服务器以及所要进行的处理任务相适应。一般来说，工作站需要配备的存储量的具体数值应根据工作站上运行的应用软件来决定。

5. 交换机的选择

交换机除了在速度上给用户带来优势外，还可以提供较传统网络共享设备更多的功能。交换机已经迅速代替集线器成为用户构造网络时的首选。10/100Mbit/s 的交换机是目前市场上流行的网络设备。它不仅能提高整个网络速度，同时还能与原有网络上的 10Mbit/s 设备兼容，使以前的 10Mbit/s 以太网设备无缝集成到 100Mbit/s 快速以太网中。

由于对 10/100Mbit/s 交换设备需求的增加，要求骨干网络系统提供更高的速度。千兆以太网技术的迅速成熟和市场化，使其成为骨干网理想的技术选择。千兆以太网不仅能够提供适于网络带宽扩展的需要，也能与原有的以太网、快速以太网设备兼容。因此，用户在选择交换机设备时，应考虑该交换机是否能够提供千兆位连接，还应考虑交换机的背板交换速率、帧转发速率及缓存空间等指标，以保护其网络的原有投资，使其适应未来大量数据传输的需求。

4.11 网络设计实例：某办公大厦计算机网络系统设计

4.11.1 需求分析

随着信息技术的高速发展，各行各业对信息共享的要求越来越高，企业管理、决策所需要的信息类型越来越多，信息来源越来越广泛，并且对信息的质量、传输速度、处理手段等要求越来越高，传统的手工处理方式和单项管理系统已经无法满足信息社会发展的要求。为了适应信息社会下现代化企业管理的需求，建立一个高效、可靠的计算机网络通信系统已经成为现代化企业的标志。

某大厦计算机通信网络建设的目标是在大厦内部建设以浏览器/服务器结构为基础的内联网 Intranet，并通过卫星、ISDN 及 xDSL 等方式接入国际互联网 Internet。通过计算机通信网络的建设和信息资源的开发利用，促使企业提高其业务效率和产品质量，进而提高其经济效益和社会效益。

大厦计算机通信网络的建设原则主要有以下几点：

1）技术先进、经济实用、安全可靠；

2）网络建设与信息资源开发利用并重，以应用促进发展；

3）网络系统统一规划、分步实施、分级管理；

4）计算机通信系统应使信息传递快速和准确。

基于智能大厦计算机通信网络统一规划和建设目标，各级部门分别进行网络的详细规划和建设，并实现各个子网之间的信息资源的共享。

4.11.2　系统总体方案设计

快速以太网是应用广泛的快速通信网络结构，也是较为成熟的网络技术，具有良好的可靠性和扩展能力，能够无缝扩充到 ATM 和千兆以太网使网络带宽得到增加。同时，快速以太网也是目前性能价格比较高的快速网络解决方案。因此，针对该智能大厦的具体应用情况，设计方案是采用快速以太网作为主干网，以后升级为千兆以太网或155Mbit/s 的 ATM 系统。

整个网络系统采用两级层次结构，即核心层和接入层。核心层由具有第三层交换功能的快速以太网交换机提供高速主干连接；接入层采用快速以太网/以太网交换机与主干核心交换机相连接，提供用户接入服务。

1. 网络中心和主干网设计

主干网作为整个系统的数据交换中心，要求有很强的数据交换能力。网络系统的中心交换设备采用3COM 公司的 CoreBuilder 3500，简称 CB3500。CB3500 是3COM 公司的第三层高功能交换技术和可编程的灵活智能路由引擎，能够为用户提供非阻塞、线速的路由和交换功能，总数据吞吐量可达 4 000 000 包/s，它提供了基于策略的服务和 PACE 技术的支持，集成了 VLAN、多点广播、多协议路由等特性，为通信网络实时多媒体传输提供了较好的服务质量。CB3500 可以用做主干局域网路由设备，为网络用户提供第三层数据转发功能，也可以作为连接远程二级子网接入的交换机。

通过 CB3500 连接4 台服务器、1 台主控域服务器、1 台 MS SQL 服务器、1 台 DNS 服务器、1 台 WWW 服务器以及 1 台代理服务器。由于采用了通道冗余和服务器冗余技术，系统的可靠性得到了保障。

2. 通信网络综合布线系统设计

在建筑物的信息交换中心，选择 3COM 公司的 SuperStack Ⅱ 3000 作为建筑信息接入交换机，与主交换机 CoreBuilder 3500 相连接以处理大量的信息数据。SuperStack Ⅱ 3000 还可以作为 SuperStack Ⅱ 630 的边缘交换机，速率达到100Mbit/s，以解决网络通信的瓶颈问题。

通信网络系统采用综合布线系统。此建筑物高度为六层，在网络系统方案设计中将网络中心设在第六层。建筑物信息节点共计有 300 多个，并且还要考虑今后使用光纤与其他建筑物相连接的需求。综合布线采用星形结构，其优点是可以提供相互独立、互不影响的信息通道，便于集中式管理，易于重组，并且支持多种应用。

综合布线采用美国 AMP 公司的超五类系列布线产品，主要性能描述如下：

（1）信息插座　采用 AMP 公司超五类线双孔信息插座支持语音及数据的高速传输，用于设备和水平子系统相连接。

（2）线缆选择　在水平子系统中选用 AMP 超五类非屏蔽双绞线（CAT5 UTP），这类双绞线可支持 622Mbit/s 甚至更高速的数据传输。

（3）配线架　采用 AMP 公司的超五类 PATCHPANEL，该产品符合 ANSL/EIA 568 A 和 ISO/ISC11801 标准，使建成后的布线系统管理灵活，并且易于扩展。

采用 AMP 的集中式网络管理（系统），将综合布线系统的结构划分为工作区子系统、水平干线子系统和设备间子系统，各子系统设计方案如下：

（1）工作区子系统　在布线工程中，数据系统全部采用 AMP 超五类信息插座，按照统一的标准，每个信息节点均能满足 100Mbit/s 以上的数据传输速率，可以支持现有数据、语音系统以及今后高速数据及视频系统传输的需要。

（2）水平干线子系统　水平干线子系统采用星形拓扑结构延伸到工作区，并端接在信息插座上。水平干线从设备间的配线架引出进入主走线槽，沿着线槽分到不同的布线管，再到墙面的信息点接线。整个布线系统水平距离在 90m 内，以确保数据信号在正常的衰减范围内。

（3）设备间子系统　设备间子系统主要用于放置网络交换设备和程控交换机等重要设备，同时固定主干线路和外来线路，通过互跳、双跳等操作来完成系统的管理工作。主要的布线元器件有配线架、各类跳线、48cm 标准机柜、雷电保护装置等。

设备间子系统设置在网络中心，安装两个 48cm 宽、2m 高的标准机柜，用于管理水平干线、楼宇间连接的光纤干线以及放置中心网络设备，机框上安装 8 个 AMP 的超五类 48 接口非屏蔽双绞线配线架、光纤配线架以及中心网络设备等。

3. 实时监控系统网络连接

由于建筑中的各类信息数据很多，有些数据必须实时地传输到主控中心，例如，建筑内的温度、湿度、照度，以及发生火灾时的火势走向及控制程度等，主控中心在得到这些实时数据后根据需要进行集中控制和分析。

考虑到实时监测系统数据的安全性问题，此子系统采用网关控制方法与建筑内的信息管理系统相连接。现有的物理连接方式主要是路由器、调制解调器和专线方式。实时监控系统与管理网络统一经由主干光纤与中心主交换机相连接。网关的作用是保护实时网络数据的安全性，收集实时监控系统数据并写入服务器供系统共享。

4. Internet 接口方案

使用 Microsoft Proxy Server 在智能大厦企业内联网 Intranet 和国际互联网 Internet 之间作为安全网关，它既向用户保证了 Internet 的安全性，又改善了数据通信网络的响应时间和工作效率。在 Proxy Server 上安装两块网络适配卡，一块连接内联网 Intranet，一块用于连接 Cisco 2514 路由器。在 Cisco 2514 路由器广域网络口上连接卫星调制解调器，通过卫星 64Kbit/s 数据通路由国家信息网络连接到国际互联网 Internet 中。

5. 网络 IP 地址与 VLAN 及域的划分

由于建筑通信网络是一个多网络段的结构，为了不浪费宝贵 IP 地址资源，系统设计时采用子网划分技术，每个子网都用于标志单位内部的不同网络。由于网络的地址部分保持相同，所以，从 Internet 到给定 IP 网络地址的任何子网的路由都是一样的，而建筑内部的路由设备必须能够区分出不同的子网。外部路由器将建筑内的所有子网当做一个网络节点，因此，对于二级网络按照子网划分原则分配 IP 地址网段，同时，为每个分支或部门划分一个虚拟局域网（VLAN）。各个 VLAN 之间的联通由 CB 3500 的第三层交换功能来实现，各个 VLAN 之间的安全性通过 NT 的安全性来实现，每个部门和单位各自建立自己的域用户服务器，并对外提供相应的服务。

由于网络中选用多 IP 网和多主域模式，使网络系统具有易扩展、安全性好、可靠性高和便捷等特点。

智能大厦计算机网络系统基本结构如图 4-18 所示。

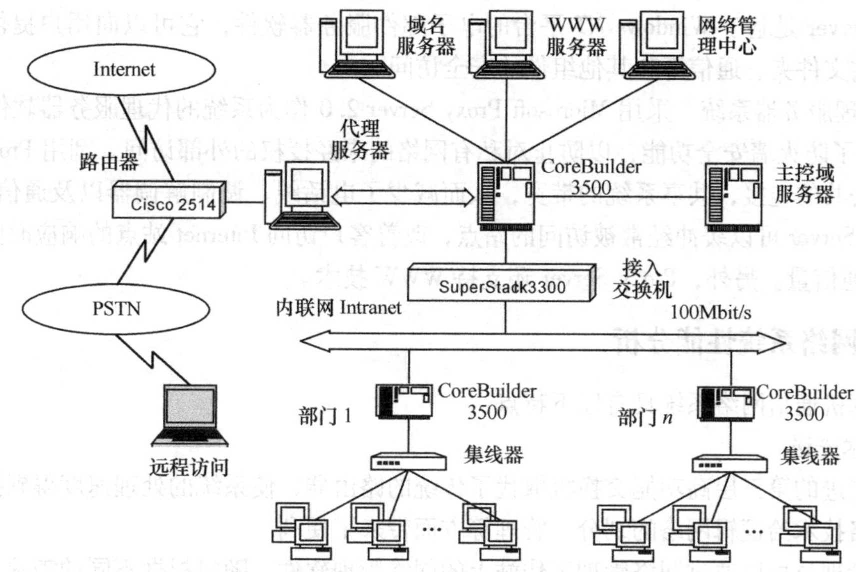

图4-18 智能大厦计算机网络系统结构

6. 系统软件和硬件平台选择

（1）服务器的选择 为了满足用户的需要，并便于将来在功能和容量方面的扩展，该系统的服务器分配方案如下：

1）使用运行稳定的 HP LH Ⅱ作为主域服务器。

2）使用运算速度快、数据存储容量大的双 CPU，采用容量为 18.2GB 的服务器作为 SQL 服务器。

3）使用运算功能和处理能力稳定的 COMPAQ 5500 作为 WWW 和 E-mail 应用服务器。

4）选用性能稳定、具有较大存储容量的计算机作为代理服务器。

（2）网络系统软件的选择

1）网络操作系统 采用 Windows NT Server 4.0 企业版操作系统，它是一个支持群集的操作系统，而且支持大型 SMP 服务器、更多的 RAM 以及可扩展的分布式应用程序。Windows NT Server 4.0 构建于功能强大的 Widows NT Server 之上，并具有良好的可扩展性、可用性及可管理性。Windows NT Server 企业版是建立和实施大型分布应用程序可供选择的操作平台之一。

2）网络数据库系统 采用 MS SQL 7.0 企业版系统，Microsoft SQL Server 是运行在 Windows NT 上的一个高性能的数据库管理系统，它基于多线程的客户机/服务器体系结构。SQL Server 允许集中管理服务，提供企业级的数据管理，提供平行的体系结构，支持超大型数据库系统，能够实施企业规则和规章，既能够保证网络中数据的完整性，也能够保证数据的安全性。因此，Microsoft SQL Server 适合于客户机/服务器模式。

在 MS SQL Server 7.0 版本中，SQL Server 可以向用户提供重要的新型服务器体系结构和图形化的管理功能，同时，也保持了与 ANSI 和 SQL Server 6.x 的兼容性。此外，在 SQL Server 体系结构、服务器功能和开发工具等方面也有所加强。

3）电子邮件服务器系统 采用 MS Exchange Server 作为电子邮件服务器软件系统。MS

Exchange Server 是基于 Windows NT 平台的电子邮件服务器软件，它可以向用户提供对电子邮箱、公共文件夹、通信簿和其他组件的安全访问。

4）代理服务器系统　采用 Microsoft Proxy Server 2.0 作为系统的代理服务器软件。Proxy Server 提供了防火墙安全功能，以防止对私有网络的未经授权的外部访问。利用 Proxy Server 可以使用公共的连接，共享系统的带宽，从而减少了电话线、调制解调器以及通信等费用。使用 Proxy Server 可以缓冲经常被访问的站点，改善客户访问 Internet 站点的响应时间，减少 Internet 的通信量。另外，Proxy Server 还支持 WWW 技术。

4.11.3　网络系统性能分析

该计算机通信网络系统具有以下特点：

1. 技术先进

采用先进的第三层高功能交换机取代了传统的路由器，使系统的处理速度得到提高；采用虚拟网络技术给逻辑网络的划分、管理等方面带来了便利。

网络管理员可以通过网络管理工作站上的网络管理软件，随时根据不同的需求与部门组合重新划分网络，而不需要任何的硬件改动，有效地提高了网络的运行效率及灵活性。

2. 可靠性高

整个网络采用星形拓扑结构，不会因为某一站点的故障而影响整个网络的正常运行。二期工程实施后，可以使主干光纤和 ISDN 数据通信达到双备份，从而进一步增加网络系统的可靠性。

3. 管理方便

网络中心交换设备和接入交换机以及客户机网卡全部采用 3COM 公司的产品，便进行系统维护和管理。网络管理员可以通过网络系统管理软件对通信网络进行实时监控和管理。

3COM CoreBuilder 3500 和 SuperStack II 3300 还具有基于 Web 的管理功能，提供增强性图形化的用户界面，用于系统进行配置软件选项，在客户机端使用 Web 浏览器就可以实现基于控制台管理的所有功能。

4. 可扩展性好

系统采用了星形结构，网络系统的端接设备可以随时方便地扩展。3COM CoreBuikder 3500 无需中断系统即可以增加新模块，它也可以作为接入千兆以太网或 ATM 网段的边缘设备，CoreBuilder 3500 为向 ATM 主干网转移和连接千兆主干以太网提供了一种升级工具，使得系统向更高的性能和更新的网络标准升级变得容易。

思　考　题

1. 分布式计算机网络的主要特点有哪些？
2. 计算机网络系统安全性能指标主要体现在哪些方面？
3. 试比较双绞线、同轴电缆和光线电缆的主要性能特点。
4. TCP/IP 模型共分几个层次？各层的主要功能有哪些？

第5章　建筑设备监控自动化系统

5.1　建筑设备监控系统概述

建筑设备监控自动化系统（Building Automation System，BAS）是智能建筑的基本组成部分，又称为楼宇自动化系统，是一个综合集成化管理监控系统，它是一种分散控制系统，又称为集散控制系统。它利用计算机网络和接口技术，将分散在各子系统中不同楼层的直接数字控制器连接起来，通过联网实现各子系统与中央监控管理级计算机之间及子系统之间的信息通信，达到分散控制和集中管理的功能模式。系统组成主要包括中央操作站、分布式现场控制器、通信网络和现场就地仪表，其中，通信网络包括网络控制器、连接器、通信器、调制解调器、通信线路；现场就地仪表包括传感器、变送器、执行机构、调节阀、接触器等。目前，智能传感器、智能执行器和具有互操作性的开放式现场总线技术得到了飞速发展和广泛应用，在具有集中结构的现场控制站这一层，采用现场总线技术将I/O模块、传感器、执行器以及各种电子设备连接起来，构成延伸到现场仪表这一级的分布式控制站，即将原有的集中式现场控制站变成分布式现场控制站，在传统集散控制系统网络的底层再引入一层现场总线网络。这一技术已在建筑设备自动化系统中得到应用。

建筑设备监控系统通过对建筑物内的各种设备实行综合自动化管理，为用户提供良好的工作和生活环境，并使系统中的各个设备处于最佳运行状态，以达到舒适、安全、可靠、经济和节能的目的，从而保证系统运行的经济性和管理的智能化。建筑设备监控系统包括冷热源设备、暖通空调设备、给排水设备、供配电设备、公共照明设备、电梯设备等子系统，是建筑物不可缺少的重要组成部分。它主要实现如下的基本功能：

1）自动监视并控制各种设备的启、停，并显示设备的当前运转状态。

2）自动检测并显示各种设备的运行参数、变化趋势和历史数据等，如温度、湿度、压差、流量、电压、电流和用电量等。当参数超过正常范围时自动实现越限报警。

3）根据外界条件、环境因素和负载变化等情况，自动调节各种设备使之始终运行于最佳状态。如空调设备，可根据气候变化、室内人员多少自动调节，自动优化到既节约能源又感觉舒适的最佳状态。

4）监测并及时处理各种意外和突发事件，并按预先编制的程序迅速进行处理，避免事态扩大。

5）实现建筑物内各种设备的统一管理、协调控制，包括设备档案管理（设备配置及参数档案）、设备运行报表和设备维修管理等。

6）对水、电、燃气等能耗参数进行自动计量与收费，实现能源管理自动化。自动提供最佳能源控制方案，达到合理经济地使用能源，自动监测和控制设备用电量以实现节能。

5.2 空调设备监控系统

空调系统是现代建筑的重要组成部分，是建筑设备监控自动化系统的主要监控对象，也是建筑智能化系统主要的管理内容之一。通过空调及其控制系统能为人们提供一个舒适的生活和工作环境。同时，空调系统又是整个建筑最主要的能耗系统之一，统计资料表明，空调系统的能耗占到建筑总能耗的45%左右。通过建筑设备自动化系统可实现空调系统的节能运行，以降低费用提高经济效益。另外，由于在空调系统运行过程中，控制系统必须进行实时调节控制，所以，空调控制系统的配置与功能是整个建筑设备自动化系统中要求比较高的一部分。

5.2.1 空调系统的构成

空气调节简称空调，它的目的是创造一个合适的室内大气环境，使人在该环境中感到舒适，或者保证室内大气环境满足生产工艺过程或科学研究、试验过程的需要。空气调节依靠的技术手段主要是通风换气，具体地说，就是加工和处理一定质量的空气并送入室内，使室内大气环境满足要求。建筑设备监控自动化系统涉及的空调系统专指中央空调系统。中央空调系统一般包括进风、空气的净化处理与空气过滤、空气的热湿处理及其设备、空气的输送和分配等组成部分。

进风由新风的入口和空调系统的新风管道组成，空调系统在运行过程中采集能满足室内工作人员需要的最小新鲜空气量，满足人们生理上对新鲜空气的需求。

空气过滤器主要采用过滤的方法除去由室外新风、室内回风以及由人或设备带入室内的灰尘，使空气的洁净度达到规定的要求，一般空调系统都装有预过滤器和主过滤器两级过滤装置对空气有效过滤。

为了满足空调房间送风的温湿度要求，空调系统中必须设置热、湿处理设备，通过各种处理方法（如对空气加热或冷却、加湿或减湿）以达到所要求的送风状态。热湿处理采用喷水室处理空气，用喷嘴将不同温度的水喷成雾状，使空气与水之间进行强烈的热、湿交换，从而达到特定的处理效果。热湿处理设备包括加热处理与加热设备（包括表面式空气加热器、电加热器）、冷却处理与冷却设备（包括表面式空气冷却器、喷水式表面冷却器、直接蒸发式空冷器）、加湿处理与加湿设备（包括蒸气喷管加湿器、电加湿器）、减湿处理与减湿设备（包括加热通风法减湿、冷却减湿、吸湿剂吸收减湿）等。为了保证空调系统具有加温和冷却能力，必须具备冷源和热源两部分。冷、热源有自然冷、热源和人工冷、热源两种，自然热源指地热和太阳能，人工热源指用煤、石油或天然气做燃料的锅炉所产生的蒸汽和热水，人工热源目前应用最为广泛。

进行热湿处理后的空气需均匀地输入和分配到空调房间内，以保证其合适的温度场和速度场，这是空调系统空气输送和分配部分的任务。空气输送部分由风机、送风管道和回风管道组成，空气分配部分由风管中的调节风阀、蝶阀、防火阀、起动阀及风口等组成。空调系统有单风机系统和双风机系统，如果空调系统中设置一台风机，该风机既起送风作用，又起回风作用，称为单风机系统；如果空调系统中设置两台风机，一台为送风机，另一台为回风机，则称为双风机系统，空调系统设置时根据空气阻力的不同选择不同的风机数量。

5.2.2　空气调节参数

影响室内空气环境参数的变化主要有两个方面的原因：一个是外部原因，如太阳辐射和外界气候条件的变化；另一个是内部原因，如室内设备和人员散热量、散湿量等。当室内空气参数偏离设定值时，就需要采取相应的空气调节措施和方法使其恢复到规定值。对空气的处理过程包括加温（降温）、加湿（除湿）、净化等，即常说的热湿处理。空气调节主要包括温度调节和湿度调节，调节参数包括温度、湿度、气流速度、空气质量、空气压力等。

空气温度控制是空调系统最主要、最基本的功能，室内温度应按照人们的生理特征和生活习惯进行调节，一般夏季将人们生活与工作的室温保持在 25～27℃、冬季保持在 16～20℃，并要注意居住和工作环境与外界的温差不宜过大。

空气过于潮湿或过于干燥都将使人感到不舒适，一般说来，空气相对湿度冬季在 40%～50%，夏季在 50%～60%，此时人的感觉良好，但是，作为生产、科研、试验等要求的大气环境则各有不同，不同的生产工艺也有不同的湿度要求。空调系统根据不同需求进行湿度调节以满足不同的要求。

空调可对空气气流速度调节，使人生活在舒适的气流环境中。人生活在低速流动的空气环境中，比在静止的空气环境中感到舒适，而处于变流速的空气环境中比处于恒流速环境更舒服。根据人的生理需求，空调制冷时水平风速以 0.3m/s 为宜，空调制热时，水平风速以 0.5m/s 为合适，过高或过低的气流速度也会给人带来不适。在监控气流速度时，通常选取距地面 1.2m 的空气流速作为监测标准。除了人感觉舒适以外，在一些特殊场合如体育馆、纺纱车间等，对空气流速有特殊要求，如羽毛球、乒乓球等运动场地，如果空气流速太大就难以进行球类运动，因此，根据场合和目的不同，空调系统对空气流速也有一定的要求与限制。

通过空气质量调节可以影响人们的身体健康和生活质量，空气含氧量和空气清洁度的调节都属于空气质量调节。空气含氧量可通过调节新风量来保证。另外，空气中悬浮污物的含量直接影响人们的身体健康，空调房间中合适的温度和湿度也有利于细菌繁殖、悬浮污物的聚合，聚合后的悬浮污物携带各种细菌进入空调通风系统中，最终被人吸入体内，对人体带来危害，可通过对这些悬浮颗粒的过滤以保证空调环境的清洁度。

空气压力调节主要应用在一些特别的空调房间内，如有超洁净度的电子、光学、化学、制药等特殊生产工艺环境，通过控制使超洁净环境中的空气相对于外部环境的空气维持一定的正压，就避免了外部空气的进入，有利于保证空调房间的清洁度。一些空调房间可能有负压的要求，如在有毒、有害气体的空调环境中，为了避免有毒、有害气体泄漏到外部环境，可使该空调空间的气压相对于其他空间的气压保持一定的负压，以保证有害气体不向外泄漏造成对环境的污染和损害。

总之，空气调节系统的任务就是当室内外的空气参数（温度、湿度等）发生变化时，要求保持空调房间空气参数不变或不超出给定的变化范围。通常采取对空气进行加热或冷却达到温度调节的目的，基于加湿和除湿达到湿度调节的目的，通过过滤和调节新风量来达到空气质量调节的目的。

5.2.3 空调系统的分类

空调系统按空气处理设备的集中程度可分为集中式、半集中式和全分散式空调系统；按负担室内热湿负荷所用的介质不同，可划分为全空气、全水、空气-水系统和冷剂系统；按集中式空调系统处理的空气来源可划分为封闭式系统、直流式系统和混合式系统；按空调系统处理的空气流量的变化可划分为恒风量空调系统和变风量空调系统。

常用的空调系统包括集中式空调系统、变风量空调系统、风机盘管空调系统、诱导器空调系统及其他空调系统等。

1. 集中式空调系统

集中式空调系统由空气过滤器、喷水室、表冷器、空气加热器、送回风机、送回风通道、风量调节装置以及消声和防火设备组成，室外新鲜空气经新风口进入空气处理室，经过过滤器清除掉空气中的灰尘，再经过喷水室、表冷器/热器等设备的处理，使空气达到设计要求的温度和湿度，由送风机经风道系统送入各空调房间，吸收了房间里的余热和余湿后，经回风通道送回空气处理室或排出室外。

2. 变风量空调系统

变风量空调系统是通过空调送风量的调节实现空调区域温湿环境的控制。在变风量空调系统中，当室内空调负荷改变或室内空气参数设定值变化时，空调系统自动调节送入房间的风量，将空调环境的温、湿度参数调整到设定值，以满足室内的舒适要求或工艺生产的要求。送风量的自动调节可以最大限度地减少风机的动力消耗，节约空调系统运行能耗。在送风温度不变时，变风量空调系统的送风量与空调负荷呈正比例的线性关系。变风量空调系统所需风量随负荷的减少而减少。在空调系统运行的大部分时间内，空调系统处于非满负荷的运行状态，达到设计负荷运行状态的时间很少，一般不超过总运行时间的5%。与恒风量空调系统相比，变风量空调系统在降低运行能耗方面有较大的优势。

变风量（VAV）系统由变风量空调机组和变风量末端装置两大部分组成，其组成方式常见有4种：单风管VAV系统、单风管再加热VAV系统、单风管送回风机联动VAV系统、单风管旁通式VAV系统，各种系统对变风量末端装置的控制方式是不一样的。

单风管VAV系统是在每个房间入口处的支风管上安装VAV箱作为送风量调节装置。VAV空调机组根据空调系统所有末端用户所需的实际总风量进行风机风量调节，采用变频器控制风机转速方式，实现变风量系统的风量调节。这种变风量系统设计简单，应用范围广泛。当系统总负荷降低时，过低的送风量会使风管与室内的气流特性、室内温度场和速度场的分布变差。为了保证这类VAV系统能够正常工作，要对系统运行时的最小风量作出限制，正常工作的最小风量值一般设定为满负荷风量的60%。当空调负荷低于最小风量对应的负荷时，空调区域的温度调节不能通过调节风量而采用调节送风温度的方法。如果在系统达到最小风量时，加上再热盘管的调节便是单风管再加热VAV系统。该方式能保证室内的温度不出现过冷或过热状态，充分保证室内舒适度。

3. 风机盘管空调系统

风机盘管空调系统采用风机盘管加独立新风系统的空调方式，主要由集中处理设备（新风机组）和局部处理设备（风机盘管机组）以及送风机、送风通道和送风口组成。风机盘管机组是靠冷、热源来实现制冷或制热的，制冷时由冷源为盘管提供7℃左右的低温水，加热时由热源为盘管提供60℃左右的热水。

4. 诱导器空调系统

诱导器系统是以诱导器作为末端装置的半集中式空调系统。诱导器是以集中处理后的空气（一次风）作为动力，诱导室内空气（二次风）循环，并对空气进行冷却或加热处理的一种专用设备。

另外，还有其他空调系统，常见的有低温送风空调系统、冷热辐射板加新风空调系统、可变冷媒流量系统等。

5.2.4　空调控制系统的常用设备

空调控制系统由传感器、控制装置、执行装置三个部分组成。在空调控制系统中，传感器把温度、湿度和压力等物理量转换成电量后送到控制器中，控制器根据控制要求把输入的电量与设定值相比较，将其偏差经相应的控制后输出开/关或连续的控制信号，以控制相应的执行机构使其达到控制目的。

1. 传感器

空调控制系统传感器由温度传感器、湿度传感器、压力传感器、流量传感器、空气质量传感器、液位传感器等组成。

（1）温度传感器　温度的自动控制既能给人们提供舒适的环境，又能给现代化楼宇节约大量的能源。温度传感器在空调控制系统中测量空气和水的温度。温度传感器一般选用Pt100和Pt1000的铂电阻，也有使用Ni1000的镍电阻，近年来，半导体温度传感器得到了应用。温度传感器通常有半导体热敏电阻、热电阻特性传感器，热电偶传感器、半导体PN结热电动势传感器、晶体管集成温度传感器等。在高精度、高稳定性的测量回路中，通常采用铂热电阻材料的传感器，对于要求不高、具有较稳定性能的测量回路，可采用镍电阻传感器，对于一般要求的测量回路，可选用铜电阻传感器。在使用热电阻测温时，要充分注意热电阻与外部导线的连接，因为外部的连接导线与热电阻是串联的，如果导线电阻不确定，测温是无法进行的，因此，不管外接导线长短如何，必须使导线电阻符合规定值。

半导体热敏电阻是基于半导体的体电阻随温度变化属性制成的温度传感器。半导体的体电阻对温度的感受灵敏度特别高，在一些精度要求不高的测量和控制电路中得到充分应用，目前，半导体热敏电阻的使用温度为－50～300℃。

热电偶传感器由两种不同的导体或半导体连接成闭合回路，两个不同材料接点处温度不同，回路中就会出现热电动势。两种不同导体接触时，由于两边自由电子密度不同，在交界面上产生电子的相互扩散，致使在两个导体的接触处产生电场以阻碍电子的进一步扩散，达到最后平衡，平衡时接触电动势取决于两种材料的种类和接触点的温度。在智能建筑中，该传感器通常只用在锅炉的炉温控制系统中。

利用温度变化造成半导体PN结结电压变化的传感器，称为热电动势传感器。常用的热电动势传感器有集成温度传感器，该传感器使用方便，工作可靠，价格便宜，且具有高精度的放大电路，在－50～150℃之间按一个恒定比值输出一个与温度成正比的电流，通过对电流的测量即可测得所要的温度值。

晶体管集成温度传感器是用集成工艺制成的温度传感器，一般用于精密测温，其匹配性能好，应用时可根据需要和成本来选用产品的档次。

(2) 湿度传感器　湿度传感器的湿度测量一般用湿敏元件，常用湿敏元件有阻抗式和电容式两种。湿度传感器包括阻抗式湿度传感器和电容式湿度传感器。

阻抗式湿度传感器能在高湿度环境下连续使用，性能稳定，但特性曲线具有滞后现象。电容式湿度传感器尺寸小、响应快、温度系数小，有良好的稳定性，也是常选用的湿度传感器。

(3) 压力传感器　压力传感器根据选用的感受器件不同，测量的精度也不同，因此，选用压力传感器时要根据测量条件不同，选择不同压力传感器。压力传感器主要有利用金属弹性制成的压力传感器和压电传感器。

利用金属材料的弹性制成弹性测压元件是常用的一种方法。建筑中常用的弹性测量元件有弹簧、弹簧管、波纹管和弹性膜片。而上述测压元件是先将压力变化转换成位移的变化，再将位移的变化通过磁电或其他电学的方法转换成能方便检测、处理和显示的电学量。

压电传感器是利用某些材料的压电效应原理制成的，具有这种效应的材料称为压电材料。压电效应是指压电材料在一定方向受外力作用而产生形变时，内部将产生极化现象，同时在其表面上产生电荷，当去掉外力时又重新返回不带电的状态，这种机械能转变成电能的现象称之为压电现象，而压电材料上电荷量的大小与外力的大小成正比。

(4) 流量传感器　流量传感器感受流量的方法有节流式、速度式、容积式和电磁式，使用时可根据精度要求和测量范围选择不同的方式。常用的流量传感器有靶式流量计、涡轮流量计、电磁流量计等。

在空调控制系统中，水流的开关式测量一般选用靶式流量计构成流量开关，安装在泵和冷冻机的出口，监视泵和冷冻机的工作状态。靶式流量计是把节流元件做成一个悬挂在管道中央的一个小靶，输出信号取自作用于靶上的压力，由于通过管道流体的流量与靶上的压力成正比，只要测出靶上的推力就可得到流量的大小。

涡轮流量计是在导管中心轴上安装一个涡轮装置，流体流过管道推动涡轮转动，其涡轮的转速正比于流体的流量。涡轮的叶片采用导磁材料制成，在非导磁材料做成的导管外面安放一组套有感应线圈的磁铁。涡轮旋转叶片经过磁铁下面改变磁铁的磁通量，磁通量变化感应出电脉冲。在一定流量范围内产生的电脉冲数量与流量成正比，在流量计中每通过单位容量的流体产生 N 个电脉冲信号，N 又称为仪表常数，此常数在出厂时已调整好。

电磁流量计常用在测量导电液体流量上，它的优点是在管道中不设任何节流元件，除了测量管中一对电极与流体接触，没有其他零件接触，其工作可靠、精度高、线性好、测量范围大、反应速度快。因此，可以测量各种粘度的导电液体，特别适合测量含有纤维、固体污物和腐蚀性液体。

(5) 空气质量传感器　空气质量传感器主要用于检测空气中 CO_2 和 CO 的含量。空气质量传感器常用半导体气体传感器，传感器平时加热到稳定状态，在正常情况下器件对氧吸附量为一定值，即半导体的载流子浓度是一定的，如异常气体流到传感器上，器件表面发生吸附变化，器件的载流子浓度也随着发生变化，这样就可测出异常气体浓度大小。

半导体气体传感器的优点是制作和使用方便、价格便宜、响应速度快、灵敏度高，因此被广泛地应用于智能建筑的气体监控系统中。

（6）液位传感器 液位传感器包括浮筒式液位计和电容式液位传感器等。浮筒式液位计将浮筒经过一个连杆与滑动电阻器中心滑动触点相连，随着液位的升降滑动电阻器的阻值也相应发生变化，由变阻器的电阻值精确反映出液面的高度。将浮筒与压力弹簧相连，通过位移—电压转换器输出与浮力相对应的检测电压。这种检测仪表结构简单，价格便宜，但只能用于无腐蚀液体中。该仪表适用于200cm 以内，且密度为0.1～0.5g/cm^{3}液体界面的连续测量。电容式液位计是对液体液位进行连续精密测量的仪器，它用金属棒和与之绝缘的金属外筒作为两电极，外电极底部有孔，被测液体能够进入内外电极之间的空间中，当液面低于液位计时液位为零，此时液位计相当于一个以空气为介质的同心圆筒电容。

2. 空调系统控制装置

在空调自动控制系统中，控制器的作用是将传感器送来的被控参数的检测值与工艺给定值相比较后产生偏差，按照选用的控制规律进行运算，发出统一标准的控制信号，驱动执行器进行控制，以实现温度、湿度、压力压差、液位等参数的自动控制。空调系统控制装置包括直接数字控制器、电子式控制器、开关式控制器、自力式控制器等。

（1）直接数字控制器 直接数字控制（Direct Digital Control，DDC）以微处理器为基础，不借助模拟仪表而将系统中的传感器或变送器的输出信号输入到微型计算机中，经微机计算后直接驱动执行器进行控制。直接数字控制器安装在被控设备的附近，将各种被控变量（温度、湿度、压力等）通过传感器或变送器按一定时间间隔取样的方式读入 DDC 控制器，读入的数值与 DDC 控制器记忆的设定值进行比较。当出现偏差时，按照预先设置的控制程序计算出为消除偏差执行器需要改变的量，以直接调整执行器的动作。DDC 控制器可以分时控制多个回路，不同型号规格的 DDC 控制器其输入输出总点数不同，可完成不同规模设备的控制，并且任何一个 DDC 控制器都可与其他 DDC 控制器及中央站进行通信，提供了网络信息通信和信息管理功能，实现整体信息共享和信息传输。

（2）电子式控制器 电子式控制器由电子元器件、电子放大器或微处理器等组成，可以对输入信号进行多种运算和编程，也可实现多种控制规律，提高控制系统的控制品质。它的测量精度高，工作死区或者呆滞区可调。一个控制器可以完成多种参数的多路输入和输出，其内部可以完成多回路的控制功能，许多电子控制器可以独立完成一个或多个空调机组的简单或复杂控制。

电子式控制器按照控制器输出信号的形式可分为断续式和连续式两类。断续输出的电子控制器有双位控制器、三位控制器、三位式比例积分控制器等；连续输出的电子控制器是简易的模拟控制器，可实现 PI 控制或 PID 控制，输出标准直流信号。

（3）开关式控制器 开关式控制器有开关式温度控制器、开关式压力控制器和开关式微压差控制器等几种。

开关式温度控制器应用在风机盘管、空调器的冷、热水阀门及换热器阀门的控制上，也应用在空调器的防冻控制上。开关式温度控制器的传感器有膜盒、温包、双金属片等。膜盒式温控器的传感器是由弹性材料制成的感温膜盒，其内充有气、液混合物质，其控制规律是双位的，有一些风机盘管温控器是利用膜盒式温控器原理制成的。双金属片温控器是利用双金属片在温度变化时产生形变的原理制成的，其特性为双位特性。大多数的风机盘管温控器是利用双金属片式温控器的原理制成的；温包压力式温控器是利用温包作为传感器制成的温控器。温度开关控制器多用于工业制冷和空调控制中，空调系统中用于防霜冻的防冻开关属于此类温控器。

开关式压力控制器主要用在泵等电机的起停控制上，主要由波纹管与控制部分构成。开关式压力控制器结构简单、价格便宜、维修方便，可用于小规模的舒适空调系统中。

开关式微压差控制器可用于测量空气处理机中的空气过滤器压差或自动控制卷绕式空气过滤器，常用于监视风机两端的压差来判断风机的工作状态和用于变风量系统中最大风量的控制。

（4）自力式控制器　自力式控制器有自力式温度控制器和压差控制器。自力式控制器通常应用在采暖散热器上，是集温度传感器、控制器与控制阀为一体的控制装置。

压差控制器常用于供水系统的控制，其输出控制供、回水干管之间的旁通直通电动控制阀的开度，维持供、回水干管压差恒定。压差控制器的压力传感器由分别接受高、低压力的两个波纹管组成，其动作方向相反，合力与给定弹簧反力相平衡，通过机械联动装置控制。

3. 空调系统终端控制设备

空调系统终端控制设备是系统执行机构与控制阀。控制器发出的控制指令根据一定的动作规律驱动控制机构动作。控制机构接受执行机构输出的轴向或转角位移改变几何位置，实现被控量的自动控制。执行机构与控制阀包括电动控制阀、电磁阀、风门执行机构等。

5.2.5　冷冻站监控系统设计

冷冻站的主体设备是制冷机组。制冷机组的制冷方式有压缩式制冷和热力制冷，前者是以氟利昂或氨为制冷剂的电力制冷，后者是以水为制冷剂、溴化锂溶液为吸收剂的热力制冷。所谓制冷就是指从被冷却对象中移出热量，以使其建立一个相对低温的状态。任何液态物质在蒸发化为气体时，都要吸收大量的热量，称为气化潜热。利用液体在蒸发化气时总要吸收大量的气化潜热这一自然规律，选择常压下沸点温度很低的高压状态的液体作为制冷剂，让它在节流阀的控制下进入到蒸发器的盘管中，由于节流降压的结果，冷剂在较低的压力下蒸发气化，从盘管外的冷冻水回水中吸取大量热量，使水温相应降低，并由水泵把降低了温度的冷冻水作为空调系统的冷源送出，因而达到制冷的目的。

制冷站的监控包括制冷机组内部设备运行监控和外部水系统（包括冷冻水及冷却水系统）运行监控。多数制冷机组内部设备均带有成套的自动控制装置，系统本身能独立完成机组监控与能量控制的功能，包括自动控制冷剂循环量、控制液位、蒸发压力调节、吸气压力调节、冷凝压力调节、能量调节等，制冷机组也可以提供数据通信总线接口，直接与建筑设备监控系统交换，包括电动机（或变速电动机）、压缩机、蒸发器、冷凝器等各种运行参数和工艺参数。

冷冻水及冷却水系统的控制及各个设备顺序控制，一般由建筑设备监控系统控制器完成。空调制冷系统一般由多台制冷机和冷冻水循环泵、冷却水循环泵、冷却塔、补水箱、膨胀水箱等设备组成。建筑设备监控系统控制器对冷冻站外部水系统的基本监控功能有以下方面：

1. 制冷系统起停程序控制

为保证整个制冷系统安全运行，需按照一定的顺序控制设备的起、停。制冷站设备启动顺序控制为：打开冷却塔蝶阀，起动冷却塔风机，起动冷却水泵，冷却水水流开关检测水流信号，打开冷冻水蝶阀，起动冷冻水泵，检测冷冻水水流信号，起动制冷机组；其停止顺序为：停制冷机组，停冷冻水泵，停冷却水泵，停冷却塔风机，关冷冻水蝶阀，关冷却水蝶阀，关冷却塔蝶阀。

直接数字控制器通过DO通道控制冷水机的起停。将冷水机主电路上交流接触器的辅助触点作为开关量信号（DI信号），输入DDC监测冷水机的运行状态。主电路上热继电器的辅助触点信号（DI信号）作为冷水机过载停机报警信号。

2. 冷冻水供水/回水温度

测量并自动显示冷冻水供水/回水温度，极限值报警，记录历史数据。常温水：5～9℃/10～14℃、温差5℃；低温水：2～4℃/12～14℃、温差10℃。冷冻水温度设定值随室外环境温度变化可通过软件自动进行修正，可避免由于室内外温差悬殊而导致的冷热冲击，从而达到显著的节能效果。

3. 冷冻水供水流量

测量冷冻水供水流量瞬时值，计算供水累计流量值，自动显示流量，极限值报警，记录历史数据。冷冻水泵和冷却水泵起动后，通过水流开关（DI信号）监测水流状态，流量太小甚至断流则自动报警并自动停止相应制冷机运行。

4. 冷冻水供回水压差旁通控制

冷冻水供回水压差旁通控制由压差传感器检测冷冻水供水管网中分水器与回水管网中集水器之间的压差，调节旁通阀（通常为蝶阀）开度或冷冻水泵变频器频率以改变水泵转速，维持供回水压差在设定值范围，保持冷冻水泵及冷水机组的水量不变，从而保证了冷水机组的正常工作。设置压差传感器时，其两端接管应尽可能靠近旁通阀两端，并设于水系统中压力较稳定的地点，以减少水流量的波动，提高控制的精确度。

5. 制冷机运行台数控制

制冷机组运行时根据冷量确定制冷机运行台数以节约能源。可以通过供水管网中分水器上的温度传感器利用AI信号检测冷冻水供水温度，通过回水管网中集水器上的温度传感器利用AI信号检测冷冻水回水温度，通过供水总管上的流量传感器利用AI信号检测冷冻水流量，将所有检测信号送入DDC计算出实际的空调冷负荷，从而确定冷水机组及相应的循环水泵投入台数。

6. 冷却塔风机联动控制

可根据冷却水温度启停冷却塔风机，冷却水温度可设定为上下限值，当冷却水温度为上限值时起动冷却塔风机，反之停止冷却塔风机。

7. 水箱液位控制

水箱液位控制通过液位传感器检测水箱水位，DDC根据水位信号控制进水电磁阀的开、闭，以维持水位在允许范围内，水位越限时发出报警信号。

8. 闭式空调水系统的定压和膨胀

设高位水箱定压，膨胀水箱内设高低浮球水位开关，当高低液位越限时，开关信号给出液位越限报警，并记录历史数据。

9. 累计水泵、风机、制冷机组运行时间

为了延长机组设备的使用寿命，通常要求各机组设备的运行累计小时数及起动次数尽可能相同，这需要记录各机组设备的运行累计小时数及起动次数，每次初起动系统时优先起动累计运行小时数最少的设备。

冷（热）水机组监控系统原理如图 5-1 所示，冷水泵系统监控原理如图 5-2 所示，冷水机组监控原理如图 5-3 所示，冷却水系统监控原理如图 5-4 所示。

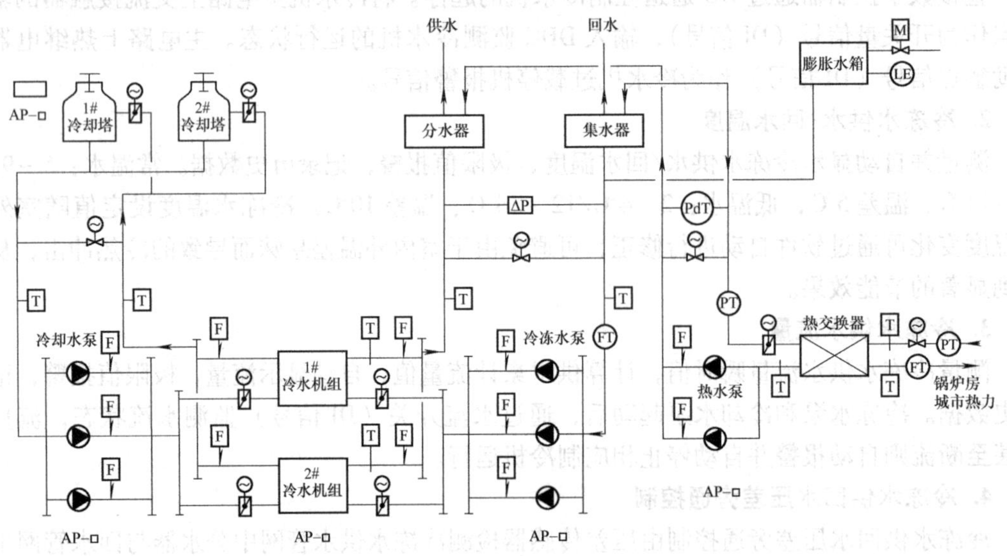

图 5-1 冷（热）水监控系统原理图

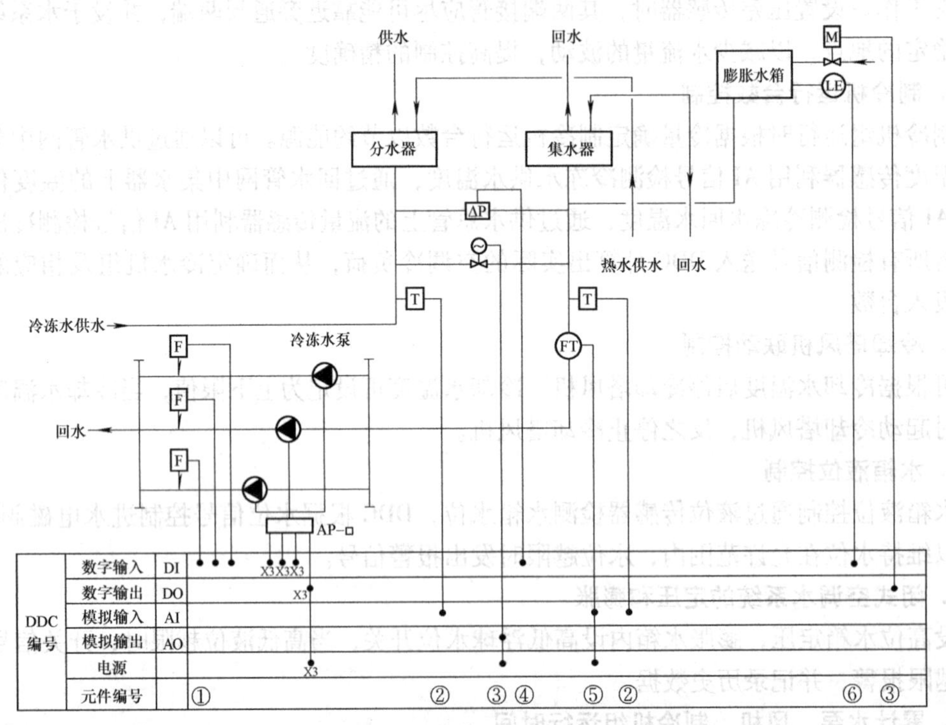

图 5-2 冷水泵系统监控原理图

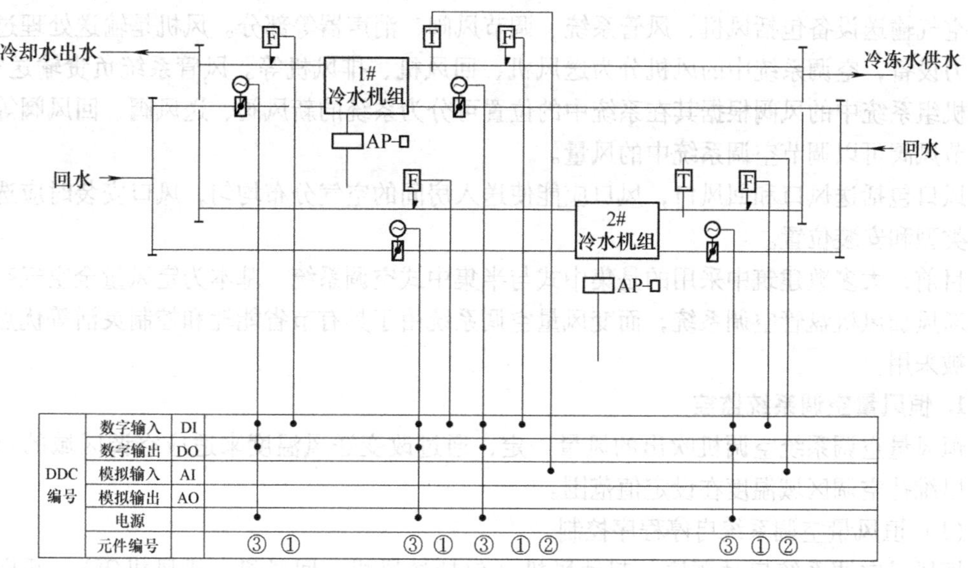

图 5-3　冷水机组监控原理图

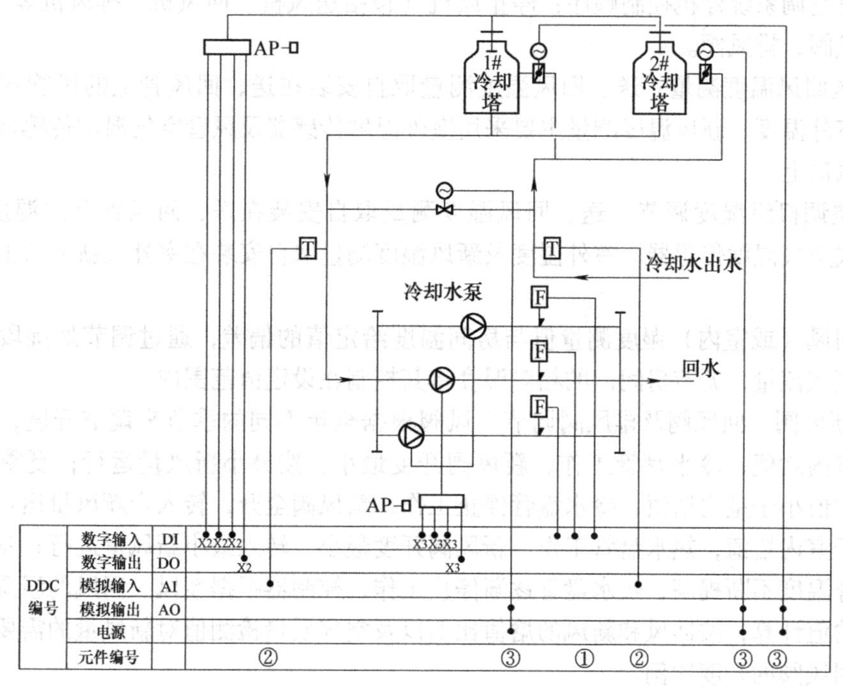

图 5-4　冷却水系统监控原理图

5.2.6　空调机组自动控制系统设计

空调机组系统一般由空气处理设备、空气输送设备及风口组成。

目前多使用组合式空调机组，空气处理设备根据需要由新/回风混合段、过滤器段、表冷段、加湿段及空气输送设备风机等不同的功能段组合而成，其作用是对空气进行过滤、加热、冷却、加湿、去湿等处理。

空气输送设备包括风机、风管系统、调节风阀、消声器等部分。风机是输送处理过的空气动力设备，空调系统中的风机分为送风机、回风机、排风机等。风管系统负责输送空气。空调机组系统中的风阀根据其在系统中的位置可分为系统的新风阀、送风阀、回风阀等，通过调节风阀可以调节空调系统中的风量。

风口包括送风口和回风口，风口应能使送入房间的空气分布均匀，风口安装时应选择合理的类型和安装位置。

目前，大多数建筑中采用的是集中式与半集中式空调系统，基本为定风量全空气空调系统或新风加风机盘管空调系统，而变风量空调系统由于具有节省能耗和控制灵活等优点，故逐步被采用。

1. 恒风量空调系统监控

恒风量空调系统空调机吹出的风量一定，通过改变送风温度来适应空调区域的负荷变动，以维持空调区域温度在设定值范围。

（1）恒风量空调系统启停程序控制

恒风量空调系统启动顺序：起动风机（包括送风机、回风机、排风机等），开启新风阀、回风阀、排风阀。

恒风量空调系统停机控制顺序：停止风机（包括送风机、回风机、排风机等），关闭新风阀、回风阀、排风阀。

（2）送回风温度测量　送、回风温度测量取自安装在送、回风管上的风管式空气温度传感器，室外温度、新风温度测量主要采用室外温度传感器及风管空气温度传感器，安装在室外及新风口上。

（3）空调机组湿度调节　送、回风湿度测量取自安装在送、回风管上的湿度传感器，采用风管式空气湿度传感器。室外湿度及新风湿度测量取自安装在室外及新风口上的空气湿度传感器。

根据回风（或室内）湿度测量值与房间温度给定值的偏差，通过调节加湿段电动阀开度来调节蒸汽流量，调节房间内的相对湿度将其控制在设定值范围内。

（4）新风阀、回风阀及排风阀调节　风阀根据全年不同的季节来调节开度，夏季室外焓值大于室内焓值，冷水盘管工作，新风阀开度最小，按最小新风量运行；夏季过渡季节时，室外焓值小于室内焓值，冷水盘管停止工作，新风阀全开，转入全新风量运行；冬季室外焓值小于室内焓值，热水盘管工作，新风阀开度最小，转入最小新风量运行；冬季过渡季节随着室外温度不断提高，热水盘管逐渐停止工作，控制器根据新风、回风的温湿度进行回风及新风焓值计算，按回风和新风的焓值比例以及空气质量检测值对新风量的需要量，控制新风阀和回风阀的开度比例。

（5）过滤器差压报警　采用空气压差开关监测过滤网堵塞情况，当风管过滤网积灰尘堵塞严重时，过滤网两侧压差过大，过滤器压差超限，压差开关报警，则表明需要清洗过滤网。

（6）防霜冻保护　采用防霜冻开关监测换热器出风侧温度，当室外温度低于5℃时报警，关闭新风阀，同时关闭风机。

（7）空气质量监控　空气质量监测主要监测房间中CO_2、CO浓度，空气质量检测取自安装在空调区域或回风管上的空气质量传感器，常选用二氧化碳（CO_2）传感器。当房间中

CO_2、CO 浓度升高时，空气质量传感器输出信号到控制器，控制器输出控制信号来控制新风风门开度以增加新风量。

（8）空调机组的起停控制及状态监测　空调机组应能够依据预定的运行时间表控制启停，空调机组除具有现场就地控制外，还应能进行远程控制，从控制器数字输出口（DO）输出到送/回风机配电箱接触器控制回路。

空调机组的运行状态监测包括机组起停状态、故障监测、运行参数等。

图 5-5 ~ 图 5-8 给出了根据不同场合和不同机组结构、组成和功能要求的典型的恒风量空调机组监控原理。

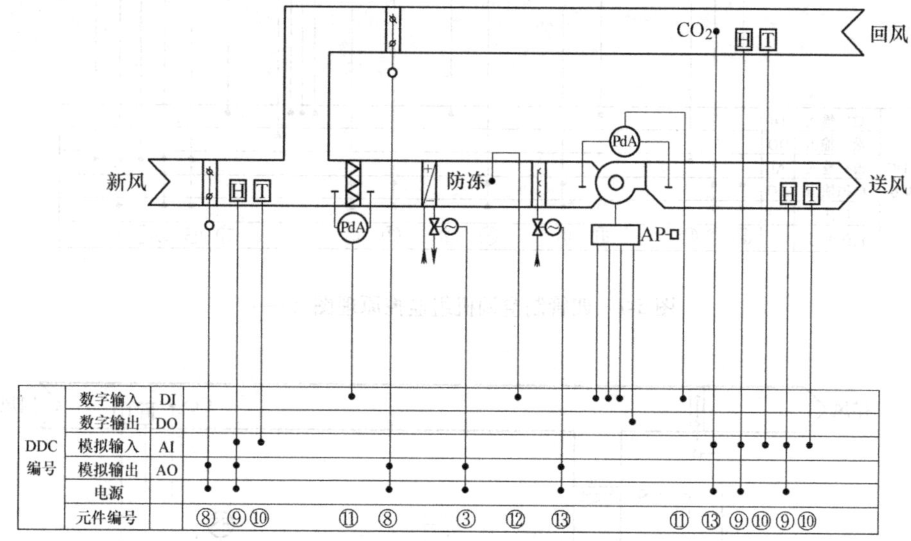

图 5-5　二管制空调机组监控原理图（一）

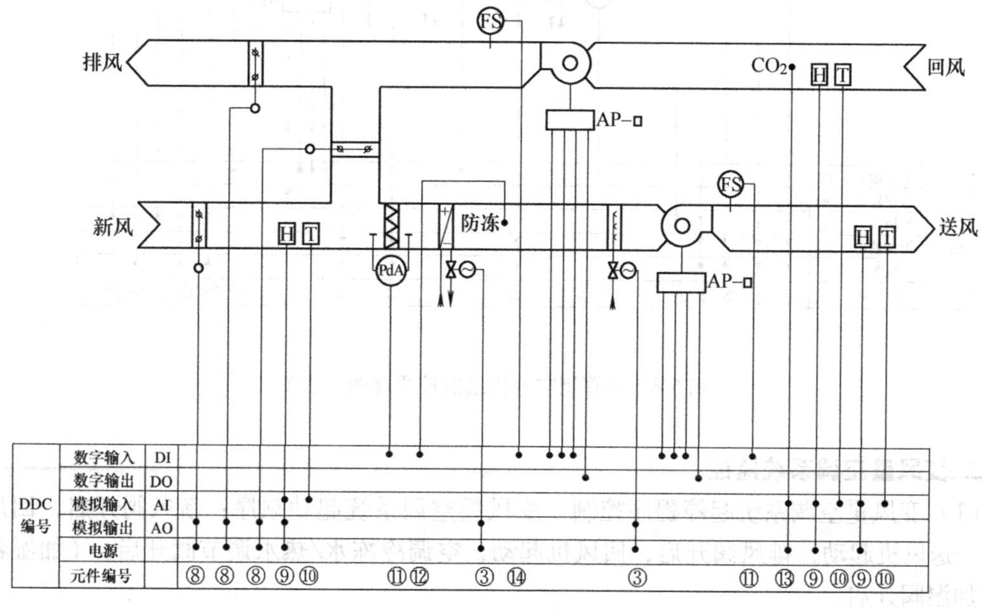

图 5-6　二管制空调机组监控原理图（二）

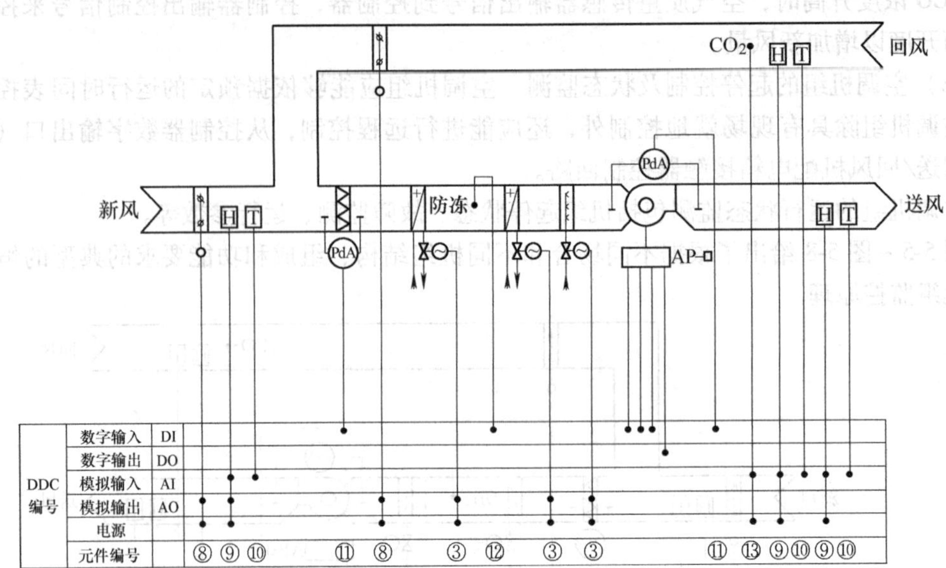

图 5-7　四管制空调机组监控原理图（一）

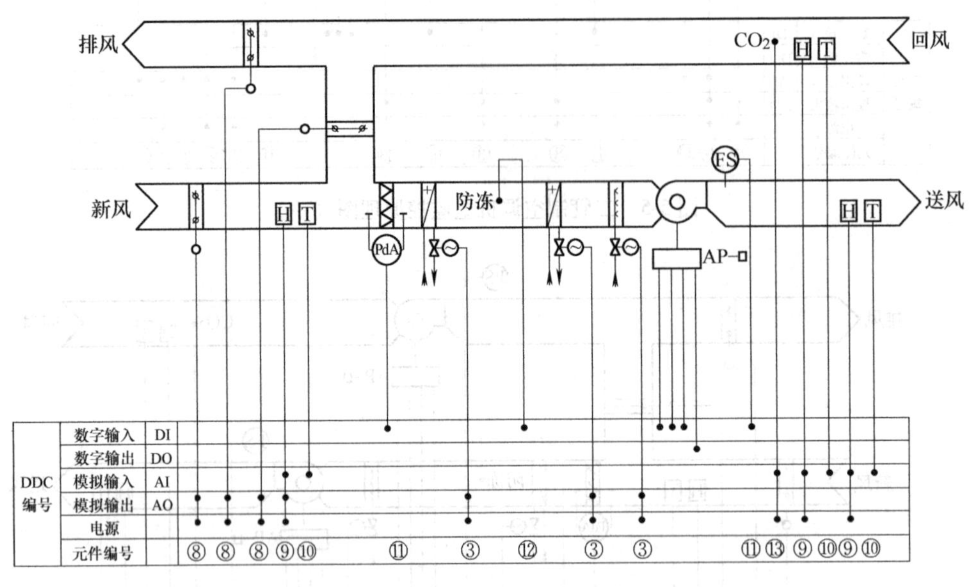

图 5-8　四管制空调机组监控原理图（二）

2. 变风量空调系统监控

（1）变风量空调系统起停程序控制　变风量空调系统起动顺序：新风阀开启，回风阀开启，送风机起动，排风阀开启，回风机起动，空调冷冻水/热水调节阀开启，（加湿器开启）加湿阀开启。

变风量空调系统停机控制顺序：（加湿器停机）加湿阀关闭，空调冷冻水/热水调节阀关闭，回风机关闭，送风机停机，风阀关闭（包括新风阀、回风阀、排风阀）。

（2）变风量空调机组的送风量、送风温度调节　常用的控制方法有定静压定温度法、定静压变温度法、变静压变温度法和总风量控制法。定静压法的控制简单，运行稳定。变静压法更节能，但需要较强的技术和控制软件支持。总风量控制法的特点介于定静压法和变静压法之间。

定静压定温度法的控制原理是在送风温度保持不变的情况下，通过控制变频器的输出频率调节风机转速，将参考点静压（一点或多点的平均静压）控制在设定值，间接实现总送风量的调节。变风量空调机组的节能控制是通过空调房末端的静压来实现的，末端空调房间的空调负荷是通过风量来控制的。要稳定空调房间末端的温度，只要稳定空调房间末端的风量就行了。系统正常工作时，末端静压和送风温度都保持不变，即定静压定温度控制。

在定静压变温度法中，当 VAV 末端负荷改变时，像定静压定温度法一样，通过控制空调机组送风量以保持末端静压和送风温度不变，满足负荷的变化要求；可以保持空调机组总送风量不变，通过调整空调机组送风温度来满足末端负荷变化的需要；也可以保持送风温度不变，通过调整空调机组总风量来满足末端负荷变化的需要，同时保证末端定静压不变的条件；还可以同时调整空调机组总送风量和送风温度，以满足末端负荷变化的需要，并保持末端静压恒定。在这种方法中，末端静压恒定而送风温度可调，故称为定静压变温度控制。

变静压变温度法与上述定静压法的差别是在定静压法中总是保持末端静压恒定，而变静压变温度法则把末端静压也作为可调参数处理。在末端负荷变化时，可以考虑在最小末端静压（最大限度地节约风机送风动力）的条件下，同时调整风量和温度来满足末端负荷变化的需要。温度控制与保持最小风管静压控制的优先顺序及其具体的控制算法，应根据实际变风量空调系统的热源特性、风管的气流特性等因素确定。

总风量控制法的基本原理是通过统计计算出各末端风量的总量，并通过送风机相似特性计算出此风量所对应的空调机组送风机的转速，并控制空调机组送风机在此转速下运行，从而保证送风量与负荷需求一致。总风量控制法克服了静压控制存在的不稳定因素，其控制思路是开环控制，优点是控制算法简单、速度快、稳定性好，缺点是在设备性能变化时，空调系统会产生很大的误差，甚至会完全失效无法工作。因此，需要与某种反馈方式结合起来才会取得好的效果。

（3）变风量空调机组的湿度控制　空调机组回风相对湿度的调整通过改变送风含湿量来实现，变风量空调机组选取机组回风的相对湿度代表空调区域湿度的平均值，并以此湿度值作为被调量，控制器将此平均值与给定值比较，对比较偏差进行 PI 运算得到控制信号，调节加湿阀的开度，将回风的相对湿度控制在给定值。

（4）回风机转速自动调节　由于变风量空调系统是靠调节风量来完成的，而有些变风量空调系统风管管路长，风量较大，末端数量多且分布广，风量调节需要在总回风管上配备回风机，并且为保证空调区域一定的定压和送、回风量的平衡，保证系统良好运行，除了对送风机进行变频控制以外，还必须对回风量（回风机）进行相应的连锁控制。在大多数情况下回风量应小于送风量，但空调区域有负压要求时则回风量应大于送风量，根据不同系统的不同要求，调节回风机的风量。

在实际工程中，可先确定送、回风量的差值，再根据风管末端静压信号调节回风机的风量。也可以利用控制器将送风机前后风管压差测量值和回风机前后风管压差测量值与各自的设定值比较，并根据得到的偏差值控制回风机转速以维持送、回风量之差。

(5) 空气质量控制　在空调区域内的回风管上安装空气质量传感器监测 CO_2、CO 浓度，当回风中的 CO_2、CO 浓度升高时，传感器向控制器输入信号，由控制器输出相应的控制信号控制新风风门开度，增加新风量以保证空调区域的空气质量。

(6) 新风量、回风量及排风量的比例控制　在对空气质量要求高的空调系统中，要求 DDC 根据新风的温度、湿度，回风的温度、湿度进行回风及新风焓值计算，按回风和新风的焓值比例控制新风门和回风门的开度比例，使系统在最佳的新风/回风比状态下运行，保证室内空气质量，同时达到节能的目的。也可以在合适的天气条件下，当室外空气的温湿度合适时，调节空调机组进行全新风运行，这样不但能提供良好的空气品质，还能达到节能的目的。

(7) 过滤器差压报警及机组防霜冻保护　变风量空调系统的过滤器差压报警及机组防霜冻保护基本同恒风量空调系统，可以参见恒风量空调系统中相关内容。

(8) 空调机组的启、停控制及状态监测　变风量空调机组应能够依据预定的运行时间表控制启停，空调机组除具有现场就地控制外还应能远程控制，从控制器数字输出口（DO）输出到送/回风机配电箱接触器控制回路。

变风量空调机组的运行状态监测内容与恒风量空调机组相同，包括机组起停状态、故障监测、运行参数等。

变风量空调机组根据不同的使用场合可选择不同的机组结构、组成和功能，图 5-9 ~ 图 5-12 给出了典型的变风量空调机组监控原理。

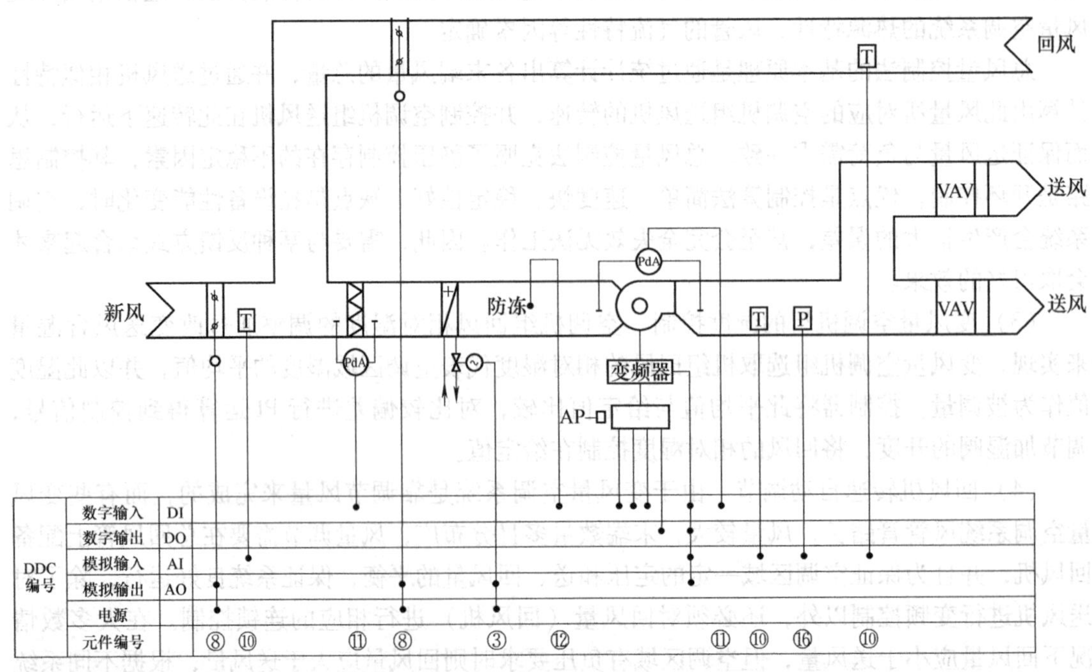

图 5-9　具有 VAV BOX 二管制的变风量空调机组监控原理图（一）

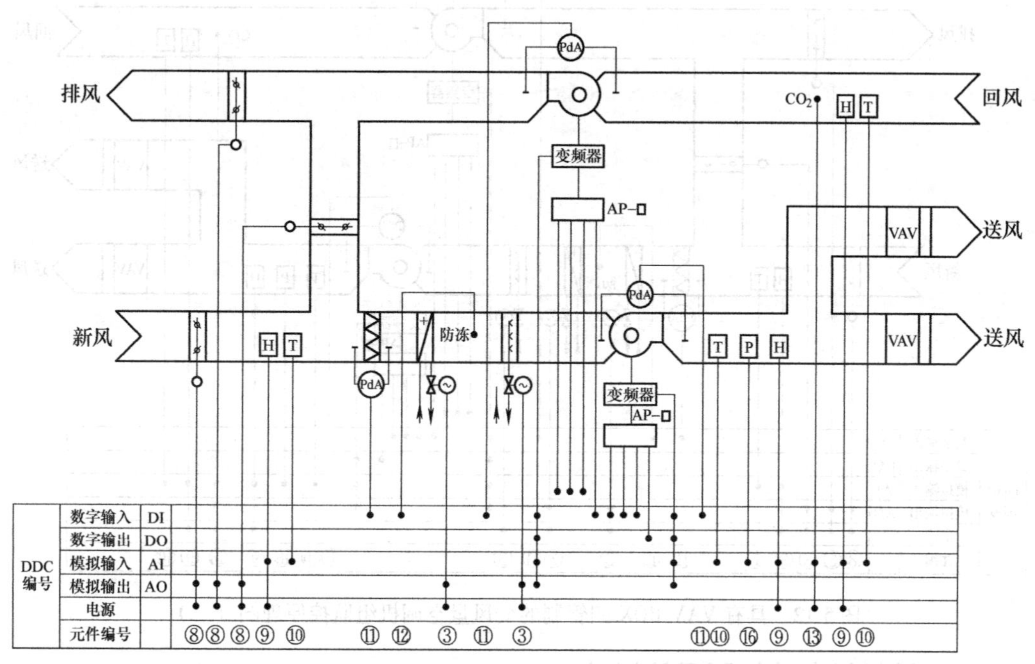

图 5-10　具有 VAV BOX 二管制的变风量空调机组监控原理图（二）

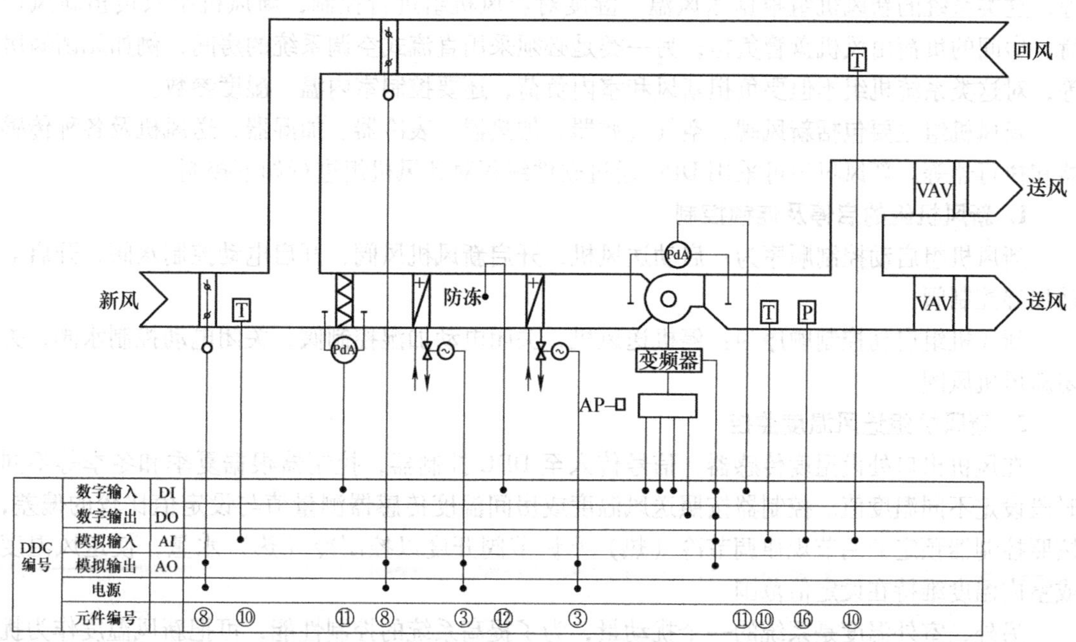

图 5-11　具有 VAV BOX 四管制的变风量空调机组监控原理图（一）

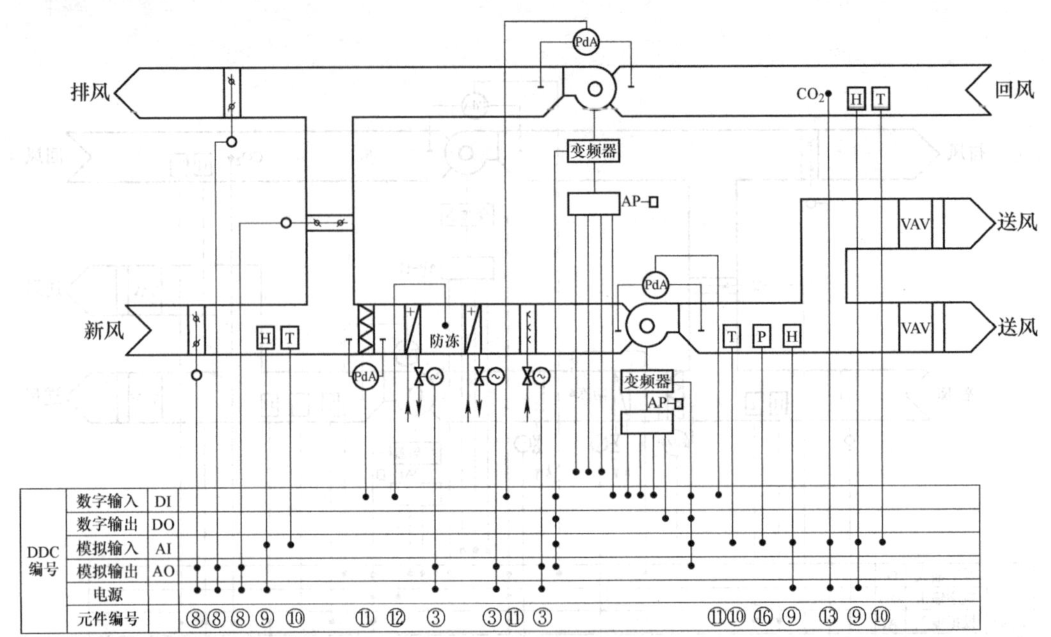

图 5-12 具有 VAV BOX 四管制的变风量空调机组监控原理图（二）

5.2.7 新风机组自动控制系统设计

新风机组所服务的对象有两类：一类是新风机组与风机盘管配合的空调方式，主要为各房间提供一定的新鲜空气，满足室内空气质量的要求，例如，宾馆的客房、写字楼的办公室等，这类系统的新风机组根据送风温、湿度对新风机组进行控制，新风机组只负担新风负荷，房间的负荷由风机盘管负担；另一类是必须采用直流式空调系统的房间，例如无菌病房等，对这类系统机组不但要负担新风和室内负荷，还要控制室内温、湿度参数。

新风机组主要包括新风阀、空气过滤器、加热器、表冷器、加湿器、送风机及各种传感器和执行器等。新风机组可采用 DDC 通过软件编程对新风机组进行如下控制。

1. 新风机组的启停及连锁控制

新风机组启动控制顺序为：启动送风机，开启新风机风阀，开启电动控制水阀，开启电动加湿控制阀。

新风机组启动控制顺序为：停机送风机，关闭电动加湿控制阀，关闭电动控制水阀，关闭新风机风阀。

2. 新风机组送风温度监控

在风机出口处设温度传感器，信号传入至 DDC 控制器，控制器根据夏季和冬季等不同时段设定不同温度值。控制器按照送风温度或房间温度传感器测量值与设定值比较的偏差，按照控制器预定的调节规律调节冷（热）水调节阀开度以控制冷（热）水量，使送风温度或室内温度维持在设定值范围。

另外，室外温度是系统的一个扰动量，为了提高系统的控制性能，可把新风温度作为扰动信号，采用前馈补偿的方式消除新风温度变化对输出的影响。如室外新风温度降低，其测量值变小，这个温度负增量经控制器运算后输出一个相应的控制信号，使冷水阀开度减小（即冷量减小）。

3. 新风机组送风湿度监控

新风温度测量取自安装在新风口上的温度传感器，传感器信号传入至 DDC 控制器，控制器与送风湿度设定值（直流式空调机为室内湿度设定值）比较，如果产生偏差，由控制器按 PI 规律调节加湿电动阀开度，以保持空调房间的相对湿度在设定值范围。干蒸汽加湿器也是通过一个电动控制阀来控制蒸汽量，其控制原理与水阀相同。

4. 新风阀控制

为使系统在最佳的新风风量的状态下运行达到节能的目的，要根据新风的温度、湿度、房间的温度、湿度及焓值计算、空气质量的要求等控制新风阀的开度，为防止冬季停机后盘管冻结，可选择通断式风阀控制器。

5. 过滤器状态监测

新风机起动后在过滤网前后建立起一个压差，用微压差开关监视新风过滤器两侧压差，如果压差小于指定值则表明过滤器干净，反之，如果过滤网前后的压差变大，超过指定值时微压差开关吸合，产生开关信号传至 DDC 控制器，这时表明过滤器不清洁，需要进行清洗处理。微压差开关吸合时所对应的压差可以根据过滤网阻力的情况预先设定。

6. 防霜冻保护控制

防霜冻保护控制采用防霜冻开关，在换热器出口侧安装水温度传感器，可以在冬季用来监测热水供应情况，供防霜冻保护用。当盘管出口水温低于 5℃或送风温度低于 10℃时报警，表明室外温度过低，应关闭新风阀，同时关闭风机，并将水阀全部开启，以尽可能增加盘管内与系统间水的对流，同时还可排除由于水阀堵塞或水阀误关闭造成的降温。

7. 空气质量监控

空气质量监测通过安装在空调区域内的空气质量传感器来实现，当房间中 CO、CO_2 浓度升高时，传感器输出信号到控制器，控制新风阀开度或增加变频调速送风机转速以增加新风量。

8. 风机启停控制及运行状态监测

新风机组风机的启停控制及运行状态监测原理与空调机组相类似，这部分内容参见空调机组部分。

二管制新风机组监控原理如图 5-13 所示，四管制新风机组监控原理如图 5-14 所示。

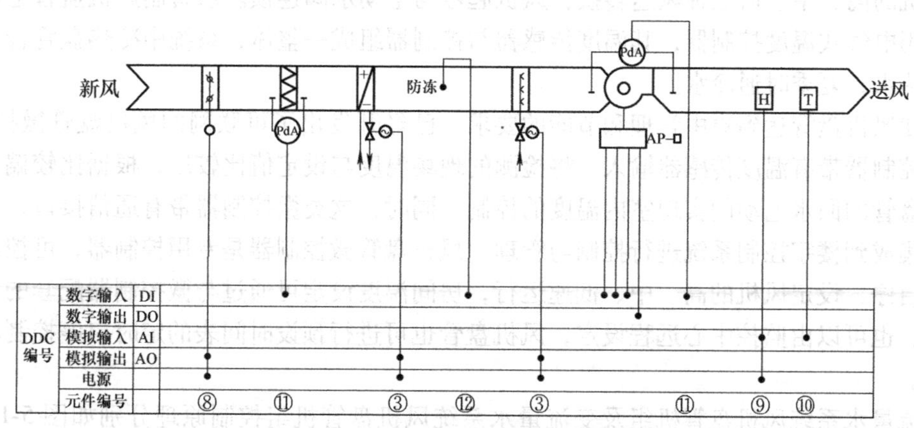

图 5-13 二管制新风机组监控原理图

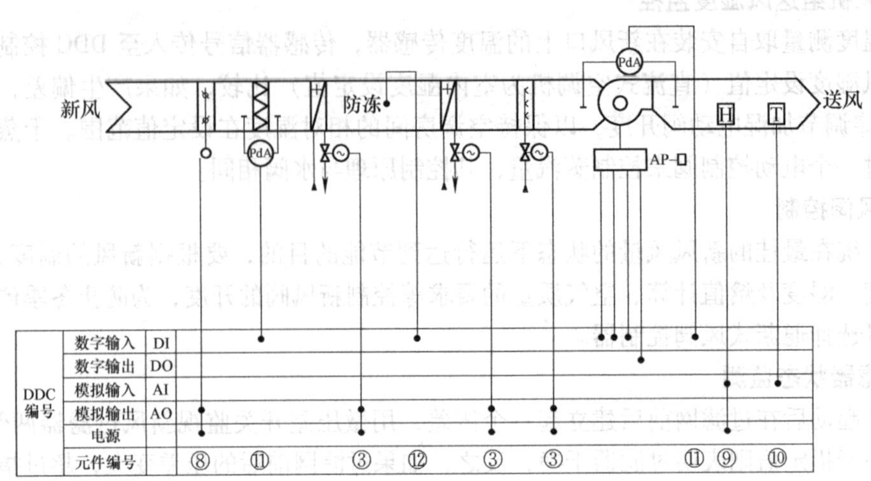

图 5-14 四管制新风机组监控原理图

5.2.8 风机盘管自动控制系统

风机盘管空调系统属于半集中式空调系统，风机盘管单元包括空调水盘管和一台三速风机，它是与新风机组配套使用的空调末端设备，由空气和水共同负担室内的热、湿度负荷，通过温控器控制盘管电动二通阀或三通阀，控制进入盘管的冷媒和流量或使之通、断来达到其对空气进行热、湿度处理的目的。风机盘管空调系统一般多用在宾馆的客房、写字楼、公寓等舒适性空调的场合。通常风机盘管的控制不纳入建筑设备监控系统网络内，而由独立的控制器控制现场风机盘管运行，目前已开发出可集成到建筑设备监控系统网络内的用于风机盘管控制的微控制器，微控制器带有通信接口，可以连接在建筑设备监控系统的现场网络层上实现远程联网控制，从而使风机盘管实现集中管理和节能要求。

风机盘管独立运行时，一般由开关式温度控制器自动控制电动水阀通断，手动三速开关控制风机的高、中、低三种风速转换；风机起停与电动水阀连锁。双管制风机盘管空调控制一般采用电气式温度控制器，其温度传感器与控制器组成一整体，系统中冷热盘管合用，冬季时通热水，夏季时通冷水。

为使风机盘管达到集中管理和节能的要求，已经开发出了可联网的风机盘管微控制器。这类微控制器带有温度传感器输入，将检测的现场温度与设定值比较后，根据比较偏差去控制风机盘管的回水电动阀实现室内温度的控制。同时，这类微控制器带有通信接口，可将风机盘管集成到楼宇控制系统进行控制与管理。风机盘管微控制器是专用控制器，可控制风机盘管的启停，设定风机的高、中、低速运行，房间温度设定可通过与微控制器配套的专用开关进行，也可以由监控中心远程设定，风机盘管也可进行预设时间表的定时启停控制和远程控制等。

定流量水系统风机盘管机组及变流量水系统风机盘管机组控制原理分别如图 5-15 和图 5-16 所示。

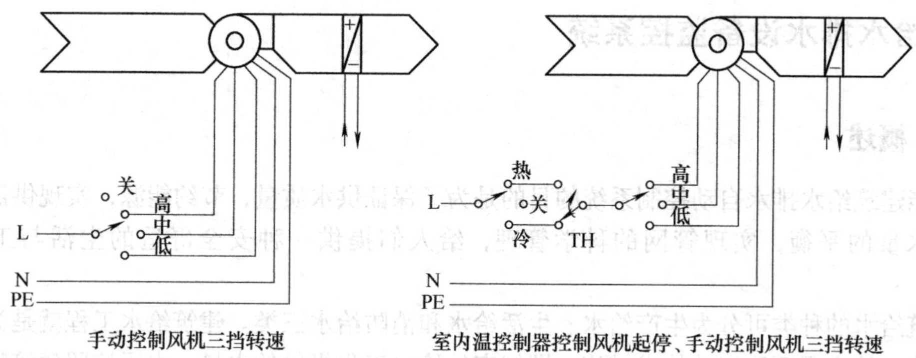

图5-15　定流量水系统风机盘管机组控制原理图

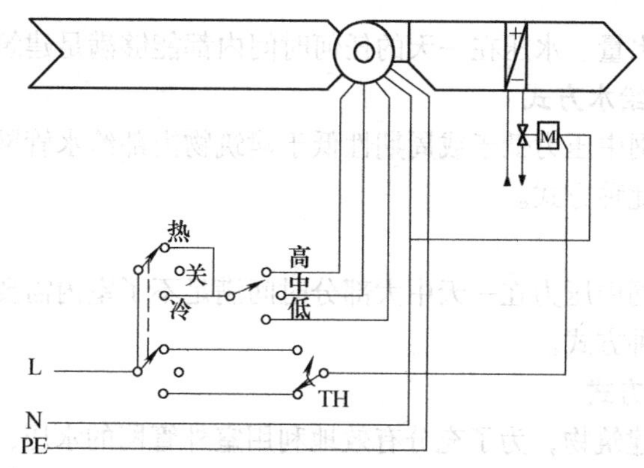

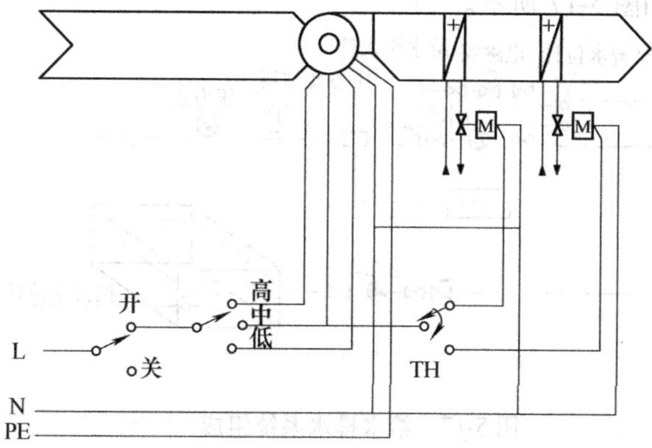

图5-16　变流量水系统风机盘管机组控制原理图

5.3 给水排水设备监控系统

5.3.1 概述

智能建筑给水排水自动控制系统的目的是为了保证供水质量，节约能源，实现供需水量和进排水量的平衡，实现管网的科学管理，给人们提供一种安全舒适的生活与工作环境。

建筑给水的种类可分为生产给水、生活给水和消防给水三类。建筑给水工程就是为确保这三类给水的实现而采取的技术措施，即把室外给水工程提供的水量、水压按照建筑物的需要分配到用水地点，从而为生活和生产提供安全和便利的用水条件。建筑排水工程的任务是把生活和生产过程中所产生的污水和废水，按照室外排水系统体制和建筑物内部是否要求再生回用进行有组织、分系统的排放，确定其排放方式、处理方法和综合利用。

建筑内部给水系统基本给水方式有以下几种：

1. 直接给水方式

适用于给水管网的水量、水压在一天的任何时间内都能够满足建筑物内部需要。

2. 水泵和水箱联合给水方式

适用于室外给水管网中压力低于或周期性低于建筑物内部给水管网所需压力，且建筑物内部用水不均匀时采用此种方式。

3. 水泵给水方式

适用于室外给水管网中压力在一天中大部分时间满足不了室内需要，建筑物内部用水量大且很不均匀时采用此种方式。

4. 分区供水的给水方式

适用于层数较多的建筑物，为了充分有效地利用室外管网的水压，将建筑物分成上下两个供水区，下区直接在城市管网压力下工作，上区则由水泵水箱联合供水。

给水排水系统组成如图 5-17 所示。

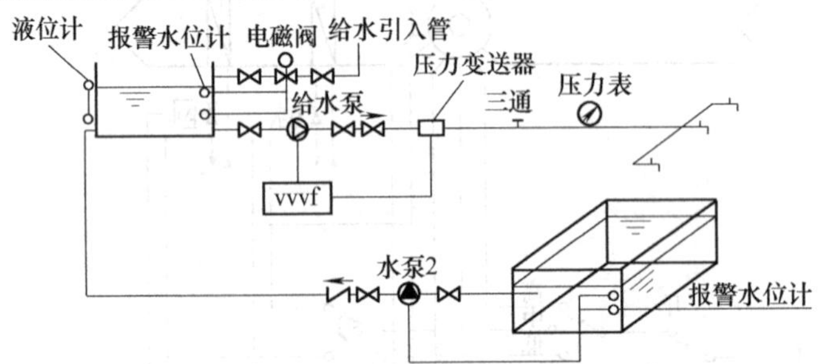

图 5-17 给水排水系统组成

给水泵包括生活水泵和消防水泵。生活水泵可采用变频控制实现不间断恒压供水。为了使水重复利用，可配置一台回水泵。回水泵用以排除水槽（低位水箱）的蓄水，模拟工程排水系统。考虑消防联动要求设置消防泵，选用无扩展 PCC（带通信接口）为单元控制器，采用两地手/自动混合控制及监控和直接操控方式，满足智能建筑对建筑给水排水的基本控制要求。

5.3.2　生活给水排水系统监控原理

1. 给水系统监控

建筑中的生活给水系统可以采用恒压供水，也可以采用高位水箱、生活给水泵和低位蓄水池供水。对于超高层建筑，由于水泵扬程限制可以采用接力水泵或中途水箱给水。

生活给水系统监控原理如图 5-18 所示。生活水泵一般选择两个，一个为主用，另一个为备用。当工作水泵发生故障时，备用水泵自动投入使用。

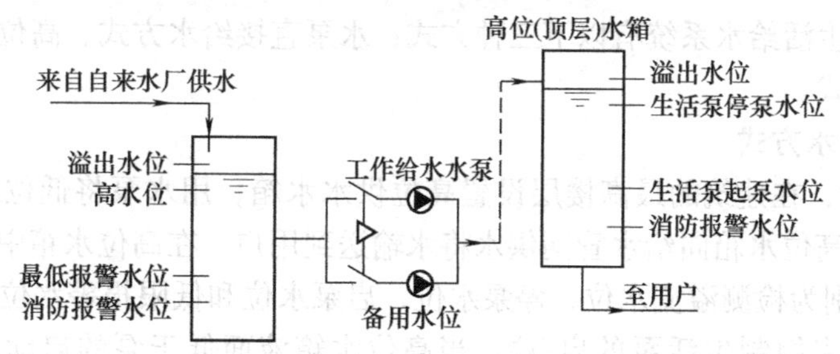

图 5-18　生活给水系统监控原理

生活给水系统监控内容如下：

（1）生活水泵启/停　生活水箱设置有 4 个监控水位，即溢出水位、消防报警水位、生活泵停泵水位和生活泵启泵水位。控制器（DDC）根据水位开关信号来控制生活泵的启/停。当高位水箱液面低于启泵水位时，DDC 送出信号自动启动生活水泵；当高位水箱液面到达或高于停泵水位时，DDC 送出信号自动停止生活水泵。当工作给水水泵发生故障时，备用水泵自动投入运行。

（2）检测及报警　当高位水箱液面高于溢出水位或低于消防报警水位时自动报警，通知相关人员进行系统维修。高位水箱中的消防报警水位报警时并不是意味着水箱中没有水。为了保障消防用水，要求水箱中必须留有一定的消防用水，当发生火灾时，消防水泵自动启动进行火灾控制。水泵发生故障时也自动报警。

（3）设备运行时间累计、用电量累计　为定时维修提供依据，并根据每台水泵的运行时间自动确定作为运行水泵或者是备用水泵。

2. 排水系统监控

生活排水系统监控原理如图 5-19 所示。同样，排污泵也应有两个，一个排污泵运行，另一个排污泵备用。当工作排污泵出现故障时，备用排污泵自动投入使用。

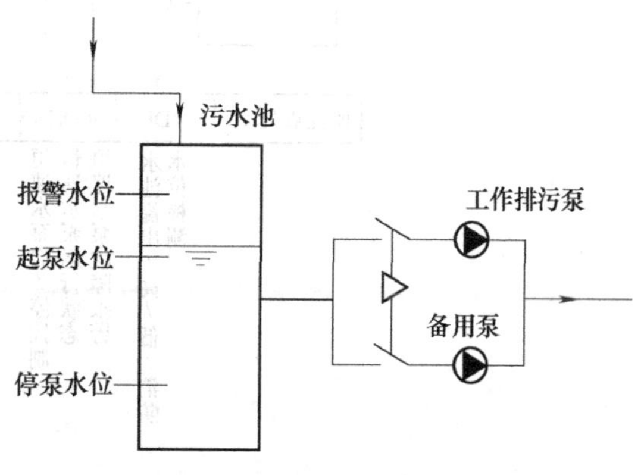

图 5-19　生活排水系统监控原理

生活排水系统监控内容如下：

（1）排污泵启/停控制　排污泵启/停

由污水池水位自动控制。污水池设有三个水位，即报警水位、排污泵启泵水位和排污泵停泵水位。当污水池液面高于启泵水位时，控制器（DDC）根据水位开关传送过来的信号进行判断后发出控制信号，启动排污泵；当液面低于停泵水位时，自动停止排污泵；当液面高于报警水位时，自动启用备用泵。

（2）检测与报警　当污水池液面高于报警水位时自动报警，水泵发生故障时自动报警。

（3）设备运行时间累计、用电量累计的计算　为定时维修提供依据，并根据每台水泵的运行时间自动确定作为运行水泵或者是备用水泵。

5.3.3　生活给水控制系统类型

建筑中常见的生活给水系统有以下三种方式：水泵直接给水方式、高位水箱给水方式和气压罐压力给水方式。

1. 高位水箱给水方式

如图 5-20 所示，在建筑的最高楼层设置高位供水水箱，用水泵将低位水箱的水输送到高位水箱，再通过高位水箱向给水管网供水将水输送到用户。在高位水箱中，从上到下设置 4 个液位开关，分别为检测溢流水位、停泵水位、启泵水位和低限报警水位。控制器根据液位开关的输入信号来控制生活泵的启/停。当高位水箱液面低于泵的启动水位时，控制器

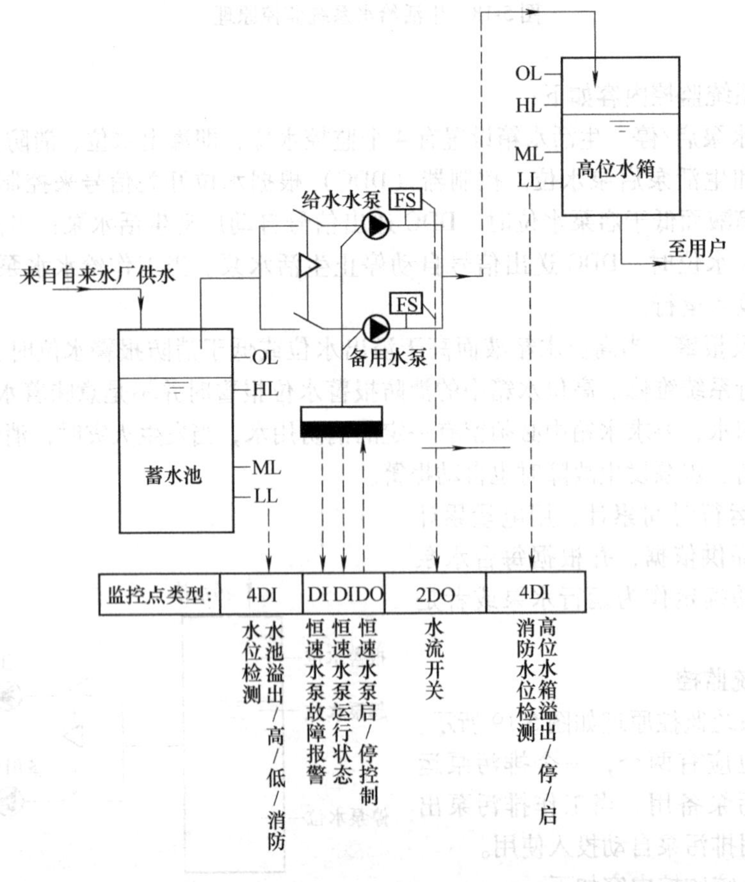

图 5-20　高位水箱给水系统监控原理

送出信号启动生活水泵，向高位水箱供水。当水箱液面升高并达到泵的停泵水位时，控制器送出信号停止生活水泵。如果高位水箱液面已经达到停泵水位而生活水泵不停止供水，使得液面继续上升达到溢流报警水位，控制器发出声光报警信号，提醒工作人员及时处理。同样，当高位水箱液面低于启泵水位而水泵没有及时启动，由于用户继续用水而使得水位下降并达到低限报警水位时，控制器也发出报警信号，提醒工作人员及时处理。

在高层建筑中，由于最高层与最低层的压差比较大，如果只用一个高位水箱给整个建筑直接供水，则低层的生活给水压力太大，供水效果不好。因此，高层建筑常用如下两种供水方法：一种是在不同标高的分区设立独立的高位水箱，对相应的分区供水；另一种是对最高层的高位水箱进行减压后向不同的分区供水。

2. 水泵直接给水方式

水泵直接给水是用水泵直接向终端用户提供一定水压的供水方式，其监控原理如图 5-21 所示。通常在给水泵前建有缓冲水池，以避免水泵大水量不均衡供水时对城市管网的影响。这种供水系统通常采用恒速水泵加变频调速水泵的供水方式，即根据终端用户的用水量调整恒速水泵的台数与一台变频调速水泵的转速来满足用户用水量的需要。

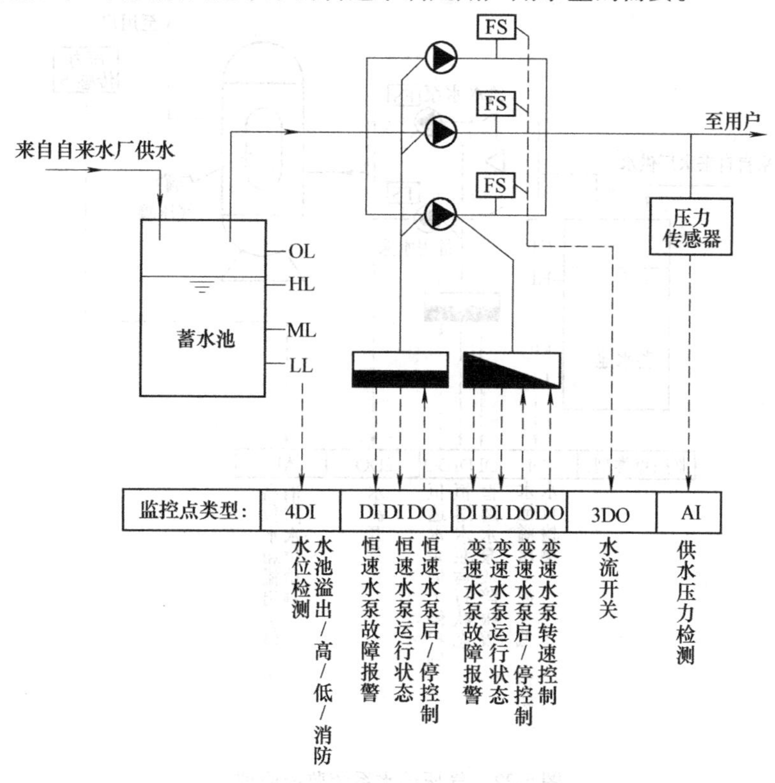

图 5-21 水泵直接给水系统监控原理

安装在水泵输出口的管式压力传感器检测管网压力，控制器根据这一检测值与设定值比较所产生的偏差去控制变频器的输出频率，实现水泵转速的控制，将供水压力维持在设计范围内。当给水管网用户用水量增多、管网压力下降时，控制器控制变频器输出频率增加，水泵转速随着增加，使供水量增加以满足用户的需要；给水管网用户用水量减少、管网压力升高时，控制器控制变频器输出频率降低，水泵转速随着减少，则供水量减少以达到节能的目的。系统运行时调速泵首先工作，当调速泵不能满足用水量要求时自动启动并联的恒速泵；反之，当压力过高时，也是先调低调速泵的转速，然后再减少并联的恒速泵的运行台数。通过缓冲水池水位监测开关可监测溢流水位、启泵水位、报警水位。只有水位高于启泵水位时，生活水泵才能启动，以免倒空。当缓冲水池水位高于溢流水位或低于报警水位时，控制系统报警，同时控制水池供水装置停止或开启。

在高层建筑中，水泵直接给水系统如果采用同样的给水压力向整个建筑（或建筑群）直接供水，同样存在低层的生活给水压力太大、给水效果比较差的问题。因此，如果在高层建筑采用水泵直接给水系统，则常采用分区配置不同扬程的水泵向不同分区直接给水的方式。或者是采用同一扬程水泵进行减压后向不同分区给水的方式。

3. 气压罐压力给水方式

气压罐压力给水方式是用气压罐代替高位水箱的给水系统，其监控原理如图 5-22 所示。

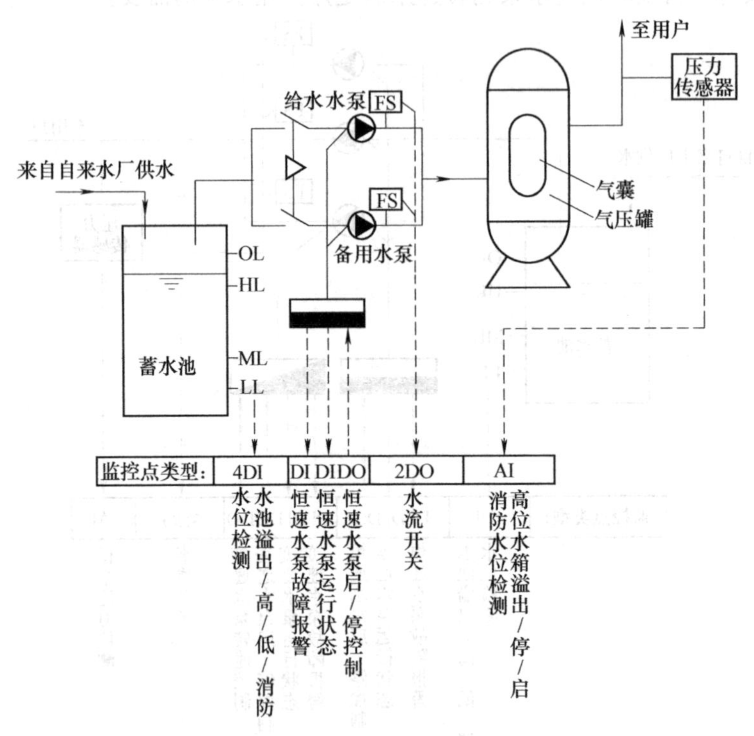

图 5-22 气压给水系统监控原理

气压罐可以集中于地下室水泵房内，避免高位水箱占用楼房高层空间。气压罐的外层为金属罐体，内有一个密封式的弹性橡胶气囊，气囊内充有一定压力的氮气，水泵向罐体和气囊间的空间注水使水压升高压迫气囊，气囊体积缩小，囊内气压增大。当罐体和气囊间的水压达到设定值上限时停泵，靠气囊内气体的压力向给水管网供水。给水管网用户用水后气囊膨胀，气压下降，水压也随之下降，水压降到设定值下限后水泵再次启动，向罐内注水，水压再次升高，如此循环，保持水压在设定值范围内，以满足供水要求。通过管式压力传感器检测给水管网输入口压力，控制器将测量压力值与设定值比较，根据比较偏差的大小去控制给水泵的启/停，以保证供水压力在要求范围内。

在高层建筑中，气压罐压力式给水系统如果采用一种给水压力向整个建筑（或建筑群）直接供水，同样存在低层的生活给水压力太大、给水效果比较差的问题。因此，经常采用分区配置不同压力的气压给水系统，或者是采用同一水泵系统对不同分区进行减压的给水方式。

如果以上三种方式的生活给水系统由多台水泵组成，则这几台水泵是互为备用的。当一台工作泵故障时，备用泵能自动投入运行，以保证系统正常工作。为了延长各水泵的使用寿命，通常要求水泵累计运行时间尽可能相同。因此，每次启动水泵时都应优先启动累计运行小时数最少的水泵，控制系统应有自动记录设备运行时间的功能。控制中心能实现对现场设备的远程控制，监控系统能在控制中心实现对现场设备的远程开/关控制。

5.4　变配电自动化监控系统

变配电智能化系统是建筑自动化系统中的一个重要组成部分。该系统以计算机局域网络为通信基础，以计算机技术为核心，具有分散监控和集中管理的功能，与数据通信、图形显示、人机接口、输入输出接口技术相结合，用于变配电系统设备运行管理、数据采集和过程监控。

5.4.1　智能建筑供配电自动化监控系统

1. 智能建筑电气设备的特点

智能化设备的不断应用和发展给智能建筑的供配电系统提出了新的要求，供配电的可靠性、安全性的重要性更为突出。智能建筑具有建筑面积大、功能复杂、建筑电气设备种类繁多、能耗大、智能管理要求高等特点。其用电设备的主要特点有：

（1）用电设备种类多　智能建筑必须具备能够满足各种功能要求的设施，如电力系统、照明系统、电梯系统、给水排水系统、暖通空调通风系统、消防联动系统、安全防范系统以及通信系统等，因此，用电设备种类繁多。

（2）设备用电量大，负荷密度高　智能建筑的用电负荷比较集中，根据统计数据可知，暖通空调通风系统负荷约占建筑总用电量的 45%，照明系统负荷约占总用电量的 20% ~ 30%，电梯系统及给水排水系统等其他动力设备约占总用电量的 25% ~35%。对于高层宾馆酒店、高层商用住宅、高层办公楼、高层综合楼等智能建筑，其负荷密度一般要求在 $60W/m^2$ 以上，有的甚至高达 $150W/m^2$。

（3）供电可靠性高　智能建筑中的较大部分电力负荷属于二级负荷，如照明系统、生活水泵供电、普通电梯供电等，还有一部分属于一级负荷，如计算机系统供电、消防联动系统配电、航空障碍灯、应急照明及疏散指示等。所以，智能建筑供配电系统要求高可靠性，一般要求有两个独立的高压电源供电。为了满足一级负荷的供电可靠性要求，在很多情况下还需要设置备用发电机组或蓄电池组作为备用电源。智能化设备属于连续不间断工作的重要负荷，供电可靠性和电源质量是保证智能化设备及其网络稳定工作的重要因素。

(4) 自动化程度高 由于智能建筑功能复杂、设备多、用电量大、能耗高，为了降低能耗、减少设备的维修和更新费用，延长设备的使用寿命，提高管理水平，要求对智能建筑的设备进行自动化管理，对各种用电设备的运行、安全状况、能源使用及节能情况等实行综合自动监测、控制与管理，以实现对设备的最优控制和最佳管理。

2. 智能建筑供配电系统监控

智能建筑电气系统主要监测控制内容有：

(1) 电源监测 对高低压电源进出线的电压、电流、功率、功率因数、频率以及变压器温度等运行参数进行监测及供电量计算，为正常运行时计量管理和事故发生时的应急处理、故障原因分析等提供依据。

(2) 变压器监测 对变压器温度进行监测，对风冷变压器通风机运行情况、油冷变压器油温和油位进行监测。

(3) 负荷监测 对各级负荷的电压、电流和功率进行监测，当超负荷时系统停止低优先级的负荷。

(4) 线路状态监测 对高压进线、出线、二路进线的联络线的断路器状态监测、故障报警等。

(5) 电源控制 在主要电源供电中断时自动启动柴油发电机或燃气轮机发电机组，在恢复供电时停止备用电源，并进行倒闸操作。通过对高低压控制柜的自动切换，对系统进行节能控制；通过对交联开关的切换实现动力设备的联动控制；对租户的用电量进行自动统计计量。

(6) 供电恢复控制 当恢复供电时，按照设定的优先程序启动各个设备的电动机恢复运行应该避免同时启动全部设备而导致供电系统跳闸。

3. 供配电系统检测参数及检测技术

供配电系统的主要检测参数及采用的检测技术主要有以下方面：

1）高压进线柜真空断路器状态与故障：采用高压断路器辅助触点检测。

2）高压进线电压：采用电压变送器检测。

3）高压进线电流：采用电流变送器检测。

4）高压出线柜真空断路器状态：采用高压断路器辅助触点检测。

5）直流操作柜断路器状态：采用断路器辅助触点检测。

6）直流操作柜的电压和电流：采用电压和电流变送器检测。

7）高压联络柜母线联络断路器状态与故障：采用断路器辅助触点检测。

8）变压器温度：采用温度传感器检测。

9）低压进线柜断路器状态：采用断路器辅助触点检测。

10）低压进线电压和电流：采用电压和电流变送器检测。

11）低压进线有功功率和无功功率：采用有功功率与无功功率变送器检测。

12）低压进线功率因数：采用功率因数变送器检测。

13）低压联络柜母线断路器状态与故障：采用断路器辅助触点检测。

14）低压配电柜断路器状态与故障：采用断路器辅助触点检测。

15）市电/发电转换柜断路器状态与故障：采用断路器辅助触点检测。

16）低压进线电量：采用电量变送器检测。

监控系统根据检测到的电压、电流、功率因数计算有功功率和无功功率，累计用电量，为绘制电力负荷曲线、进行无功补偿、电费结算及能源管理、用电设备的运行和调度等提供依据。

供配电系统可对高压配电系统、低压配电系统、变压器、应急电源装置（EPS）和不间断电源装置（UPS）的参数和状态进行监控，其主要监控参数如表5-1所示。

表5-1 智能建筑供配电系统主要监控参数

序号	监控参数	控制信号	信号产生设备
1	电压（AI）	0~10V，4~20mA	高、低电压互感器
2	电流（AI）	0~10V，4~20mA	电流互感器
3	频率（AI）	0~10V，4~20mA	频率变送器
4	有功功率（AI）	0~10V，4~20mA	有功功率变送器
5	无功功率（AI）	0~10V，4~20mA	无功功率变送器
6	功率因数（AI）	0~10V，4~20mA	功率因素变送器
7	用电量累计（DI）	脉冲量	电能量变送器
8	回路开关状态（DI）	无电压触点	断路器、空气开关或隔离开关
9	变压器组温度报警（DI）	无电压触点	变压器内部预设温度开关
10	充电器故障报警（DI）	无电压触点	充电器控制盘故障继电器触点
11	EPS故障报警（DI）	无电压触点	EPS故障继电器触点
12	UPS故障报警（DI）	无电压触点	UPS故障继电器触点

4. 供配电监控系统的功能

（1）供配电监控系统的种类　智能建筑供配电系统的监控主要分为两部分：

1）非独立的监控系统，一般依附于智能建筑本身的楼宇控制系统，由楼宇自控系统提供一个或多个DDC控制器，将采集的供配电参数传送到智能建筑楼宇系统中，由楼宇控制系统显示工作站做简单的监视。

2）独立的计算机供配电监控系统，一般装设双主机监控系统，变电所的正常监视和控制以计算机监控为主，以人为辅。这种独立的计算机监控系统一般具备与楼宇控制系统交换信息的功能。

（2）供电监控系统的主要监控内容　由于独立的计算机供配电监控系统的监控功能要求较全面，当采用非独立的监控系统时，可以对功能作简单的删减处理。

1）数据采集　主要处理包括模拟量的采集与处理、脉冲量的采集与处理、开关量的采集等。

2）运行监视　运行监视主要对各种开关量变位情况的监视和各种模拟量的数值监视。通过对开关量的变位监视，可对变电所各断路器、隔离开关、接地刀闸、变压器分接头的位置和动作情况进行监视，也可对继电保护和自动装置的动作情况以及它们的动作顺序进行监视。模拟量的监视分为正常测量和超限定值报警、事故前后各模拟量变化情况的追忆等。运行监视的输出有三种形式：即CRT画面显示、声音报警和自动打印。

（3）低压配电监控系统的主要监控内容

1）电源监测　对高低压电源进出线及变压器的电压、电流、功率、功率因数、频率、断路器的状态进行监测。

2）负荷监测与控制　对各级用电设备负荷进行监控，当超负荷时系统停止对低优先级负荷的供电。

3）备用电源控制　在主要电源供电中断时自动启动柴油发电机或燃气发电机组；在恢复供电后停止使用备用电源，并进行倒闸操作、直流电源监测和不间断电源的监测。

4）供电恢复控制　当供电恢复时，按照设定的优先程序启动各个设备电动机恢复运行。避免同时启动全部设备而导致供电系统跳闸。

(4) 变电所的低压配电设备监控内容可分为监测功能和控制功能两大类。目前，对设备进行监测是主要工作，其主要内容有：

1）低压输出电源监测　对供电电压、电流、有功功率、无功功率、功率因数、频率等进行监测报警，对供电量进行计量。

2）线路状态监测　对低压出线、多路出线的联络线的断路器状态进行监测和故障报警等。

3）负荷监测　各级用电负荷的电压、电流和功率监测。

4）变压器监测　变压器的温度监测、变压器通风机运行情况、油温和油位的监测。

5）低压进线、出线、联络线的断路器遥控，主要线路断路器的遥控。

6）有直流电源时，对它的供电质量（电压、电流）的监测和报警，过电流、过电压保护及报警。

7）备用发电机组智能控制　如果有备用发电机组，应对发电机的工作状态和参数进行测量和控制，如发电机线路电压、电流等电气参数的测量，发电机运行状况（转速、油温、油压、油量、水温、水压等）监测，发电机和线路状况的测量，发电机和有关线路开关的控制等。

5.4.2　高压配电系统监控

高压配电系统是采用双路供电和柴油发电机组组成的供电保障系统，其监控原理如图5-23所示。主要监控内容有：

1）双路高压供电进线的开关状态，其为开关量DI。

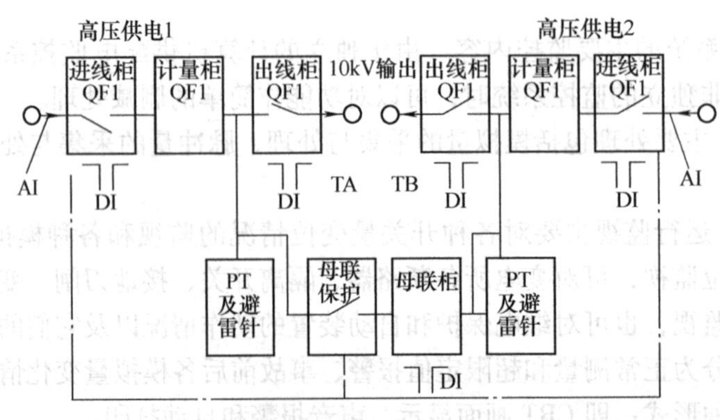

图5-23　高压配电系统监控原理

2）母联柜与出线柜开关状态，其为开关量 DI。

3）主供电电源的电流、电压、有功功率、无功功率、功率因数及频率监测，其为模拟量 AI。

5.4.3 低压配电系统监控

低压供配电系统用于向智能建筑大型用电设备和各楼层配电柜供电，其监控原理如图 5-24 所示。

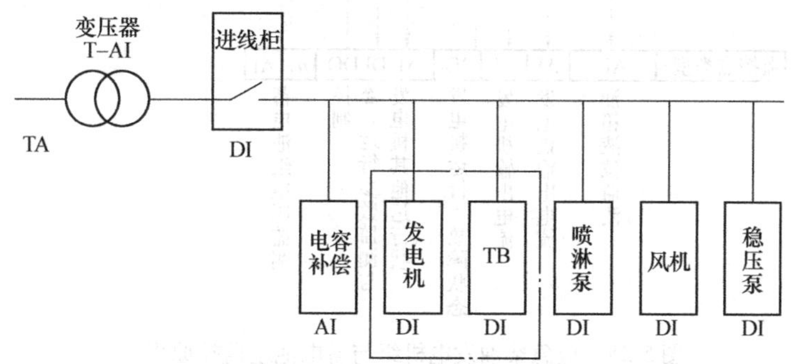

图 5-24 低压配电系统监控原理

系统的主要监测内容有：

1）双路高压经变压器降压为 380V 电压后，进入各自的低压进线柜，每路低压开关柜为 DI 监测信号。

2）双路低压侧主进线处的电压、电流、功率、用电量、频率的监测，为 AI 监测信号。

3）发电机供电低压开关柜，为 DI 监测信号。

4）对发电机的监测，包括发电机的起停状态 DI、故障状态 DI，以及发电机系统的电流、电压、频率、功率、温度的监测，为 AI 监测信号。

5）变压器温度监测，为 AI 监测信号。

5.4.4 应急柴油发电机组与蓄电池组监控

为了保证消防泵、消防电梯、紧急疏散照明、排烟阀、正压送风机、电动防火卷帘等消防设备用电，必须设置自备应急柴油发电机组，按一级负荷对消防设备供电。柴油发电机组应该具有启动迅速、自启动控制方便的特点，在市电网停电后能够在 10～15s 内接通应急负荷，这样的发电机组才有可能适合做应急电源。对柴油发电机组的监控内容包括电压、电流等参数监测、机组运行状态监控、故障报警和日用油箱液位监控等。

智能建筑中的高压配电室对继电保护要求严格，一般的纯交流或整流操作难以满足要求，必须设置蓄电池组，以提供控制、保护、自动装置及应急照明灯所需要的直流电源。镉镍电池以其体积小、质量轻、不产生腐蚀性气体、无爆炸危险、对设备和人体健康无影响而获得广泛应用。对镉镍电池组的监控包括电压监控、过电流、过电压保护及报警灯。应急柴油发电机组与蓄电池组监测监控原理如图 5-25 所示。

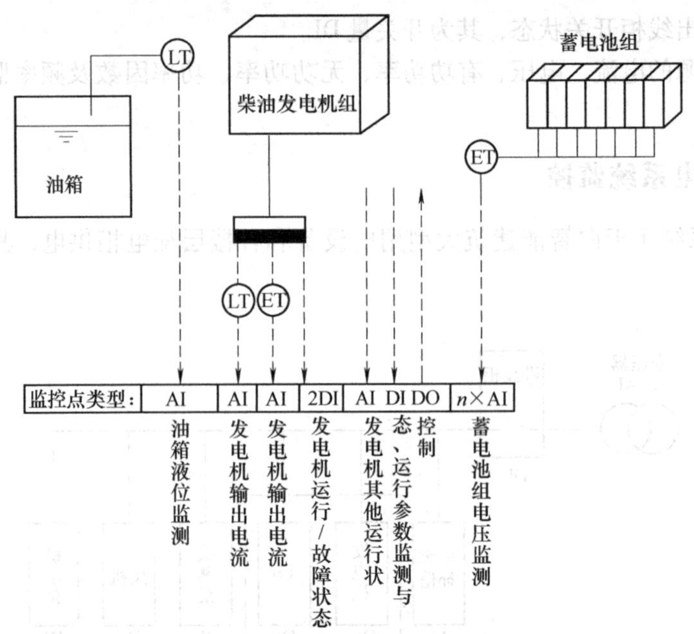

图5-25 应急柴油发电机组与蓄电池组监控原理

5.5 照明控制技术

通过灯光照明技术可以烘托建筑造型和美化环境，照明质量的好坏直接影响人们的工作效率和视力保护。在智能建筑系统中，照明系统用电量很大，往往仅次于空调系统用电量。不同用途的场所对照明质量的要求也不相同，既保证照明质量又节约能源是对智能建筑照明系统的基本要求。

随着计算机技术、通信技术、自动控制技术、总线技术、信号检测技术和微电子技术的迅速发展和相互渗透，使得照明控制技术有了很大的发展，照明进入了智能化控制的时代。实现照明控制系统智能化的主要目标有两个方面：一是可以提高照明系统的控制和管理水平，减少照明系统的维护成本；二是可以节约能源，减少照明系统的运营成本。

5.5.1 照明控制系统的类型

按照控制系统的控制功能和作用范围进行划分，照明控制系统可以分为以下几类：

1. 点（灯）控制型

点（灯）控制就是指可以直接对某盏灯进行控制的系统或设备。早期的照明控制系统及普通的室内照明控制系统基本上都采用点（灯）控制方式，这种控制方式结构简单，仅使用一些电器开关、导线及组合就可以完成灯的控制功能，是目前使用最为广泛和最基本的照明控制系统，也是照明控制系统的基本单元。

2. 区域控制型

区域控制型照明控制系统是指能在某个区域范围内完成照明控制的系统，特点是可以对整个控制区域范围内的所有灯具按不同的功能要求进行直接或间接的控制。由于照明控制系统在设计时基本上按回路容量进行，即按照每个回路分别进行控制，所以又叫做路（线）控型照明控制系统。

一般而言，路（线）控型照明控制系统由控制主机、控制信号输入单元、控制信号输出单元和通信控制单元等组成。主要用于道路照明、广场及公共场所照明、大型建筑物、城市标志性建筑物、公共活动场所和桥梁照明控制等场合。

3. 网络控制型

网络控制型照明控制系统是指通过计算机网络技术将许多局部小区域内的照明设备进行联网，从而由一个控制中心进行统一控制的照明控制系统。在照明控制中心内，由计算机控制系统对控制区域内的照明设备进行统一的控制管理。

4. 节能控制型

照明节能一般可以通过两条途径来实现：一方面是使用高效的照明装置（例如光源、灯具和镇流器等）；另一方面是在需要照明时使用，不需要照明时关断，尽量减少不必要的开灯时间、开灯数量和过高照明亮度，这需要通过照明控制方式实现。

5.5.2 常用照明系统控制方式

1. 跷板开关控制方式

这种控制方式是照明系统中采用最多的一种，该方式以跷板开关控制一组或几组照明器的开关。单控开关用于在一处启闭照明；双控及多控开关用于楼梯及过道等场所，可以在上、下层或两端多处启闭照明。

2. 断路器控制方式

这种控制方式以断路器控制一组照明器具，控制结构简单，投资小，但是，由于控制的照明器较多，造成多处照明器同时启闭，节能效果较差，又很难满足特定环境下的照明要求，只适合于大面积照明时使用。

3. 定时控制方式

这种控制方式以定时器来控制照明器具，该方式可利用楼宇自控系统的接口通过控制中心来实现，但是，该方式在外界环境变化或作息时间变化时难以适用，需要通过改变设定值才能实现。

4. 光电感应开关控制方式

这种控制方式利用光电感应开关通过测定工作面的照度与系统的设定值进行比较，从而实现照明器具的控制。这种控制方式可以最大限度地利用自然光达到节能的目的，也可以提供一个较为稳定的视觉工作环境。此方式适合于采光条件较好的场所。

5. 智能控制方式

智能照明系统分为系统单元、输出单元、输入单元等部分，主要由通信接口、系统电源、网络桥（耦合器）、调光/开关模块、可编程面板、智能传感器、时钟管理、手持式编程器等组成。智能照明系统是运用数字控制和网络技术，集多种照明控制方式为一体的控制系统，采用总线型与星形布线混合的拓扑结构，控制总线一般为二线制。其控制网络分为集中式、集散式和分布式三类，由于集中式与集散式网络控制信号依赖中央（或分中心）监控机的控制管理，故在实际设计中一般采用分布式智能照明系统。

分布式智能照明系统所有的单元器件（除电源外）均内置微处理器和存储单元，由一对信号线连接成网络。每个单元均设置唯一的单元地址并用软件设定其功能，通过输出单元控制各回路负载。输入单元通过群组地址和输出元件建立对应联系。当系统有输入时，输入单元将其转变为控制信号在系统总线上广播，所有的输出单元接收控制信号并作出判断，控制相应回路输出。由计算机设定的系统参数被分散存储在各个单元中，即使系统断电也不会丢失。通过计算机控制系统可实现实时监控、定时控制等功能。

5.5.3 照明系统监控

1. 照明系统监控类型

按照功能可将照明监控系统划分为走廊及楼梯等处的公共照明系统监控、办公室照明系统监控、障碍照明及建筑物立体照明系统监控以及应急照明系统监控等。

（1）走廊和楼梯照明监控　对走廊、楼梯的照明，除保留部分值班照明外，其余的灯在下班后及夜间可以及时关掉以节约能源。因此，可按预先设定的时间编制程序进行开/关控制，并监视开关状态。例如，对于自然采光的走廊，白天和夜间可以切断照明电源，但在清晨和傍晚上下班前后应予接通。

（2）办公室照明监控　办公室照明的目标是为办公人员创造一个良好舒适的视觉环境，以提高工作效率。办公室宜采用室内自动控制照明系统，这是一种质量高、经济效果好的人工照明系统，是照明设计的发展趋势之一。它由照射入室内的自然光和人工照明协调配合而成。不论晴天、阴天、清晨或傍晚自然光线如何变化，也不论房间朝向和进深尺寸有多大，始终能有效地保持良好的照明环境，减轻人们的视觉疲劳。它的调光原理是：当自然光较弱时，自动增强人工照明；当自然光较强时，自动减轻人工照明。调光方法可分为照度平衡型和亮度平衡型两大类。前者可使近窗处工作面与房间深部工作面上的照度达到平衡，尽可能均匀一致；后者可使室内人工照明亮度与窗的亮度比例达到平衡，消除人与物的黑影，多用于对照明质量要求高的场所。

在实际工程中，应根据对照明空间的照明质量要求，以及实测的室内自然光照度分布曲线来选择调光方式和控制方案。进行调光时，系统根据工作面上的照度标准和自然光传感器检测的自然光亮度变化信号自动控制照明灯具。根据白天工作区与夜间工作区的使用特点，分别编制控制程序，如办公室一般白天工作，其中又分工作、休息、午餐等不同时区，系统应能按程序自动进行控制。

（3）障碍照明和建筑物立体照明　航空障碍灯根据当地航空部门要求设定，一般装设在建筑物顶端，属于一级负荷。航空障碍灯可根据预先设定的时间程序控制并进行闪烁，或根据室外自然环境的照度来控制光电器件的动作达到开启/断开。

对智能建筑进行立面照明的灯具可采用投光灯，投光灯的照度计算必须考虑建筑物的位置、背景亮度、建筑物表面材料的反射系数以及灯具技术特性。对于投光灯的开启/断开控制可通过编制时间程序进行定时控制，同时监视开关状态。

（4）应急照明　通过应急照明系统的应急启/停控制、状态显示功能，可以保证在市电停电后进行事故照明和疏散照明。

2. 照明控制系统控制范围与控制内容

智能照明系统可对白炽灯、荧光灯（专用镇流器）、节能灯、石英灯等多种光源调光，以满足各种环境对照明的要求，适用于写字楼、学校、医院、剧院、会议室、俱乐部、夜总会、餐厅、多功能厅、高档住宅等室内照明，以及体育场馆、市政工程、广场、公园等室外公共场合照明。

通过采用智能照明系统，可实现以下控制功能：

1）时钟控制　通过时间设定实现各照明区域的不同控制。

2）调光控制　通过照度探测器和调光模块，可以实现各区域照度值始终保持预先设定值和使用期间照度的一致性。

3）区域场景控制　通过控制面板和调光模块，实现各照明区域的场景切换控制。

4）动静探测控制　通过动静探测器和调光/开关模块，实现各照明区域的联动开关控制。

5）手动与红外遥控器控制。

6）应急照明控制。

照明系统监控原理如图 5-26 所示。

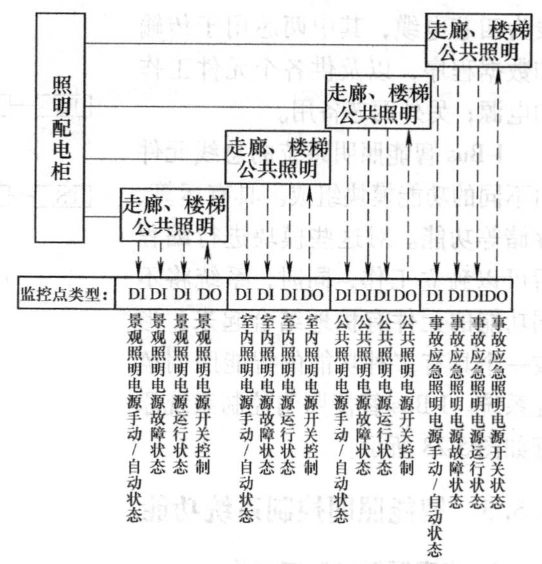

图 5-26　照明系统监控原理

5.5.4　典型照明控制系统

1. C-Bus 智能照明系统

C-Bus 智能照明控制系统基于二线制总线式结构，采用分散布置方式，该系统能将大楼内的照明回路及电动设备进行集中控制和管理。系统所有的单元器件（除电源外）均内置微处理器和存储单元，由一对信号线连接成网络。该系统有一套独立的控制协议，可以独立进行相对于楼宇控制系统来说其结构比较简单，能够满足对照明控制的技术要求。系统可以记忆其设定的参数，每个元件在网络中均有唯一的地址码以供识别，系统可以单独对每个元件进行编程。照明系统的设定参数分散存储在各个元件中。

C-Bus 智能照明系统由输入、输出以及控制中心三部分组成。输入部分的功能是将外界信号转换为系统的控制信号，由输入键、场景控制器、红外遥控器、亮度传感器、红外线探测器、定时单元及辅助输入单元等组成。输出部分的功能是接收总线上的控制信号，控制相应的负荷回路，实现照明控制，主要器件包括模拟输出单元、不同回路的继电器和调光器等。控制中心包括供电单元、系统控制网络、中央控制器及其接口电路等。智能照明系统可以对照明系统的设备状态进行实时监控。

C-Bus 智能照明控制系统原理如图 5-27 所示。

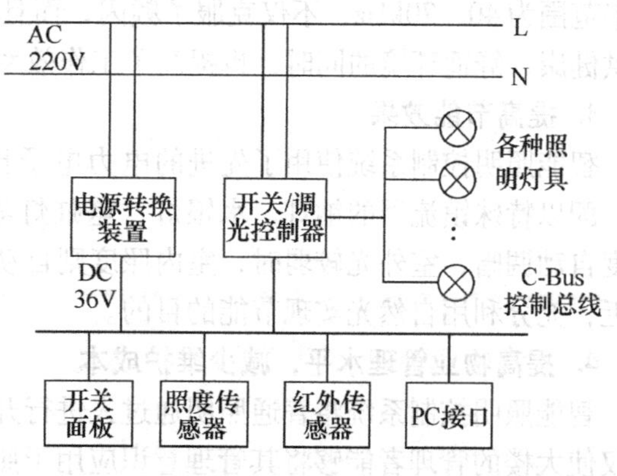

图 5-27　C-Bus 智能照明控制系统原理

2. I-Bus 智能照明系统

I-Bus 是基于欧洲总线 EIB 标准开发的智能照明控制系统。I-Bus 系统分为三层结构，总线为四芯电缆，其中两芯用于传输和数据程序，以及供各个元件工作的电源；另外两芯备用。

I-Bus 智能照明系统的总线元件由不同的功能模块组成。具有运算、存储等功能。对这些模块进行编程后可以独立工作，同时，系统将不同功能的元件有机地结合起来，形成一个具有多种功能的智能照明监控系统。I-Bus 智能照明控制系统原理如图 5-28 所示。

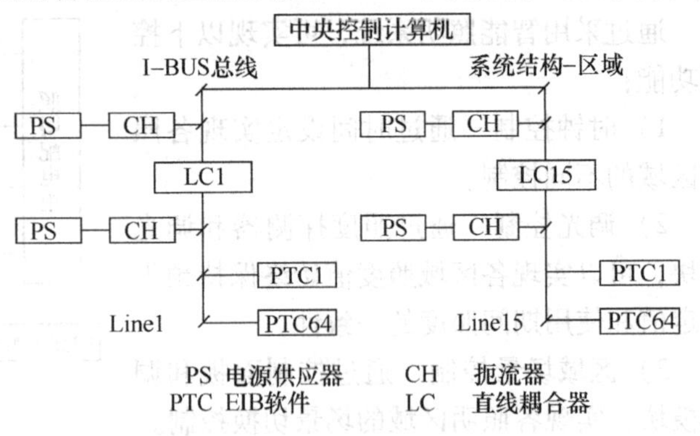

图 5-28 I-Bus 智能照明控制系统原理

5.5.5 智能照明控制系统功能

1. 实现照明控制智能化

采用智能照明控制系统可以使照明系统工作在自动控制状态，系统按事先设定的若干基本状态进行工作，这些状态会按预先设定的时间自动地切换。例如，当一个工作日结束后，系统将自动进入晚上的工作状态，自动并缓慢地调暗各区域的灯光，同时，系统的移动探测功能也将自动生效，将无人区域的灯自动关闭，并将有人区域的灯光调至合适的亮度。此外，还可以通过编程改变各区域的光照度，以适应各种场合的不同场景要求。

智能照明可将照度自动调整到最合适工作的水平。例如，在靠近窗户等自然采光较好的场所，系统会很好地利用自然光照明，将照度调节到最合适的水平。当天气发生变化时，系统仍能自动将照度调节到最合适的水平。总之，无论在什么场所或天气如何变化，系统均能保证室内照度维持在预先设定的水平。

2. 改善工作环境，提高工作效率

在传统照明系统中，配有传统镇流器的荧光灯以 100Hz 的频率闪动，这种频闪使工作人员头脑发胀，眼睛疲劳，降低了工作效率。而智能照明系统中的可调光电子镇流器的工作频率范围为 40～70kHz，不仅克服了频闪，而且消除了启辉时亮度不稳定等问题，在为人们提供健康、舒适环境的同时，也提高了工作效率。

3. 提高节能效果

智能照明控制系统使用了先进的电力电子技术，能对大多数灯具（包括白炽灯、荧光灯、配以特殊镇流器的钠灯、水银灯、霓虹灯等）进行智能调光。当室外光较强时，室内照度自动调暗，室外光较弱时，室内照度则自动调亮，从而使室内的照度始终保持在恒定值附近，充分利用自然光实现节能的目的。

4. 提高物业管理水平，减少维护成本

智能照明控制系统将普通照明通过人进行开与关的控制过程转换成了智能化管理模式，不仅使大楼的管理者能够将其管理意识应用于照明控制系统中，而且有效地减少了大楼的运行维护费用，可带来较大的投资回报收益。

5.6　电梯监控技术

电梯已成为智能建筑中重要的垂直交通工具，包括普通客梯、观光梯、货梯以及自动扶梯等。电梯的基本特点是间歇性动作，由电力驱动，通过电气或其他控制方式可以将乘客或货物安全、合理、有效地送到不同的楼层或地点。

电梯系统的主要性能指标有：安全可靠，启动和制动平稳，感觉舒适，平层定位准确，候梯时间短，节约能源等。在智能建筑系统中，基于乘坐舒适和高效运行的目的，对电梯的启动加速、制动减速、正反向运行、调速精度、调速范围动态响应等指标都提出了更高的要求。

5.6.1　电梯监控技术概述

1. 电梯系统总体结构

电梯整体结构由机房、轿厢、井道和厅站 4 部分组成。

（1）机房的主要部件　主要包括曳引电动机、控制柜、电源总开关、导向轮、限速器、抱闸等。

（2）轿厢的主要部件　主要包括轿顶轮（曳引比是 2:1）、轿厢架、轿厢底、轿厢壁、轿厢顶、轿厢门、轿厢内操纵盘、自动门机构、自动安全触板、门刀装置、自动门调速装置、光电保护防夹装置、轿厢顶检修钮及安全灯、平层感应器、护脚板、平衡链、导靴、轿厢导轨用的油杯、急停钮、安全窗及其保护开关、安全钳、轿厢超载装置、电话、绳头板等。

（3）井道的主要部件　主要包括轿厢导轨、对重导轨，导轨支架和压道板、配线槽、对重、曳引钢丝绳、平层感应装置（遮磁板）、限速钢丝绳胀紧装置、随行电缆、电缆支架、端站强迫减速装置、紧急终端开关、开关碰铁、限速器胀绳轮、缓冲器、补偿链导轮与补偿链、中间接线盆、底坑检修灯等。

（4）厅站的主要部件　主要包括厅门楼层显示器、自动层门钥匙开关、手动钥匙开关、厅门（层门）、层门门锁、层门框、层门地坎、呼梯盒、到站钟等。

2. 电梯的基本结构

电梯系统结构主要包括以下部分：

（1）曳引部分　曳引部分由曳引机和曳引钢丝组成。曳引钢丝绳绕在曳引轮上，一端与电梯轿厢相连，另一端与对重装置相连，电动机带动曳引机旋转使轿厢进行上、下运动。

（2）引导部分　引导部分由导轨和导轨架组成，垂直固定于井壁上，轿厢和对重装置在导轨上移动，利用导轨稳定轿厢和对重装置的运行。

（3）轿厢　轿厢由轿架、轿底、轿壁和轿门组成。轿门一般分为封闭式、中分式、双折式、双折中分式和直分式等几种。

（4）门系统　门系统由轿厢门、层门、开门机、联动机构和门锁等部分组成。门系统是乘客或货物的进出口，电梯运行时层门和轿厢门必须可靠关闭，到站时才能打开。

（5）对重装置　对重装置用于平衡轿厢负荷，一般为轿厢自重加 0.4～0.5 倍电梯额定载重。它是用几十块铸铁块放于对重架构成的。

（6）补偿装置　补偿装置用于抵消钢丝绳和控制电缆自重对电动机负载的影响。一般来说，当电梯提升高度超过35m时才需要加补偿链。

（7）电力拖动系统　电力拖动系统提供动力，对电梯的运行速度进行控制，主要由电动机、减速机、制动器、供电系统、速度反馈装置及调速装置等部分组成。

（8）电气设备及控制装置　电气设备及控制装置由曳引电动机、选层器、传动及控制柜、轿厢操作盘、呼梯按钮和厅站指示器等组成。

（9）安全保护系统　电梯的安全系统保证了电梯的安全运行，防止一切危及人身安全的事故发生。主要包括限速器、安全钳、缓冲器、端站保护装置、超速保护装置、供电系统断相错相保护装置、层门锁和轿厢门电气连锁装置、电动机过载、超速和编码器短线保护装置等。

3. 电梯的分类

（1）按电梯的使用性质分类

乘客电梯：为运送乘客而设计的电梯，其必须有十分安全可靠的安全装置。

载货电梯：主要为运送货物而设计的，是通常有人伴随的电梯，该电梯有必备的安全保护装置。

客货梯：俗称服务梯，主要用来运送乘客，但也可以运送货物。

病床电梯：即医用电梯，为运送医院病人及其病床而设计的电梯。其轿厢具有窄而长的特点。

住宅梯：供住宅楼使用的电梯，其控制系统和轿厢装饰均较简单，但必须具有客梯所具有的安全保护装置。

杂物电梯：供图书馆、办公楼、饭店等运送图书、文件、食品等小型运货电梯，该类电梯绝不允许人员进入。

消防梯：在火警情况下消防人员专用的电梯在非火警情况下可作为一般客梯或客货梯使用。消防梯轿厢的有效面积应不小于$1.4m^2$，额定载重量不得低于630kg，厅门口宽度不得少于0.8m，并要求以额定速度从最低一个停站直驶运行到最高一个停站（中间不设停层）的运行时间不得超过60s。

船舶电梯：专用于船舶上的电梯，能在船舶摇晃中正常运行。

观光电梯：轿厢壁透明，供乘客浏览观光建筑物周围外景。

汽车电梯：运送汽车的电梯，其特点是大轿厢和大载重量，常用于立体停车场及汽车库等场所。

（2）按电梯的运行速度分类

低速电梯：额定速度$v_N \leqslant 1m/s$，常用于10层以下建筑物。

快速电梯：$1m/s <$ 额定速度 $v_N \leqslant 2m/s$，常用于10层以上建筑物。

高速电梯：$2m/s <$ 额定速度 $v_N \leqslant 6.3m/s$，常用于16层以上建筑物。

超高速电梯：额定速度$V_N > 6.3m/s$，常用于100层以上建筑物。

（3）按电梯的驱动方式分类

交流电梯：用交流感应电动机作为驱动力。根据拖动方式又可分为交流单速、双速、三速电梯，以及交流调速电梯、交流调压调速电梯和交流变频调压调速电梯。在交流变频调压调速（VVVF）拖动方式中，主要利用微机控制技术和脉冲调制技术，通过改变曳引电动机电源的频率及电压使电梯的速度按需要变化。因此，VVVF 电梯是现代建筑电梯拖动的理想形式。

直流电梯：用直流电动机作为驱动力。根据有无减速箱分为有齿和无齿直流电梯。

液压电梯：基于液压传动原理，利用电动泵驱动液体流动，由柱塞使轿厢升降的电梯。

齿轮齿条电梯：采用电动机与齿轮传动机构，将导条加工成齿条，轿厢装上与齿条啮合的齿轮，由电动机带动齿轮旋转完成轿厢升降运动的电梯。

螺杆式电梯：轿厢的顶升装置由加工成矩形螺纹的螺杆与带有推力轴承的大螺母组成，然后通过电动机经减速机带动大螺母旋转，从而使螺杆顶升轿厢上升或下降的电梯。

直线电动机驱动电梯：即用直线电动机作为动力源的电梯。

（4）按电梯的电气控制方式分类　轿内手柄开关控制电梯：由电梯司机控制轿箱内操纵箱的手柄开关实现电梯控制。

轿内按钮控制电梯：由电梯司机控制轿箱内操纵箱的按钮实现电梯控制。

轿内、外按钮控制电梯：由乘用人员自行控制厅门外召唤箱或轿厢内操纵箱的按钮，从而实现电梯的控制。

轿外按钮控制电梯：由使用人员控制厅门外操纵箱的按钮实现电梯控制。

集选控制电梯：将厅门外召唤箱发出的外指令信号、轿内操纵箱发出的内指令信号和其他专用信号等进行综合分析判断后，由电梯司机或乘用人员进行控制的电梯。

并联控制电梯：并联控制电梯是指 2 ~ 3 台电梯关联在一起进行控制，共用厅门外召唤信号的电梯，电梯本身具有集选功能。

群控电梯：对集中排列的多台电梯，共用厅门外的召唤信号，按照规定顺序自动调配确定其运行状态。

梯群智能控制电梯：由计算机根据客流的情况自动选择最佳的电梯运行控制方式。

4. 电梯控制技术

20 世纪 80 年代，电梯控制进入到微机化阶段，使得电梯自动控制系统结构紧凑，体积缩小，噪声和功耗大大减小，控制器的设计可以实现标准化、模块化和软件化，从而提高了电梯的可靠性与技术性能。

微机控制电梯系统具有较大的灵活性，对于运行功能的改变，只需要改变软件即可实现，而不必增减继电器。系统中位置信号和减速点信号可由微机选层器产生，轿厢内指令、厅门召唤等信号经过接口板送到微机，由微机完成复杂的控制任务，如群控电梯系统中的等候时间分析、自学习功能、节能运行等。

电梯的控制包括两个方面：一是拖动系统的控制；二是操纵系统的控制。

（1）拖动系统控制技术　实验表明人体感觉与速度无关，而取决于加（减）速度和加（减）速度变化率。电梯加速上升或减速下降时会产生超重感，电梯加速下降或减速上升时会产生失重感，人体对失重的感觉比对超重更加不适。因此，为满足感觉舒适和平层准确，并且尽可能缩短运行时间，提高运行效率的要求，选择适当的加速度及其变化率是重要的。

电梯运行速度随时间的变化曲线如图 5-29 所示。

（2）操纵系统控制技术　电梯操纵系统控制是指电梯对来自轿厢、厅站、井道、机房等外部控制信号进行分析、判断和处理的操作，它是电梯使用性能的重要标志。

智能建筑中的乘客电梯多为操纵自动化程度较高的控制系统，主要有以下几种：

集选控制：集选控制是指将各楼层厅外的上、下召唤指令、轿厢指令以及井道信息等外部信号综合在一起进行集中处理，从而使电梯自动地选择运行方向和目的层站，并自动地完成启动、运行、减速、平层、开关门及显示、保护等一系列功能的操作。

并联控制：多台电梯的控制电路并联起来进行逻辑控制，共用层站外召唤按钮，电梯本身具有集选功能。

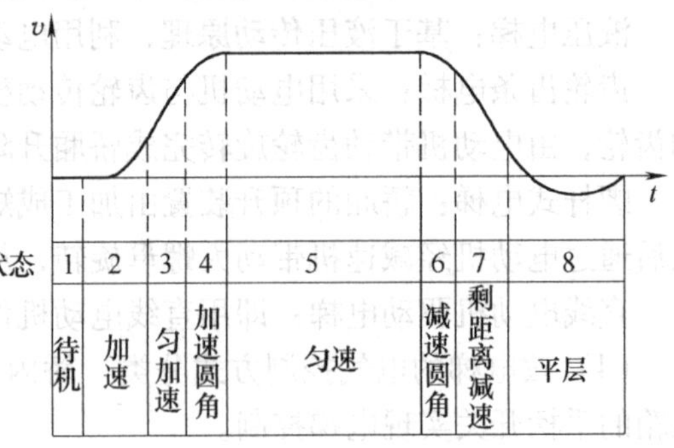

图 5-29　电梯运行速度曲线

群控：群控电梯是用计算机控制和统一调度的多台集中并联电梯，可分为以下两类：一类为梯群程序控制，控制系统按照客流状态编制程序，按程序集中调度和控制；另一类为梯群智能控制，智能控制电梯有数据采集、交换和存储功能，还可以进行分析、筛选和报告，并能显示出所有电梯的运行状态。计算机通过专用程序，采用智能控制方法分析电梯工作效率，评价服务水平，根据当前的客流情况自动选择最佳的运行控制策略。

5.6.2　电梯运行参数监控技术

1. 按时间程序设定运行时间表进行监控管理

按时间程序设定的运行时间表启/停电梯，监视电梯运行状态、故障及紧急状态报警运行状况，监视内容包括启动/停止状态、运行方向、所处楼层位置等，通过自动检测并将结果送入电梯控制屏，动态地显示出各台电梯的实时状态。故障检测包括电动机、电磁制动器等各种装置出现故障后自动报警，并显示故障电梯的地点、发生故障时间、故障状态等。

紧急状况检测通常包括火灾、地震状况检测，发生故障时是否关人等，一旦发现则立即报警。电梯运行状态监控原理如图 5-30 所示。

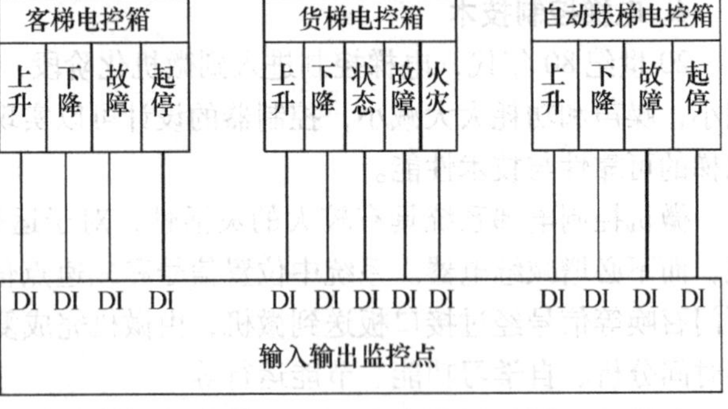

图 5-30　电梯运行状态监控原理

2. 多台电梯群控监控管理

以办公大楼中的电梯为例，在上下班、午餐等时间段客流量十分集中，其他时间又比较空闲。如何在不同客流时期自动进行调度控制，达到既能减少候梯时间、最大限度地利用现有交通能力，又能避免数台电梯同时响应同一召唤造成空载运行、浪费电力等问题，需要不断地对各厅站的召唤信号和轿厢内选层前对信号进行循环扫描，根据轿厢所在位置、上下方向停站数、轿厢内人数等因素来实时分析客流变化情况，自动选择最适合于客流情况的输送方式。

群控系统能对运行区域进行自动分配，自动调配电梯至运行区域的各个不同服务区段。服务区域可以随时变化，它的位置与范围均由各台电梯通报的实际工作情况确定，并实时监视，以便随时满足大楼各处的不同厅站的召唤。

在客流量很小的“空闲状态”，空闲轿厢中有一台在基站待命，其他所有轿厢被分散到整个运行行程上，为使各层站的候车时间最短，将从所有分布在整体服务区中的最近一站调度发车，不需要运行的轿厢自动关闭，避免空载运行。上班时，几乎没有下行乘客，客流基本上都上行，可转入“上行客流方式”，各区电梯都全力输送上行乘客，乘客走出轿厢后，立即反向运行；下班时，则可转入“下行客流方式”；午餐时，上下行客流量都相当大，可转入“午餐服务方式”，不断地监视各区域的客流量，随时向客流量大的区域分派轿厢，以缓解载客高峰。

群控管理可大大缩短候梯时间，改善电梯交通的服务质量，最大限度地发挥电梯作用，使之具有理想的适应性和交通应变能力，这是仅靠增加电梯数量和调整电梯运行速度不易做到的。

电梯监控系统是以计算机为核心的智能化监控系统，同时，作为智能建筑楼宇自动化系统的子系统，它还必须与中央管理计算机以及消防控制系统等进行通信，以便与 BAS 系统成为有机整体。

电梯监控系统由主控制器、电梯控制屏（DDC）、显示装置（CRT）、打印机、远程操作台及串行通信网络组成。要求主控制器可靠性高，CRT 采用高清晰度的大屏幕彩色显示器，使系统监视与操作方便。电梯的运行状态可由管理人员用光笔或鼠标器直接在 CRT 上进行干预，以便根据需要随机起、停任何一台电梯。

当发生火灾等异常情况时，消防监控系统及时向电梯监控系统发出报警及控制信息，电梯监控系统主控制器再向电梯 DDC 装置发出相应的控制信号，使它们进入预定的工作状态。

思　考　题

1. 建筑设备监控系统的主要功能有哪些？
2. 空调机组自动控制系统设计主要包括哪些内容？
3. 智能照明控制系统的主要功能有哪些？

第6章 建筑安全报警控制系统

6.1 出入口安全控制系统

6.1.1 概述

出入口控制系统的功能是对建筑物内外正常的出入通道进行管理，控制各类人员的出入以及他们在相关区域的行动，出入口控制系统通常称为门禁控制系统。它可以和闭路电视监控系统、火灾报警系统、防盗报警系统等连接起来，形成建筑综合安全管理系统。

出入口控制系统以安全防范为目的，完成对人员流动、物品流动的管理与控制，采用电子与信息技术为系统平台，以识别人和物的数字化编码信息、数字化特征信息为技术核心，通过识别处理相关信息从而驱动执行机构动作和指示，对目标在门禁的出入行为选择实施放行、拒绝、记录或报警等操作。

出入口控制的主要目的是对重要的通行口、出门口通道、电梯门口等进行出入监视和控制。该系统可以控制人员的出入，还能控制人员在楼内及其相关区域的行动。每个用户持有一个独立的卡或密码。对已授权的人员，凭有效的卡片、代码或生物特征允许其进入；对未授权人员将拒绝其入内。可以通过程序预先设置任何一个人进入的优先权。对某时间段内人员的出入状况、某人的出入情况、在场人员名单等资料实时统计、查询和打印输出。系统所有的活动都可以用打印机或计算机记录下来。

出入口控制系统的特点是可靠性要求高，系统在运行的大多数时间内可能没有警情而不需要报警，出现警情需要报警的概率一般很小。但是，一旦在极小的概率内出现报警系统失灵的情况，则可能带来重大损失。另一方面，门禁及安防系统还应具有防人为破坏的功能，如具有防破坏的保护壳体以及具有防拆报警、防短路和开路等；出入口控制系统应功能多样化，以满足人们对出入口控制系统不断提高的要求，要求其不仅可应用于智能大厦或智能社区的门禁控制、考勤管理、安防报警、停车场控制、电梯控制、楼宇自控等，还要与其他系统实现联动控制等；出入口控制系统的扩展性应留有余地，应选择开放性的硬件平台，具有多种通信方式，为实现各种设备之间的互联和整合奠定良好的基础，另外，还要求系统应具备标准化和模块化的部件，具有很强的灵活性和扩展性。

出入口控制系统实现的控制及管理功能主要有以下方面：对通道进出权限的管理，可依照用户的使用权限在软件中设定门的开启时间、重锁时间以及每天的固定常开时间；对进入系统管理区域人员所处位置，以及进入该区域人员及进出次数做详细的实时记录；当非法侵入时报警并实时记录，报警可与报警系统联动，封锁相关的出入门，也可与闭路监视系统联动，当发生报警信号时，联动视频录像并切换矩阵主机监视报警画面；出入口控制系统可与消防系统联动，当发生火灾时打开所有预先设定的门；系统可按用户要求在现有的基础上扩充其他子系统，如人事考勤管理、巡更、消费（食堂、餐厅）收费管理和停车场管理子系统等，充分发挥一卡多用功能；门禁系统还可以实现一些特殊功能，如反潜功能、防尾随功能等。

6.1.2　出入口安全系统的构成

出入口控制系统的设计思想是按照人的活动范围，预先制作出各种层次的卡或预定密码，在相关的大门出入口、金库门、档案室门、电梯门等处安装识别设备，用户持有效卡或密码方能通过或进入。由识别设备接收人员信息，经解码后送控制器判断，如符合出入条件则门锁被开启，否则实施系统报警。

门禁管理系统设备通常包括三个层次，第一层是直接与人员打交道的设备，有识别设备、电子门锁、出口按钮、闭门器、报警传感器和报警扬声器等；第二层为控制器，控制器接收底层设备发来的有关人员的信息，通过通信网络与计算机连接起来组成了整个建筑的门禁系统；第三层为门禁系统的管理主机，向控制器发送控制命令，对它们进行设置，接受其发送来的信息，完成系统信息的分析与处理。门禁系统的基本构成如图 6-1 所示。

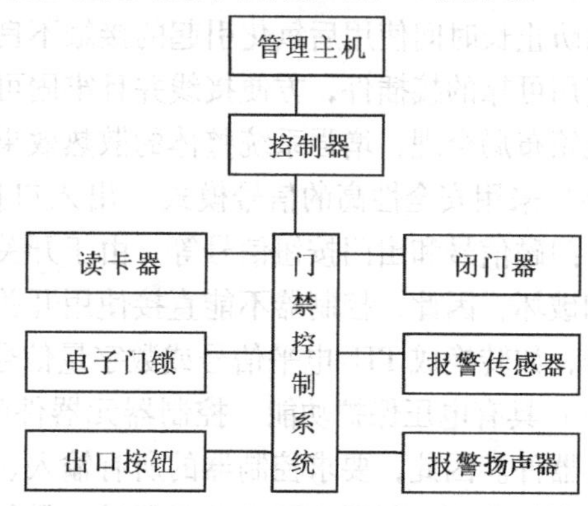

图 6-1　门禁系统的基本构成

出入口控制系统通常分为控制器自带读卡器、控制器与读卡器分体两大类。对于控制器自带读卡器的结构，这种设计的缺陷是控制器须安装在门外，因此部分控制线可能设置在门外，内行的人无须卡片或密码可以轻松开门；对于控制器与读卡器分体的结构，系统的控制器安装在室内，只有读卡器输入线露在室外，其他所有控制线均在室内，而读卡器传递的是数字信号，因此，若无有效卡片或密码则无法开门进入。

对于出入口控制系统组网，其常见的是单机控制型结构，它适用于小系统或安装位置集中的用户，通常采用 RS-485 通信方式。它的优点是投资小，通信线路专用，缺点是一旦安装完毕就不便再更换管理中心的位置，不易实现网络控制和异地控制。对于大系统和安装位置分散的系统，可以采用网络型组网方式。网络型组网方式技术含量较高，它的通信方式通常采用 TCP/IP 协议，这类系统的优点是控制器与管理中心通过局域网传递数据，管理中心位置可以随时变更，不需要重新布线，容易实现网络控制或异地控制。但是，这类系统通信部分的稳定性需要依赖于局域网的稳定性。

6.1.3　出入口安全系统的设备选择

整个出入口系统一般由卡片、读卡器、控制器、锁具（磁力锁、电插锁、阴极锁等）、按钮、电源、线缆、门禁软件及门磁开关等设备组成，其中，读卡器和控制器是出入口控制系统的关键设备。

1. 出入口控制系统控制器

控制器是出入口控制系统的核心设备，控制器中有运算单元、存储单元、输入单元、输出单元、通信单元等，负责整个系统输入和输出信息的管理、储存和控制。由于读卡器、电锁、出门按钮、紧急按钮等都与控制器相接，控制器的稳定性和性能决定了整个出入口控制系统的安全性和先进性，将影响整个系统的性能。

选择控制器时应遵循以下原则：

（1）选择技术先进、可升级的系统结构　选择的系统结构要有利于系统扩展升级，减少布线难度。

（2）选择灵活的布线方式　可选择的布线方式有RS-232、RS-485、TCP/IP等，可依据用户需要或现场实际情况灵活选择，也可以结合各种方式的优势加以综合。

（3）授权持卡人容量大，并能脱机存储事件记录　授权持卡人容量是控制器性能的一个重要指标，脱机运行可以保证遭遇攻击或网络瘫痪时出入口控制系统仍能正常运行，脱机存储事件记录并在联网后实时上传，可以有效保证出现问题时有据可循。

（4）具有良好的安全保护功能　控制器要具有先进的保护功能。同时，还要有安全检测功能，包括硬件监测、电源故障、控制器防拆报警、线路监测等。

（5）避免使用插槽式扩展板　出入口控制器的结构设计应尽量避免使用插槽式的扩展板，以防止长时间使用后氧化引起的接触不良。

使用可靠的接插件，方便接线并且牢固可靠。元器件的分布和线路走向应合理以减少干扰。机箱布局合理，增强系统整体的散热效果。

（6）采用安全性高的信号模式　出入口控制系统中有许多信号以开关量的方式输出，例如，门磁信号和出门按钮信号等，由于开关量信号只有短路和开路两种状态，很容易遭到利用和破坏，因此，控制器不能直接使用开关量信号，需要将开关量信号转换成安全性更高的信号，如转换成TTL电平信号或数字量信号等。

（7）具有电压保护功能　控制器元器件的工作电压一般为5V，如果电压超过5V就会损坏元器件。因此，要求控制器的所有输入、输出口都有动态电压保护功能，以免外界可能的大电压加载到控制器上而损坏元器件，另外，控制器的读卡器输入电路还需要具有防错接和防浪涌的保护措施。

一些控制器具有设置控制器地址功能，每一个控制器设置唯一地址码，这样可以有效判断故障设备的位置，便于维护和管理。

2. 出入口控制系统读卡器

读卡器是出入口系统信号输入的关键设备，是出入口控制系统的重要组成部分，决定了出入口控制系统的稳定性与安全性。某种读卡器操作面板结构如图6-2所示。

图6-2　某种读卡器操作面板结构

当前，读卡器大部分提供WG26/34/36、RS-485等标准接口，按键输出格式也相互兼容。具有TCP/IP输出的网络型产品，以及具有生物辨识功能、高保密性、可以远距离读卡的读卡器是重要的发展方向。

读卡器的选择主要应考虑以下方面：

（1）接口标准　不同厂家的读卡器除有自己的接口协议及相关标准外，还需兼容符合国际标准的Wiegand 26bit，以实现与符合国际标准的其他设备的连接。

(2) 根据需要选用ID卡读卡器或IC卡读卡器　IC卡读卡器适用于可读、可写的非接触式智能卡，一般在消费等实时写入数据的使用环境中；ID卡读卡器适用于只读非接触式智能卡，一般应用于门禁、考勤，以及刷卡出入不需计费的停车场系统。目前，ID卡读卡器的性能和感应距离要好于IC卡读卡器。

(3) 读卡器的安全　其安全应当符合国际或国内相关标准，以及严格的电磁干扰标准，能够应对恶劣的天气或者其他破坏行为，如具有防水、防拆、报警等功能特点。同时，还要针对不同应用环境、不同安全级别的要求，使指纹、虹膜、视网膜等多种读卡器可供选择使用。

尽量选用外观典雅、高贵的读卡器，也可以将读卡器产品与设计艺术进行结合，满足不同读卡器在不同安装使用环境的需求。

3. 出入口控制系统读卡器卡片

读卡器卡片广泛应用于非接触智能卡，当前，使用最多的非接触卡是Mifare卡、ID卡、EM卡等。读卡器卡片的选择应结合出入口控制系统和读卡器的要求，主要应考虑以下几点：

卡号的唯一性：厂家在出厂前将卡号固化在芯片中，以避免卡号的重复，从而提高了系统的安全性能；

使用安全方便：读卡器卡片应达到抗电磁干扰规定标准，还应具有较高的保密性能，不易被伪造或仿制，并且做到卡片美观耐用。

4. 出入口控制系统电控锁

电控锁是出入口控制系统中的执行机构，电锁的质量会直接影响到系统的整体稳定性，电锁故障通常会被用户认定为是出入口控制系统的设备故障，因此，选择高质量的电锁是整个系统稳定的重要保障。

电控锁的终端是一个电磁铁，它控制一个简单的机械装置进行门的开关。电磁铁的动作是通过一系列指令动作的，当发生不能控制的情况时，首先测量输往电磁铁的电压，同时输入开关门指令（有的控制为电磁卡，有的为输入密码），看其电压是否有变化，如果有变化但电磁铁不动作，则故障为电磁控制部分，应维修电磁控制部分或更换该部分，否则为控制部分故障。

系统控制部分包括硬件和软件两部分，有些控制器与计算机接口相连，可进行人员出入查询统计等操作。控制输出电压一般由继电器控制。首先看查继电器是否有吸合声，如没有则可测量继电器控制接口各部分电压和驱动器件是否损坏，如果系统完好则可进一步测量有关集成电路的工作电压、复位端口及时钟振荡部分，如无问题则一般为软件故障。如果继电器有吸合声，而继电器的电压又正常工作的话，则是继电器触点损坏或送往电控部分的线路断路。

电控锁一般可以分为电插锁（见图6-3a）、磁力锁（见图6-3b）、阴极锁（见图6-3c）和阳极锁（见图6-3d）等种类，可以满足各种木门、玻璃门、金属门的安装需要。每种电控锁在安全性、方便性和可靠性上各有差异，也有各自的特点，需要根据具体情况来选择合适的电控锁。选择电控锁时通常要注意以下几点：

应根据门的情况选择电控锁类型。在通常情况下，双开（可内开也可外开）玻璃门最好用电插锁，公司内部的单开（只能内开或者只能外开）木门最好采用磁力锁。一般情况下，同等质量的产品，磁力锁的稳定性要高于电插锁，不过电插锁的安全性更高些，住宅小区用户一般选用磁力锁和电插锁。电插锁噪声比较大，一般楼宇对讲系统配备的都是电插锁，但是也有静音电插锁可以选用。

电插锁的选购应注意锁面具有金属光泽，不能有明显的划伤，电插锁弹起的力度要充分，压下去后锁头能自动弹起而有力，最好能进行4000次通断测试，测试过程中锁头无力、弹起不到位或者弹不起来的视为不合格。电插锁按线制可分为两线制及多线制两种，两线的电插锁内部结构简单，工作电流大，发热严重到一定程度时会损坏电锁，因此不建议采用。多线电插锁的运行电流受单片机控制，锁体不会太热，而且具备延时控制功能和门磁监控功能，因此应优先选用多线的电插锁。

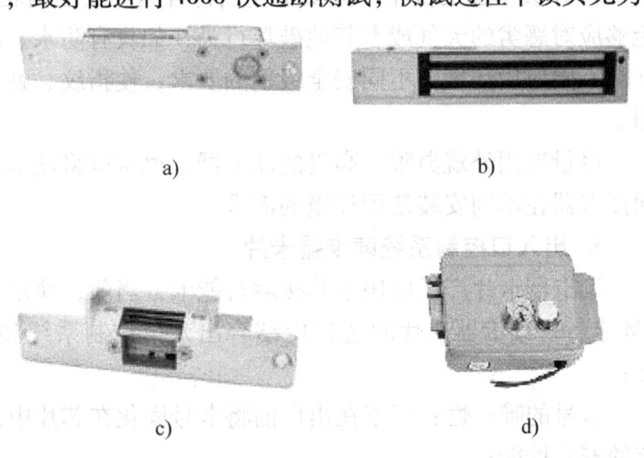

图6-3 电控锁类型
a）电插锁 b）磁力锁 c）阴极锁 d）阳极锁

对于磁力锁的选购，要求磁力锁外观精致，表面不能有明显划伤或者锈迹。磁力锁的关键性指标是耐拉力，这需要专业的设备才能测量出来。在安装好后以突然用力的方式用手拉，拉不开视为正常。注意磁力锁锁体吸合要吻合，吸铁不要安装得过紧，否则会影响耐拉力。

此外，还要注意锁具的运行机制。磁力锁有断电关门、断电开门两种运行机制。断电关门（送电开门）机制是指在正常闭门情形下锁体并未通电，而呈现锁门状态，经由外接的控制系统（例如刷卡机、读卡机）对锁进行通电时内部的机体动作，从而完成开门的动作，如阴极锁。这种断电关门机制适用于诸如银行、机房等机要部门，使失电时锁具处于锁住状态以确保财产和设备的安全，等待来电时开门或者需用钥匙开门。断电开门（送电关门）机制指在正常闭门情形下锁体持续通电，而呈现锁门状态，经由外接的控制系统（例如刷卡机、读卡机）对锁进行断电时内部的机体动作，而完成开门的动作，如磁力锁。对于诸如电影院等公共场合，应设计成断电时可逃生的出入机制，以保障人员的逃生安全。

电控锁的选择必须符合消防要求，断电开门符合消防法规，大多数火灾发生的原因是由电线造成的，火灾现场的热度可以使五金门锁的机件融化而无法开门逃生，使许多人在火场中因门锁无法打开逃生而葬身火海。断电开门的好处是一旦电线失火引发停电时，通道的防烟门将会动作，除阻绝烟雾扩散外，人也可以轻易地开门逃生。断电闭门机制适用于金库等一些财产保险要求较高的门禁场合，此时可以用电子机械锁和阴极锁一起搭配锁芯使用，一旦发生危险时，还可以使用旋钮或钥匙开门。

5. 出入口控制系统传感与报警单元部分

传感与报警单元部分包括各种传感器、探测器、出门按钮、遥控开关、玻璃破碎报警器等设备，常用的有门磁和出门按钮。这些设备都是采用开关量的方式输出信号，设计良好的门禁系统可以将门磁报警信号与出门按钮信号进行加密或转换，如转换成TTL电平信号或数字量信号。同时，门禁系统还可以监测出以下报警状态：报警、短路、安全、开路、请求退出、噪声、干扰、屏蔽、设备断路、防拆等状态，可防止人为对开关量报警信号的屏蔽和破坏，以提高门禁系统的安全性。另外，门禁系统应该对报警线路具有实时的检测能力。

6. 出入口控制系统线路及通信单元部分

门禁控制器支持多种联网的通信方式，如RS-232、RS-485、TCP/IP等，可以在不同的情况下使用各种联网的方式登录互联网，从门禁系统整体安全性考虑，通信信号必须能够以加密的方式传输，加密位数一般不少于64位。门禁控制系统中的通信接口主要有以下两类：串行通信接口标准RS-232/485及TCP/IP网络通信接口。

7. 出入口控制管理系统软件

出入口控制与管理系统软件负责系统出入口的监控、管理、查询等工作，管理人员可对出入口的状态、控制器的工作情况进行监控管理。管理软件可以运行在Windows 2000、Windows 2003和XP等环境中，支持客户机/服务器的工作模式，并且可以对不同的用户进行可操作功能的授权和管理。

管理软件应该具有良好的可开发性和集成能力。管理软件应该具有设备管理、人事信息管理、证章打印、用户授权、操作员权限管理、报警信息管理、事件浏览、电子地图等功能。

8. 出入口控制系统电源

电源设备是整个系统的重要组成部分，一旦电源出现问题整个系统就会瘫痪。电源应选择符合出入口控制产品要求的线性电源或开关电源，并应保证整个出入口控制系统全负荷操作时所需的容量，同时，电源应安装在安全区域以确保不被恶意破坏。

电源应具有良好的滤波和稳压能力，保证电压不存在过低、过高、波动等现象。电源需要具有很强的抗高频感应信号、抗雷击等能力。

控制器的电源必须带有UPS系统，当外部电源停电或故障时保证门禁控制器继续工作，以防止出入口控制系统瘫痪。

6.2 视频安防监控系统

视频安防监控系统主要采集重要出入口、单元门口、停车场出入口、小区周界和各类公共场所等重点区域的视频监控图像，使值班人员能够实时地监视整个区域的现场情况，并能够对每路视频图像进行控制，实时记录、回放、检索录像文件，管理中心可通过网络实现远程监测与控制。

视频安防监控系统通过摄像机采集现场的情况，图像信号经视频传输电缆传送到安保中心的硬盘录像机。

6.2.1 电视监视系统的基本结构

视频安防监控系统一般由前端、传输、控制及显示记录4个主要部分组成，其结构如图6-4所示。

1. 前端部分

前端部分主要完成模拟视频的拍摄、探测器报警信号的产生、云台及防护罩的控制、报警输出等功能。该部分包括摄像头、电动变焦镜头、室外红外对射探测器、双监探测器、温湿度传感器、云台、防护罩、解码器、警灯、警笛等设备（设备使用情况根据用户的实际需求配置）。摄像头通过内置 CCD 及辅助电路将现场情况拍摄成为模拟视频电信号，经同轴电缆传输。电动变焦镜头将拍摄场景拉近或推远，并实现光圈、调焦等光学调整。温、湿度传感器可探测环境内温度和湿度，从而保证内部良好的物理环境。云台、防护罩为摄像机和镜头提供了适宜的工作环境，并可实现拍摄角度的水平和垂直调整。解码器是云台和镜头控制的核心设备。

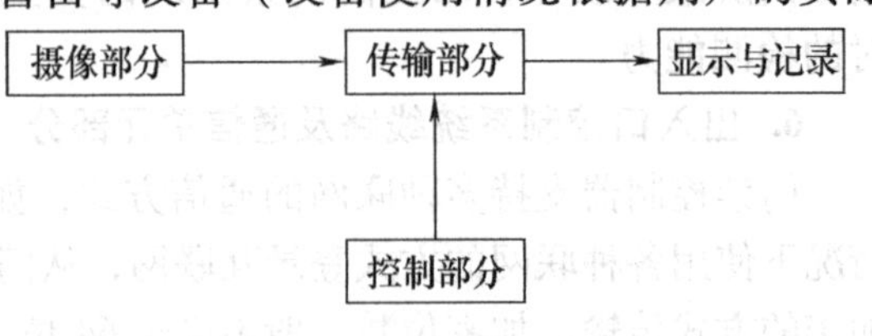

图 6-4　视频安防监控系统组成

2. 传输部分

传输部分的任务是把现场摄像机发出的电信号传送到控制中心，该部分一般包括线缆、调制与解调设备、线路驱动设备等。传输的方式主要有两种：一种是利用同轴电缆、光纤等有线介质进行传输；另一种是利用无线电波等无线介质进行传输。传输部分对前端摄像机摄录的图像进行实时传输，同时要求图像传输损耗小，图像传输质量高，图像在录像控制中心能够清晰还原显示。

3. 控制部分

该部分是安防监控系统的核心，是实现报警和录像记录进行联动的关键部分。它完成模拟视频监视信号的数字采集、MPEG-1 压缩、监控数据记录和检索、硬盘录像等功能。它的核心单元是数据采集和压缩单元，它的通道可靠性、运算处理能力、录像检索的便利性等直接影响到整个系统的性能。

4. 显示与记录部分

该部分完成在系统显示器或监视器屏幕上的实时监视信号显示和录像内容的回放及检索。系统支持多画面回放、所有通道同时录像、系统报警屏幕显示、声音提示等功能。它兼容了传统电视监视墙一览无余的监控功能，降低了值守人员的工作强度，提高了安全防卫的可靠性。用户只需在操作桌面上用鼠标单击系统相应图像化按钮即可完成日常工作。终端显示部分还具有另外一项重要功能，即控制功能，主要包括摄像机云台控制、镜头控制、报警控制、报警通知、自动与手动设防、防盗照明控制等功能。

6.2.2　视频监控系统常用前端设备

前端设备是指安装在现场的摄像装置，包括各类摄像机、镜头、云台、防护罩等。这些设备是整个视频监控系统的基础。它的任务是将现场的图像信号转换成电信号，只有在前端采集了良好的图像信号，才有可能在后端进行高质量的回显和存储。前端设备的成像质量要有良好的保证，根据有关技术标准规定，该系统的后端成像清晰度不得低于电视线标准。

(1) 摄像机　摄像机是摄像部分的主体，摄像机根据图像的种类、适用的照度、摄像器件的种类、适用光谱的范围、摄像机的使用环境和用途等进行分类，可以分成多种类型。对现场设备进行选型时，应充分考虑到各种环境因素合理配置摄像机。

由于电荷耦合式摄像机（CCD 摄像机）具有体积小、性能好、寿命长等优点。因而，当今使用的摄像机主要是电荷耦合式摄像机。某种 CCD 摄像机外形图如图 6-5 所示。

摄像机的主要参数有：

灵敏度、最低照度、清晰度（分水平清晰和垂直清晰度）、摄像机的电源和功耗、摄像机的尺寸（CCD 摄像机有 1/3 英寸、1/2 英寸和 2/3 英寸等种类）、同步方式、摄像机的制式、白平衡、电子光线控制、自动增益控制、逆光补偿、信噪比（CCD 摄像机的信噪比一般大于 45dB） 等。

图 6-5　某种 CCD 摄像机外形图

摄像机的选用应注意以下问题：

1）摄像机按技术性能指标的高低可分为广播级、通用级、摄录级以及特殊级等。作为一般的电视监视系统选取通用级即可，因为图像可以满足要求，而价格比专业级的低很多。

2）摄像机有彩色和黑白之分，对于电视监视系统，为了降低成本和实现无调整化，除非特殊需要外，应使用灵敏度和清晰度较高的黑白摄像机。

3）小尺寸的摄像机是发展趋势，而较大尺寸的摄像机可能在维护和修理方面较有优势，价格也可能较便宜。故应综合考虑选用，通常使用 1/3 英寸或 1/2 英寸摄像机。

4）应根据监视场合监视目标的照度来选用不同灵敏度的摄像机，以确保画面的清晰质量。监视目标的最低环境照度应高于所选摄像机最低照度的 10 倍。

5）球式摄像机是一种把摄像头、镜头和旋转云台一体化的摄像机。它可以作水平 360° 的旋转，并有快速旋转球机和慢速旋转球机之分。快速旋转球机用一般在要求较高的监视系统中，其造价也较高。如图 6-6 为某种彩色半球式 CCD 摄像机外形图。

摄像机的布置和安装应充分考虑现场实际情况和被保护对象的布防要求，确保摄像机的有效监视范围，保证无监视盲区。摄像机在安装后正式使用之前，按照不同的环境因素和摄像机的种类进行调试，正确调整摄像机的镜头焦距、聚焦及光圈，还有自平衡调整、视频增益、同步方式以及电子快门、背景光补偿等项目的调整，使摄像机工作于最佳状态，保证最佳的监视效果。

图 6-6　某种彩色半球式 CCD 摄像机外形图

摄像机一般采用集中供电方式，每个摄像机从系统配电箱引一路电源。系统采用独立的稳压电源集中供电，以保证设备的安全运行和良好的同步性能。从稳压电源设备输出的电源由系统配电箱向现场设备和中央监控设备统一供电。

（2）镜头　在电视监视系统中，镜头的作用是收集光信号并成像于摄像机的光电转换面上。在设计系统时，它的选择与摄像机的选择是同等重要的。

1）镜头的分类　主要镜头的分类表如表 6-1 所示。

表 6-1 镜头分类表

按外形功能分类	球面镜头	非球面镜头	针孔镜头	鱼眼镜头
按尺寸大小分类	1×25mm	1/2×13mm	1/3×8.5mm	2/3×17mm
按光圈分类	自动光圈	手动光圈	固定光圈	
按变焦类型分类	电动变焦	手动变焦	固定变焦	
按焦距长短分类	长焦距镜头	标准镜头	广角镜头	

2）镜头的性能参数

①成像尺寸：镜头一般有 1 英寸、2/3 英寸、1/2 英寸、1/3 英寸等几种规格，它们分别对应着不同的尺寸。选用镜头时应使镜头的成像尺寸与摄像机的靶面尺寸大小相吻合。

②焦距：焦距表示从镜头中心到主焦点的距离，以 mm 为单位。用不同焦距的镜头对同一位置的某物体摄像时，配长焦距镜头的摄像机所摄取的景物尺寸大，配短焦距镜头的摄像机所摄取的景物尺寸小，即焦距决定了摄像机摄取图像的尺寸大小。

③光圈（光圈指数或光圈数）：光圈是衡量镜头通光量的参数，它是镜头焦距与通光孔径的比值，用 F 表示。光圈 F 愈大，通光量愈小，F 愈小，通光量愈大。

④视场角：镜头都有一定的视野范围，镜头对这个视野范围的高度和宽度的张角称为视场角。视场角与镜头的焦距及摄像机靶面尺寸的大小有关。焦距短则视角宽，焦距长则视角窄。摄像机靶面尺寸越大，视场角也越大。如果所选择的镜头的视场角太小，可能会因出现监视死角而发生漏监的情况；如果所选择的镜头的视场角太大，又有可能造成被监视的主题画面尺寸太小而难以辨认，且画面的边缘可能出现畸变。因此，只有根据具体的应用环境选择视场角合适的镜头，才能保证既不出现监视死角，又能使监视的主题画面尽可能的大，并且图像清晰。

⑤景深：景深是指焦距范围内景物的最近和最远点之间的距离。景深的大小与镜头的焦距和光圈有关。焦距长的镜头景深小，焦距短的镜头景深大。光圈越小则景深越大，光圈越大则景深越小。另外，前景深小于后景深，即精确对焦后，对焦点前面只有很短一点距离内的景物能够清晰成像，而对焦点后面很长一段距离内的景物，其成像都是清晰的。

⑥镜头安装接口：CDD 摄像机的镜头安装接口有 C 型和 CS 型两种标准。两者螺纹部分相同，从镜头安装基准面到镜头的距离不同。C 型安装接口从镜头安装基准面到焦点的距离是 17.526mm，CS 型安装接口从镜头安装基准面到焦点的距离是 12.5mm。如果要将一个 C 型镜头安装在一个 CS 型安装接口的摄像机上时，需增配置一个 5mm 厚的接圈。

3）摄像机镜头的选用

①根据被摄物体的尺寸、被摄物到镜头的焦距和需看清物体的细节尺寸，决定采用定焦镜头或变焦镜头。

一般来说，摄取固定目标时宜选用定焦镜头，摄取远距目标时宜选用长焦头。变焦镜头结构复杂，价格比定焦镜头更高，因此，对用户来说，在多数情况下考虑使用变焦镜头是可取的，但对大型监视系统，若变焦镜头用得过多，除大量增加造价外还会增加系统的故障率。因此，要综合加以考虑。

②一般在室内光线变化不大的情况下，可选用手动光圈镜头；在室外往往需要选用自动光圈镜头。

③镜头的大小应与摄像机配合。一般来说，镜头的尺寸应与摄像机尺寸一致，但大尺寸镜头可装在小尺寸摄像机上使用。

④为了使摄像机得到广阔的视野，可考虑采用广角镜头。但随着广角镜视角的扩大，图像的几何失真也会随之增大。

（3）云台　云台是电视监视系统中不可缺少的摄像机支撑配件，它与摄像机配合使用能达到扩大监视范围的目的，提高了摄像机的使用价值。某种摄像机云台的外形图如图 6-7 所示。

摄像机云台的种类很多，按用途分类可分为通用型云台和特殊型云台两种，通用型云台又可分为遥控电动云台和手动固定云台两类。还可按使用环境的不同分为室内型和室外型云台。在电动型云台中，又可分为能左右摆动的水平云台、左右上下均能摆动的全方位云台两种。在智能建筑监控系统中，最常用的是室内外全方位普通云台。

图 6-7　某摄像机云台外形图

云台的主要技术指标包括回转范围、承载能力、旋转速度、安装方式等。

1）回转范围：回转范围包括水平旋转角度和垂直旋转角度两个指标。目前，两个指标均可实现 0°~360°的旋转。

2）承载能力：承载能力是指云台的负重，选用云台时必须充分考虑云台的负重。一般的轻载云台最大负重约为 9kg，重载云台最大负重约为 45kg。

3）旋转速度：旋转速度可分为恒定速度和可变速度两种。普通云台的旋转速度是恒定的，可变云台需要根据使用要求选择水平和垂直旋转的速度。

4）安装方式：安装方式有侧装和吊装两种，即云台可以安装在墙壁和天花板上。

5）使用电压：云台的使用电压有交流 220V、交流 24V 和直流供电等几种电压模式。

6）云台外形：从外形上可将云台分为普通形和球形两种。球形云台是把云台安置在一个半球形或球形防护罩中，除了具有防止灰尘干扰图像的功能外，还具有隐蔽摄像机和美观环境等特点。

（4）防护罩：智能建筑监视系统中摄像机的防护罩分为室内型和室外型两种。

室内型防护罩的主要作用是保护摄像机免受灰尘及人为损害。在室温很高的环境下，室内型防护罩需要配置轴流风扇帮助设备散热。

室外型防护罩又称为全天候防护罩，其结构和材料要求比室内型更加复杂和严格。首先，外罩一般有双层防水结构，由耐腐蚀铝合金制成，表面涂防腐材料。其次，要有防止雨水积在前窗下的刮水器，以及防低温的加热器和通风风扇等。

还有一些特殊型防护罩，主要有高温下水冷或强制风冷型、防暴型、特殊射线防护型以及其他类型。

在选用室外防护罩时，除了防雨是不可缺少的要求外，其余各项根据实际的环境条件选定。

6.2.3 视频监控系统的传输部分

监视现场和控制中心之间有两种信号传输：一种是由现场把视频信号传输到控制中心；另一种是控制中心把控制信号传输到现场以控制现场设备。

1. 视频信号的传输

视频信号的传输方式有多种，表6-2列出了视频信号的几种有线传输方式。在智能楼宇系统中，每路视频传输的距离一般为几百米，多采用视频基带的传输方式，一般采用同轴电缆传输。同轴电缆应穿金属管保护，且应远离强电线路。同轴电缆的屏蔽网应该是高编织密度的，例如，编织密度大于90%。

表6-2 视频信号的有线传输方式

分类	传送距离/km	传送媒体	特 点
视频基带	0～1.5	一般同轴电缆	比较经济，易受外界电磁干扰
视频基带	0.5～60	平衡对电缆	不易受外界干扰，易实现多级中继补偿放大传输，具有自动增益控制功能
视频信号调制（模拟）	0.5～20	电缆电报用同轴电缆	可实现单线多路传输，用普通电视即可接收，设备复杂
视频信号调制（模拟）	0.5以上	光缆	不受电气干扰，无中继可传输10km以上

同轴电缆SYV-75-3在100m以内，SYV-75-5在300m以内时，其衰减的影响可以忽略。大于此范围则需要考虑使用电缆补偿器。

2. 控制信号的传输

控制中心要对现场的设备进行控制就需要把控制信号传输到现场。对于不同的控制方式，其信号的种类可能不同，故传输方式也有区别。在近距离监视系统中，常用以下几种传输方式：

（1）直接控制　在这种方式中，控制中心直接把控制量，如云台和变焦距镜头所需要的电源、电流等直接送入被控设备。它的特点是简单直观，容易实现，在现场设备较少的情况下比较适用。但是，在所控制的云台、镜头数量较多时，需要大量的控制电缆，线路也较为复杂。目前，在较大型的系统中一般不采用这种方式。

（2）多线编码间接控制　在多线编码方式中，控制中心把要控制的命令编成二进制或其他方式的并行码，由多线传送至现场的控制设备，再由它转换成控制量从而对现场摄像设备进行控制。这种方式比直接控制方式用线量减少，在近距离控制时可以采用。

在智能建筑的监视系统中，由于系统一般比较庞大，控制距离较远，故不适宜采用直接控制和多线编码间接控制方式传输控制信号，而应采用如下两种控制方式传输控制信号：

1）通信编码间接控制：采用串行通信编码控制方式，用单根双绞线就可以传送多路编码控制信号，到现场后再进行解码，这种方式大大节约了线路费用。这是目前智能建筑监控系统中应用最多的控制方式。

2）同轴视控：利用一条同轴电缆同时传输对云台及镜头的控制信号以及来自摄像机的视频信号。其原理是把控制信号调制在与视频信号不同的频率范围内，然后与视频信号一起进行传送，到现场后再分解开来。这种传输方式节省材料和成本，施工方便，维修简单，在系统扩展和改造时更具有灵活性。

6.2.4　视屏监控系统的控制

1. 三可变镜头的控制

三可变指的是变焦、聚焦和变光圈三种方式，三可变中分别有长短（变焦）远近（聚焦）和开闭（变光圈）两种控制模式，共有 6 种控制方式。

2. 云台控制

全方位云台有左右和上下 4 种控制方式，再加上有些云台有自动巡视控制功能，故共有 5 种控制方式。

3. 控制切换设备

控制切换设备切换到哪一路图像，有时与云台、镜头的控制同步进行，但有时单独进行控制。

对视频信号的控制有按键、继电器和矩阵切换器等多种控制方式，在设计时可按实际情况选定。在要求较高情况下，应选择先进的矩阵切换器、硬盘录像机或两者结合加以控制。

4. 联动控制

在某些特殊要求情况下，如公安、法院等建筑物系统的某些部位，需要摄像机在监视范围内出现声响、人物移动时即时录像。此时系统应加入相应的探测器，并控制灯光照明和摄像机的起动，实现联动控制其控制结构如图 6-8 所示。

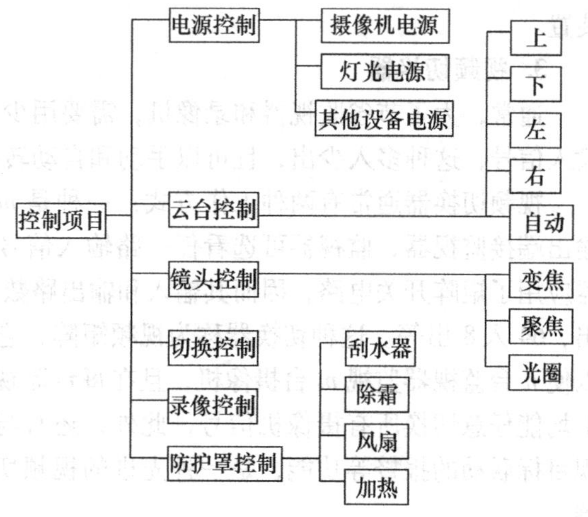

图 6-8　监控系统联动控制结构

6.2.5　系统显示与记录

在安保控制中心安装有电视监视系统的显示与记录设备，这些设备主要有监视器、录像机、视频切换器和视频分配器等。

1. 监视器

监视器是电视监视系统的显示设备，系统的最终和中间状态都可以在监视器的荧屏上显示。监视器可分为通用型应用级和广播级两类，每类又有彩色和黑白两种。在电视监视系统中主要采用通用型监视器。

监视器的主要特点如下：

1）监视器只可输入视频信号和同步信号，没有 RF 调谐器。

2）监视器的清晰度高。如中清晰度监视器的水平分辨率≥600 线，高清晰度监视器的水平分辨率≥800 线。一般比电视机的 400 线高很多。

3）监视器对电磁屏蔽要求高。这是由于在安保控制中心有多台监视器和视频处理器，要求尽量减少相互之间的电磁干扰，因而监视器多装有金属外壳。

根据这些特点及实际应用情况，选择监视器主要应根据以下原则：

1）屏幕的大小应根据监视的人数、要求画面的分辨程度和监视人员到屏幕间的距离来确定。一般采用 23 ~ 51cm 的监视器。

2）在有特殊要求的情况下，可采用多画面、大屏幕投影或电视墙显示方式。

2. 录像机

对于电视监视系统中的录像机，除了具有一般家用录像机的要求外，还有一些特殊要求：①记录时间要长，一般要求可连续录 24h、36h 和 72h；②一般需要远距离操作，即要求有遥控功能，因此，适用于智能建筑电视监视系统的录像机是属于专业级的。

上述录像机是传统的磁带录像机，其录制的是模拟视频信号，缺点是失真大，不易保存，功能较少。近年来出现的数字硬盘录像机，它应用计算机硬盘记录原理，把图像信号变成数字信号并由硬盘存储起来，需要时再将其调出还原为视频信号。它具有失真度小、可长期保存和功能强大（可有报警输出、联动和控制功能）等优点，是新型的图像记录和控制装置。

3. 视频切换器

通常，为了节省监视器和录像机，需要用少于输入信号路数的监视器轮流监视各路视频输入信号，这种多入少出，且可以手动和自动转换输出的设备即为视频切换器。

视频切换器通常有两种工作方式：一种是 m 入 1 出，即 m 路视频输入，1 路输出，在输出端接监视器，监视器可选看任一路输入信号；另一种是 m 入 n 出（$m>n$），这种切换器应用了矩阵开关电路，因而其输入和输出路数均为 2 的整倍数。例如，8 入 2 出，32 出 4 出，64 入 8 出等。这种切换器称为视频矩阵，它可以使 n 台监视器监视 m 台摄像机，且在每台监视器上均能任意切换所有摄像机信号，此外，还有与监视目标联动的报警等功能，是一种先进的视频切换器。

4. 视频分配器

视频分配器实际上是一个多输出的视频放大器，采用视频分配器可把一路视频信号送到多个显示和记录设备。视频分配器系统的构成如图 6-9 所示。

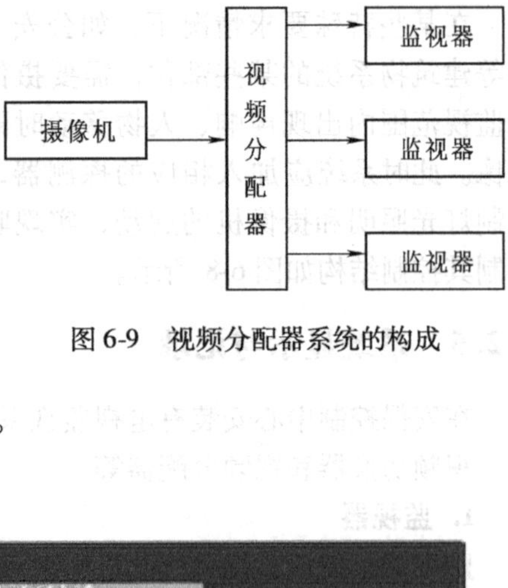

摄像机 → 视频分配器 → 监视器 / 监视器 / 监视器

图 6-9 视频分配器系统的构成

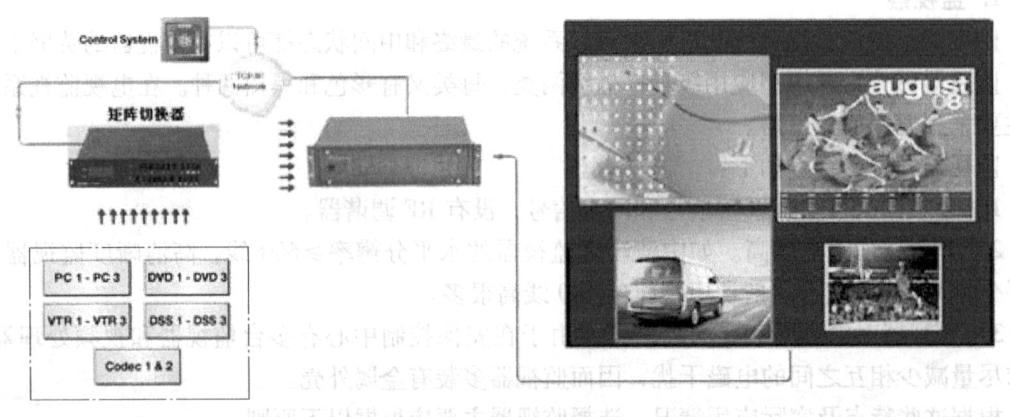

图 6-10 多画面分割器系统结构图

5. 多画面分割器

使用视频切换器可以在一台监视器上通过切换观看多路摄像机信号。如果在一台监视器上同时观看多路摄像机信号就需要多画面分割器，也可以用一台录像机同时录制多路视频信号。目前，常用的是四画面分割器，还有九画面和十六画面分割器。一些比较好的多画面分割器还具有单路回放的功能，即可以选择同时录下的多路视频信号中的任意一路在监视器上满屏播放。图6-10为多一种画面分割器系统结构图。

6.3 防盗报警控制系统

6.3.1 防盗报警系统的组成与功能

防盗报警系统是在探测到防范现场有入侵者时能发出报警信号的专用电子系统，一般由探测器、区域控制器和报警控制中心计算机三个部分组成，其结构如图6-11所示。其中，最底层的是探测和执行设备，它们负责探测非法闯入等异常情况，同时向区域控制器发送报警信息，区域控制器再向报警控制中心计算机传送所负责区域内的报警情况。控制中心的计算机负责管理整幢楼宇的防盗报警系统，并通过通信接口与主计算机通信。

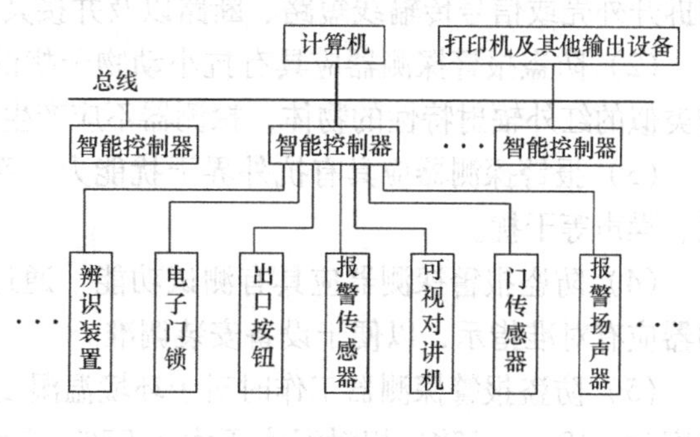

图6-11 防盗报警系统结构

防盗报警控制系统的功能：

(1) 图形显示警情　当警情发生后，监控中心的报警系统会自动弹出楼宇的电子地图，并在相应的位置产生红色闪烁，提示报警的地理位置，方便监控人员快速定位，及时采取措施。

(2) 自动或手动设防/撤防　系统提供方便的设防/撤防功能，在正常工作时，工作人员频繁出入探测器所在区域，报警控制器在接受到探测器发来的报警信号时也不能发出报警，这时就需要撤防。在工作人员下班后，系统需要布防。此时如果有探测器发来报警信号，系统就必须发出报警信息。布防与撤防一般利用报警控制器键盘来完成。

(3) 布防后的延时　如果布防时操作人员正好在探测区域内，此时布防就不能马上生效，需要报警控制器延时一段时间等操作人员离开后再生效，即报警控制器的延时功能。

(4) 报警信息查询功能　系统自动记录警情的详细信息，包括时间、地点、探测器状态、值班人员等信息，生成报表，方便查询和打印。

(5) 权限管理功能　系统内置了不同的管理级别，即技术维护人员、值班管理人员、一般值班人员等。通过账号设置授予不同的操作权限，这样符合现有的管理习惯，能够保证系统的可靠运行。

(6) 通信及报警控制器故障自动检测功能　系统可以动态加载楼宇的电子地图，并且可以根据探测器安装情况在电了地图上任意设置其位置。如果探测器安装位置发生改变，只需在电子地图中重新设定其位置即可。

（7）防破坏功能　如果系统的线路设备遭到破坏，报警控制器将发出报警信号。常见的破坏是线路短路或断路。报警控制器可在连接探测器的线路上加上一定的电流，如果系统断线则线路上电流为零；如果短路则电流大大超过正常值。这两种情况发生任何一种都会引起控制器报警，从而达到防止破坏的目的。

（8）微机联网功能　作为智能保安设备，需要有通信联网功能，这样才能把本区域的报警信号送到控制中心，由控制中心的计算机来进行数据分析处理，提高系统的自动化程度。

6.3.2 常用防盗报警探测器

对防盗报警探测器的功能要求主要有以下方面：

（1）防盗报警探测器应具有防拆保护和防破坏保护功能　当防盗报警探测器受到破坏，如拆开外壳或信号传输线短路、断路以及并接其他负载时，探测器应能发出报警信号。

（2）防盗报警探测器应具有抗小动物干扰的功能　在系统探测范围内，如果有与小动物类似的红外辐射特性的物体，探测器不应产生报警。

（3）报警探测器应具有抗外界干扰能力　系统抗干扰包括外界光源、电火花、常温气流、噪声等干扰。

（4）防盗报警探测器应具有测试功能　通过测试功能可以进行系统的调试，如对射探测器应有对准指示，以便于设备安装调准。

（5）防盗报警探测器工作时对于环境温湿度具有明确的要求　在室内环境下，要求工作温度为 -10 ~ -55℃，相对湿度不大于 95%；在室外环境下，要求工作温度为 -20 ~ -75℃，相对湿度不大于 95%。

6.3.3 防盗报警探测器的种类

1. 微波探测器

微波探测器分为雷达式和墙式两种。

（1）雷达式微波探测器　雷达式微波探测器是一种将微波收、发设备合置的探测器，基于多普勒效应制造而成。微波的波长很短，在 1 ~ 1000mm 之间，因此很容易被物体反射。微波信号遇到移动物体反射后会产生多普勒效应，即经反射后的微波信号与发射波信号的频率会产生微小的偏移，此时可认为报警产生。某种雷达式微波探测器外形图如图 6-12 所示。

使用体效应管作微波固态振荡源，通过与波导的组合形成一个小型的发射微波信号的发射源。探头中的肖基特检波管与同一波导组成单管波导混频器，将接收机与发射源耦合回来的信号混频从而得到一个频率差值，再将差值送到低频放大器处理后控制报警的输出。

图 6-12　某种雷达式微波探测器外形图

微波段的电磁波由于波长较短，故穿透力强，对玻璃、木板、砖墙等非金属材料都可穿透。所以，在安装时不要面对室外，以免室外有人通过时引起误报。金属物体对微波反射较强，在探测器防范区域内不要有大面积（或体积较大）物体存在，如铁柜等。否则，在其后阴影部分会形成探测盲区，造成防范漏洞。多个微波探测器安装在一起时，发射频率应该有所差异，防止交叉干扰产生误报。另外，如荧光灯、水银灯等气体放电光源产生的100Hz调制信号，由于在闪烁灯内的电离气体容易成为微波的运动反射体，因而容易引起误报。使用微波入侵探测器时，其灵敏度不要过高，调节到2/3时较为合适。灵敏度过高时误报率会增多。

探测器对警戒区域内活动目标的探测范围是一个立体防范空间，范围比较大，可以覆盖60°~90°的水平辐射角，控制面积可达几十到几百平方米。雷达式微波探测器的发射能图与所采用的天线结构有关，采用全向天线（如1/4波长的单极天线）可产生近乎圆球形或椭圆形的发射范围，这种能场适合保护大面积的房间或仓库等处。而采用定向天线（如喇叭天线）可以产生又窄又长的能图，适合保护狭长的地点，如走廊或通道等。

（2）墙式微波探测器 墙式微波探测器基于场干扰原理或波束阻断式原理制造而成，它是一种微波收、发分置的探测器。墙式微波探测器由微波发射机、发射天线、微波接收机、接收天线、报警控制器组成。某种墙式微波探测器系统组成如图6-13所示。

微波指向性天线发射出定向性很好的调制微波束，工作频率范围通常选为9~11GHz，微波接收天线与发射天线相对放置。当接收天线与发射天线之间有阻挡物或探测目标时，由于破坏了微波的正常传播，使接收到的微波信号有所减弱，以此判断在接收机与发射机之间是否有人侵入。

墙式微波探测器在发射机与接收机之间的微波电磁场形成了一道看不见的警戒线，可以长达几百米，宽度达到2~4m，高度达到3~4m，类似一道围墙，因此被称为微波墙式探测器或微波栅栏。

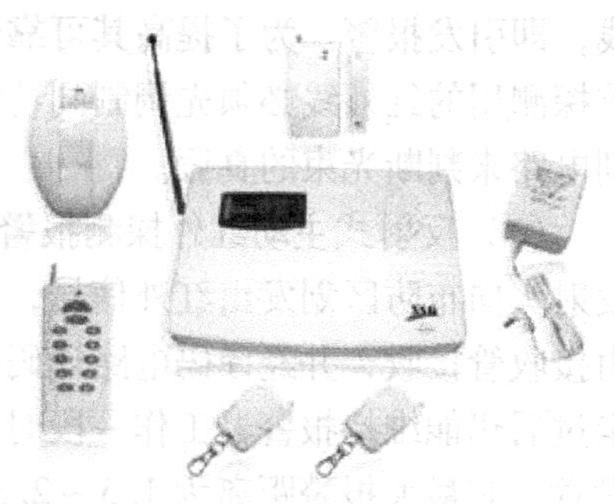

图6-13 某种墙式微波探测器系统

2. 玻璃破碎探测器

利用压电陶瓷片的压电效应（压电陶瓷片在外力作用下产生扭曲，变形时将会在其表面产生电荷），可以制成玻璃破碎入侵探测器。对高频的玻璃破碎声音（10~15kHz）进行有效检测，而对10kHz以下的声音信号（如说话、走路声）有较强的抑制作用。玻璃破碎声发射频率的高低、强度的大小与玻璃厚度和面积有关。某种玻璃破碎探测器外形图如图6-14所示，玻璃破碎探测器的构造原理如图6-15所示。

图6-14 某种玻璃破碎探测器外形图

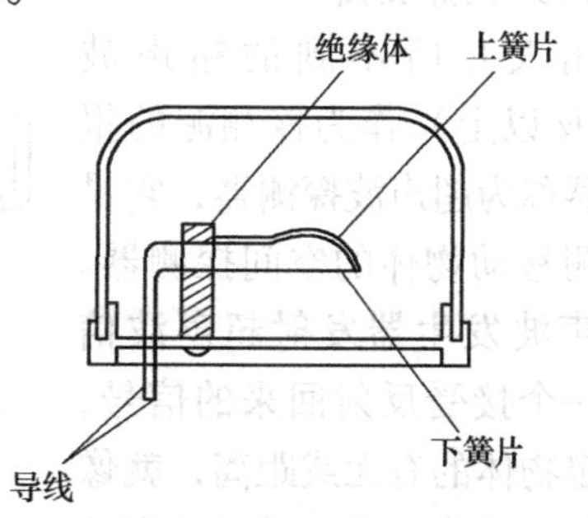

图6-15 玻璃破碎探测器的构造原理

玻璃破碎探测器按照工作原理的不同可分为两大类：一类是声控型的单技术玻璃破碎探测器，它是一种拥有选频作用（带宽 10 到 15kHz）的具有特殊用途（可将玻璃破碎时产生的高频信号驱除）的声控报警探测器；另一类是双技术玻璃破碎探测器，其中包括声控-震动型和次声波-玻璃破碎高频声响型。

声控-震动型将声控与震动探测两种技术组合在一起，只有同时探测到玻璃破碎时发出的高频声音信号和敲击玻璃引起的震动信号时，设备才输出报警信号。

次声波-玻璃破碎高频声响双技术探测器将次声波探测技术和玻璃破碎高频声响探测技术相结合，只有同时探测到敲击玻璃和玻璃破碎时发出的高频声响信号和引起的次声波信号时才触发报警。

玻璃破碎探测器要尽量靠近所要保护的玻璃，尽量远离噪声干扰源，如尖锐的金属撞击声、铃声、汽笛的啸叫声等，以减少误报警率。

3. 主动红外线探测报警装置

（1）遮断式主动红外线探测报警装置　这种报警装置由一个红外线发射器和一个红外线接收器组成，发射器与接收器以相对方式布置。当有人从门窗进入而挡住了不可见的红外线，即引发报警。为了提高其可靠性，防止有人可能利用另一个红外光束来瞒过探测器，要求探测用的红外线必须先调制到特定的频率后再发送出去，而接收器必须配有相位和频率鉴别电路来判断光束的真假。

（2）反射式主动红外探测报警装置　该装置的红外发射器与接收器装在一起。红外线发射头向布防区划发出红外信号，当有人从接收器前面走过时，红外线信号被人体反射回来由接收管接收，并经译码电路译码控制报警器工作，发出报警信号。记忆电路的作用是当人走过后仍能维持报警器工作一段时间。由于这种报警器发射器与接收器装在一起，不易被人发觉，其最大报警距离为 1.5～2.5m，适用于安装在不允许人接近的地方，如金库的出入口、保险柜附近等。该报警器还适用于夜间监视报警。

4. 被动式红外线报警装置

被动式红外线报警装置采用热释红外线传感器作探测器，它对人体辐射的红外线非常敏感，配上一个菲涅耳透镜作为探头，探测中心波长约为 9～10μm。人体发射的红外线信号经放大和滤波后由电平比较器把它与基准电平进行比较。当输出的电信号幅值达到一定值时，比较器输出控制电压驱动记忆电路和报警电路而发出报警信号。

5. 超声波探测器

利用人耳听不到的超声波（20000Hz 以上）作为探测源的报警探测器称为超声波探测器，它是用来探测移动物体的空间探测器。一个超声波发生器发射超声波信号，另一个接受反射回来的信号，从而确定物体的有无或距离，就像蝙蝠的声纳系统一样。某种超声波探测器的构造原理如图 6-16 所示。

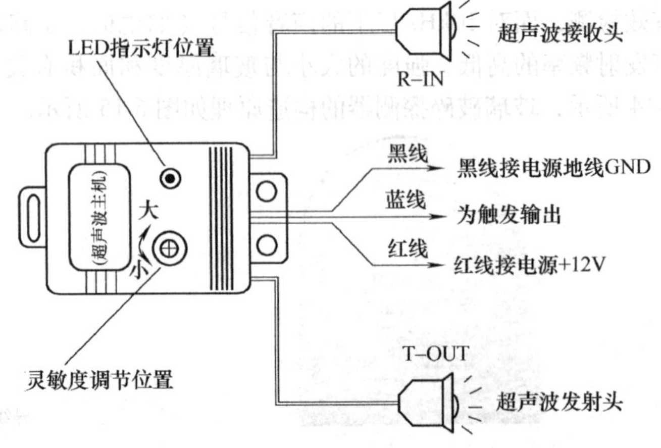

图 6-16　某种超声波探测器的构造原理

超声波探测器按照其结构和安装方法的不同分为两种类型：一种是将两个超声波换能器安装在同一个壳体内，即收、发合置型，其工作原理是基于声波的多普勒效应，也称为多普勒型。其发射的超声波的能场分布具有一定的方向性，一般为面向方向区域呈椭圆形能场分布。另一种是将两个换能器分别放置在不同的位置，即收、发分置型，称为声场型探测器，它的发射机与接收机多采用非定向型（即全向型）换能器或半向型换能器。非定向型换能器产生半球形的能场分布模式，半向型产生锥形能场分布模式。

收、发分置的超声波探测器警戒范围大，可控制几百立方米空间，多组使用可以警戒更大的空间。

安装超声波探测器的空间密封性要求高，不应有大容量的空气流动，不能有过多的门窗且需紧闭，应该避开通风设备及气体的流动。用超声波探测器保护的空间隔音性能要好，以减少外界噪声引起的误报。超声波对物体没有穿透性，因此使用时应避免物体的遮挡，玻璃、隔板、房门等对超声波的反射能力较差，因此，不应正对安装。超声波是以空气作为传输介质的，因此，空气的温度和相对湿度会影响其探测灵敏度。

6. 开关式报警器

开关式报警器是通过各种类型开关的闭合和断开来控制电路通与断，从而触发系统报警。常见的开关有磁控开关、微动开关、压力垫，或用金属丝、金属条、金属箔等来代用的多种类型开关。

磁控开关又称磁控管或磁簧开关，由永久磁铁及干簧管组成。磁控开关应该避免直接安装在金属物体上，使用时应使用钢门专用型磁控开关，或改用微动开关及其他类型开关器件。

7. 周界报警探测器

在一些重要的区域，如机场、军事基地、武器弹药库、监狱等处，为了防止非法入侵和各种破坏活动，传统的防范措施是在这些区域的外围周界处设置一些屏障，如围墙、栅栏、钢丝篱笆网等，并安排人员巡逻。但是，人力防范往往受到时间、地域、人员素质和精力等因素的影响，难免出现漏洞和失误。因此，需要应用一些先进的周界探测报警系统形成一道人眼看不到的“电子围墙”。

主动红外探测器和微波墙式探测器是常见的周界报警探测器，其中，微波墙式探测器需要防范的周界具有较好的平直度，在曲折过多或者地面高低起伏不平地点就不宜采用微波墙式探测器。主动红外探测器在室外使用时受环境气候影响较大，如雾、雪、雨、风沙等，能见度的下降必然引起作用距离的缩短。除了上述两种以外，还有下列几种周界报警探测装置。

（1）泄露电缆式报警探测器　泄露电缆是一种具有特殊结构的同轴电缆，与普通同轴电缆的区别是泄露电缆在其外导体上沿长度方向周期性地开有一定形状的槽孔，所以又称为开槽电缆。电缆内部传输的一部分高频电磁能可以由这些槽孔以电磁波的形式向外部辐射，同时又可以通过槽孔接收外部的电磁波，加上同轴电缆原有的传输性能，可以说，泄露同轴电缆兼有传输线和收、发天线的功能。

利用泄露电缆作为传感器组成的周界探测报警系统，由两根平行埋在周界地下的泄露电缆和发射机、接收机组成。一根泄露电缆与发射机相连，向外发射能量。另一根泄露电缆与接收机相连，用来接收能量。发射机发射的高频电磁能经发射电缆向外发射，一部分能量耦合到接收电缆，收发电缆之间的空间形成一个椭圆形的电磁场探测区。

两根电缆之间的电磁耦合对扰动非常敏感。当有人进入此探测区时会干扰这个耦合场，使接收电缆收到的电磁能量发生变化。通过信号处理电路提取这个变化量、变化率和持续时间等，就可以通过电子电路触发报警。有些报警器将电缆收到的信号数字化，在无探测目标时，可得到一个方形曲线存储在存储器中，当有人侵入时，又增加多个部分由入侵者反射到接收电缆的反射波，从而产生干扰的曲线。通过与原存储曲线比较后即可探测到入侵者的闯入行为。另外，可以对接收泄露电缆接收到的返回脉冲信号进行检测，通过对发射与接收脉冲信号的持续时间、周期和振幅进行严格的对比，就可以探测到电磁场内的细微变化，甚至能准确指出入侵者的位置。如可以在显示器上显示周界的轮廓图，并利用其上的闪动光标来指示入侵者的入侵位置。

泄露电缆是一种隐蔽式的周界探测传感系统，一般埋在地下或装入墙内，因此不会影响现场的外观而且又属于无形探测场，入侵者是无法察觉探测系统的存在，所以就无法避开或破坏系统。电缆可环绕任意形状的警戒区域，不受地形和地面平坦度等因素的影响，其探测灵敏度也不受环境温度、湿度、风雨、烟尘等恶劣气候条件的影响，是一种理想的周界探测设备。

（2）驻极体振动电缆报警器　驻极体振动电缆是一种经过特殊充电处理后带有永久预置电荷的介电材料，利用驻极体材料可以制作驻极体送话器。驻极体电缆又称为张力敏感电缆或传声器式电缆，其基本结构和普通的同轴电缆相似，是一种经过特殊加工的同轴电缆。在制作时对填充在其内、外导体之间的电介质进行静电偏压，使之带有永久性的预置静电荷。

当驻极体电缆受到机械振动或因受压而变形时，在电缆的内外导体就会产生一个变化的电压信号，此电压信号的大小和频率与受到的机械振动力成正比。与外电路相连就可以检测出这一变化的信号电压，并检测到较宽频域范围内的信号。由于驻极体电缆传感器的工作原理与驻极体传声器相类似，故又称为传声器电缆。

使用时通常将驻极体电缆用塑料带固定在栅栏或钢丝上，其一端与报警控制电路相连，另一端与负载电阻相连。当有人翻越栅栏、铁丝网或切割栅栏、铁丝网时，电缆因受到振动产生模拟电压信号即可触发报警。

此外，由于驻极体电缆实际上是一种精心设计的特制传声器，因此，可利用它把入侵者破坏或翻越栅网、出动振动电缆时的声响，以及邻近的声音传送到中心控制室进行监听，用来判断是否有入侵。

（3）电磁感应式振动电缆报警器　在电磁感应式电缆的聚乙烯护套内，其上、下两部分空间有两块近于半弧形充有永久磁性的韧性磁性材料。它们被中间两根固定绝缘导线支撑着分离开来。两边的空隙正好是两个磁性材料建立起来的永久磁场，空隙中的活动导线是裸体导体，当此电缆受到外力的作用产生震动时，导线就会在空隙中切割磁力线，由电磁感应产生电信号。此信号由处理器（又称接口盒）进行选频、放大后，将300~3000Hz的音频信号通过传输电缆送到控制器。当此信号超过一定的阈值时便触发报警电路报警，并通过音频系统监听电缆受到振动时的声响。

控制器可以制成多个区域，多区域分段控制可以使目标范围缩小，报警时便于查找。例如，对于一个四方形的院子，一般不用一根电缆把它围起来，因为有人爬墙时不易判断在哪个部位。可采用多段传感电缆来敷设，分多个控制区域来控制。

电磁感应式振动电缆安装简便，可安装在原有的防护栅栏、围墙、房顶等处，无需挖地槽。因电缆易弯曲，布线方便灵活，特别适合在复杂的周界布防。振动电缆传感器采用无源的长线分布式，适合在易燃易爆等不宜接入电源的地点安装。振动电缆传感器对气候、气温环境的适应性强，可在室外各种恶劣的自然环境下进行全天候防范。

（4）光纤传感器周界报警器　随着光纤技术的不断发展，光纤的传输损耗不断降低，传输距离不断加大，价格下降，技术性能不断提高，光纤报警器在安防系统中越来越多地得到应用。

光纤传感器基本由红外光发射器、光导纤维、红外光接收器组成。红外发射器内的发光二极管发射脉冲调制的红外光，此红外光沿光纤向前传播，最后到达光接收器，并把经光电检测后的信号送往报警控制器，从而构成一个闭合的光环系统。

根据防范的不同场合和要求，光纤可以构成各种形状，光线环置于需要防范的周界，当入侵者侵入时会破坏光纤使其断裂，这时就会因光信号中断而触发报警。由于光纤很细，可以很方便地进行隐蔽安装，如安装在周围防御的钢丝网上，当发生因攀登、翻越、切断钢丝引起的光纤断裂时，通过报警控制器发出报警。也可以将透明的光纤埋在白纸、塑料或纺织纤维等物制成的壁纸中或放到墙皮里或门板里，当入侵者凿墙、打洞或撕裂壁纸时产生报警。

（5）地音周界报警探测器　当一个人行走时，每一步都会与地面接触，发出可以探测到的地震波，向各个方向扩散，用来探测入侵者地震波的探测器称为地音探测器或地震式周界报警探测器。埋在地下的鉴别和探测传感器分别将探测到的地震波信号传送到处理器，处理器可以鉴别防护区外的车辆、声震、地震及人走路等地震干扰，只有真正发生入侵时，处理器才会启动报警装置。

（6）电场感应式探测器　将两根或多根（如 8 ~ 10 根）高强度带塑料绝缘层的导线，通过绝缘子平行架设在一些支柱上，这些导线有些是场线，有些是感应线，一根场线和一根感应线紧靠在一起安装构成一组感应式探测器。将低频信号振荡器产生频率为 1 ~ 40kHz 的低频振荡信号电压送到各条场线中，在场线周围就会产生磁场。将感应线与报警控制器相连，如果有人侵入，探测区的电磁场受到干扰，从而使感应线输出的感应电压发生变化，只要测量出的信号幅度、速率或干扰持续时间等变化超过规定的阈值时，系统就会发出报警信息。

（7）电容变化式探测器　基于电桥测量电容原理，利用电容的变化触发报警的探测器称为电容变化式报警探测器。由于电桥的平衡状态受桥臂上元器件值的影响，探测灵敏度较高，但受环境（温度、湿度等）影响较大。设计成差分方式工作则可有效地降低因环境影响而造成的误报警。

传感器的平衡电桥伸出的感应线细小、轻便、柔软，安装不受地形限制，一般安装在入侵者可能翻越、靠近的场所。

8. 双技术与双鉴报警探测器

双技术报警探测器又称为双鉴器、复合式探测器或组合式探测器，是将两种探测技术结合以“相与”的关系来触发报警，即只有当两种探测器同时或者相继在短暂时间内都探测到目标时才可发出报警信号。

常见的双技术报警探测器有微波-被动红外双鉴器和超声波-被动红外双鉴器，从可信度和误报率来看，微波-被动红外双鉴探测器性能最佳，其误报率比单技术探测器和其他双技术探测器低很多，因此被广泛地应用到实际的工程项目之中。

在某些特殊的应用场合中，需要使用不同探测技术的报警探测器，此时的探测器并非是双鉴报警探测器，其应用目的是尽量避免漏报警，对误报警没有要求，实际使用的是不同探测技术“相或”关系的探测器，或者是两种不同探测技术的报警探测器。

9. 防盗报警装置的选用

在上述各种防盗报警装置中，主要差别在于探测器，探测器的选用主要根据以下原则：

(1) 保护对象的重要程度　对于保护对象特别重要的场合，应该引入多重保护技术。

(2) 保护范围的大小　对于小保护范围，可采用感应式报警装置或反射式红外线报警装置。要防止人从窗门进入，可以采用电磁式探测报警装置；对于大保护范围，可采用遮断式红外报警器等。

(3) 防预对象的特点和性质　如果主要是防止人进入某区域的活动，则可采用移动探测防盗装置，可考虑微波防盗报警装置或被动式红外线报警装置，或者同时采用两者作用兼有的混合式探测防盗报警装置（常称双鉴或三鉴器）等。

6.3.4 防盗报警控制器

防盗报警控制器是监控报警系统的核心，负责接收报警信号、控制延迟时间、驱动报警输出等工作，它将某区域内的所有防盗防侵入传感器组合在一起形成一个防盗管区。一旦发生报警，则在防盗主机上可一目了然地反映出区域所在，还可以借助电信网络向外拨打多组由主人自己设置的报警电话

1. 防盗报警控制器的分类

防盗报警控制器按照防区数量的多少可分为小型防盗报警控制器、中型防盗报警控制器和大型防盗报警控制器。按照设备内部组成器件的不同，可分为晶体管式防盗报警控制器、单片机式防盗报警控制器，以及利用微处理器控制的智能式防盗报警控制器。按照安装方式的不同可分为台式防盗报警控制器、柜式防盗报警控制器和壁挂式防盗报警控制器。按照信号传输方式的不同，可分为有线防盗报警控制器和无线防盗报警控制器。

2. 防盗报警控制器的功能

目前的防盗报警控制器一般均采用微处理器控制，能够进行编程，并具有较强的功能，主要表现在以下几个方面：

1）能够以声光方式报警，并可以以人工方式或延时方式解除报警状态。

2）可以根据需要将所连接的防盗报警探测器设置成布防或撤防状态，也可以设定系统的控制方式和防区回路性能。

3）可以连接多组密码键盘，设置多个用户密码。

4）当系统发出警报时，报警信号经过通信线路，可以以自动或人工干预方式将报警信号转发。

5）可以用程序设置报警联动动作，即当系统发出警报时，防盗报警控制主机的编程输

出端可通过继电器触点的闭合执行相应的动作。

6）可通过电话拨号把事先录好的声音信息经电话线传输给预设的单位或个人。

高档防盗报警控制器具有与视频监控系统的联动装置，一旦防盗报警系统发出警报，在该报警区域内的图像能够立即显示在中央控制室内，并且能够将报警时刻、报警图像、摄像机号码等信息实时地加以记录。与计算机连机的系统，还可以将报警信息以数据库的形式储存，并快速地检索与分析。

6.4 电子巡更管理系统

6.4.1 电子巡更系统原理与功能

1. 电子巡更系统原理

为了维护工作和生活环境的安全，要求安排专人负责工作和生活环境的安全巡逻，对于一些重要地方还需设巡更站，定时进行巡更。但是，由于无法对巡更人员的巡更过程进行监控，所以人工巡更很难保证按规定路线执行任务。电子巡更系统是对人工巡更过程进行监督的一种有效方法。电子巡更系统的结构如图6-17所示。

巡更站的数量和位置由楼宇的具体情况而定，一般有几十个点以上，巡更站多安装于楼宇内的重要位置。巡更员按规定时间和路线到达（不能迟到，更不能绕道）每个巡更站，并输入该站密码，向微机管理中心报到，信号通过巡更控制器输入计算机，管理人员通过显示装置了解巡更实况，巡更站可以是密码台，也可以是电锁。

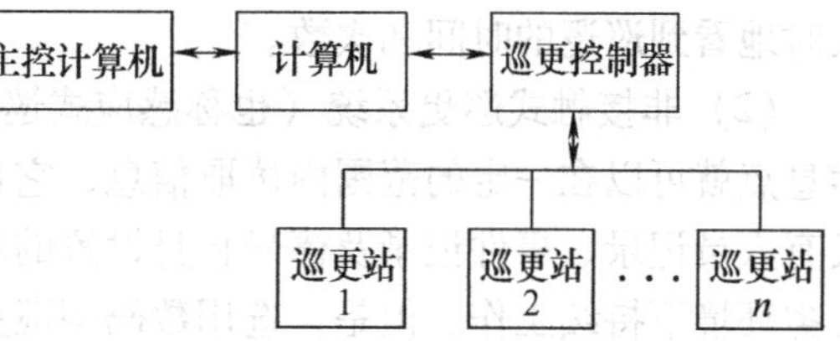

图6-17　电子巡更系统的结构图

2. 电子巡更系统的功能要求

1）巡更系统应可靠连贯动作，停电后应能24h工作。

2）备有扩展接口，应配置报警输入接口和输入信号接口。

3）有与其他子系统进行通信联网的能力，具备网络防破坏功能。

4）应具备先进的管理功能，可以根据实际情况随时更改巡更路线及巡更次数，可调用巡更系统的巡更资料，并进行统计分析和打印等。

6.4.2 电子巡更系统的分类

电子巡更系统可分为在线式电子巡更系统和离线式电子巡更系统两类。

1. 在线式电子巡更系统

在一定的范围内进行综合布线，把巡更器设置在一定的巡更点上，巡更人员只需携带信息钮或信息卡按布线的范围进行巡逻，管理者只需在中央监控室就可以看到巡更人员所在巡逻路线及到达的巡更点的时间。

在线式电子巡更系统的缺点是施工量大，成本高，室外安装传输线路易遭人为破坏，对于装修好的建筑物，再配置在线式巡更系统则更为困难；容易受温度、湿度和布线范围的影响，安装维护也比较麻烦。其优点是可以进行实时管理。

2. 离线式电子巡更系统

系统无需布线施工，只要将巡更点安装在巡逻位置，巡逻人员手持巡更器到每一个巡更点采集信息后，将信息通过传输器传输给计算机就可以显示整个巡逻过程，如需要可由打印机输出打印，从而形成一份完整的巡逻巡检记录。

离线式电子巡更系统的缺点是不能实时管理，但是，如果采用对讲机可避免这一缺点。其优点是无需布线，安装简单，易携带，操作方便，性能可靠；不受温度、湿度和范围的影响，系统扩容、线路变更容易，且价格低，又不易被破坏。系统安装维护方便，适用于任何巡逻或值班巡视领域。

离线式电子巡更系统又可分为两类，即接触式巡更系统与非接触式巡更系统（也称感应式巡更系统）。

（1）接触式巡更系统　接触式巡更指巡更人员手持巡更器到各指定的巡更点接触信息钮，把信息钮上所记录的位置、巡更器接触时间、巡更人员姓名等信息自动记录成一条数据，工作时有声光提示，耗电量小。

接触巡更器又分为两种：非显示型巡更器与数码显示型巡更器。它们的工作内容是相同的，不同点是数码显示型巡更器在读取信息时，可通过巡更器上的显示窗口让巡更人员准确及时地看到巡逻的时间和次数。

（2）非接触式巡更系统（也称感应式巡更系统）　利用感应卡技术，使巡更器不需接触信息点就可以在一定的范围内读取信息，它自带显示屏，可以查看到当前存储的信息，同时又有人员记录、事件记录及棒号自身设置的功能。其不足之处是易受强电磁干扰，不适应在恶劣环境下持续工作。但是，选用数码型巡更器在恶劣条件下使用，可弥补非显示接触型巡更器与非接触式巡更器的不足。

6.4.3　电子巡更系统的配置

电子巡更系统主要由巡更器系统和软件系统两大部分组成。

1. 巡更器系统

巡更器系统主要由电子巡更器和巡更感应器组成。电子巡更器一般采用无线方式，方便携带，与固定安装的巡更感应器配合使用，记录巡更人员的工作情况，可多次充电并可防水、防尘和防振，保证全天候使用。巡更感应器一般采用预埋方式，可装在水泥墙、砖墙或其他物体内，每个感应器内设置独立内码，系统安全性高。

2. 软件系统

软件系统是整个巡更系统的中枢，整个巡更过程都是通过软件来查询记录、操作和检验巡逻的整个过程。软件系统人员设置功能为用户提供了操作人员身份识别模式，地点设置功能为不同巡逻地点提供了巡逻计划，计划设置功能为整个巡逻范围提供了人员地点的设置方式。通过计算能够方便查询近期记录与备份记录、巡更地点、巡更人员、时间、事件等不同选项结果，可在巡更过程中根据具体情况添加和减少巡更员人数，对巡检巡更点的数量没有限制。另外，还提供有便于管理人员操作的密码设置，从而有效地评估巡更人员的工作状况。不同的产品有不同的软件配置，易安装和操作，有统计分析、打印、备份等功能，便于管理人员使用。

6.4.4　电子巡更系统设计实例

1. 电子巡更系统设计步骤

1）设计巡更路线图，根据巡更路线选择最佳巡更点的数量和位置；

2）选择巡更站点的巡更感应器；

3）设定巡更路线，规定巡更时间；

4）设定巡更数据记录模式。如设定在巡更结束后将电子巡更器读取的数据录入管理计算机，以便记录和查询。

2. 系统设计原则

设置电子巡更系统的目的是在小区内外设置若干巡更点，实现对保安人员的规范化管理，以及建筑物内外安全的管理。系统设计在总体上应遵循技术先进、功能齐全、实用可靠、价格合理的原则。

3. 某住宅小区电子巡更系统配置方案

（1）系统概述　住宅小区的安全防范是建立在物防、人防和技防的基础上，三者缺一不可。如图 6-18 所示为某住宅小区安全防范系统构成图。

巡更工作就是在物防和技防的基础上，派出巡逻人员昼夜在小区内巡检，发挥人的机动灵活、随机应变的特长，克服物防和技防的局限性。小区物业管理部门应制订严格的巡逻路线，力求对住宅小区内、周界和重要部位都能巡检到。巡逻人员按指定路线进行巡检，检查内容包括住户门窗的非正常开启，住宅四周非正常的破损，小区道路周围的安全状况，周界及园区安防设备的完好性，以及重点部位的安全性等。

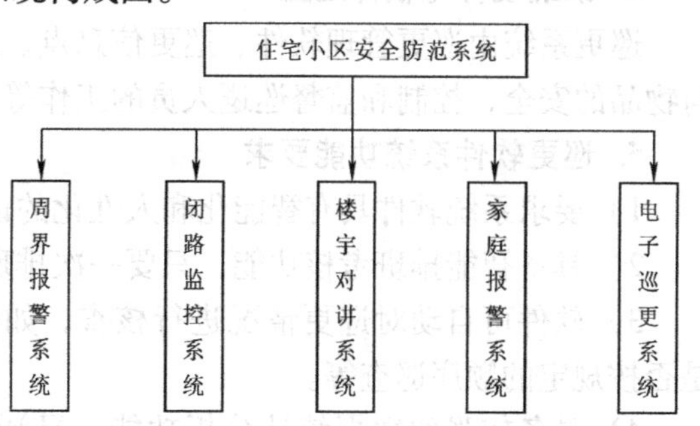

图 6-18　某住宅小区安全防范系统构成图

巡查时除目测外，还需用巡更器读卡（无线式）或用卡片打卡（有线式）以记录巡逻时间和路点信息。发现严重异常状况时，应立即用对讲机报告请求支援，巡逻人员留在现场并保护现场。图 6-19 为电子巡更系统示意图。

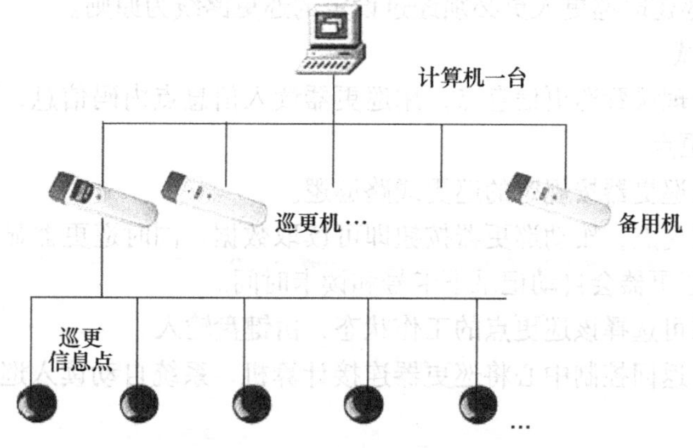

图 6-19　电子巡更系统示意图

(2) 需求分析　保安巡更线路的设置是决定巡更系统能够有效运行的重要保障，根据该住宅小区的分布情况，结合小区保安人员的配备情况，巡更系统采用分区设置的方式，在该小区中分为两条巡更路线，保安中心通过保安人员的划分实现保安人员和分区对应的管理方式，明确保安人员的责任，减少出现人员责任不明确或工作互相推诿引起的安全事故。

1）巡更方式特点分析　在线式巡更系统能够实时反应保安人员的巡更情况，系统造价较高。而离线式巡更系统无需布线，无信号衰减问题，适合面积较大、环境复杂的小区，系统造价较低。综合考虑项目具体情况，因为该住宅小区面积较大，同时地形较为复杂，若采用在线巡更方式，就加大了系统布线的难度，因此，该住宅小区采用了离线巡更方式。

2）巡更点布置　住宅小区巡更点主要设置在每幢楼底层、地下室及主干道等人员来往较为频繁的区域，在该住宅小区内共设置了50个巡更点。

3）区域划分管理　基于该住宅小区建筑的特点，如果巡更不划分区域进行管理，会造成保安人员巡更混乱，并且保安人员完成整个巡更过程将花费很长的时间，使得巡更的效果变差。因此，本系统巡更区域根据小区的区块划分为两大区域，从而保证保安人员巡更的准确性和及时性。

4. 系统硬件与软件配置

巡更系统由巡更管理软件、巡更信息点、巡更器、管理主机等组成，主要用于保障人员与物品的安全，控制和监督巡逻人员的工作等。

5. 巡更软件系统功能要求

1）要求系统软件具有智能化和人性化的设计，实现傻瓜化操作。

2）具备智能排班考核功能，只要一次排班就可长久使用。

3）软件可自动对巡更情况进行核查，如是否巡查、何时巡查、是否准时、有无漏巡、是否按规定的顺序巡查等。

4）具备较强的数据统计分析功能，灵活方便的发卡功能，数据高度安全，软件免维护。

6. 巡更点及巡更路线的设定

住宅小区巡更线路上所设定的巡更检测点主要安排在小区周界、区域死角、单元门等重点区域，其中绝大部分巡更点设置在室外区域，个别巡更点安排在地下停车场内，还有部分巡更点安排在有电梯的住宅楼某楼层内（对高层住宅楼内部进行巡更）。巡更点按巡更路线合理设置，以保证巡逻时巡更人员必须经过设定的巡更路线为原则。

7. 系统运作方式

1）管理中心合理设置巡更信息点，用巡更器读入信息点内码信息，通过输入软件进行管理，然后布放巡更点。

2）巡更人员持巡更器按规定的巡更线路巡逻。

3）在每一个巡更点，按动巡更器按钮即可读取数据，同时巡更器显示屏显示读到的卡号，并伴有提示，巡更器会自动记录下卡号和读卡时间。

4）按菜单提示可选择该巡更点的工作状态，由键盘输入。

5）巡更完毕，返回控制中心将巡更器连接计算机，系统自动读入巡更信息，进行各项数据处理工作。

系统的工作原理是在每个巡查点设一信息钮，信息钮中储存了巡查点的地理信息，巡查员手持巡查棒到达巡查点时，只需用巡查棒轻轻接触嵌在墙上或其他支撑物上的信息钮（如采用感应式的信息钮，巡更棒可不接触信息钮，相距 5 ~ 10cm 晃动一下即可）。这样，即把到达该巡查点的时间和地理位置等数据自动记录在巡查棒上，巡查员完成巡查后，把巡查棒插入信息座，将巡查员的所有巡查记录传送到计算机，系统管理软件立刻显示出该巡查员巡查的路线、到达每个巡查点的时间和名称及漏查点，并按照要求生成巡查报告。

思 考 题

1. 简述智能建筑安全报警系统的组成及功能。
2. 常用的探测报警器有哪些？
3. 简述电子巡更系统的组成及功能。
4. 简述视频监控系统的工作过程。

第7章 建筑火灾报警控制系统

7.1 概述

随着各种高层建筑、大中型商业建筑、厂房等大型建筑不断涌现，对自动消防报警系统提出了更高更严格的要求。为了早期发现和通报火灾，防止和减少火灾危害，保护人身和财产安全，在现代化的工业民用建筑、宾馆、图书馆、科研和商业性建筑中，火灾自动报警系统已成为必不可少的设施。电气工程设计、安装和使用是否正确，不仅直接影响到建筑的消防安全，而且也关系到各种消防设施能否真正发挥作用。因此，自动报警及消防联动的设计及设备选型显得尤为重要。

火灾报警与消防联动控制技术主要包括：火灾参数检测技术、火灾信息处理与自动报警技术、消防设备联动与协调控制技术、消防系统计算机管理技术等。基于火灾监控系统可以准确可靠地探测到火灾所处的位置，自动发出警报信号，计算机控制系统接收到火情信息后自动进行火情信息处理，并据此对整个建筑物内的消防设备、配电设备、照明设备、广播以及电梯等装置进行联动控制。

消防系统具有较高的智能化水平，作为建筑设备自动化系统中的一个子系统，它既可以受控于主系统，也可以独立地工作，并可进一步与大楼内的通信、办公及保安等其他子系统联网，实现整个建筑系统的综合智能化。

7.2 火灾探测器的种类和选型

7.2.1 火灾探测器的种类

在火灾的早期阶段准确地探测到火情并迅速报警，对于及时组织有序快速疏散，有效地控制火灾的蔓延，快速灭火和减少火灾损失等具有重要的意义。火灾探测器是指用来响应其附近区域由火灾产生的物理或化学现象的探测器件。火灾探测器可以从结构造型、火灾参数、使用环境、安装方式、动作时刻等方面进行分类。

1. 按结构造型分类

火灾探测器按结构造型可分为点型探测器和线型探测器两大类。

点型探测器是指探测元件集中在一个特定的位置上探测该位置周围火灾情况的装置，或者说是一种响应某点周围火灾参数的装置。它广泛应用于办公楼、住宅、宾馆等建筑。

线型探测器是一种响应某一连续线路附近火灾参数的探测器。连续线路可以是硬线路也可以是软线路。硬线路是由一条细长的铜管或不锈钢管制成的，如差动气管式感温探测器和热敏电缆感温探测器等。软线路是由发送和接收的红外线光束形成的，如投射光束的感烟探测器等。当通向受光器的光路被烟遮蔽或干扰时探测器产生报警信号，因此，在光路上要保持无挡光的障碍物存在。

2. 按火灾参数分类

火灾参数是指发生火灾时产生的具有火灾特征的物理量，如烟雾、气体、光、热、气压、声波等。按探测火灾参数分类可分为感烟探测器、感温探测器、感光探测器、气体火灾探测器和复合式火灾探测器等几大类。这也是常用的一种分类方法，其分类型谱如图 7-1 所示。

3. 按使用环境分类

由于使用场所和环境的不同，火灾探测器可分为陆用型、船用型、耐寒型、耐酸型、耐碱型和防爆型等。

4. 按安装方式分类

按探测器的安装方式可分为外露型和埋入型两种，后者主要应用于特殊装饰的建筑物中。

5. 按动作时刻分类

按探测器的动作时刻可分为延时动作探测器和非延时动作探测器两种，延时动作主要是便于建筑物内人员的疏散。

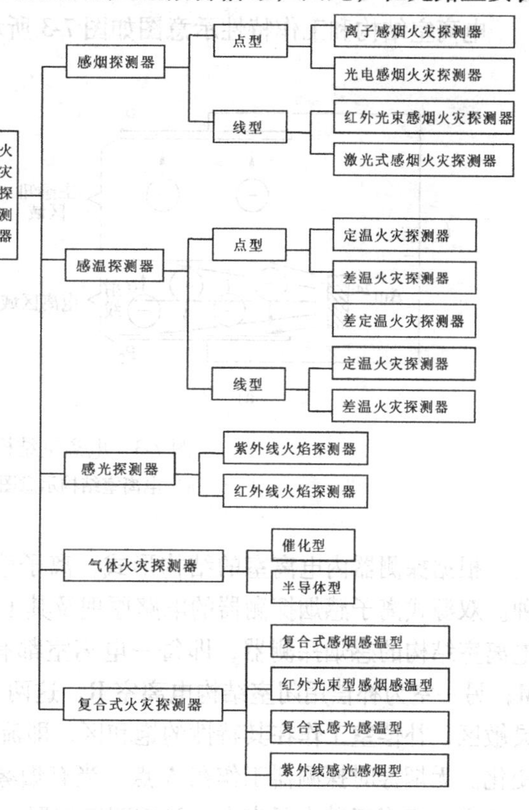

图 7-1　火灾探测器分类型谱

7.2.2　火灾探测器工作原理

1. 感烟火灾探测器

火灾的起火过程一般都伴有烟、热、光三种燃烧产物。在火灾初期，由于温度较低，物质多处于阴燃阶段，所以产生大量烟雾。烟雾是早期火灾的重要特征之一，感烟式火灾探测器是能够对可见的或不可见的烟雾粒子响应的火灾探测器。火灾发展过程大致可以分为初期阶段、发展阶段和衰减熄灭阶段。感烟火灾探测器的功能在于在初燃生烟阶段能自动发出火灾报警信号，以期将火扑灭在未成灾害之前。根据其结构的不同，感烟探测器可分为离子式感烟探测器和光电感烟探测器。

（1）离子式感烟探测器　离子式感烟探测器的外形图如图 7-2 所示，它是由两个内含 Am^{241} 放射源的串联室、场效应晶体管及开关电路组成的。内电离室即补偿室，它是密封的，烟气不易进入；外电离室即检测室，它是开孔的，烟气能够顺利进入。在串联两个电离室的两端直接接入 24V 直流电源。当火灾发生时，烟雾进入检测电离室，Am^{241} 产生的 α 射线被阻挡使其电离能力降低，因而电离电流减少，检测电离室空气的等效阻抗增加，补偿电离室因无烟进入电离室的阻抗保持不变，因此，引起施加在两个电离室两端分压比的变化，在检测

图 7-2　离子式感烟探测器的外形图

电离室两端的电压增加量达到一定值时，开关电路动作并发出报警信号。

电离室结构和工作特性示意图如图 7-3 所示。

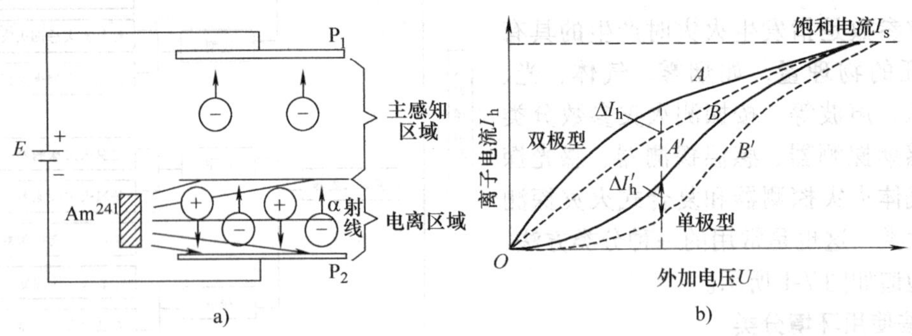

图 7-3 电离室结构和工作特性示意图

a) 电离室结构示意图 b) 工作特性示意图

根据探测器内电离室的结构形式，离子感烟探测器可分为双源和单源感烟式探测器两种。双源式离子感烟探测器的电路原理及其工作特性如图 7-4 所示。实际上这是一种双源双电离室结构的感烟探测器，即每一电离室都有一块放射源。一室为检测用开室结构电离室 M；另一室为补偿用闭室结构电离室 R。这两个室反向串联在一起，检测室工作在其特性的灵敏区，补偿室工作在其特性的饱和区，即流过补偿室的离子电流不随其两端电压的变化而变化。无烟雾时探测器工作在 A 点。当有烟雾时，由于检测室 M 中离子减少且离子运动速度变慢，相当于其内阻变大。又因双室串联，回路电流不变，故检测室两端电压增高，探测器工作点移至 B 点。A 点和 B 点间的电压增量 ΔU 即反映了烟雾浓度的大小。

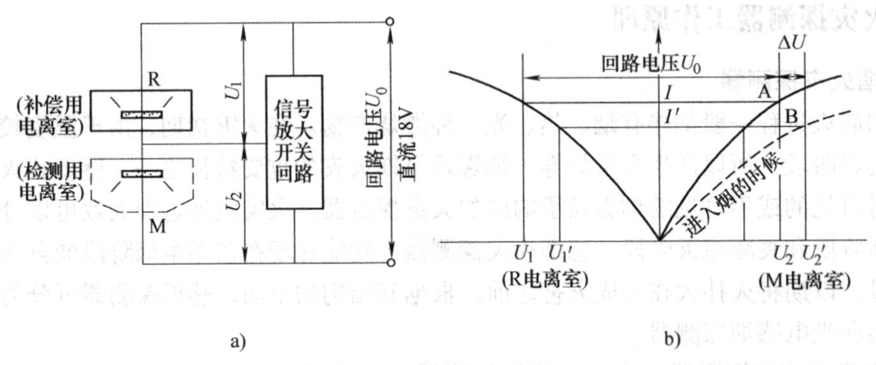

图 7-4 双源式离子感烟探测器电路原理及工作特性

a) 工作原理 b) 工作特性

单源式感烟探测器的电路原理如图 7-5 所示。其检测电离室和补偿电离室由电极板 P_1、P_2 和 P_m 构成，共用一个放射源。在对火灾进行探测时，探测器的烟雾检测室（外室）和补偿室（内室）都工作在其特性的非饱和灵敏区，极板 P_m 上电位的变化量大小反映了烟雾浓度的变化，从而实现火灾的探测。

单源式感烟探测器的检测室和补偿室在结构上都是开室，两者受环境温度、湿度、气压等因素的影响相同，因而提高了探测器对环境的适应性。

（2）光电感烟探测器 光电式感烟探测器由光源、光电元件和电子开关组成。利用光散射原理对火灾初期产生的烟雾进行探测，并及时发出报警信号。按照光源的不同，光电式感烟探测器可分为一般光电式、激光光电式、紫外光光电式和红外光光电式 4 种。

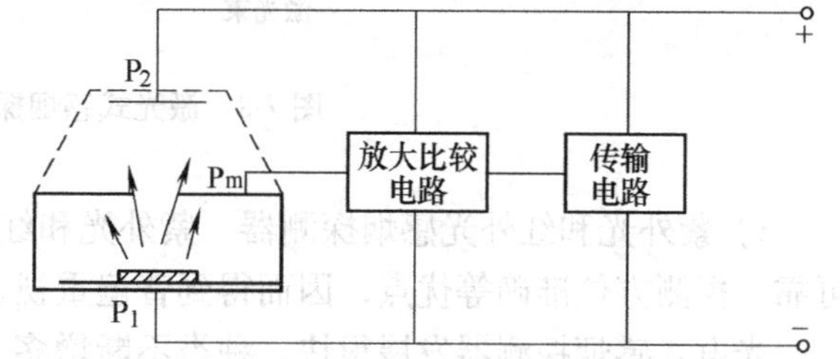

图 7-5 单源式感烟探测器的电路原理

1）一般光电式感烟探测器 根据一般光电式感烟探测器的结构特点，其可分为遮光型和散射型两种。

①遮光型光电感烟探测器结构如图 7-6 所示。遮光型光电感烟探测器由一个光源（灯泡或发光二极管）和一个光电元件安装在小暗室内构成。在无烟情况下，光源发出的光通过透镜聚成光束照射到光电元件上，并将其转换成电信号，使整个电路维持在正常状态，不发出报警信号。当火灾发生有烟雾进入探测器时，使光的传播特性改变，光强明显减弱，电路正常状态被破坏，则传感器发出报警信号。

②散射光电式感烟探测器结构如图 7-7 所示。其发光二极管和光电元件设置的位置不是对应的。光电元件设置在多孔的小暗室里。当周围环境无烟雾时，光不能射到光电元件上，电路维持正常状态。当发生火灾时，有烟雾进入探测器，光通过烟雾粒子的反射或散射到达光电元件上，则光信号转换成电信号，经过放大电路放大后，驱动自动报警装置发出报警信号。

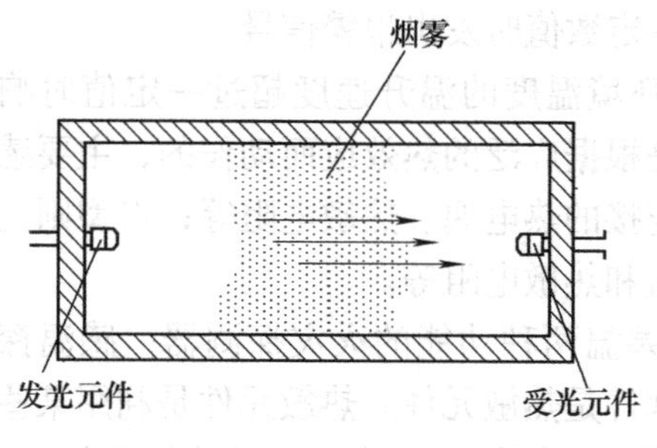

图 7-6 遮光型光电感烟探测器结构

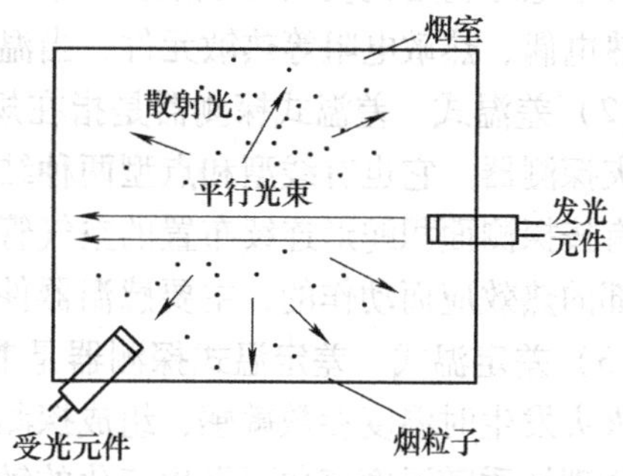

图 7-7 散射光电式感烟探测器结构

2）激光式感烟探测器 激光式感烟探测器结构原理如图 7-8 所示，它由激光发射机（包括脉冲电源和激光发生器）和激光接收器（包括光电接收器、脉冲放大及报警）组成。它具有激光方向性强、亮度高及单色性和相干性好的特点。在无烟情况下，脉冲激光束射到光电接收器上转换成电信号，报警器不发出报警信号。一旦激光束在发射过程中有烟雾遮挡而减弱到一定程度，使光电接收器信号显著减弱，则探测器发出报警信号。在种类繁多的激光光源中，半导体激光器由于具有所需激发电压低、效率高、脉冲功率大、器件体积小、耐振动、寿命长和价格低廉等优点而受到广泛的重视和应用。

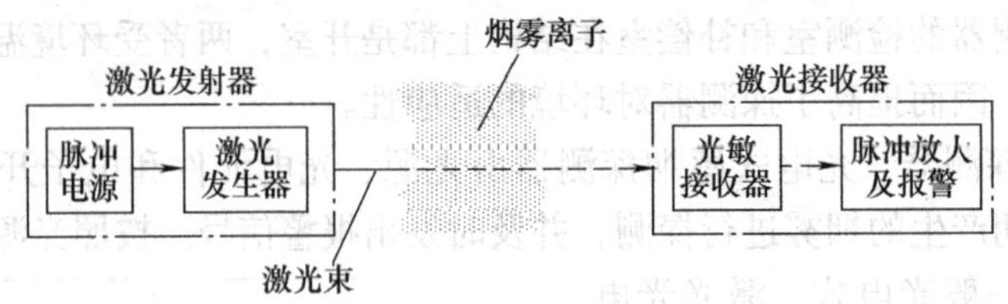

图 7-8 激光式感烟探测器结构原理

3）紫外光和红外光感烟探测器　紫外光和红外光感烟探测器具有灵敏度高、性能稳定、可靠、探测方位准确等优点，因而得到普遍重视，并成为目前火灾探测器的重要设备之一。

光电式感烟探测器发展很快，种类不断增多，就其功能而言，它能实现早期火灾报警，除应用于大型建筑物内部外，还特别适用于电气火灾危险性较大的场所，如计算机机房、仪器仪表室和电缆沟、隧道等场地。

2. 感温火灾探测器

发生火灾时，物质的燃烧产生大量的热量使周围温度发生变化。感温式火灾探测器是对警戒范围内某一点或某一线路周围温度变化时进行响应的火灾探测器。它将温度的变化转换为电信号以达到报警目的。

根据监测温度参数的不同，一般用于工业和民用建筑中的感温式火灾探测器有定温式、差温式、差定温式等种类。

(1) 定温式　定温式探测器是在规定时间内火灾引起的温度上升到预定值时响应的火灾探测器，共分为线型和点型两种结构。其中，线型是当火灾现场环境温度上升到一定数值时，可熔绝缘物熔化使两导线短路，从而产生报警信号；点型则是利用双金属片、易熔金属、热电偶、热敏电阻等热敏元件，当温度上升到一定数值时发出报警信号。

(2) 差温式　差温式探测器是指在规定时间内环境温度的温升速度超过一定值时响应的火灾探测器。它也有线型和点型两种结构，线型是根据广泛的热效应而动作的，主要感温器件有按探测面积蛇形连续布置的空气管、分布式连接的热电偶、热敏电阻等；点型则是根据局部的热效应而动作的，主要感温器件有空气膜盒和热敏电阻等。

(3) 差定温式　差定温式探测器是兼有定温、差温两种功能的火灾探测器。感温探测器对火灾发生时温度参数敏感，组成探测器的核心部件是热敏元件。热敏元件是利用某些物体的物理性质随温度变化而发生变化的敏感材料制成的。例如，易熔合金或热敏绝缘材料、双金属片、热电偶、热敏电阻、半导体材料等。定温、差定温探头各级灵敏度探头的动作温度分别定义为：1 级不大于 62℃、2 级不大于 70℃、3 级不大于 78℃。

感温式火灾探测器适宜安装于起火后产生烟雾且空间较小的场所。平时温度较高的场所不宜安装感温式火灾探测器。

感温探测器按结构原理不同可分为双金属片型、膜盒型和热敏电子元件型三种。

(1) 双金属片型　双金属片型是应用两种不同膨胀系数的金属片作为敏感元件制成的，一般制成差温和定温两种形式。定温式是指当环境温度上升达到设定温度时，定温部件立即动作并发出报警信号；差温式是指当环境温度急剧上升，其温升速率（℃/min）达到或超过探测器规定的动作温升速率时，差温部件立即动作并发出报警信号。

双金属片型感温探测器结构如图 7-9 所示。

（2）膜盒型 膜盒型探测器由波纹板组成一个气室，室内空气只能通过气塞螺钉的小孔与大气相通。在一般情况下（指环境温升速率不大于1℃/min），气室受热时，室内膨胀的气体可以通过气塞螺钉小孔泄漏到大气中去。当发生火灾时，温升速率急剧增加，气室内的气压增大，波纹板向上鼓起推动弹性接触片，接通电接点发出报警信号。金属盒模差温火灾探测器的工作原理如图 7-10 所示。

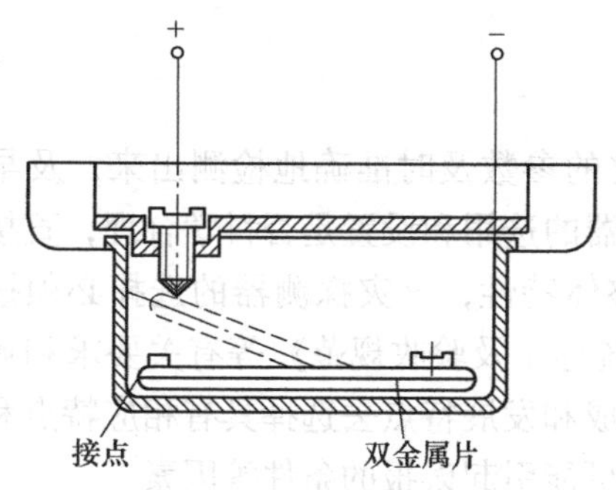

图 7-9 双金属片感温探测器结构

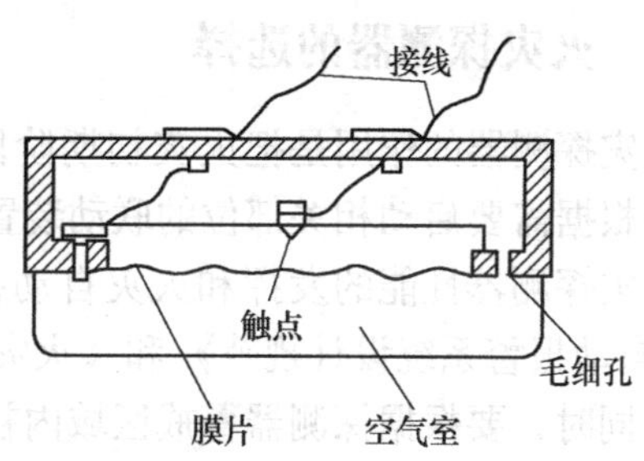

图 7-10 金属盒模差温火灾探测器的工作原理

（3）热敏电子元件型 热敏电子元件型探测器由两个阻值和温度特性相同的热敏电阻和电子开关线路组成，两个热敏电阻中一个可直接感受环境温度的变化，而另一个则封闭在一定热容量的小球内。当外界温度变化缓慢时，两个热敏电阻的阻值随温度变化基本接近，开关电路不动作。当火灾发生时，环境温度急剧上升，两个热敏电阻阻值变化不一样，原来的稳定状态被破坏，开关电路打开，发出报警信号。

3. 感光式火灾探测器

物质燃烧时在产生烟雾和放出热量时，也产生可见或不可见的光辐射。感光式火灾探测器又称火焰探测器，它是用于响应火灾的光特性，即扩散火焰燃烧的光照强度和火焰闪烁频率的一种火灾探测器。

根据火焰的光特性，目前使用的火焰探测器主要有两种：一种是对波长较短的光辐射敏感的紫外探测器，另一种是对波长较长的光辐射敏感的红外探测器。

（1）紫外感光火焰探测器 当有机化合物燃烧时，其氢氧根在氧化反应中会辐射出波长约为250nm 的紫外光，火焰温度越高，火焰强度越大，紫外光辐射强度也越高。紫外火焰探测器是敏感高强度火焰发射紫外光谱的一种探测器，它使用一种固态物质作为敏感元件，如碳化硅或硝酸铝，也可使用一种充气管作为敏感元件。

（2）红外感光火焰探测器 红外光探测器主要由一个过滤装置和透镜系统组成，它用来筛除不需要的波长，而将收进来的光能聚集在对红外光敏感的光电管或光敏电阻上。感光式火灾探测器宜安装在有瞬间产生爆炸的场所。

4. 可燃气体探测器

可燃气体探测器是对单一或多种可燃气体浓度响应的探测器。可燃气体探测器有催化型和半导体型两种类型。催化型可燃气体探测器利用难熔金属铂丝加热后的电阻变化来测定可燃气体浓度。当可燃气体进入探测器时，在铂丝表面引起氧化反应（无焰燃烧），其产生的热量使铂丝的温度升高，而铂丝的电阻率便发生变化。半导体可燃气体探测器要用灵敏度较高的气敏半导体元件，它在工作状态时，遇到可燃气体时半导体电阻下降，下降值与可燃气体浓度有对应关系。

5. 复合式火灾探测器

复合式火灾探测器是对两种或两种以上火灾参数响应的探测器，它有感烟感温型、感烟感光型、感温感光型等几种型式。

7.2.3 火灾探测器的选择

火灾探测器的作用是把火灾初期阶段能引起火灾的参数及时准确地检测出来，及早报警，并根据需要启动相关部位的联动装置。火灾探测器的选用和设置是否科学合理，直接影响着火灾探测器性能的发挥和火灾自动报警系统的整体特性，火灾探测器的选择必须按照《火灾自动报警系统设计规范》和《火灾自动报警系统施工及验收规范》等有关要求和规定执行。同时，要根据探测器警戒区域内初期火灾的形成和发展特点去选择具有相应特点和功能的火灾探测器，主要应考虑环境条件、房间高度及可能引起误报的条件等因素。

1. 火灾探测器的选择

(1) 根据火灾的特点选择探测器

1) 如果在火灾初期有阴燃阶段，将产生大量的烟和少量热，很小或没有火焰辐射，此时应选用感烟探测器。

2) 如果火灾发展迅速，将产生大量的热、烟和火焰辐射，可选用感烟探测器、感温探测器、火焰探测器或其组合。

3) 如果火灾发展迅速，将会产生强烈的火焰辐射和少量烟和热，此时应选用火焰探测器。

4) 如果火灾形成的特点不可预料，则可进行系统模拟试验，根据试验结果选择探测器。

(2) 根据安装场所环境特征选择探测器

1) 对于相对湿度长期大于95%，气流速度大于5m/s，有大量粉尘、水雾滞留，可能产生腐蚀性气体，在正常情况下有烟滞留，产生醇类、醚类、酮类等有机物质的场所，不宜选用离子感烟探测器。

2) 可能产生阴燃或者发生火灾时如果不及早报警将造成重大损失的场所，不宜选用感温探测器；温度在0℃以下的场所，不宜选用定温探测器；正常情况下温度变化大的场所，不宜选用差温探测器。

3) 对于下列情形的场所，不宜选用火焰探测器

可能发生无焰火灾；

在火焰出现前有浓烟扩散；

探测器的镜头易被污染；

探测器的视线易被遮挡；

探测器易被阳光或其他光源直接或间接照射；

在正常情况下有明火作业以及X射线、弧光等影响。

对于高层民用建筑及其有关部位火灾探测器类型的选择原则列于表7-1中。

表 7-1　高层民用建筑及有关部位火灾探测器类型选择表

项目	设置场所	火灾探测器的类型											
		差温式			差定温式			定温式			感烟式		
		Ⅰ级	Ⅱ级	Ⅲ级	Ⅰ级	Ⅱ级	Ⅲ级	Ⅰ级	Ⅱ级	Ⅲ级	Ⅰ级	Ⅱ级	Ⅲ级
1	剧场、电影院，礼堂，会场，百货公司，商场，旅馆，饭店，集体宿舍，公寓，住宅，医院，图书馆，博物馆	□	○	○	□	○	○	○	□	□	×	○	○
2	厨房，锅炉房，开水间，消毒室等	×	×	×	×	×	×	□	○	○	×	×	×
3	进行干燥烘干的场所	×	×	×	×	×	×	□	○	○	×	×	×
4	有可能产生大量蒸汽的场所	×	×	×	×	×	×	□	○	○	×	×	×
5	发电机室，立体停车场，飞机库等	×	○	○	×	○	○	○	×	×	×	□	○
6	电视演播室，电影放映室	×	×	□	×	□	○	○	○	○	×	○	○
7	发生火灾时，温度变化缓慢的小房间	×	×	×	○	○	○	○	○	○	□	○	○
8	楼梯及倾斜路	×	×	×	×	×	×	×	×	×	□	○	○
9	走道及通道	×	×	×	×	×	×	×	×	×	□	○	○
10	电缆竖井，管道井	×	×	×	×	×	×	×	×	×	□	○	○
11	电子计算机房，通信机房	□	×	×	□	×	×	□	×	×	□	○	○
12	书库，地下仓库	□	○	○	□	○	○	○	×	×	□	○	○
13	吸烟室，小会议室	×	×	○	○	○	○	○	×	×	×	×	○

注：○表示适于使用；□表示根据安装场所等状况，限于能够有效地探测火灾发生的场所使用；×表示不适于使用。

（3）根据房间高度选择探测器　不同种类探测器的使用与房间高度的关系如表 7-2 所示。

表 7-2　不同种类探测器的使用与房间高度的关系

房间高度 h/m	感烟探测器	感温探测器			火焰探测器
		Ⅰ级	Ⅱ级	Ⅲ级	
$12 < h \leqslant 20$	不适合	不适合	不适合	不适合	适合
$8 < h \leqslant 12$	适合	不适合	不适合	不适合	适合
$6 < h \leqslant 8$	适合	适合	不适合	不适合	适合
$4 < h \leqslant 6$	适合	适合	适合	不适合	适合
$h \leqslant 4$	适合	适合	适合	适合	适合

探测区域内的每个房间至少应该设置 1 只火灾探测器。在工程设计时，确定一个探测区域内所需设置的探测器数量按下式计算：

$$N \geqslant S/KA \tag{7-1}$$

式中，N 为探测器数量（只），N 应取整数；S 为该探测区域的面积（m^2）；A 为探测器的保护面积（m^2）；K 为修正系数，在特级保护对象时 K 取值为 0.7～0.8，在一级保护对象时 K 取值为 0.8～0.9，在二级保护对象时，K 取值为 0.9～1。

对于探测器灵敏度的选择，应根据探测器的性能及使用场所，以及在正常情况下（无火警时）系统没有误报警为准进行选择。目前，国内高层建筑中大部分使用光电感烟测器，只有在个别场所，如厨房、发电机房、车库及有气体灭火装置的场所才使用感温探测器。装有联动装置、自动灭火系统以及用单一探测器不能有效确认火灾的场合，宜采用感烟探测器、感温探测器、火焰探测器（同类型或不同类型）的组合。只采用一种探测器时，在联动系统中易产生误动作，这将造成不必要的损失，无联动系统时则易产生误报。因此，应选用两种或两种以上探测器。它们是“与”的逻辑关系，当两种或两种以上探测器同时报警时联动装置才动作，这样才能确保不必要的损失。总之，应根据实际环境情况选择合适的探测器，以达到及时和准确报警的目的。

7.2.4 火灾探测器的设置和安装

火灾探测器的设置和安装主要应考虑以下因素：

1）探测器至墙壁、梁边的水平距离不应小于0.5m。

2）探测器周围0.5m内不应有遮挡物。

3）探测器至空调送风口边的水平距离不应小于1.5m，至多孔送风顶棚孔口的水平距离不应小于0.5m。

4）在宽度小于3m的内走道顶棚上设置探测器时，宜居中布置。感温探测器的安装间距不应超过10m，感烟探测器的安装间距不应超过15m。探测器距端墙的距离不应大于探测器安装间距的一半。

5）探测器宜水平安装，当必须倾斜安装时，倾斜角不应大于45°。

6）探测区域内的每个房间至少应设置一个火灾探测器。感温和感光探测器距光源距离应大于1m。

7）感烟和感温探测器的保护面积和保护半径的取值如表7-3所示。

表7-3 感烟和感温探测器的保护面积 *A* 和保护半径 *R*

火灾探测器的种类	地面面积 S/m^2	房间高度 h/m	探测器的保护面积 A 和保护半径 R					
			屋顶坡度					
			≤15°		15°<坡度≤30°		>30°	
			A/m^2	R/m	A/m^2	R/m	A/m^2	R/m
感烟探测器	≤80	≤12	80	6.7	80	7.2	80	8.0
	>80	6<h≤12	80	6.7	100	8.0	120	9.9
		≤6	60	5.8	80	7.2	100	9.0
感温探测器	≤30	≤8	30	4.4	30	4.9	30	5.5
	>30	≤8	20	3.6	30	4.9	40	6.3

8）探测器一般安装在室内顶棚上，当顶棚上有梁时，梁间净距小于1m时视为平顶棚。在梁突出顶棚的高度小于200mm的顶棚上设置感烟和感温探测器时，可不考虑梁对探测器保护面积的影响。当梁突出顶棚的高度为200～600mm时，应按实际确定探测器的安装位置。当梁突出顶棚的高度超过600mm时，被梁隔断的每个梁间区域应至少设置一个探测器。当被梁隔离的区域面积超过一个探测器的保护面积时，应将被隔断的区域视为一个探测区域，并按有关规定计算探测器的设置数量。

9）安装在顶棚上的探测器边缘与下列设施的边缘水平间距有如下要求：

①与照明灯具的水平净距不应小于 0.2m。

②感温探测器距高温光源灯具（如碘钨灯、容量大于100W 的白炽灯等）的净距不应小于0.5m。

③距电风扇的净距不应小于1.5m。

④距扬声器净距不应小于0.1m。

⑤与各种自动喷水灭火喷头净距不应小于0.3m。

⑥距多孔送风顶棚孔口的净距不应小于0.5m。

⑦与防火门和防火卷帘的净距一般为1～2m。

10）房间被书架、设备或隔断等分离，其顶部至顶棚或梁的距离小于房间净高的5%时，每个被隔开的部分至少安装一个探测器。

11）当房屋顶部有热屏障时，感烟探测器下表面至顶棚距离应符合表7-4 的规定。

12）对于锯齿型屋顶和坡度大于15°的人字型屋顶，应在每个屋脊处设置一排探测器，探测器下表面距屋顶最高处的距离应符合表7-4 的规定。

表7-4 感烟探测器下表面距顶棚（或屋顶）的距离

探测器的安装高度 h/m	感烟探测器下表面距顶棚（或屋顶）的距离 d/mm					
	屋顶坡度					
	≤15°		15°<坡度≤30°		>30°	
	最小	最大	最小	最大	最小	最大
≤6	30	200	200	300	300	500
$6<h\leq8$	70	250	250	400	400	600
$8<h\leq10$	100	300	300	500	500	700
$10<h\leq12$	150	350	350	600	600	800

13）在厨房、开水房、浴室等房间连接的走廊安装探测器时，应在其入口边缘1.5m 处安装。

14）在电梯井、升降机井设置探测器时，其位置宜在井道上方的机房顶棚上。隔层楼板高度在三层以下且完全处于水平警戒范围内的管道井（竖井）内可以不安装。

7.3 火灾报警控制器

火灾报警控制器是火灾自动报警系统的核心，控制器可为火灾探测器供电、接收、处理和传递探测点的故障及火警信号，并能发出声光报警信号，同时显示及记录火灾发生的部位和时间，并向联动控制器发出联动信号。图7-11 为某种火灾报警控制器外形图。

7.3.1 火灾报警控制器工作原理

火灾自动报警装置包括报警显示、故障显示和发出控制指令的自动化成套装置。当接收到火灾探测器、手动报警按钮或其他触发器件发送来的火灾信号时，火灾自动报警装置能够发出声光报警信号，记录时间、自动打印火灾发生的时间、地点，并输出控制其他消防设备的指令信号。目前，生产和使用的自动报警装置多采用多线制，主要分为区域报警控制器、集中报警控制器和智能型火灾报警控制器。

火灾报警控制器的基本工作原理如图 7-12 所示。其中，集中报警控制器与区域报警控制器的电路，除了输入单元和显示单元的构成和要求不同外，其他基本上是相同的。区域报警控制器处理的探测信号可以是各种火灾探测器、手动报警按钮或其他探测单元的输出信号，而集中报警控制器处理的是区域报警控制器输出的信号。

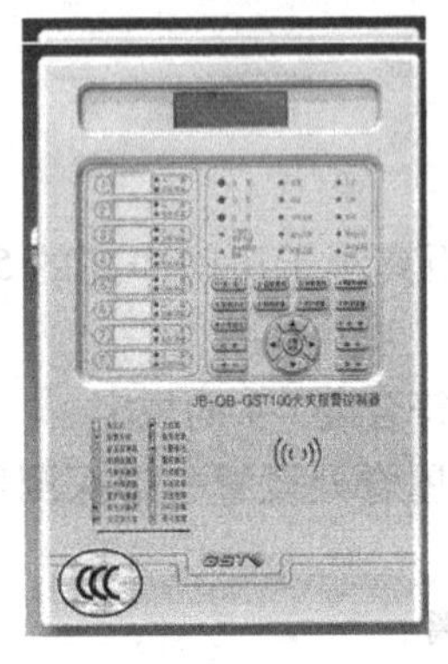

图 7-11　某种火灾报警控制器外形图

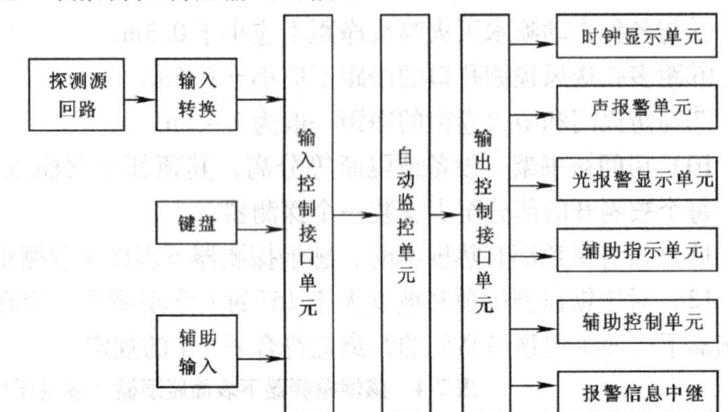

图 7-12　火灾报警控制器工作原理

由于两者的传输特性不同，相应输入单元的接口电路也不同。采用总线传输方式接口电路的工作原理是：通过监控单元将待巡检的地址信号发送到总线上，经过一定时序监控单元从总线上读回信息，执行相应的报警处理功能。该控制器对时序要求严格，每个时序都有其固定含义。火灾报警控制器工作时的基本顺序为：发地址——等待——读信息——等待。控制器周而复始地执行上述时序，完成对整个信号源的检测。

对于输出单元，集中火灾报警控制器与区域火灾报警控制器的工作原理相同，只是集中火灾报警控制器的功能较为复杂。

7.3.2　区域火灾报警控制器

区域火灾报警控制器是一种由电子电路组成的自动报警和监视装置，它连接一个区域内的所有火灾探测器，准确及时地进行火灾自动报警。因此，每台区域报警器和所管辖区域内的火灾探测器经正确连接后就能构成完整独立的自动火灾报警装置。

以总线制区域火灾报警控制器为例，其控制结构如图 7-13 所示。区域火灾报警控制器的核心控制器件为微处理器芯片（CPU），接通电源后，CPU 立即进入初始化程序，对 CPU 本身及

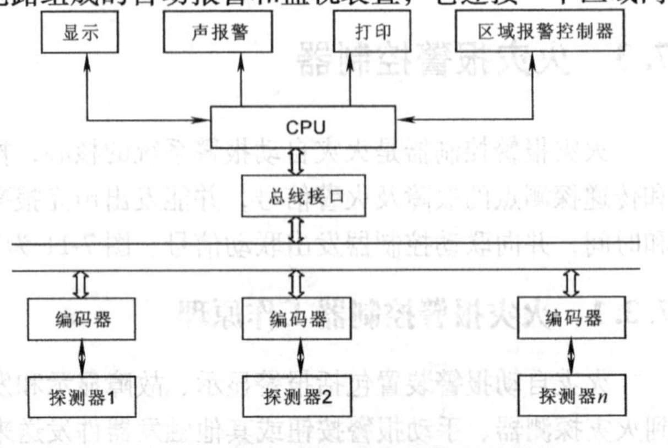

图 7-13　总线制区域火灾报警控制器结构

外围电路进行初始化操作。然后转入主程序的执行，对探测器总线上的各探测点进行循环扫描和采集信息，并对采集到的信息进行分析处理。当发现火灾或故障信息时，即转入相应的处理程序，发出声光或显示报警，打印起火位置及起火时间等数据，同时将这些数据存入内存备查，并向集中报警控制器传输火警信息。在处理火警信息时，必须经过多次数据采集确认无误之后方可发出报警信号。

区域火灾报警控制器的主要功能如下：

1）接收探测器或手动报警按钮发出的火灾信号，以声光的形式进行报警。

2）电子钟可以记忆首次发生火灾的时间。

3）可以带动若干对继电器触点，给出适当的外接功能。

4）可以配置备用直流电源，当市电断电时，直流备用电源自动投入。

5）具有自检功能，当区域报警器与探测器之间有接触不良或断线时，报警器发出开路或短路故障声光报警信号，并自动显示故障部位。

6）具有火警优先功能，各类报警信号至区域报警器经信号选择电路处理后，进行火灾、短路和开路判断，报警器首先发出火灾报警信号，指示具体着火部位，记忆火警信号、开路和短路故障信号。

7）通过通信接口电路将三类信号送至集中报警控制器。区域报警控制器将接收到的探测器火警信号进行“与”、“或”逻辑组合，控制继电器启动联动外部设备，如排烟阀、送风阀、防火门等。

目前，各厂家生产的区域报警器容量即监控部位存在差别，不同型号的区域报警器需与相应的探测器连接。如某区域报警器，它有壁挂式和柜式两种，最大容量为 256 路，一路是一个部位号，一个探测器占一个部位号。

在工程设计中，选择区域报警控制器的容量应大于该区域的探测器数量。如某建筑物以一层为一个区，共 24 个房间，每个房间一个探测器，则应选择具有 30 个回路区域的报警控制器。若有 48 个房间，则应选择具有 50 个回路区域的报警控制器。

7.3.3　集中火灾报警控制器

集中火灾报警控制器的组成和工作原理与上述区域火灾报警控制器基本相同，除了具有声光报警、自检及巡检、计时和电源等主要功能外，还具有扩展的外控功能，如录音、火警广播、火警电话、火灾事故照明等。

集中报警控制器的主要功能如下：

1）把若干个区域报警器连接起来，组成一个系统进行集中管理。

2）可以巡回检测相连接的各区域报警器有无火灾信号或故障信号，并能及时指示火灾区域部位和故障区域，同时发出声、光报警信号。

3）其他功能与区域报警控制器相同。

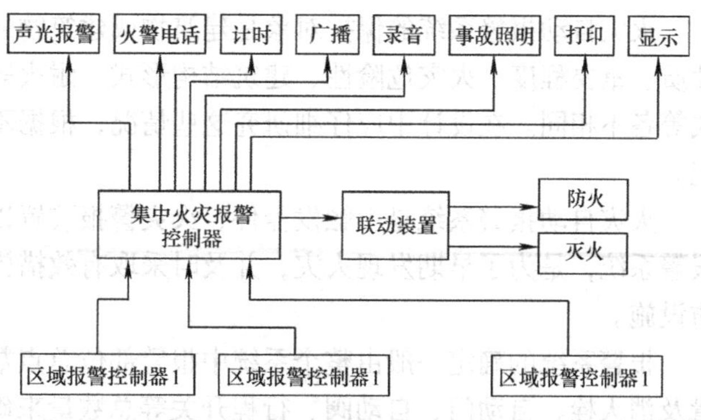

图 7-14　集中报警控制器工作原理

集中报警控制器的作用是将若干个区域报警控制器连成一体，组成一个更大规模的火灾自动报警系统。集中报警控制器的工作原理如图 7-14 所示。

集中报警控制器与区域报警控制器的不同之处有以下方面：

1）区域报警控制器范围小，可单独使用。而集中报警控制器主要用于监控整个系统，不能单独使用。

2）区域报警控制器的信号来自各种火灾探测器，而集中报警控制器的输入一般来自区域报警控制器。

3）区域报警控制器具备自检功能，而集中报警控制器应有自检及巡检两种功能。

4）集中报警控制器具有消防设备联动控制功能，区域报警控制器则不一定都具备该功能。

鉴于以上区别，两种火灾报警控制器不能互换使用。当监测区域较小时可单独使用一台区域报警控制器，但集中报警控制器不能代替区域报警控制器而单独使用。只有通用型火灾报警控制器才可兼作两种火灾报警控制器使用。

系统中如果只有探测器和集中报警器是不能工作的，因为集中报警器的巡检功能、火灾报警功能、自检功能等功能只有与区域报警器相连构成系统后才能够体现出来。所以，只有区域报警器与集中报警器配合使用才能构成自动火灾报警系统。

集中报警系统适用于大型复杂的建筑工程。

7.3.4 智能型火灾报警控制器

智能型火灾报警控制器的主要功能如下：

1）采用模拟量探测器，可以对外界非火灾因素，诸如温度、湿度和灰尘等影响实施自动补偿，从而为解决无灾误报和准确报警奠定了技术基础。

2）报警控制器采用全总线计算机通信技术，实现总线报警和总线联动控制，减少了控制输出与执行机构之间的长距离管线。

3）采用大容量的控制矩阵和交叉查寻程序软件包，以软件编程代替硬件组合，提高了消防联动的灵活性和可修改性。

7.4 火灾自动报警系统

火灾自动报警系统的保护对象是建筑物或建筑物的一部分。对于不同的建筑物，其使用性质、重要程度、火灾危险性、建筑结构形式、耐火等级、分布状况、环境条件以及管理形式等各不相同。在设计中应仔细研究这些情况，根据不同的情况选择不同的火灾自动报警系统。

火灾自动报警系统是由触发器件、火灾警报装置以及具有其他辅助功能装置组成的火灾报警系统，是为了早期发现火灾，并及时采取有效措施控制和扑灭火灾而设置的一种自动消防设施。

报警系统的确定一般由整个系统中报警部位总点数，包括探测器数量、手动报警按钮数量及消火栓、自动门、自动阀、行程开关等总数量来确定，即与建筑物大小、等级、使用功能有关。火灾自动报警系统的组成形式多种多样，如智能型、全总线型等，目前，在工程应用中主要采用如下三种形式，即区域报警系统、集中报警系统和控制中心报警系统。

7.4.1 区域报警系统

区域报警系统是由通用报警控制器或区域报警控制器和火灾探测器、手动报警按钮、警报装置等组成的火灾报警系统。它结构简单、操作方便、易于维护、应用广泛，既可以单独用于面积比较小的建筑，也可以作为集中报警系统和控制中心报警系统的基本组成设备。区域报警系统的组成如图7-15所示。

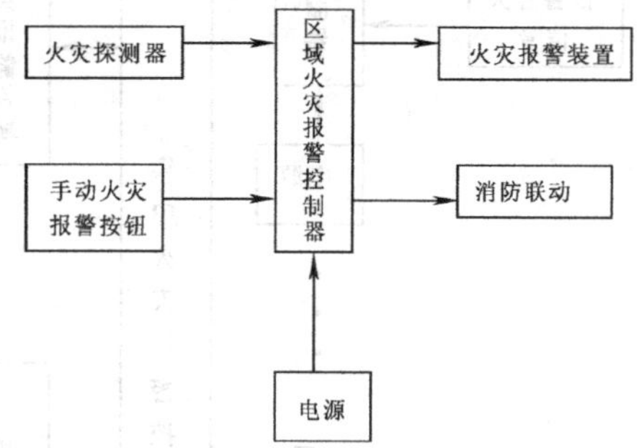

图7-15 区域报警系统的组成

每个报警区域宜设置一台区域报警控制器，系统中区域报警控制器不应超过3台，区域报警控制器宜设在有人值班的房间或场所。

区域报警系统的设置要求如下：

1）一个报警区域应该设置一台区域火灾报警控制器。

2）系统能够设置一些功能简单的消防联动控制设备。

3）区域火灾报警控制器应设置在有人值班的房间或场所。

4）当该系统用于警戒多个楼层时，应在每层的楼梯口和消防前室等明显部位设置识别着火楼层的灯光显示装置。

5）区域火灾报警控制器的安装应符合规范要求。在墙壁上安装时，其底边距地面的高度宜为1.3～1.5m，其与靠近门轴的侧面墙的距离应不小于0.5m；正面操作距离不小于1.2m。

7.4.2 集中报警系统

集中报警系统由集中报警控制器、区域报警控制器、火灾探测器、手动报警按钮及联动控制设备、电源等组成。区域报警系统的组成如图7-16所示。当报警区域较多、区域报警控制器超过3台时，宜采用集中报警系统。

集中报警系统的设置要求如下：

1）系统应有一台集中报警控制器和两台以上区域报警控制器。

2）系统应设置消防联动控制设备。

3）集中报警控制器应设置在有人值班的专用房间或消防值班室内。

4）集中报警控制器应能显示火灾报警的具体部位，并能实现系统联动控制。

7.4.3 控制中心报警系统

控制中心报警系统由消防室的消防设备、集中报警控制器、区域报警控制器、火灾探测器、手动报警按钮及联动设备、电源等组成，其系统的组成如图7-17所示。

控制中心报警系统适用于工程建筑规模大、保护对象重要、建筑防火等级高、设有消防控制设备和专用消防控制室的一级以上保护对象。

以上各系统布线方式与探测器和报警器种类有关，如采用二线制，即区域报警器到每一个探头为二线等设计和施工比较方便，而且降低造价。

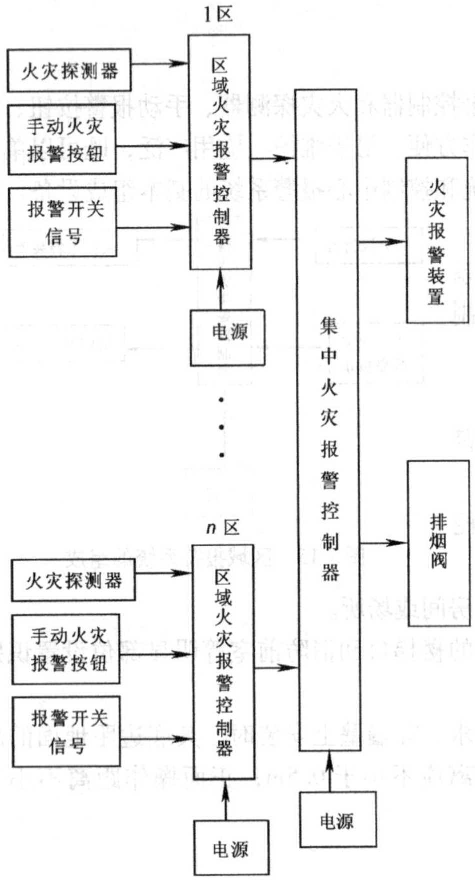

1区

火灾探测器
手动火灾报警按钮
报警开关信号
区域火灾报警控制器
电源

n区

火灾探测器
手动火灾报警按钮
报警开关信号
区域火灾报警控制器
电源

集中火灾报警控制器
电源
火灾报警装置
排烟阀

图 7-16　区域报警系统的组成

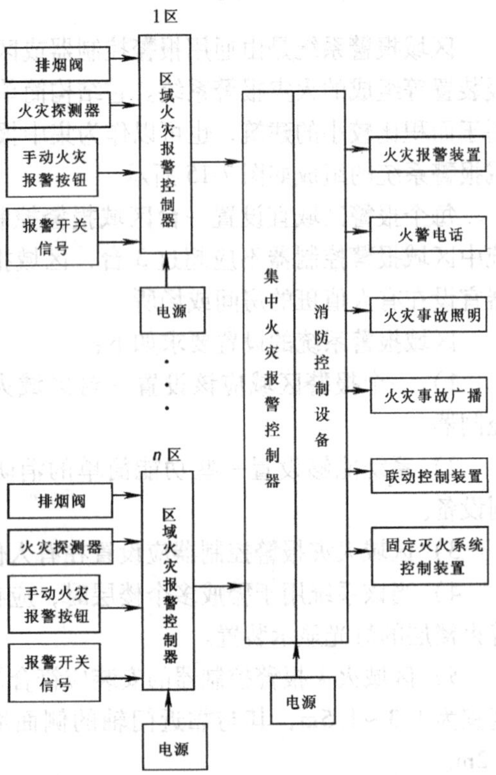

1区

排烟阀
火灾探测器
手动火灾报警按钮
报警开关信号
区域火灾报警控制器
电源

n区

排烟阀
火灾探测器
手动火灾报警按钮
报警开关信号
区域火灾报警控制器
电源

集中火灾报警控制器
消防控制设备
电源
火灾报警装置
火警电话
火灾事故照明
火灾事故广播
联动控制装置
固定灭火系统控制装置

图 7-17　区域报警系统的组成

除上述系统外，各厂家又相继推出总线制报警器。不同厂家总线制系统存在着差异，但共同点都是总线制、地址编码形式。

7.4.4　火灾自动报警系统的线制

火灾自动报警系统包括火灾探测器、传输线、报警控制器及配套设备（如显示器、中继器等），对于复杂系统，还包括联动控制装置和设备。线制是指探测器和控制器之间的传输线的数量。按线制对火灾自动报警系统进行分类，其主要可分为多线制和总线制两大类。

1. 多线制结构

多线制系统结构形式与早期的火灾探测器设计、火灾探测器与火灾报警控制器的连接方式等有关。一般要求每个火灾探测器采用两条或更多条导线与火灾报警控制器相连接，以确保从每个火灾探测点都能够发出火灾报警信号，系统的组成如图 7-18 所示。

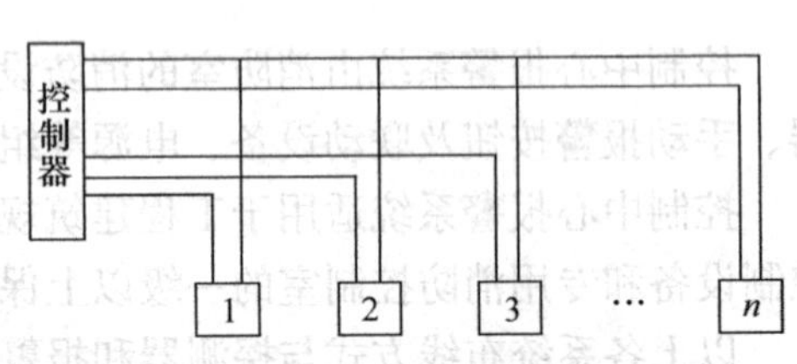

图 7-18　多线制火灾报警制系统的组成

多线制结构的火灾自动报警系统采用简单的模拟或数字电路构成火灾探测器，并通过电平翻转输出火警信号，火灾报警控制器依靠直流信号巡检并向火灾探测器供电，火灾探测器与火灾报警控制器采用硬线对应连接关系，有一个火灾探测点便需要一组硬线与之对应，其接线方式即线制可以表示为 $an+b$ 的形式，其中，n 是火灾探测器个数或火灾探测的编码个数；a 和 b 为定系数；一般取 $a=1$，2；$b=1$，2，4，由此可见有 $n+1$、$2n+2$ 等线制形式。

由于多线制系统在设计、施工与维护等方面比较复杂，已经逐步被淘汰。

2. 总线制结构

总线制系统形式是在多线制系统的基础上发展起来的。随着微电子器件、数字脉冲电路及计算机技术等用于火灾自动报警系统，改变了以往多线制结构系统的直流巡检和硬线对应连接方式，代之以数字脉冲信号巡检和信息压缩传输，采用大量编码和译码逻辑电路及微处理机实现火灾探测器与火灾报警控制器的协议通信和系统检测控制，大大减少了系统线制，增加了工程布线的灵活性，并形成了支状和环状两种工程布线方式。

总线制系统结构的线制也可以表示为 $an+b$ 的形式，其中，n 是火灾探测器个数或火灾探测的编码个数；a 和 b 为定系数；一般取 $a=0$；$b=2$，3，4。

目前，总线制系统结构应用广泛，多采用二总线、三总线和四总线制等形式。总线制系统抗干扰能力强，误报率低，系统总功耗低。总线制系统结构如图 7-19 所示。

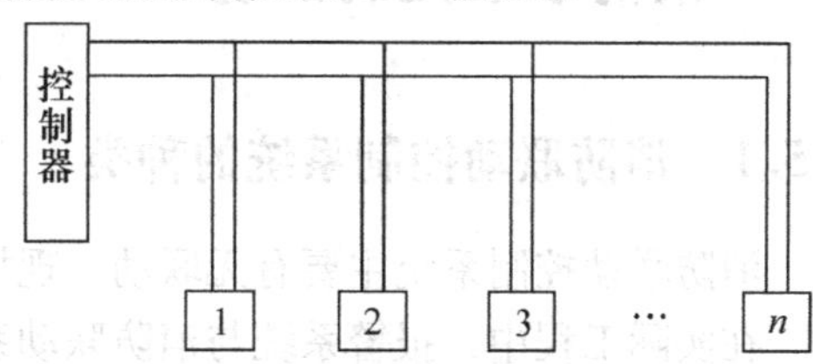

图 7-19　总线制火灾报警制系统结构

（1）二总线制集中报警系统　区域报警器到探测器的线路传输只需两条总线，每一部位的控制器都有自己的编号，即一个部位一个编址单元。以 JB-QB-50-2700/076 型为例，它采用了单片机技术，CPU 主机不断地向各编址单元发码。当编址单元接收到主机发来的信号后加以判断：如果编址单元的码与主机的发码相同，该编址单元响应。主机接收到编址单元返回的地址及状态信号并进行判断处理：如果编址单元正常，主机将继续向下巡检；经判断如果是故障信号，则发出故障区域声、光报警信号。发生火灾时，经主机确认后火警信号被记忆，同时发出火灾区域声、光报警信号。

在实际工程应用中，如果用一台区域报警器控制一层楼，在二总线上可接 50 个编址单元；如果控制二层，每层二总线上可接 35 个编址单元；如果控制三层，每层二总线上可接 25 个编址单元。上述的 076 型区域报警器的扩展型最多可设置 200 个编址单元。

（2）三总线制集中报警系统　该报警器是以单片机为中央控制单元的三线制报警器。三总线制系统通过三总线与被控的各区域报警器相连。三总线制在工程应用中有两种形式：其一为楼层复示器—集中报警器系统形式；其二为区域报警器—集中报警器系统形式。

1）楼层复示器—集中报警器系统　楼层复示器可以对编址探测器发码、收码，显示本层的报警部位，具有断线故障自动报警功能。该系统适用于每层不超过 32 个报警部位，楼层无值班点，首层设有消防总值班室的建筑物。

2）区域报警器—集中报警器系统　由区域报警器和标准集中报警器组成的两级管理总线制火灾报警系统，适用于每层报警部位多少不一，并设有楼层服务台的中等规模建筑物，如宾馆等建筑物。

采用总线制报警系统时，系统布线简单，设计与施工方便，与其他报警系统相比则增加了一些接口元件。

7.4.5 自动报警装置的选择

在火灾自动报警系统中，所选用的火灾报警装置应具有以下基本功能：

1）能为火灾探测器供电；

2）能接收来自火灾探测器或手动报警按钮的报警信号；

3）能检测并发出系统的故障信号；

4）能检查火灾报警器的报警功能；

5）具有电源转换功能。

对火灾报警控制器的选择一般应考虑下列因素：

1）火灾探测器、火灾报警器宜选用同一厂家的配套产品；

2）报警系统所需回路数量；

3）是否需要自动消防联动控制功能；

4）安装位置和安装方式等。

7.5 消防联动控制系统

7.5.1 消防联动控制系统的种类

消防联动控制系统主要有无联动、现场联动、集中联动等几种形式。

在实际工程中，报警系统与消防联动系统的配合有主要以下几种形式：

1. 区域—集中报警、横向联动控制系统

此系统每层有一个复合区域报警控制器，具有火灾自动报警功能，能接收一些设备的报警信号，如手动报警按钮、水流指示器、防火阀等，联动控制一些消防设备，如防火门、卷帘门、排烟阀等，并向集中报警器发送报警信号及联动设备动作的回馈信号。此系统主要适用于高级宾馆建筑，每层或每区有服务人员值班，全楼有一个消防控制中心，有专门消防人员值班。

2. 区域—集中报警、纵向联动控制系统

此系统主要适用于高层火柴盒式建筑，如宾馆、办公写字间等。这类建筑物标准层多，报警区域划分比较规则，每层有服务人员值班，整个建筑物设置一个消防控制中心。

3. 大区域报警、纵向联动控制系统

此系统主要适用于没有标准层的建筑物，如情报中心、图书馆、档案馆等。这类建筑物的每层没有服务人员值班，不宜设区域报警器，而在消防中心设置大区域报警器，有专门消防人员值班。

4. 区域—集中报警、分散控制系统

此系统在联动设备的现场安装有控制盒，以实现设备的就地控制，而设备动作的回授信号送到消防中心。消防中心的值班人员也可以手动操作联动设备。此系统主要适用于中、小型高层建筑及房间面积较大的场所。

此外，还有自动报警和消防控制于一体的灭火装置系统，此系统主要适用于计算机房、发电机房、贵重物品仓库、档案库、书库等场所的火灾自动报警及自动灭火。气体灭火、药剂灭火具有能力强、效率高、对金属腐蚀性小、不导电、长期存储不变质、不污损灭火对象等优点，但造价较高。

火灾自动报警系统的设计必须遵循国家有关规范，针对保护对象的特点做到安全可靠、技术先进、经济合理、使用方便。火灾自动报警系统的保护对象是建筑物或建筑物的一部分。对于不同的建筑物，其使用性质、重要程度、火灾危险性、建筑结构形式、耐火等级、分布状况、环境条件以及管理形式等各不相同。在设计中应仔细研究这些情况，根据不同的情况选择不同的火灾自动报警系统。

对于保护对象规模不大重要程度不高的建筑物，可选用区域报警系统，当区域报警控制器垂直方向警戒各楼层探测区域时，应在每个楼层的各楼梯口明显部位装设识别楼层的灯光显示装置，以便发生火警时（特别是夜间火灾）能及时找到火警区域，并迅速采取相应措施；当保护对象规模较大重要程度高，且人员集中的建筑物，报警系统的联动设备较多，可采用集中报警系统或控制中心报警系统。

7.5.2　消防联动设备的联动要求

消防联动控制设备是火灾自动报警系统的执行部件，消防控制室接到火警信息后应能够自动或手动起动相应的消防联动设备，并对各设备运行状态进行监控。

根据建筑防火设计规范和智能建筑防火灭火的技术要求，智能建筑中应当具备以下全部或部分的消防联动设备：

1）火灾报警装置与应急广播：在火灾发生时警示或通知人员安全疏散。

2）消防专用电话：进行火灾报警、查询情况、应急指挥，能够与 119 报警系统直通。

3）非消防电源控制、备用电源控制、火灾应急照明和安全疏散指示标示控制。

4）室内消火栓系统、自动喷水灭火系统和水喷雾灭火系统控制。

5）消防电梯运行控制、燃气泄漏报警监控。

6）管网气体灭火系统、泡沫灭火系统和干粉灭火系统控制。

7）防火门、防火卷帘、防火阀的控制：火灾时实施防火分隔，防止火灾蔓延。

8）防、排烟设施、空调通风设备、排烟防火阀：防止烟气蔓延，提供安全救生保障。

9）消防疏散通道控制：确保安全疏散通道畅通。

发生火灾时，火灾报警控制器发出报警信息，消防联动控制根据火灾信息联动逻辑关系输出联动信号，起动有关消防设备实施防火灭火。要求消防联动系统必须在自动和手动状态下均能实现控制。

在自动情况下，智能建筑中的火灾自动报警系统按照预先编制的联动逻辑关系，在火灾报警确认后输出自动控制指令，启动相关设备动作，同时向楼控系统及时传输和显示火灾报警信息，且能接收必要的其他信息，这样也能更好地监控火灾现场情况、消防联动设备的运行状态、消防疏散通道情况等。

在手动情况下，应能根据手工操作实现对应控制。联动控制的对象有防、排烟设备、机电设备、灭火系统，通过火灾报警信号传至消防控制器发出指令，使设在现场的联动控制模块动作。操作方式主要有自控、远控、现场控制三种。

7.5.3 消防供电及线路敷设

消防供电设置主要有主供电电源和直流备用供电电源两种形式，其中主供电电源采用的是消防专用电源，要求消防供电能够满足消防设备的用电负荷，充分发挥消防设备的作用，将火灾损失减小到最低限度。对于电力负荷集中的一、二级消防电力负荷，通常采用单电源或双电源的双回路供电方式，用两个10kV电源进线和两台变压器构成消防主供电电源。如图7-20所示是一个一级消防电力负荷供电系统原理图。

图7-20a采用不同电网构成双电源，两台变压器互为备用，单母线分段提供消防设备用电源。图7-20b采用同一电网双回路供电，两台变压器互为备用，单母线分段，设置柴油发电机组作为应急电源向消防设备供电，与主供电电源互为备用，满足一级消防负荷要求。

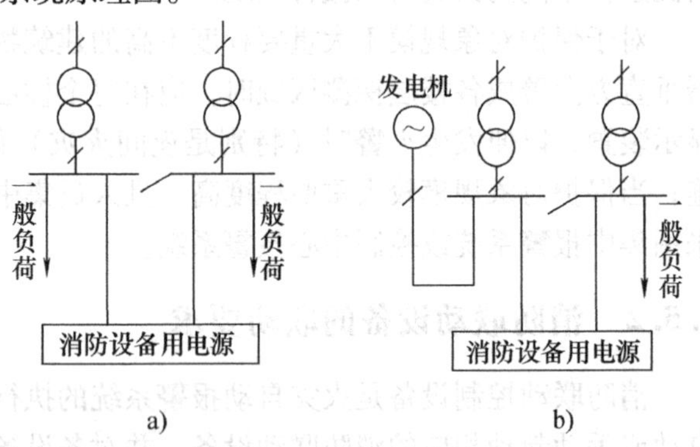

图7-20 一级消防电力负荷供电系统原理图
a）不同电网双回路供电 b）同一电网双回路供电

在火灾确认后，消防控制室应能切断有关部位的非消防电源。在实际工程中，系统进行火灾报警后，通过联动模块不仅需切断本层电源，还需切断其上下层的非消防电源。

电源是向触发装置、报警装置、警报装置提供电能的设备。火灾自动报警系统中的电源应由消防电源供电，还有直流备用电源。合理确定消防用电设备的负荷等级，并保障其供电可靠性是电气防火设计中的基本问题。

高层建筑中的消防控制室、消防水泵、消防电梯、防烟排烟设施、火灾自动报警、自动灭火系统、应急照明、疏散指示标志和电动防火门、窗、卷帘、阀门等消防用电的负荷等级，应符合现行国家标准《高层民用建筑设计防火规范》的规定。此外还必须增设应急电源。常用的应急电源是独立于正常电源的发电机组，即设置了三个电源。

目前，我国生产的快速起动柴油发电机，可实现15s内自起动，能满足疏散照明和备用照明转换时间要求，但不能满足安全照明和需要快速转换的备用照明的要求，需和蓄电池组合使用（蓄电池连续供电时间不应少于20min），在大型和重要高层建筑中，这种方式较为常见。高层建筑的消防控制室、消防水泵、消防电梯、防烟排烟风机的供电应在最末一级配电箱处设置自动切换装置。在设计中应根据各工程的实际情况，按楼层或按防火分区设置一台总的双电源自动切换装置，采用耐火耐热配线分别引至各消防用电设备。

对于消防用电设备的配电线路，除了要求有可靠的电源外，还要有可靠的配电线路，才能保证对消防用电设备安全可靠地供电。在高层建筑中，电线、电缆的布线范围广泛，一旦着火易形成导火链作用，造成火势蔓延。因此，在工程设计中，用于消防控制、消防通信、火灾报警以及用于消防设备（如消防水泵、排烟机、消防电梯等）的传输线路均应采取穿管保护。管线可使用金属管、PVC（聚氯乙烯）硬质或半硬质塑料管及封闭式线槽等，使系统有较强的抵御火灾能力，即使在火情严重的情况下，仍能保证消防系统安全可靠地工作。

在消防系统中，对导线具有明确的耐热技术要求。防火配线是指由于火灾的影响，室内温度高达 840℃时仍能使线路在 30min 内可靠供电的线路系统。耐热配线是指由于火灾的影响，室内温度高达 380℃时仍能使线路在 15min 内可靠供电的线路系统。为了保证线路的耐热性能，许多工程中都规定使用耐高温导线（一般使用耐 105℃高温的导线），或使用阻燃型、防火型的线缆。

提高消防用电设备配电线路的供电可靠性主要从两方面入手，首先是选择可靠的电缆，其二是选择可靠的敷设方式及敷设路径。PVC 阻燃电缆的耐火温度为 110～140℃。此种类型电缆在受到火烧或高温作用时难起火、难微燃，当火源移开后能停止燃烧，对预防初期火灾有效，一般用于防火技术要求较低的线路。云母型耐火耐热电缆属于一种无机电线电缆，它以云母作绝缘耐火层，在 900～1000℃火烧或高温辐射作用下一小时内仍然有效。但是，在高温的作用下云母不粘结，导线的耐火性能受到影响，因此，该线缆一般用于高温生产车间。铜芯铜套氧化镁绝缘电缆的缆芯为铜芯，绝缘物为氧化镁，护套为无缝铜管。由于铜熔点为 1083℃，氧化镁熔点为 2300℃，故能经受 1000℃内火灾（火焰或辐射）热的作用，经 90min 燃烧仍然有效。同时，铜套和氧化镁具有无老化和延燃性，不产生烟雾和毒性气体，与相同截面积电缆相比，其外径小但载流量大。例如，当负荷电流为 70A 时，选用铜芯铜套氧化镁绝缘电缆，其截面积为 $10mm^2$，外径为 12.7mm；而采用聚氯乙烯护套钢丝铠装电缆时，其截面积为 $25mm^2$，外径为 32mm。

综上所述，铜芯铜套氧化镁绝缘电缆是一种防火性能好、载流量大的电缆。虽然铜芯铜套氧化镁绝缘电缆价格较高，但是，综合考虑其敷设方式、载流等因素，其总投资增加有限，且防火性能大大提高，因此，应尽量选用铜芯铜套氧化镁绝缘电缆。

普通的电线电缆由于老化、过负荷运行等原因易引起火灾，而且其绝缘层和护套均是易燃物，燃烧时会产生有毒气体，危及人身安全。

在高层建筑中，一般用电设备配电线路宜选用阻燃型电线电缆，对消防用电设备配电线路应优先选用铜芯铜套氧化镁绝缘电缆，可在建筑吊顶内明设。在高层建筑的吊顶内通常有风管、水管、电气管架等，采用铜芯铜套氧化镁防火电缆，不仅可以减少电气管架在吊顶内占的空间，并可免去由于采用普通电缆所需的防火桥架而导致吊顶底标高降低或楼层层高增高的影响，而且敷设方便，防火性能好。

目前，国内高层建筑中消防用电设备配电线路的敷设方式主要有以下几种：

（1）普通电线电缆穿金属管或阻燃塑料管（氧指数≥35）内保护，并埋设在不燃烧结构体内。这是一种比较经济、可靠的敷设方式。但采用此种方式的线路走向会受到限制，而且穿管暗敷的不燃烧体保护层的厚度不宜小于 3cm。这是依据钢筋混凝土构件内钢筋温度与保护层厚度的关系曲线确定的。

（2）将普通电线电缆穿金属管或金属线槽明敷，并在金属管或金属线槽上涂上防火涂料。采用这种敷设方式要注意电缆电线截面的选择，因为防火涂料受到火星或火种的作用时很难被引燃。当受到高温和明火作用时，涂层能吸收热量形成致密的炭化泡沫，从而阻止热量的传递，防止火焰直接烧到电缆，在一定条件下还可将火阻熄。同样道理，电缆的散热亦会受到影响，要降容使用。

（3）绝缘和护套采用不延燃性材料，电线电缆敷设在电缆井内　一般电缆井中不仅有消防用电设备的配电线路，还有其他用电设备的配电线路。由于电缆井空间小，电缆集中，一般用电设备的配电线路也应采用阻燃电缆，若选用非阻燃性电缆则必须用防火隔板将其和消防用电电缆隔开。另外，由于竖井烟囱效应易使火势扩大，所以楼层间应采用防火隔板、防火材料密封隔离。电缆电线在楼层间穿管时两端管口空隙要用防火材料封堵。

7.5.4 消火栓系统的联动

消火栓的设置由给排水专业确定，消火栓按钮设置于消火栓上，其功能是控制消火栓泵的起停，显示消火栓泵的工作故障状态。应在消防控制室设置火灾报警控制器及手动直接控制盘，用总线及多线制线路直接传送到消火栓泵控制箱内的自动起泵、停泵控制回路中，并把消火栓泵的运行状态和消防电源运行情况等信号返回到消防控制室的控制盘上显示。

消防泵联动控制原理如图7-21所示。

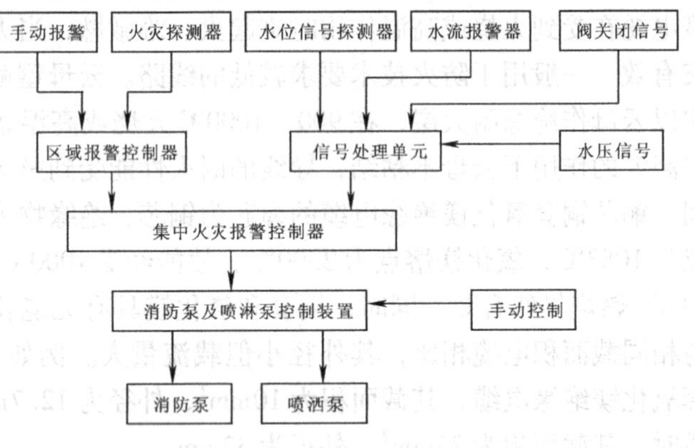

图7-21 消防泵联动控制原理

消火栓泵的起动主要有三种方式：一是消火栓泵起泵按钮动作后直接起动消防泵；二是在消控中心的联动柜控制消火栓泵的起、停；三是在消防泵房内通过控制柜手动控制消火栓泵的起、停。同时，消防泵的运行状态信号及故障信号应能反馈到消控室的火灾报警控制器或消防联动控制柜，消火栓泵起泵按钮的工作状态应反馈到消控室的火灾报警控制器上，消防泵房内消火栓泵控制柜的手动、自动状态的信号在消控室的联动柜上显示。

7.5.5 自动水喷淋系统

水喷淋灭火系统中湿式报警阀的压力开关、水流指示器、安全信号阀、喷淋泵等设备的选择，均需要与火灾自动报警系统进行配合设计。消防控制设备对自动喷水灭火系统应有显示水流指示器、报警阀压力开关、安全信号阀的工作状态的功能。采用总线制火灾自动报警系统时，可在报警总线上通过信号模块接收水流指示器、安全信号阀上信号，传送至火灾自动报警控制器上显示其工作状态。且与水流指示器、安全信号阀连接的信号模块均有独立的报警地址编码，并且因水流指示器、安全信号阀的不同作用，其信号模块的传输信号不能够共用。在设计时还应注意所选择的信号模块接收信号的接点方式，一般均采用无源接点输入方式。当设备输出的信号和信号模块的输入信号接点方式相同时则直接接入使用；当设备输出的是有源接点信号，而信号模块只接收无源信号时，应通过信号转换如中间继电器转换为无源接点。

喷淋泵有三种起动方式：一是通过系统中的压力开关动作直接起动喷淋泵，二是在消控中心的联动柜上控制喷淋泵的起、停；三是在消防泵房内通过控制柜手动控制喷淋泵的起、停。同时，压力开关动作信号、水流指示器动作信号、信号阀的状态信号、喷淋泵的运行及故障信号、消防泵房内喷淋泵控制柜的手动和自动状态等信号，均应反馈到消防控制室。

对于压力开关的起泵信号，一般应通过硬线直接接至消防泵房内的喷淋泵控制柜，而不应通过消控室再接至消防泵房。消防联动柜通过总线控制喷淋泵的同时，还要设置通过硬件电路直接起动喷淋泵的控制操作线路。

7.5.6　气体灭火系统

气体灭火分为无管网型和有管网型两种，这里主要介绍无管网型气体灭火装置。此类装置的气体喷雾、气瓶、火灾自动报警控制器集成为一体，形成自动气体灭火柜，并具有声、光报警，以及自动、手动控制和连接报警探测器等功能。其装置自动化程度较高，可靠性高，安装、维护方便，可作为柴油发电机房、燃气空调机房、图书馆、计算机房等空间的消防设施。图 7-22 所示为气体灭火系统联动控制原理框图。

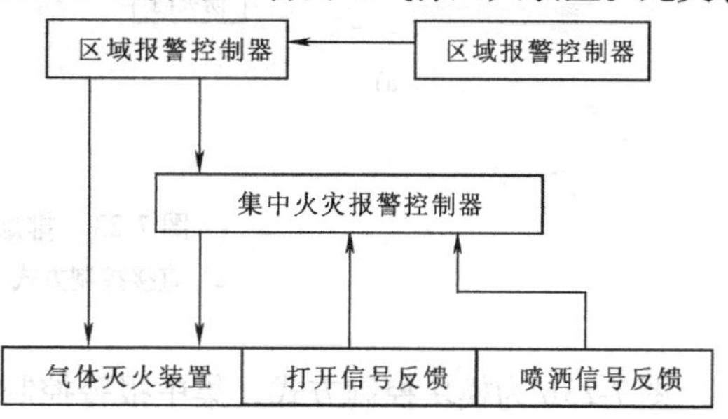

图 7-22　气体灭火系统联动控制原理框图

7.5.7　防排烟控制系统

建筑物防烟设备的作用是防止烟气侵入安全疏散通道，而排烟设备的作用是消除烟气大量积聚并防止烟气扩散到安全疏散通道。因此，防、排烟系统的设计是建筑综合防灾系统的重要组成部分。

防烟和排烟系统主要由防烟防火阀、防烟与排烟风机、管路、风口等组成。在防烟和排烟风机总管道上的防烟防火阀温度达到 280℃时，其阀门自动关闭并输出电接点信号，行程开关输出接点可直接联动防烟和排烟风机关闭。在电动防火阀处设置控制模块，火灾报警后用控制模块开启相应防烟分区内的加压送风口或排烟口的电动防火阀，关闭有关部位的空调送风系统并返回动作信号。自动联动控制信号经联动控制线传输至联动控制台，联动控制台上除设自动控制外，还应设手动直接控制装置。联动控制台与防烟和排烟风机控制箱之间应设多线制联动控制线，在联动控制台上能进行自动和手动控制防烟和排烟风机的起、停，显示风机状态信号和消防供电电源的工作状态。

工程设计中应注意以下问题：

1）各类阀门的操作机构一般应为电磁铁，工作电压为直流 24V，动作电流须限制在 700mA 以内，直接由火灾自动报警系统的有源联动模块驱动，否则，不仅易损坏联动模块，还会影响系统的正常供电。

2）控制方式采用一个联动模块控制一个阀或顺序控制多个阀门两种方式，对于后者，若某一只阀门的微动开关接触不良则影响到后面的阀门均无法打开，从而降低了控制回路的可靠性。虽然一对一方式所需的联动模块多，造价高，但系统安全可靠。对于一对一控制方式中出现的同时动作问题，可在联动控制程序软件中加以解决。

在选定自然排烟、机械排烟、自然与机械排烟并用或机械加压送风方式以后，再进行防排烟系统电气控制系统的设计。排烟控制有直接控制和模块控制两种方式，图 7-23 给出了两种控制方式的原理框图。图 7-23a 为直接控制方式，集中报警控制器收到火警信号后直接产生控制信号控制排烟阀门开启，排烟风机起动，空调、送风机、防火门等关闭。同时接收各设备的反馈信号，监测各设备是否工作正常。

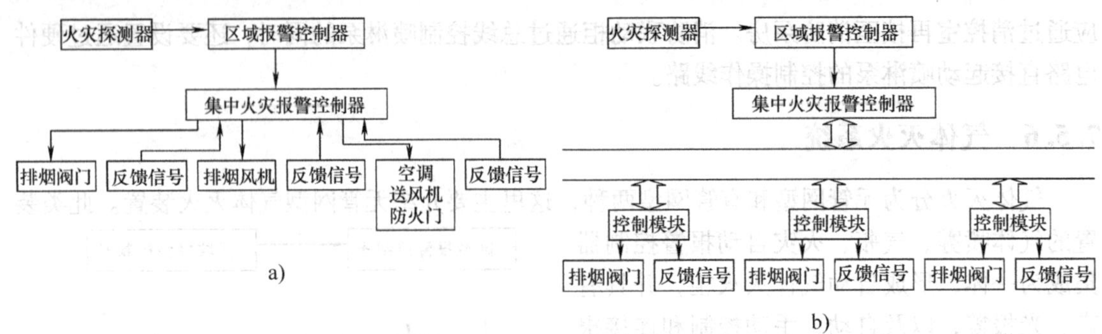

图 7-23　排烟控制方式原理

a）直接控制方式　b）模块控制方式

图 7-23b 为模块控制方式，集中报警控制器收到火警信号后，发出控制排烟阀、排烟风机、空调、送风机、防火门等设备动作的一系列指令。输出的控制指令经总线传输到各控制模块，再由各控制模块驱动对应的设备动作。各设备的状态反馈信号通过总线传送到集中报警控制器。

在图 7-23 中，机械加压送风控制的原理及过程与机械排烟控制相似，只是受控对象变成了正压送风机和正压送风阀门。

7.5.8　防火卷帘与防火门控制系统

两个防火分区之间设置防火卷帘和防火门的目的是阻止烟和火势的蔓延进行防火隔断。根据国家规范的规定，在疏散通道上的防火卷帘应在卷帘两侧设感烟、感温探测器组。在其任意一侧感烟探测器动作后，通过报警总线上的控制模块控制防火卷帘降至距地面 1.5m 的高度，在感温探测器动作后，防火卷帘下降到底。

作为防火分区分隔的防火卷帘，当任一侧防火分区内火灾探测器动作后，防火卷帘应一次下降到底。防火卷帘两侧都应设置手动控制按钮，在探测器组误动作时，能强制开启防火卷帘。当防火卷帘旁设有水幕喷水系统保护时，应同时起动水幕电磁阀和雨淋泵。火灾探测器的动作信号及防火卷帘的关闭信号应送至消防控制室显示。

图 7-24 为防火卷帘联动控制原理框图。

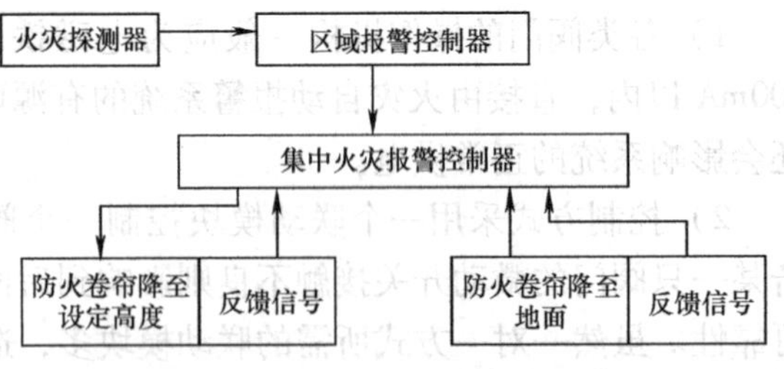

图 7-24　防火卷帘联动控制原理框图

电动防火卷帘的控制应符合下列要求：

1）一般在电动防火卷帘两侧设专用的感烟及感温探测器以及声、光报警信号、手动控制按钮（应有防误操作措施）。当在两侧装设确有困难时，可在火灾可能性大的一侧装设。

2）电动防火卷帘应采取两次控制下落方式，第一次由感烟探测器控制下落距地 1.5m 处停止；第二次由感温探测器控制下落到底，并应分别将报警及动作信号送至消防控制室。

3）电动防火卷帘宜由消防控制室集中管理。当选用的探测器控制电路提高了可靠性时，可实行就地联动控制，但在消防控制室应该具有应急控制手段。

4）当电动防火卷帘采用水幕保护时，水幕电磁阀的开启宜采用定温探测器与水幕管网有关的水流指示器组成控制电路。

电动防火门的作用与防火卷帘相同，联动控制的原理也类同。防火门的工作方式有平时不通电、火灾时通电关闭方式，以及平时通电、火灾时断电关闭两种方式。

气体灭火系统用于建筑物内需要防水又比较重要的对象，如配电间、通信机房等。

电动防火门的控制应符合以下要求：

1）门两侧应装设专用的感烟探测器组成控制电路。此外，就地设置人工手动关闭装置。

2）电动防火门宜选用平时不耗电的释放器，且宜暗设。要有返回动作信号功能。

电动防火门和防火卷帘门由于自成体系，在实际使用时，只需按照其外部接线端子的要求配置操作电源、火灾探测器和相关的手动操作按钮即可。与火灾自动报警系统配合使用时，在其火灾探测器回路中接入总线型控制模块来仿真火灾探测器的动作，使消防控制指令能够得到执行（一般需要两个总线制控制模块，分别指令半降和全降），同时应将卷帘门的工作状态通过总线型输入模块返回到消防控制中心。

7.5.9　火灾事故广播系统

火灾事故广播系统通常采用独立的广播系统。该系统配置有专用的广播扩音机、广播控制盘、分路切换盒、音频传输网络及扬声器等，控制方式有自动播音和手动播音两种方式。其中，手动播音控制方式对系统调试和运行维护较为方便。当火灾事故广播与建筑物内广播音响系统合用时，可通过联动模块将火灾疏散层的扬声器和广播音响扩音机等强制转入火灾事故广播状态，即停止背景音乐广播，播放火灾事故广播。

7.5.10　电梯控制系统

若大楼内设有多部客梯和消防电梯，在发生火灾时，由火灾自动报警系统的联动模块发出指令，不论客梯处于任何状态，电梯上按钮将失去控制作用，客梯全部降到首层，客梯门自动打开，待梯内人员疏散后，自动切断客梯电源，同时将动作信号反馈至消防控制室。消防电梯降到首层后可供消防人员使用。

7.6　智能消防系统

7.6.1　消防系统的智能化

消防系统的智能化程度涉及诸多方面的因素，包括火灾探测器的选用和电信号处理电路的设计、探测器与控制器之间信息通信方式的选择与实现，以及火灾探测与报警和消防设备联动控制等方面，提高消防系统智能化的关键问题是火灾信息判断与处理。

对火灾探测器输出信号的识别处理方式主要有阈值比较方式、报警阈值自动浮动方式和分布智能方式。智能化程度较高的火灾模式识别方法开始在大中型消防系统中采用。

1. 阈值比较方式

阈值比较方式是目前火灾探测器中普遍采用的方式，也是最早使用的火灾信息处理方式。当前广泛使用的可寻址开关量火灾报警系统、响应阈值自动浮动式火灾报警系统等都是使用阈值比较方式。

图 7-25 所示为使用阈值比较方式的热烟复合式火灾探测器原理。感烟方式采用的是散射型光电感烟方式，具体实现是采用双脉冲两次同步比较工作方式。无烟时受光元件没有接收红外光，有烟时光敏电流输出正比于烟浓度。如果在两个光脉冲周期时间内经放大后的光敏输出信号都高于设定阈值，系统就产生报警输出。此阈值可设置小一些，使灵敏度高一些，以作为早期火灾探测。感温探测器采用的是热敏电阻式定温探测，在温度为 65℃ 动作，用于确认火灾后发出联动控制信号。

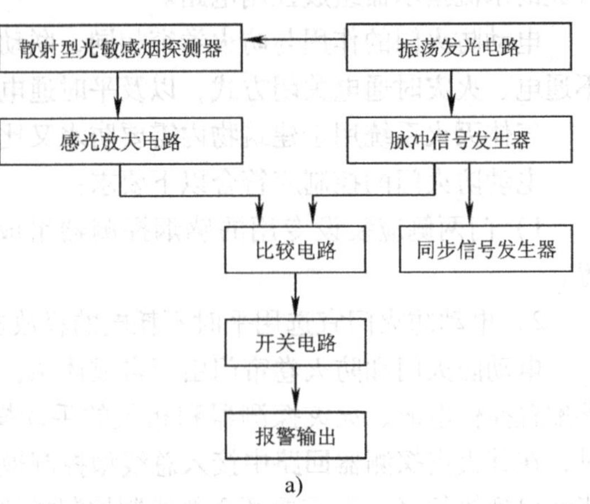

a)

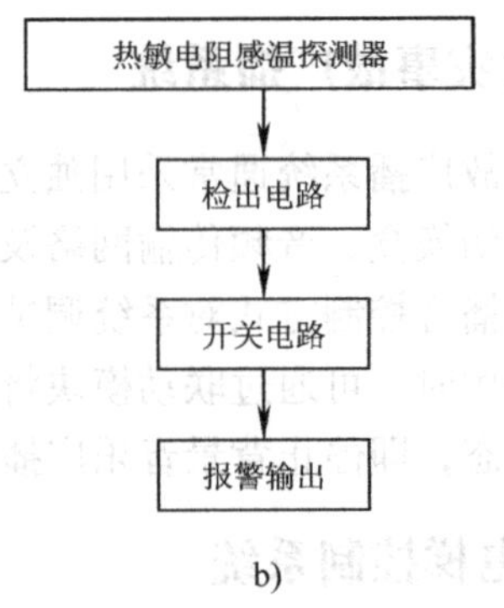

b)

图 7-25 使用阈值比较方式的热烟复合式火灾探测器原理

a）感烟方式 b）感温方式

2. 报警阈值自动浮动方式

该方式的特点是灵敏度可通过火灾报警控制器中的软件进行多级设置，并可以实现对影响火灾探测器精度的环境温度、湿度、风速、污染等因素自动补偿或人工补偿。因此，其智能化程度较阈值比较方式更高。该方式处理的火灾信息多为模拟量信号，例如离子感烟探测器输出的烟浓度模拟量。

3. 分布智能方式

此方式的目的是使火灾传感器具备一定的智能和判断功能，简化系统结构，减少从终端传感器或探测器向控制器的信息传输量，从而提高系统的传输速度。在采用分布智能方式的智能消防系统中，每个火灾传感器或探测器配置一片微处理器，取代探测器硬件电路进行数据处理并进行简单的分析判断，提高探测器有效数据输出效率。采用分布智能方式的智能消防系统能够迅速发现初期火灾，减少系统的误报警率。在组合使用多种类型火灾探测器时，分布智能方式的优点更为明显。

对于智能式离子感烟探测器，由于其内置微处理器芯片，故具有传统火灾探测器无法相比的多种功能。主要有以下功能：

（1）灵敏度自动调整功能 该功能即为报警阈值自动浮动方式在单个探测器上的实现。探测器本身可以对探测信号进行连续的智能模拟量处理，当灵敏度阈值超出允许范围时，自动进行干扰参数计算，调整报警灵敏点，做到自适应所处的报警环境。

（2）自动诊断功能 系统采用综合诊断方式进行预防性维护，通过自动修正检测值确保对探测器电气性能进行诊断，确定探测器的老化程度。

（3）探头污染自动报警功能 系统通过自动修正灵敏度可以补偿环境条件变化造成的干扰和灰尘积累所带来的影响，可在相当长时间内做到免维护运行。一旦自动修正已无法满足灵敏度要求时，发出过脏报警信号，提醒技术人员进行清洁处理。

4. 火灾模式识别方式

火灾模式识别的主要思想是在火灾报警控制器的计算机内存中存入各种火灾和非火灾性燃烧的特征值。由探测器探测到各类表征火灾的特征参数，如烟浓度、温度等，送入到火灾报警控制器或在智能探测器中进行初级处理。把火灾探测器的测量值与计算机内存储的火灾特征值进行多级比较分析，从而对火灾的真实性作出正确判断。

7.6.2　智能消防系统与设备自动化系统的联网

智能消防系统可以自成体系进行工作，实现火灾信息的探测、处理和判断，并进行消防设备的联动控制。同时，智能消防系统可以与 BAS 和 OAS 进行联网，通过网络实现远端报警和信息的传送，向当地消防指挥中心及有关方面通报火灾情况，并可通过城市信息网络与城市管理中心、城市电力供配调度中心、城市供水管理中心等共享数据和信息。

在火灾报警之后，综合协调城市供水、供电和道路交通等方面的运行状况，为有效灭火提供充足的供水和供电保证，为消防人员及消防车的及时到场提供交通畅通的保障，确保及时有效地扑灭火灾，最大限度地减小火灾的损失。

图 7-26 所示为智能消防系统与 BAS 联网工作原理图。

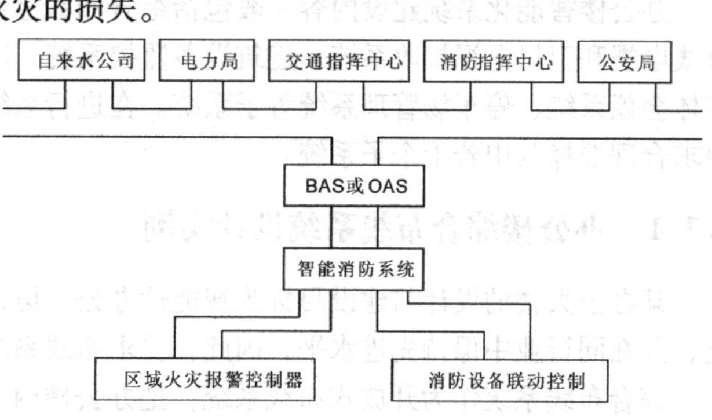

图 7-26　智能消防系统与 BAS 联网工作原理图

智能消防系统与 BAS 和 OAS 的联网，并通过它们与公共信息网联网，综合了计算机网络、通信、多媒体、卫星通信及有线电视等多种技术，使得智能消防系统的功能更为丰富强大。它能为消防设备的监测、维护和最佳运行提供丰富的计算机界面、楼宇火灾模拟软件及相应的消防专家系统等，并为楼宇消防管理人员的培训、设备监测管理和各种假想条件下初期火灾扑救方案的设计提供技术服务。其次，专业消防监督管理人员可以通过计算机网络系统查阅重点建筑和重点防火单位的防火资料和设备运行状态记录，交流分析各个建筑和单位的火灾特点和灭火预设方案，改变以往仅靠现场走访和检查的防火管理方式，构成高效的防火监督管理系统。

消防指挥系统、防火管理系统和城市信息系统联网，为消防指挥提供更多的手段和条件。通过计算机网络分级管理，有线通信结合无线通信、卫星全球定位系统（GPS）的应用，使得消防车辆、消防人员有效合理调配及其火灾信息的更新都可以及时进行，确保火灾被迅速扑灭，并最大限度地减少人员的伤亡和财产的损失。

思　考　题

1. 火灾探测器主要有哪些种类？
2. 简述火灾报警控制器的工作原理。
3. 简述火灾自动报警系统多线制和总线制的工作原理。

第 8 章　建筑智能化系统工程实例

8.1　办公楼智能化系统

为适应现代化信息时代的要求，办公楼智能化系统设计通常将计算机和信息处理等有机结合，以实现办公自动化、通信自动化、安全自动化、消防自动化和楼宇自动化等功能。办公楼智能化系统设计的一般原则是方案经济实用，技术适当超前，尽量采用系统集成技术。基于总体规划思想和系统工程的观点，对各个子系统进行总体设计、协调组建、合理配置，从而构成完整优化的综合智能化系统，并使各个智能化子系统具有高效的综合管理能力，以达到减少能耗、降低系统设备维护与保养成本的目的。

办公楼智能化系统建设内容一般包括综合布线系统、计算机网络系统、通信网络系统、有线电视和卫星电视接收系统、建筑设备监控系统、闭路电视监控系统、公共广播系统、多媒体会议系统、停车场管理系统等子系统。在进行系统设计时，可根据工程规模及用户使用要求合理选择其中若干个子系统。

8.1.1　办公楼综合布线系统设计实例

某办公大楼的设计与建设目标为智能性办公大厦，在功能定位上要求具有高品质和高性能，并在同行业中保持先进水平，因此，要求布线系统采用综合布线技术。

综合布线系统作为开放式布线系统，把办公楼内部的语音交换、数据处理及其他数据通信设施相互连接起来，并同建筑物外部数据网络或电话局线路相连接。综合布线可根据各节点的地理分布情况、网络配置情况和通信要求，安装适当的布线介质和连接设备，使整个网络的连接、维护和管理变得简单易行。

该办公楼综合布线系统图如图 8-1 所示。

根据该办公楼具体应用情况，大楼内水平子系统中的语音与数据布线采用六类非屏蔽双绞线，支持带宽为 100Mbit/s 的快速以太网和 155/622M ATM 连接。超六类线缆作为传输介质，水平布线时最大的水平分布长度不应超过 90m，如果需要超过 90m，则需考虑在本层楼内增设一个附加通信间。在一些需要宽带应用场合则采用光缆。

垂直干线语音系统采用三类大对数电缆。数据系统采用六芯 62.5/125μm 多模光纤，支持带宽为 100Mbit/s 的快速以太网连接和 155/622M ATM 及千兆以太网（光纤）等高速网络连接。楼层设备间内配线管理系统采用 110AB 型背架式配线架，数据网络系统采用 PM2150B 型模块配线架，便于互换和管理。系统考虑了可靠性、高速率传输特性及可扩充性等技术要求。

工作区子系统由终端设备连接到信息插座的连线和信息插座组成。该办公楼综合布线平面图如图 8-2 所示。

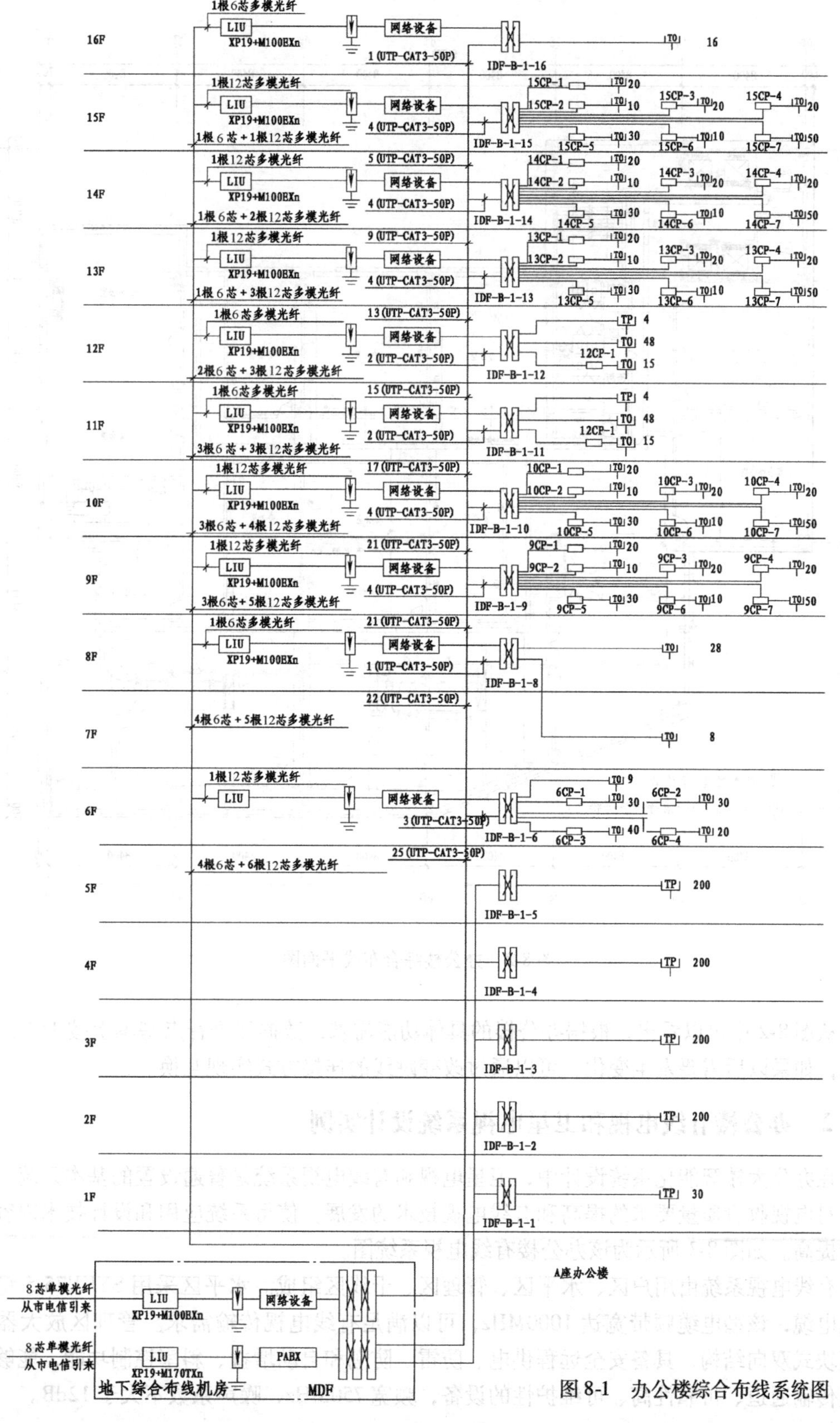

图 8-1　办公楼综合布线系统图

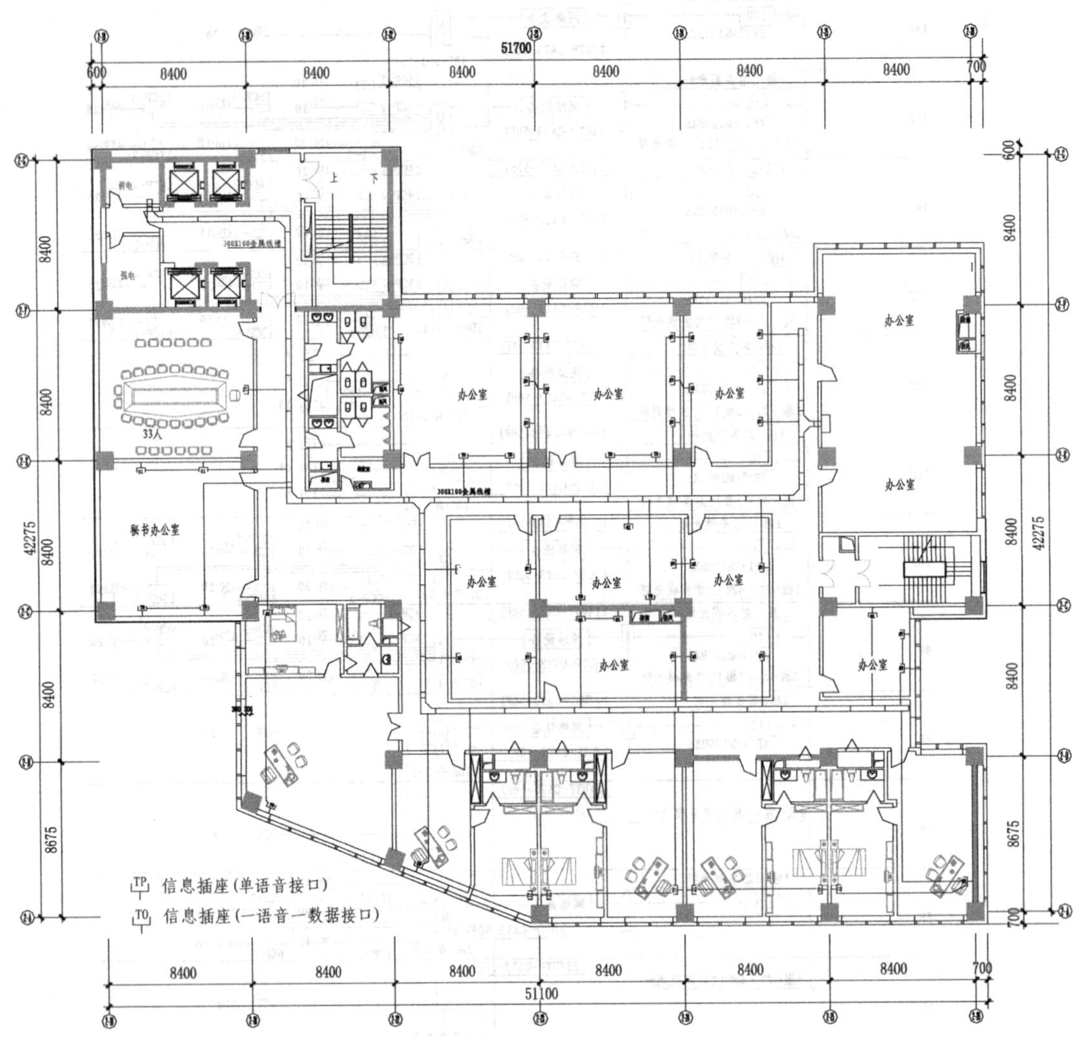

图 8-2　办公楼综合布线平面图

从图 8-2 中可以看出，根据办公楼的具体功能需求，数据和语音点基本上按 1∶1 的比例分配，如果以后需要发生变化，可以通过改变跳线的连接方式实现互换。

8.1.2　办公楼有线电视和卫星电视系统设计实例

在办公大楼智能化系统设计中，卫星电视和有线电视系统是普遍设置的基本系统。随着人们对电视收看质量要求的提高和有线电视技术的发展，使得系统应用和设计技术内容要求不断提高。如图 8-3 所示为该办公楼有线电视系统图。

有线电视系统由用户区、水平区、管理区、干线区组成。水平区采用 SYKV75-5 型同轴发泡电缆，该型电缆频带宽达 1000MHz，可以满足有线电视传输需求。管理区放大器均选用模块式双向结构，具备安全远程供电、防雷、防潮和自动增益、斜率控制功能，能够提供双向传输通道、可靠性高、可维护性的设备，频宽 750MHz，噪声系数不大于 12dB。

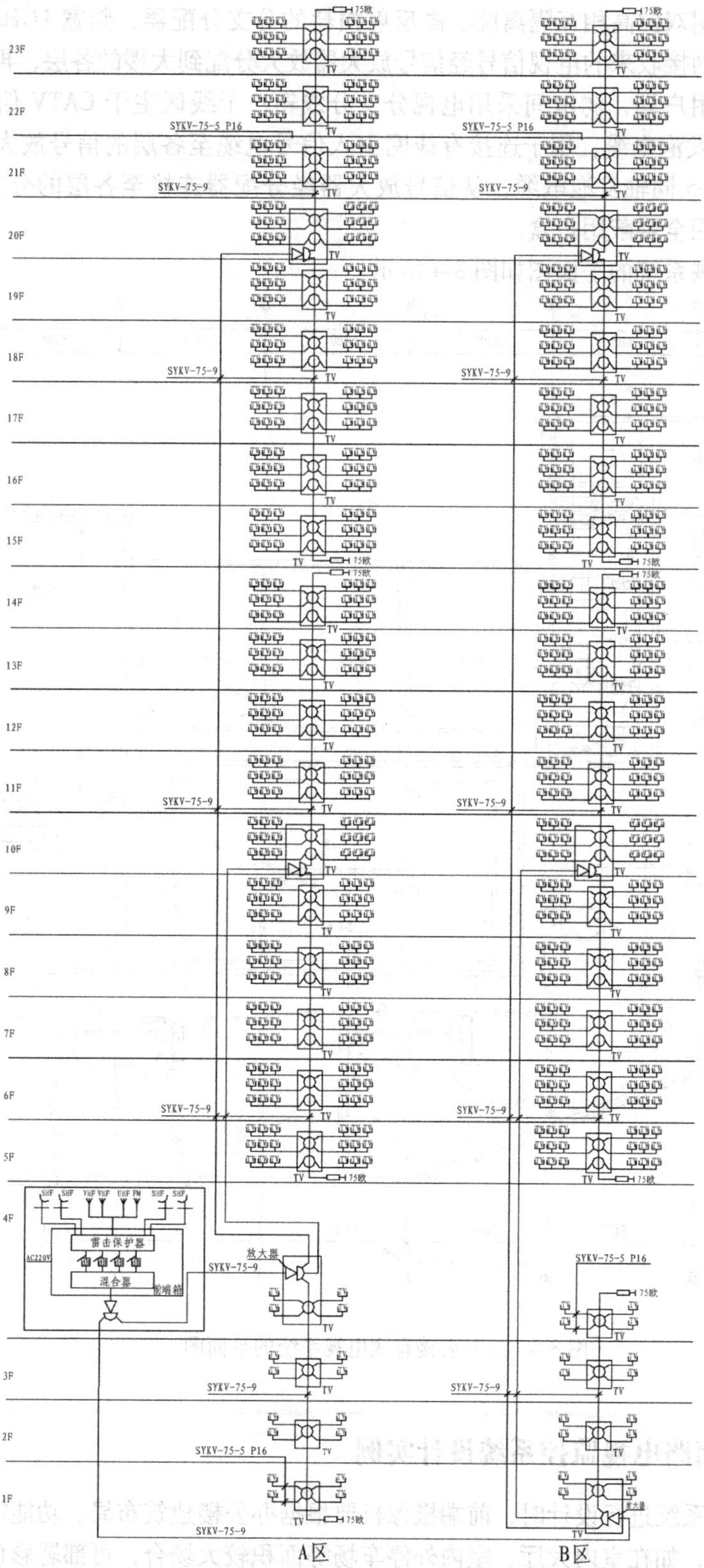

A区　　B区

图 8-3　办公楼有线电视系统图

分支分配器选用双向高相互隔离度、高反射损耗的分支分配器，频宽 1GHz。前端通过放大器将有线电视网接收来的电视信号经信号放大器放大分配到大楼的各层，再经分配器和分支器分配到每个用户端，弱电间采用电视分支分线箱；干线区主干 CATV 信号电缆采用 SYKV—75—9 同轴发泡电缆，用于连接有线网引入信号电缆至各层的信号放大器，支干电缆采用 SYKV—75—5 同轴发泡电缆，从信号放大器经分配器连接至各层的分支分配器箱。用户区用户终端选用全屏蔽用户盒。

办公楼有线电视系统的平面图如图 8-4 所示。

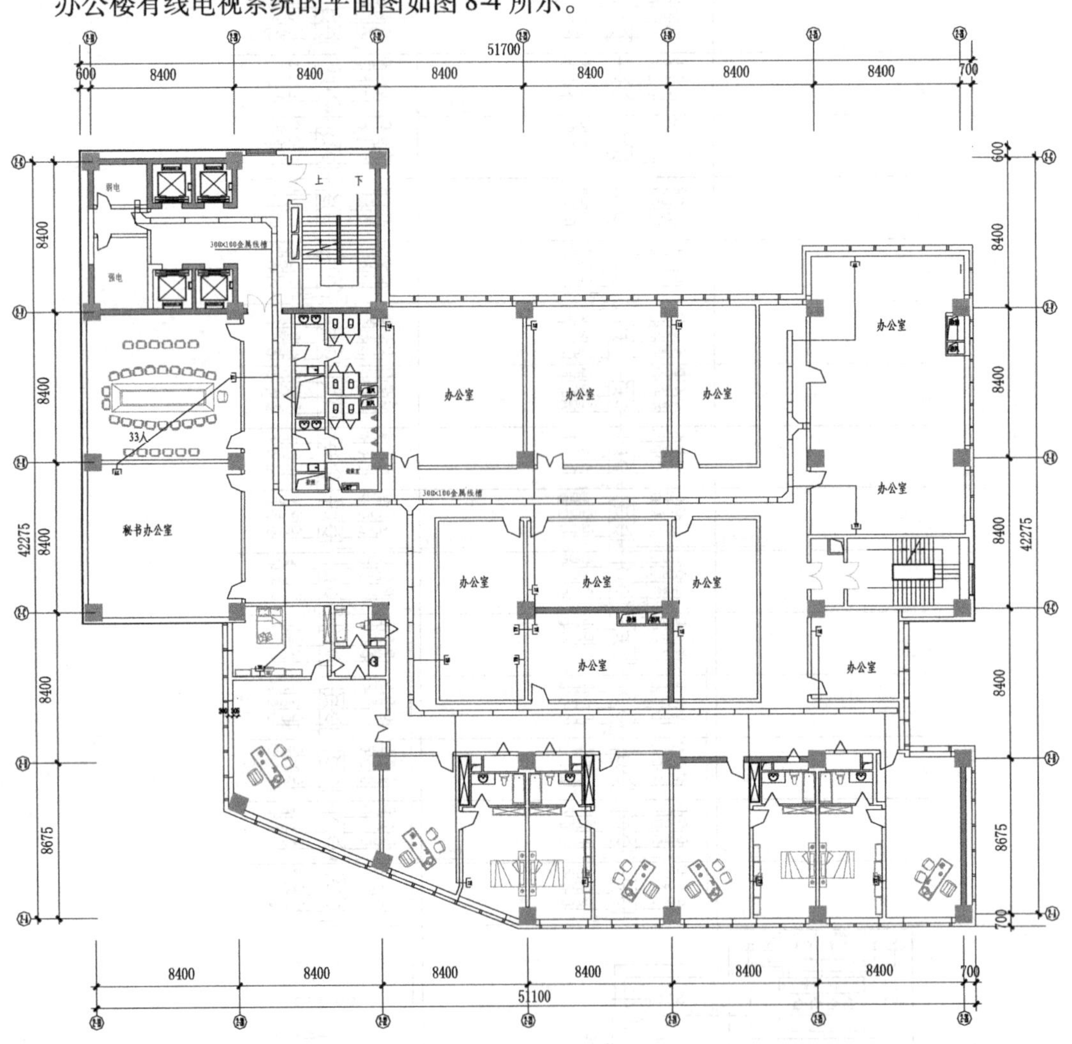

图 8-4　某办公楼有线电视系统的平面图

8.1.3　办公楼闭路电视监控系统设计实例

对办公楼监控系统进行设计时，前端摄像机要根据办公楼建筑布局、功能需求、环境条件等因素进行选择，如在室内大厅、室内外停车场等面积较大场合，可部署彩色高速一体化摄像机，在停车场也可布置枪式摄像机，在电梯轿厢内可设置电梯专用摄像机，在走廊、电梯前室及楼梯间等位置部署彩色半球形摄像机等。根据不同建筑布局和功能需求选择摄像机，既可以满足监控摄像的技术要求，又能合理利用环境资源，降低工程成本。

图 8-5 所示为该办公楼监控系统平面图。

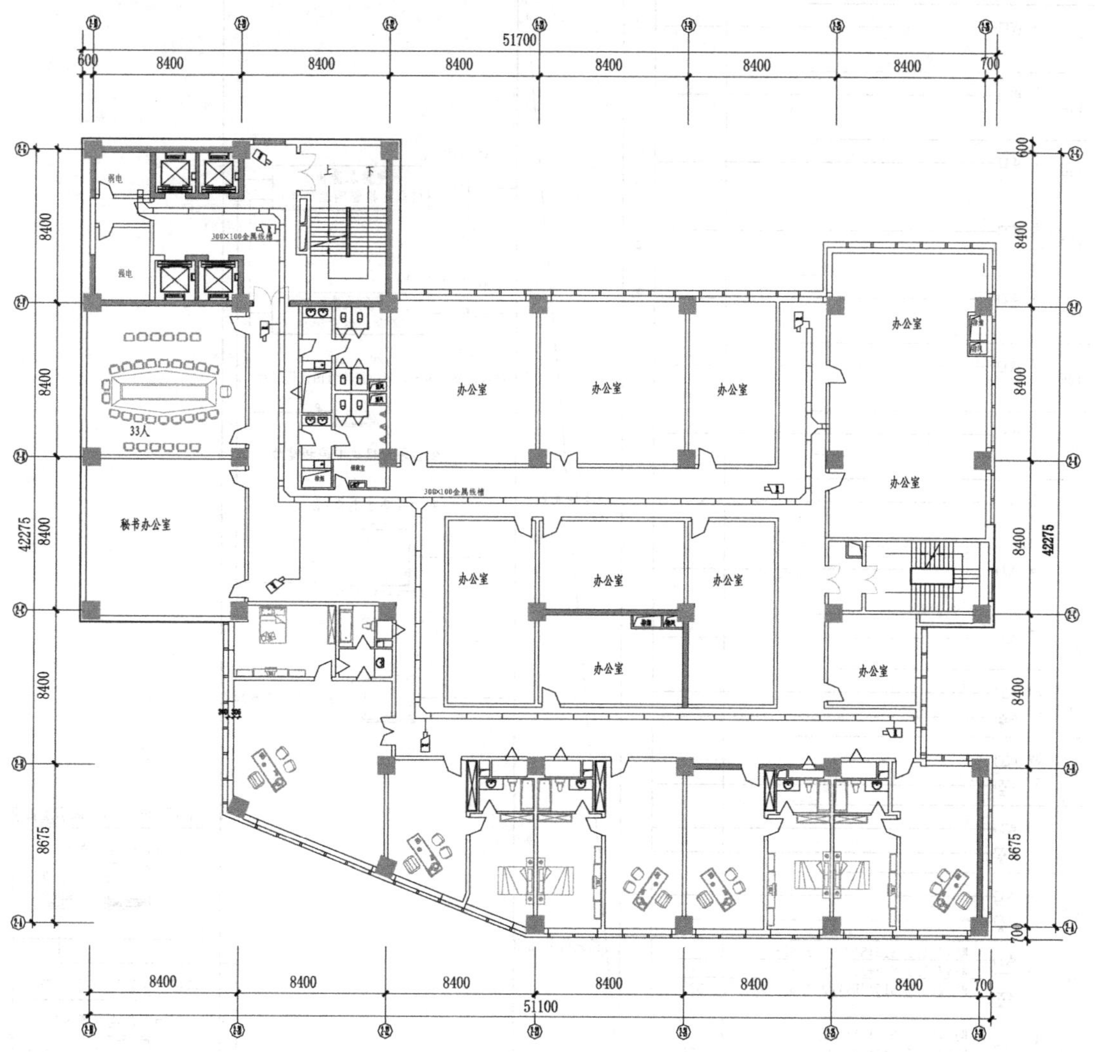

图 8-5　办公楼监控系统平面图

从图 8-5 可以看出，根据办公楼的平面布局特点，在走廊内设彩色半球形摄像机，在楼梯出口及电梯前室处设彩色半球形摄像机，彩色半球形摄像机成本低，适合于定点监控要求。整层办公楼的公共区域基本上被监控点覆盖，监控无盲点，系统监控达到功能要求。

监控现场摄像机和控制中心之间有信号传输，一方面摄像机得到的图像要传到控制中心，另一方面控制中心的控制信号和电源要传送到现场。闭路电视监控系统传输部分包括视频信号、控制信号及电源的传输。

图 8-6 所示为该办公楼监控系统原理图。

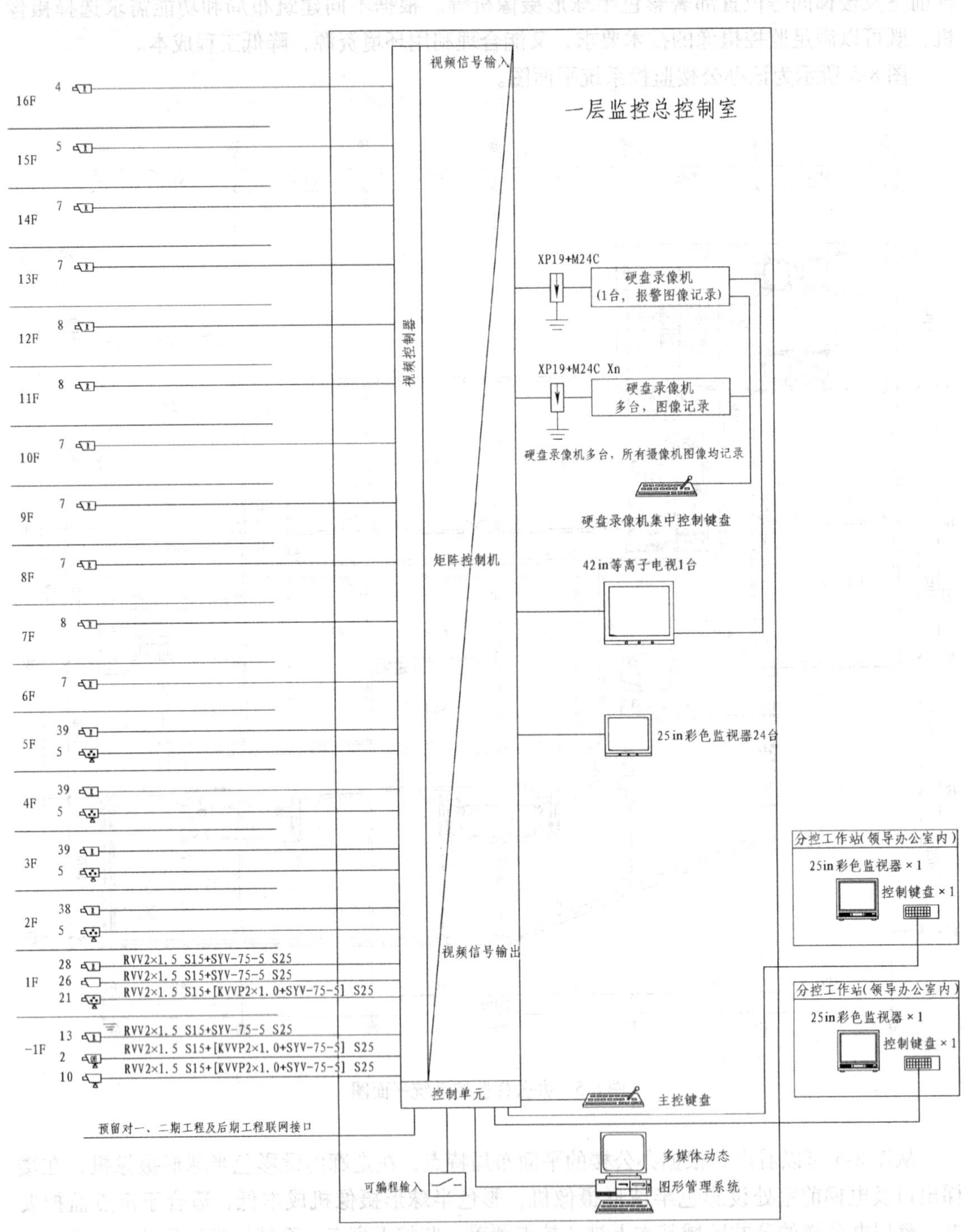

图8-6 办公楼监控系统原理图

闭路电视监控系统包括视频矩阵切换箱、多媒体控制主机、电视墙、专业监视器、嵌入式硬盘录像机等控制设备。其中，视频矩阵切换箱是监控系统的控制部分，是整个系统的心脏，是实现整个系统的指挥中心，负责所有设备的控制与图像信号的处理。对硬盘录像机的摄像画面进行实时录像和保存供以后回放使用，并且留有扩展功能。另外，根据用户的使用功能要求，分别在两个领导办公室内设有监控分站。

8.1.4　多媒体会议系统

在智能办公楼设计中，对于大、中、小型会议室和多功能会议室的设计是一项重要内容。大会议室容纳人数多，主要用于专题报告、演讲等会议，也可召开视频会议。对于小会议室，会场一般布置为报告厅形式，主要召开小规模会议及各类视频会议。多功能会议室一般为大楼视频会议主会场，主要用于大型学术报告、演讲、综合性会议等，也可用于文艺表演、播放影片等文艺活动。

图 8-7 所示为该办公楼大型会议室多媒体会议系统的平面图，图 8-8 所示为该办公楼多媒体会议系统图。

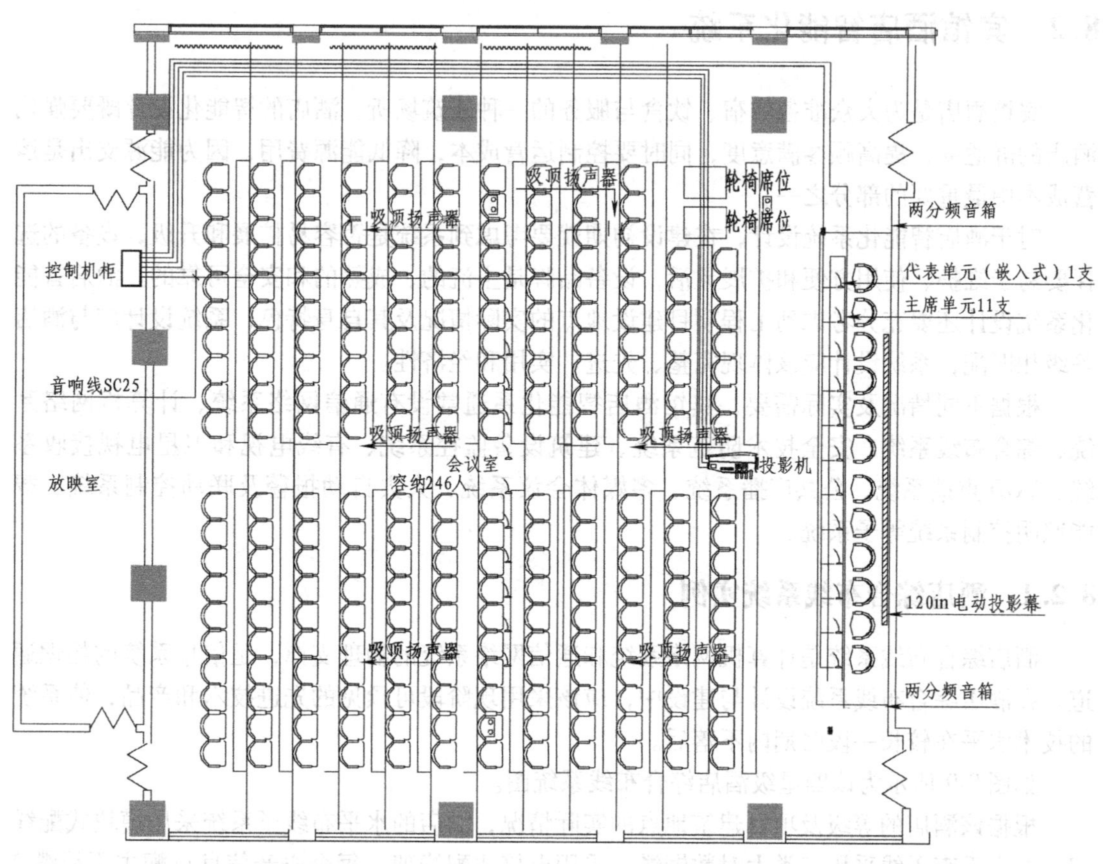

图 8-7　办公楼多媒体会议系统平面图

多媒体会议系统主要包括发言系统、扩声系统、中控系统、数据投影显示系统、会议表决系统、音视频系统等。各系统均预留接口给远程视频会议系统，方便各会议室与外界进行有效地沟通，随时成为其他会议场所的主会场或分会场。

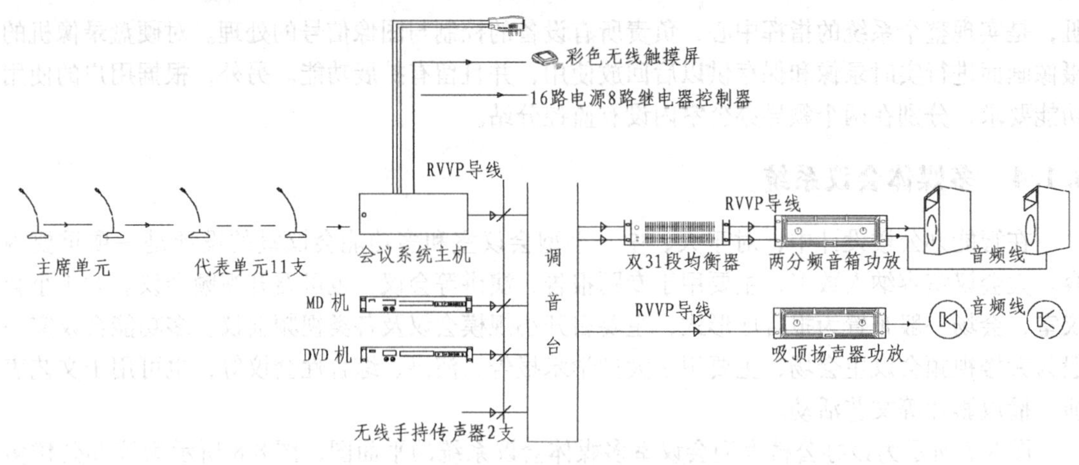

图 8-8 办公楼多媒体会议系统图

8.2 宾馆酒店智能化系统

宾馆酒店是为大众准备住宿、饮食与服务的一种建筑场所，酒店的智能化设计既要强化酒店的舒适度，提高顾客满意度，同时要控制运营成本，降低能源费用，因为能源支出是运营成本中最重要的部分之一。

对于酒店智能化系统设计，在建设初期就要考虑到系统是否容易扩展和升级，设备的选择要易于维护、使用方便和扩展灵活，设备品牌是主流的、成熟的和安全可靠的。酒店智能化系统设计还要充分考虑到工程项目建设地点的实际情况及其自身特色，系统设计应与酒店等级相匹配，系统设计应该体现完整、先进、实用和经济性。

根据不同情况及实际需要，宾馆酒店智能化系通常设有通信网络系统、计算机网络系统、综合布线系统、安全技术防范系统、建筑设备监控系统、有线电视和卫星电视接收系统、VOD 点播系统、公共广播系统、多媒体会议系统、火灾自动报警及联动控制系统、智能照明控制系统等子系统。

8.2.1 酒店综合布线系统实例

酒店综合布线系统是计算机网络系统和通信网络系统的物理支撑，是信息系统的物理通道。在酒店综合布线系统设计与建设中，应该采用现阶段可预见的先进技术和产品，使系统的技术水平在较长一段时期内不落后。

如图 8-9 所示为该四星级酒店综合布线系统图。

根据该酒店的等级及项目建筑地点的实际情况，酒店的水平布线子系统采用模块式配线架。语音垂直干线采用三类大对数铜缆，采用卡接式配线架，每个语音信息点配主干线缆 2 对。垂直数据干线采用多模光缆，一台 48 口网络交换机配 6 芯室内多模光缆，支持 100Mbit/s 快速以太网连接和千兆以太网等高速网络连接。

对于酒店客房层，每个客房设置 1 个数据点，1 个语音点（卫生间设 1 个同线电话）。由于每层客房数量不多，因此，每两层设一个配线间。

客房标准层综合布线平面图如图 8-10 所示。

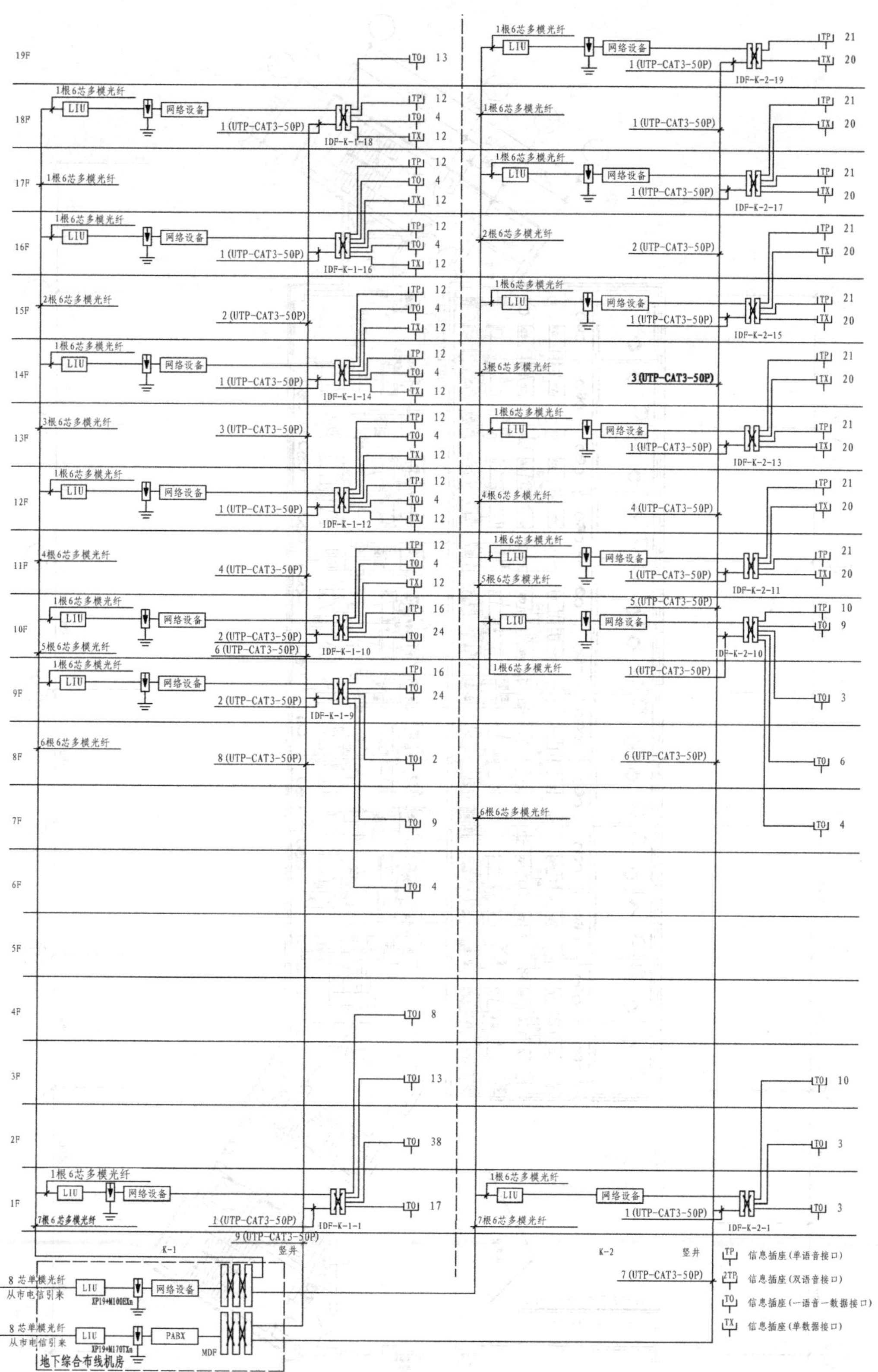

图 8-9　四星级酒店综合布线系统图

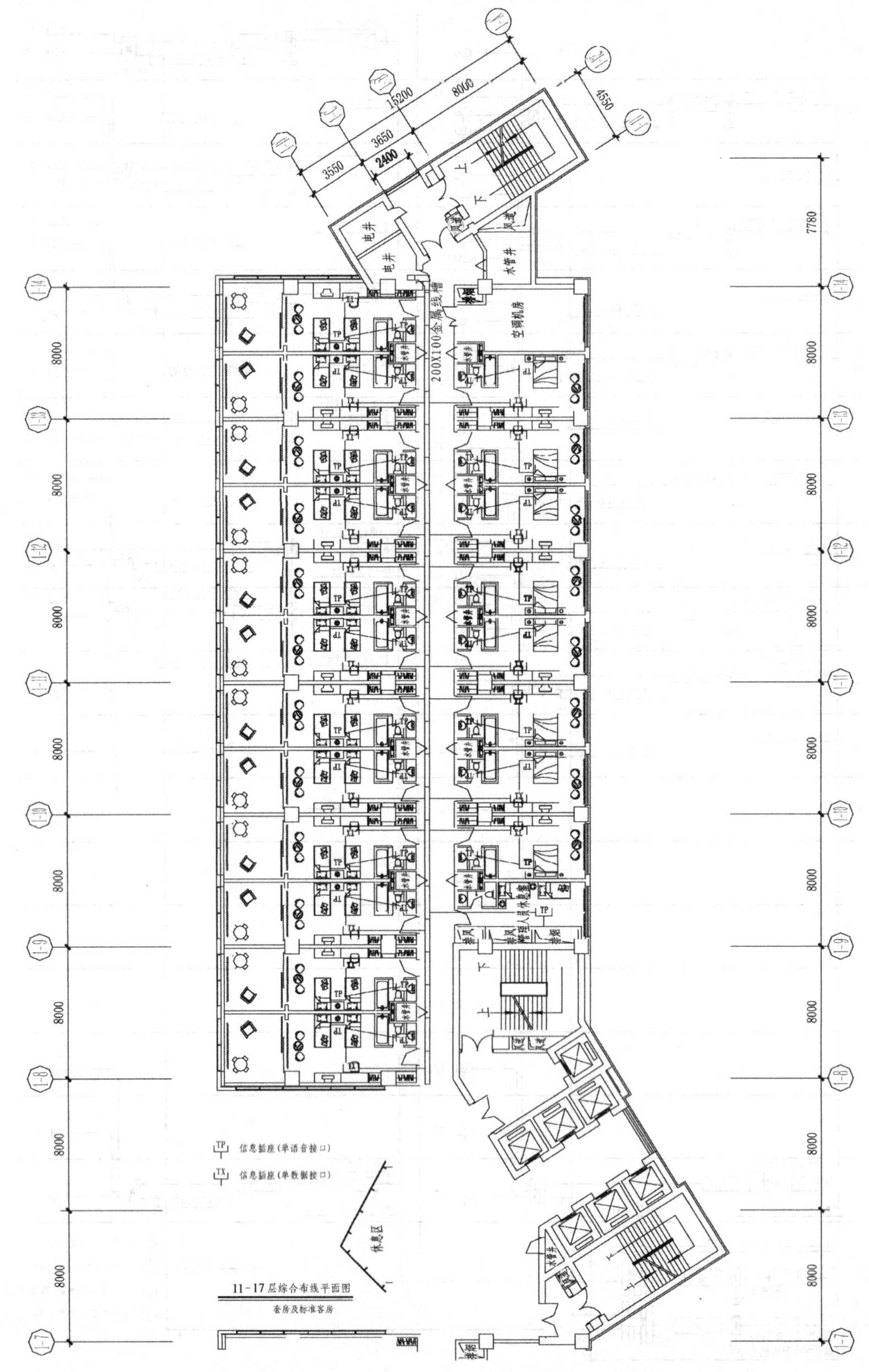

图 8-10　酒店客房标准层综合布线平面图

对于部分公共场所，如大堂、会议厅、多功能厅、宴会厅及领导办公室等，在设计时可根据需要设置光纤点（光纤到桌面），布线可采用4芯室内多模光纤。

8.2.2　酒店建筑设备监控系统实例

在星级酒店中设置建筑设备监控系统，加强对机电设备的控制管理，可降低酒店运营中的能源损耗费用，节约酒店运营成本。同时，通过建筑设备监控系统对建筑物内的各种设备实行综合自动化管理，还可为用户提供舒适、安全的生活环境。

酒店建筑设备监控系统主要包括冷冻机房内冷水机组、冷冻水泵、冷却水泵、冷却塔、暖通空调设备、给排水设备、供配电设备、公共照明设备、电梯设备等子系统。

图8-11～图8-17分别给出了酒店各设备监控子系统工作原理图。

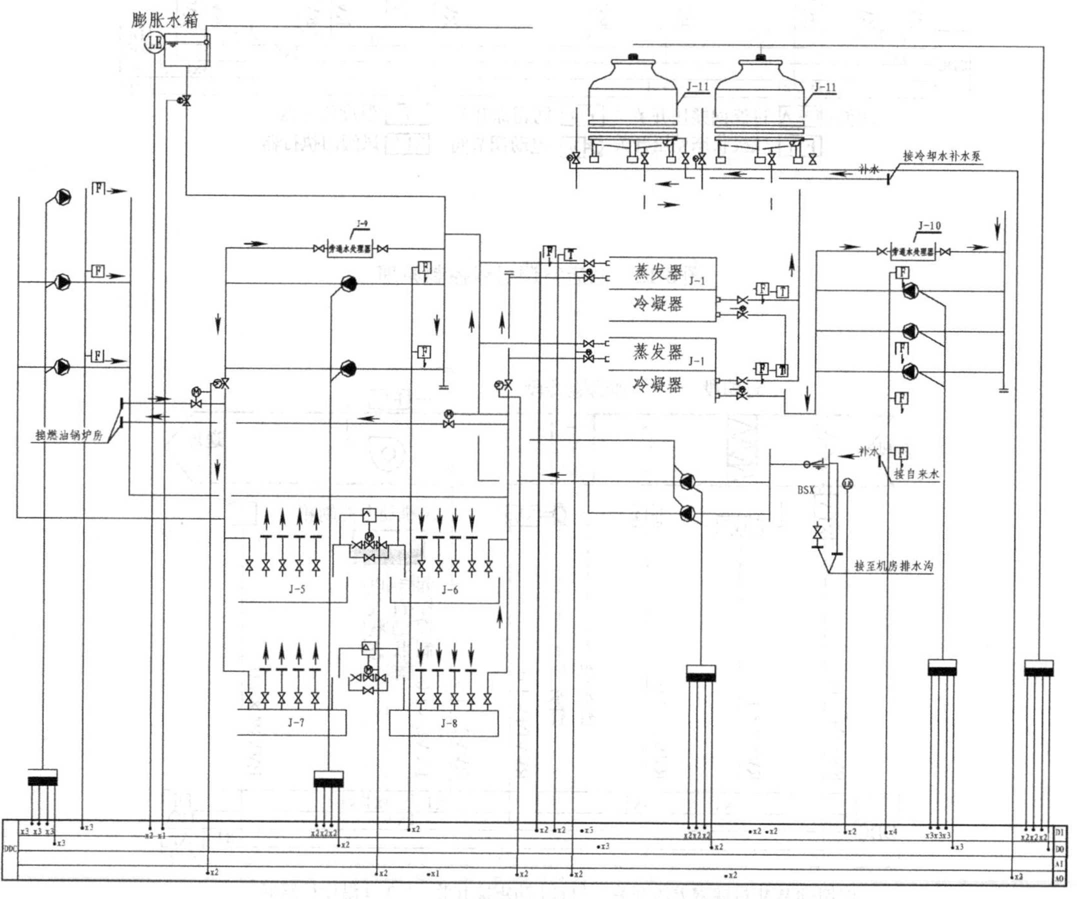

图 8-11　酒店冷冻站控制原理

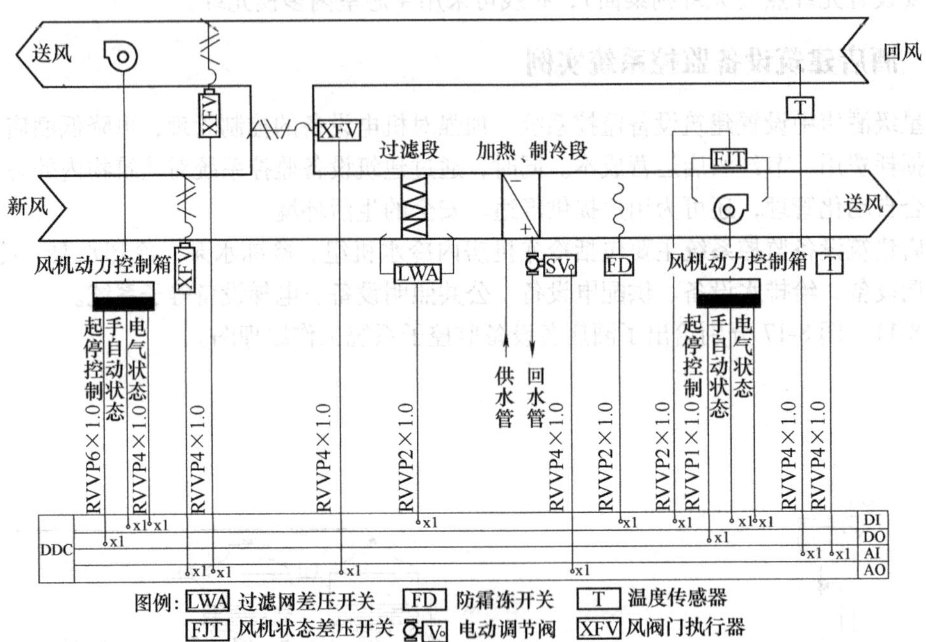

图 8-12 酒店空调机组控制原理

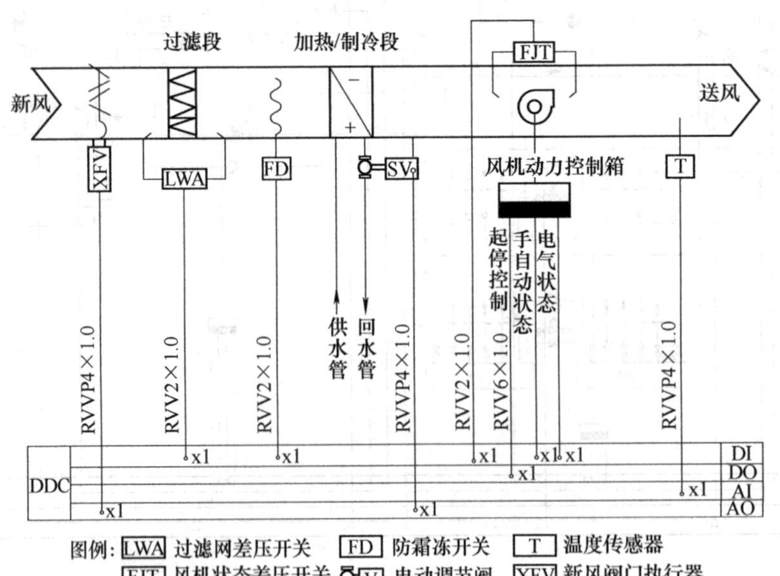

图 8-13 酒店新风机组控制原理

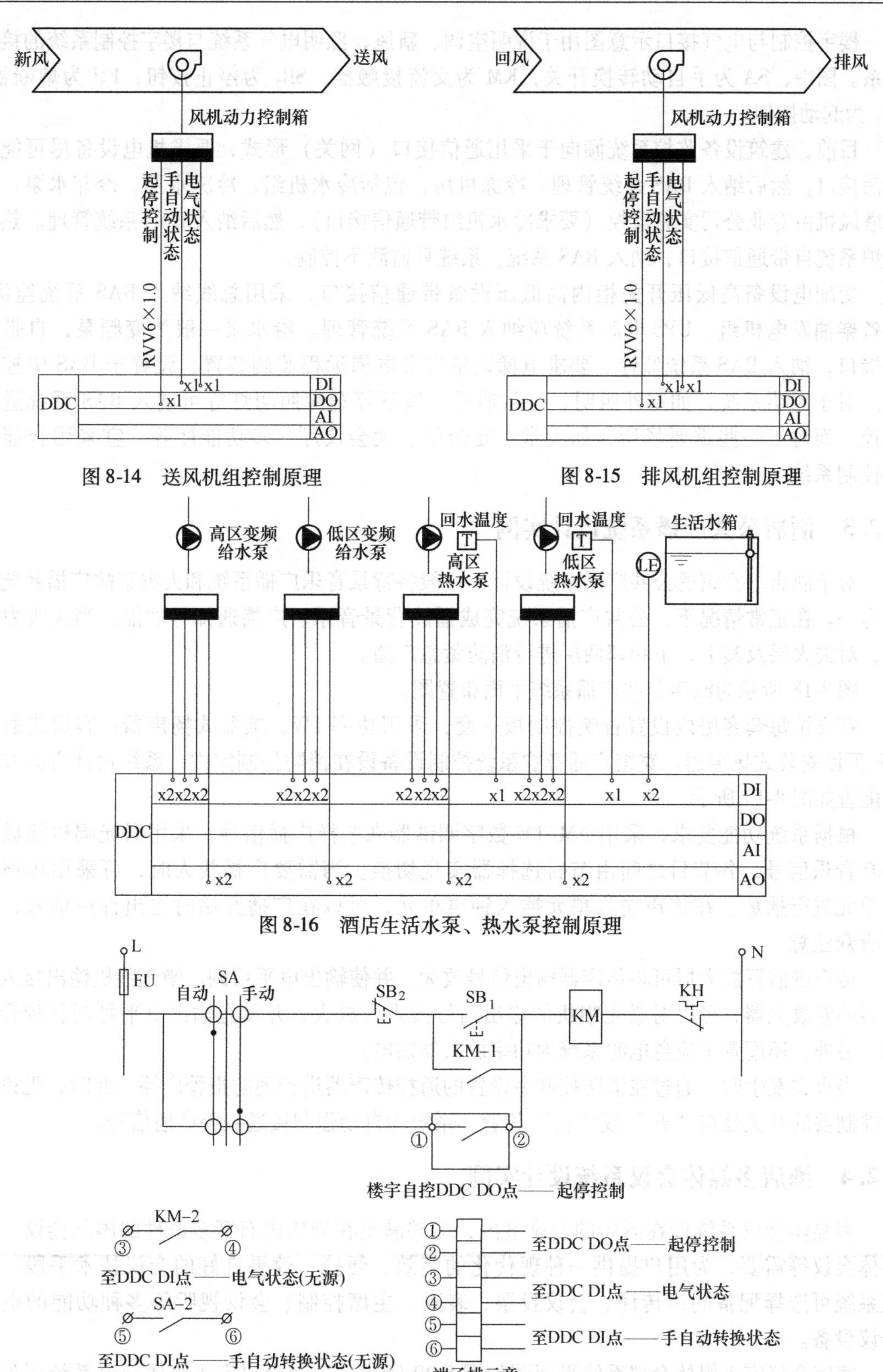

图8-14　送风机组控制原理

图8-15　排风机组控制原理

图8-16　酒店生活水泵、热水泵控制原理

图8-17　楼宇控制与电气接口示意图

楼宇控制与电气接口示意图用于说明空调、新风、照明电气系统与楼宇控制系统的接口关系。图中，SA 为手自动转换开关，KM 为交流接触器，SB_2 为停止按钮，FU 为熔断器，SB_1 为起动按钮。

目前，建筑设备监控系统倾向于采用通信接口（网关）形式，要求机电设备尽可能带通信接口，然后纳入 BAS 系统管理。冷冻机房，包括冷水机组、冷冻水泵、冷却水泵、冷却塔风机由专业公司实施监控（要求冷水机组带通信接口），然后纳入 BAS 系统管理。热源锅炉系统自带通信接口，纳入 BAS 系统，系统只监测不控制。

变配电设备高低压开关柜内高低压设备带通信接口，采用总线纳入 BAS 系统监测。自备柴油发电机组、UPS 电源系统应纳入 BAS 系统管理。给水泵一般为变频泵，自带通信接口，纳入 BAS 系统监控。要求电梯设备自带电梯远程监测装置，设置于 BAS 中控室内。对于照明系统，如室外照明、公共通道、地下停车库照明灯等可纳入 BAS 系统进行监控。而对于一些重要场所，如大堂、宴会厅、大会议厅、多功能厅等，宜采用智能照明控制系统。

8.2.3 酒店公共广播系统设计实例

对于酒店、宾馆的公共广播系统设计，一般将背景音乐广播系统和火灾事故广播系统合二为一。在正常情况下，公共广播系统完成播放背景音乐、广播通知等功能。当火灾发生时，对失火层及其上、下相邻两层进行消防紧急广播。

图 8-18 所示为酒店公共广播系统平面布置图。

在宾馆每套客房内设置音响控制板一套，采用功率 1W、纸盆式扬声器；客房走廊设 3W 顶棚安装式扬声器。宾馆广播音响系统控制设备设在消防控制室内，系统设计方案和设备配置如图 8-19 所示。

根据系统功能要求，采用 AM/TM 数字调谐器来选择广播信号，采用激光唱机播放高保真音乐信号，各节目之间由节目选择器实现切换。当需要广播找人时，可采用传声输入单元进行播放。在传声输入单元插入钟声单元，可以在广播开始时送出钟声信号，提醒听众注意。

传声器前置放大器可将传声器输出信号放大，并使输出电平可调。激光唱机输出接入传声器前置放大器，可以对激光唱机的输出信号接入与放大，并具有输出电平可调和哑音功能。另外，还配置了应急电源系统为功率放大器供电。

当火灾发生时，通过在消防控制室设置的遥控传声器进行消防报警广播，此时，无论音量控制器的开关处在“开”或“关”位置，系统均自动强制接通报警广播信号。

8.2.4 酒店多媒体会议系统设计实例

多媒体会议系统设在酒店的会议室内，能够满足在酒店内召开多语种的国际会议、多媒体会议等需要，为用户提供一种现代化的高效、便捷、效果良好的会议技术手段。会议系统可选择配备同声传译、会议投票、表决、主席控制、会议视听等多种功能的电子会议设备。

宾馆会议室多媒体会议系统平面图如图 8-20 所示，宾馆会议室多媒体会议系统图如图 8-21 所示。

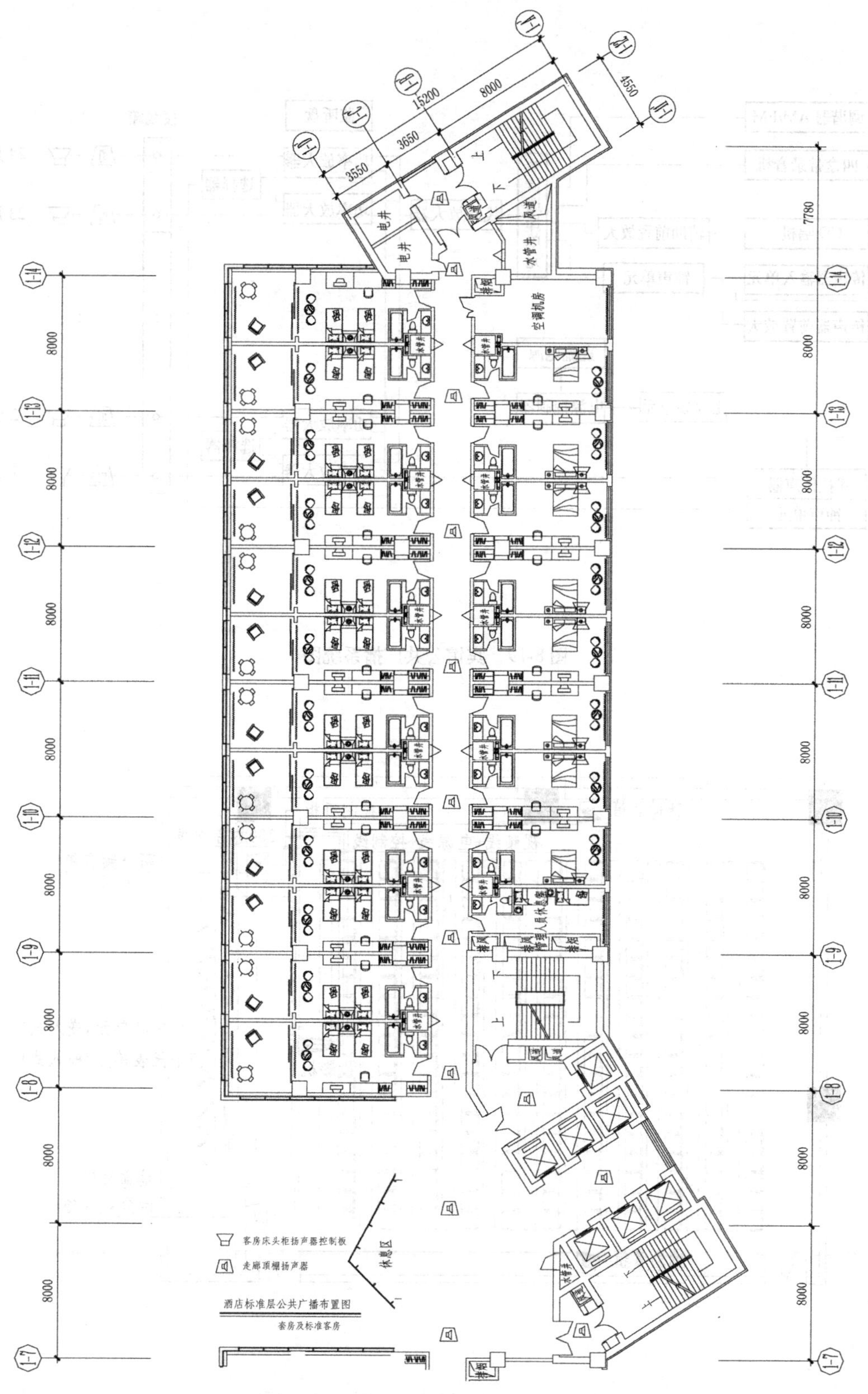

图 8-18　酒店公共广播系统平面布置图

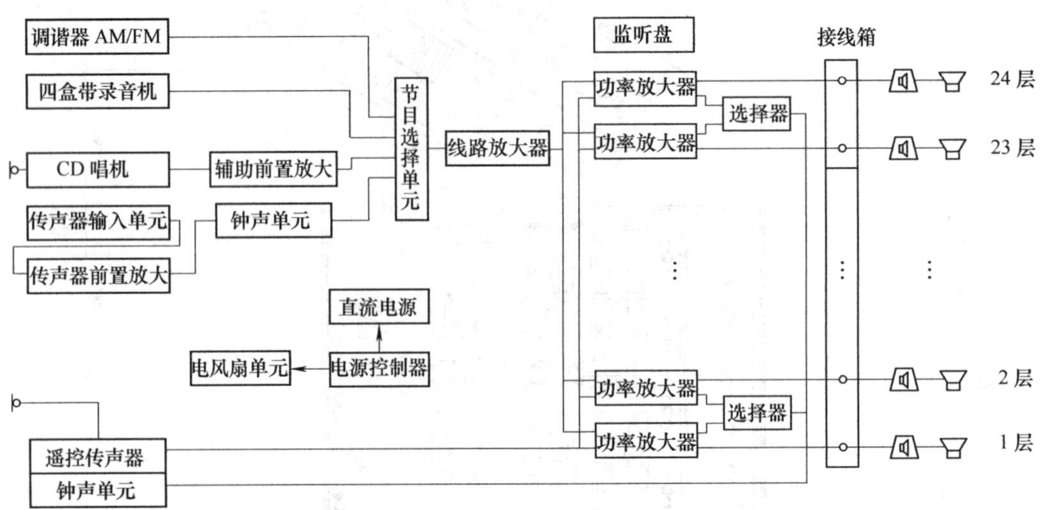

图 8-19　宾馆公共广播系统图

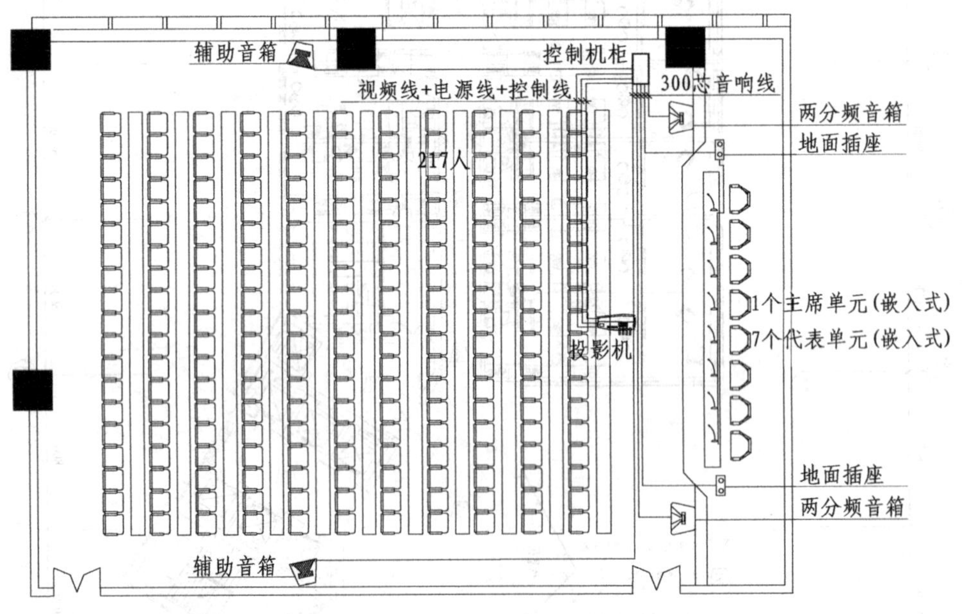

图 8-20　宾馆会议室多媒体会议系统平面图

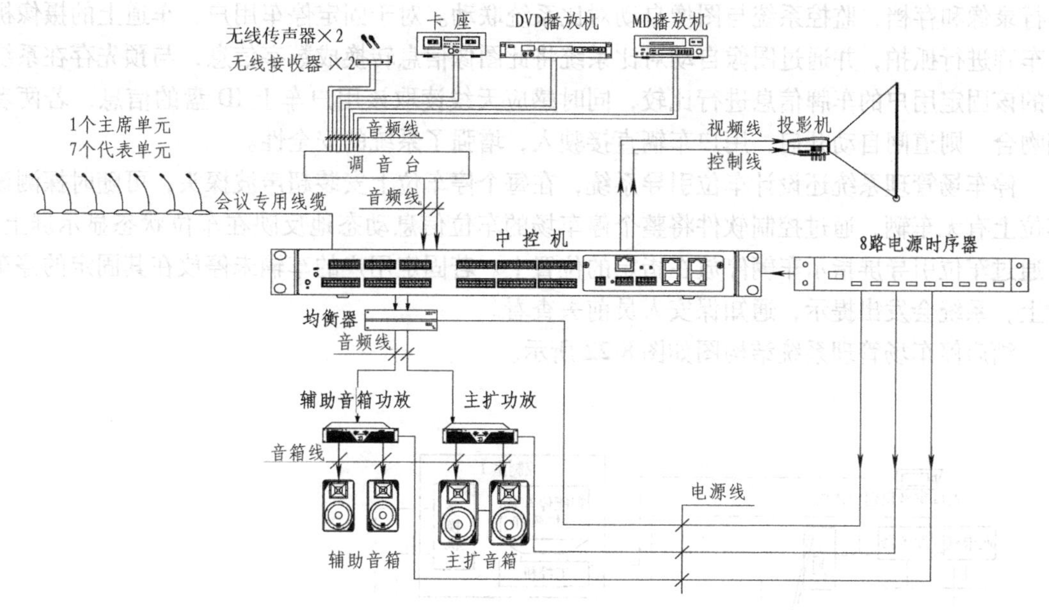

图 8-21 宾馆会议室多媒体会议系统图

在该多媒体会议系统中，在主席台两侧安装两只主音箱，实现对全场的整体扩声。为了达到语言的清晰度与可懂度，在会议室两侧安装两只辅助音箱，向全场进行语音的补充扩声。

系统能够实现超音质的讨论会议系统、多媒体会议管理、触摸屏全系统控制等功能。会议室会议桌上配备了1只主席单元，7只代表单元。每位与会代表拥有一个代表单元（智能传声器），代表可自行开启和关闭自己的单元。

系统设备可限定发言人数，如设置一个人发言、两个人发言、4个人发言等形式。当代表按单元发言键时，单元上的发言灯亮，单元已开启，代表即可发言；当同时发言的人数超过设置人数限制时，第一个开启的单元被系统自动关闭。

主席发言单元（智能传声器）有优先权，并具有管理功能，可随时开启，超出同时发言限制人数时，该单元也不会被自动关闭。在需要时主席单元可关闭全部单元。

8.2.5 酒店停车场管理系统实例

酒店设有停车场系统作为顾客及酒店内部人员停车使用。该停车场管理系统主要包括无线遥感系统和车位引导系统。对于酒店内部工作人员停车，采用无线遥感控制方式，用户在自己汽车的挡风玻璃后面放一个感应盘，当汽车顺着车道驶近道闸时，车道旁的感应天线从感应盘上读取信息，如为合法用户则闸门自动打开，用户无需停车，更不用刷卡即可直接驶入，停在固定的停车位上；对于贵宾车辆，则可通过车库外围的超远距离感应装置预先判断将道闸打开，保证该车辆无需减速直接进入车库；对于外来人员车辆，采用工作人员手动开闸的方式。

停车场管理系统还配有监控系统，采用红外双鉴探测器联动摄像机，对所有进出的车辆进行录像和存档，监控系统与图像自动对比系统联动。对于固定停车用户，车道上的摄像机对车牌进行抓拍，并通过图像自动对比系统将此图像信息转换成数字信息，与预先存在系统中的该固定用户的车牌信息进行比较，同时感应天线读取该用户车上 ID 盘的信息，若两者相吻合，则道闸自动开启，用户车辆直接驶入，增强了系统的安全性。

停车场管理系统还设计车位引导系统，在每个停车位上安装超声波探头，可随时探测该车位上有无车辆，通过控制软件将整个停车场的车位信息动态地反映在车位状态显示屏上，并通过车位引导屏指示车辆停放在指定的位置上。若固定用户的车辆未停放在其固定的停车位上，系统会发出提示，通知保安人员前去查看。

酒店停车场管理系统结构图如图 8-22 所示。

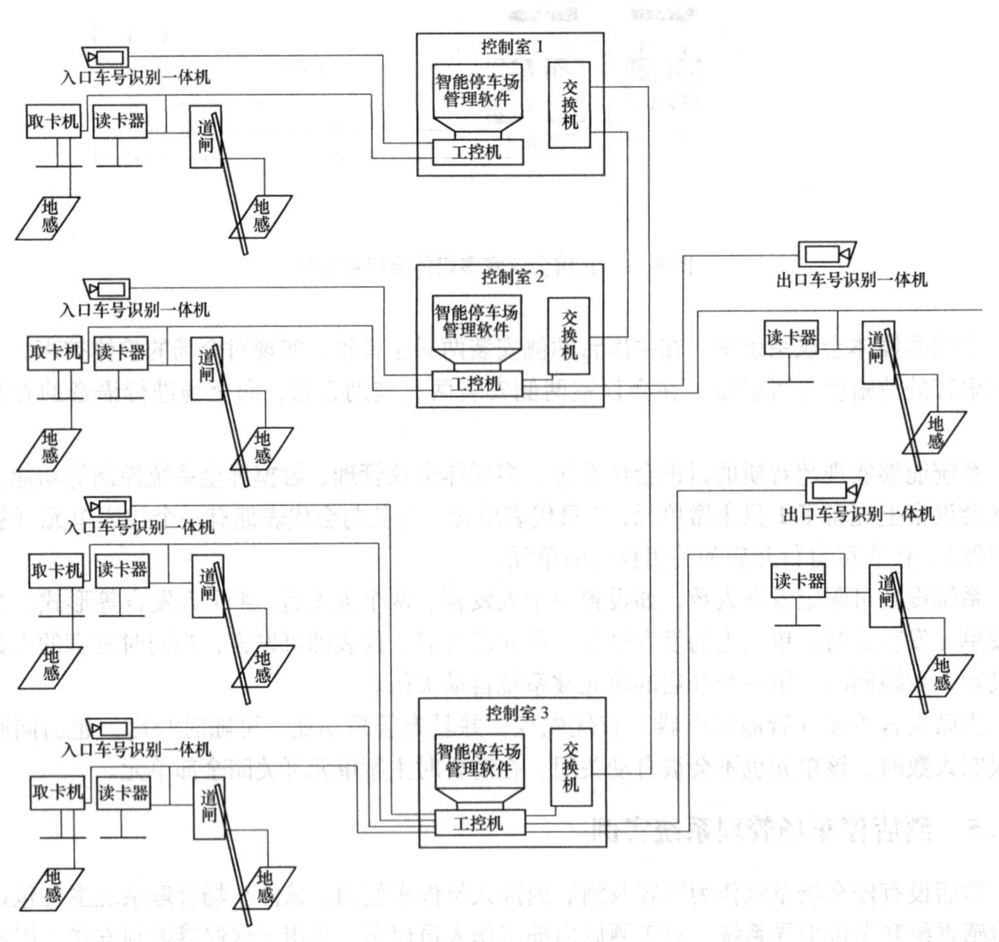

图 8-22 酒店停车场管理系统结构图

该酒店停车场依据实际使用情况的要求设计成为 4 入 2 出型停车场，即有四个入口和两个出口。停车场系统主要由入口部分、出口部分及中心软件管理系统组成。入口部分主要由

ID 卡出卡机、感应式 ID 卡读写器、对讲分机、汽车牌照自动识别一体机、入口控制板、全自动道闸和车位显示屏等组成；出口部分主要由感应式 ID 卡读写器、汽车牌照自动识别一体机、对讲分机、出口控制板、全自动道闸、收费管理计算机和票据打印机、费额显示器等组成。

中心软件管理系统是整套停车场管理系统的核心部分，管理中心软件对数据进行自动存储、分析、统计、计算及报表生成。系统具有密码保护功能，阻止非授权者侵入管理程序，而且具备自维护功能和一定的扩展功能，可适应将来停车场功能扩展的需要。这些管理功能可对停车场进行安全、有效的管理。

8.3 纪念馆智能化系统

纪念馆是为纪念有卓越贡献的人或重大历史事件而建立的陈设实物、图片等内容的建筑物。纪念馆可以保留人或重大历史事件的许多珍贵的文物资料，使得文物资料得到珍重和保护，因此，纪念馆智能化系统的建设具有重要意义。

纪念馆智能化系统一般设有安全技术防范系统、建筑设备监控系统、综合布线系统、通信网络系统、有线电视系统、多媒体会议系统、公共广播系统、火灾自动报警及联动控制系统、智能照明控制系统、停车场管理系统等子系统。

8.3.1 纪念馆安全技术防范系统实例

为了保证参观纪念馆人员的人身和财产安全，保护馆内珍贵的文物，纪念馆的安全防范系统设计是至关重要的。一般来说，纪念馆安全防范系统主要包括闭路电视监控系统、防盗报警系统、门禁系统、电子巡更系统、无线对讲系统等。下面以某纪念馆工程为例，介绍纪念馆工程智能化系统的构成与实现技术。

安全防范系统主机房内设置监控、防盗报警及门禁系统主机，主机采用矩阵控制，采用硬盘录像机记录数据。图 8-23 为某纪念馆闭路电视监控系统平面图。

从闭路电视监控平面图可以看出，在纪念馆的展厅处，由于空间较大需要观察范围大，故在展厅安装美观的快速球形一体化摄像机，摄像机可以 360°快速旋转观察，也可定角度对各角度进行扫描。而在走廊、电梯前室及扶梯上楼梯口处观察角度单一，则采用半球形彩色摄像机用于定点观察。

图 8-24 和图 8-25 分别为该纪念馆闭路电视监控系统系统图和监控机房平面布置图。该系统主机由一个机箱构成，输入和输出采用模块式，系统配置了 12 台 15 英寸彩色监视器和一台 42 英寸等离子电视用于画面处理，图像显示方式有全屏幕、4 画面、9 画面或 16 画面等。系统配有 8 台硬盘录像机，可用于 125 路图像实时记录。

由于系统需要与防盗报警系统联动，故配置报警输入接口设备和报警输出响应器，以把报警输入转换成报警信号编码供主机矩阵切换控制使用。

纪念馆防盗报警系统与门禁控制系统主机均设在监控机房内，防盗报警与门禁控制系统的平面图如图 8-26 所示，纪念馆防盗报警系统图如图 8-27 所示，纪念馆门禁控制系统的系统图如图 8-28 所示。

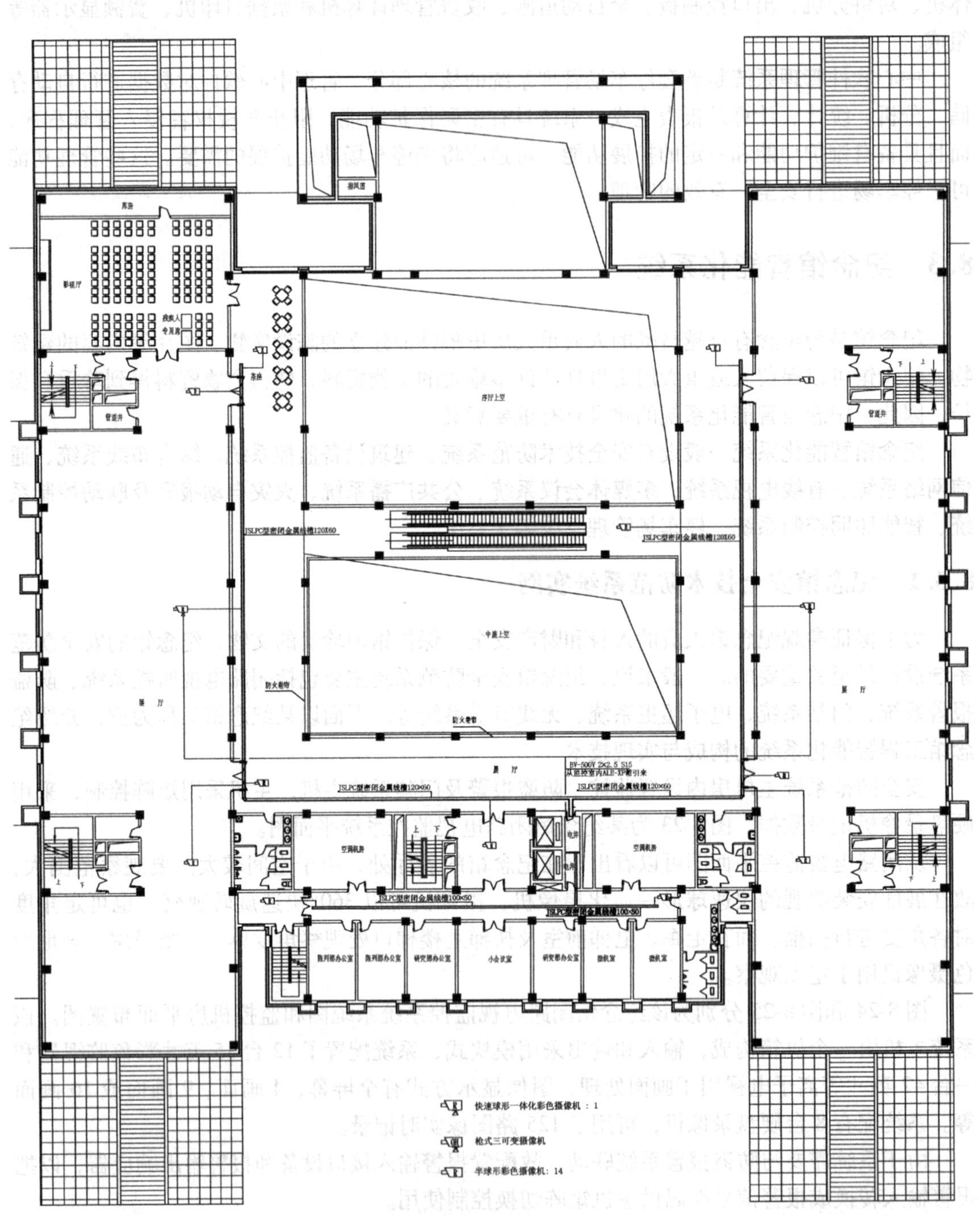

图 8-23　纪念馆闭路电视监控系统平面图

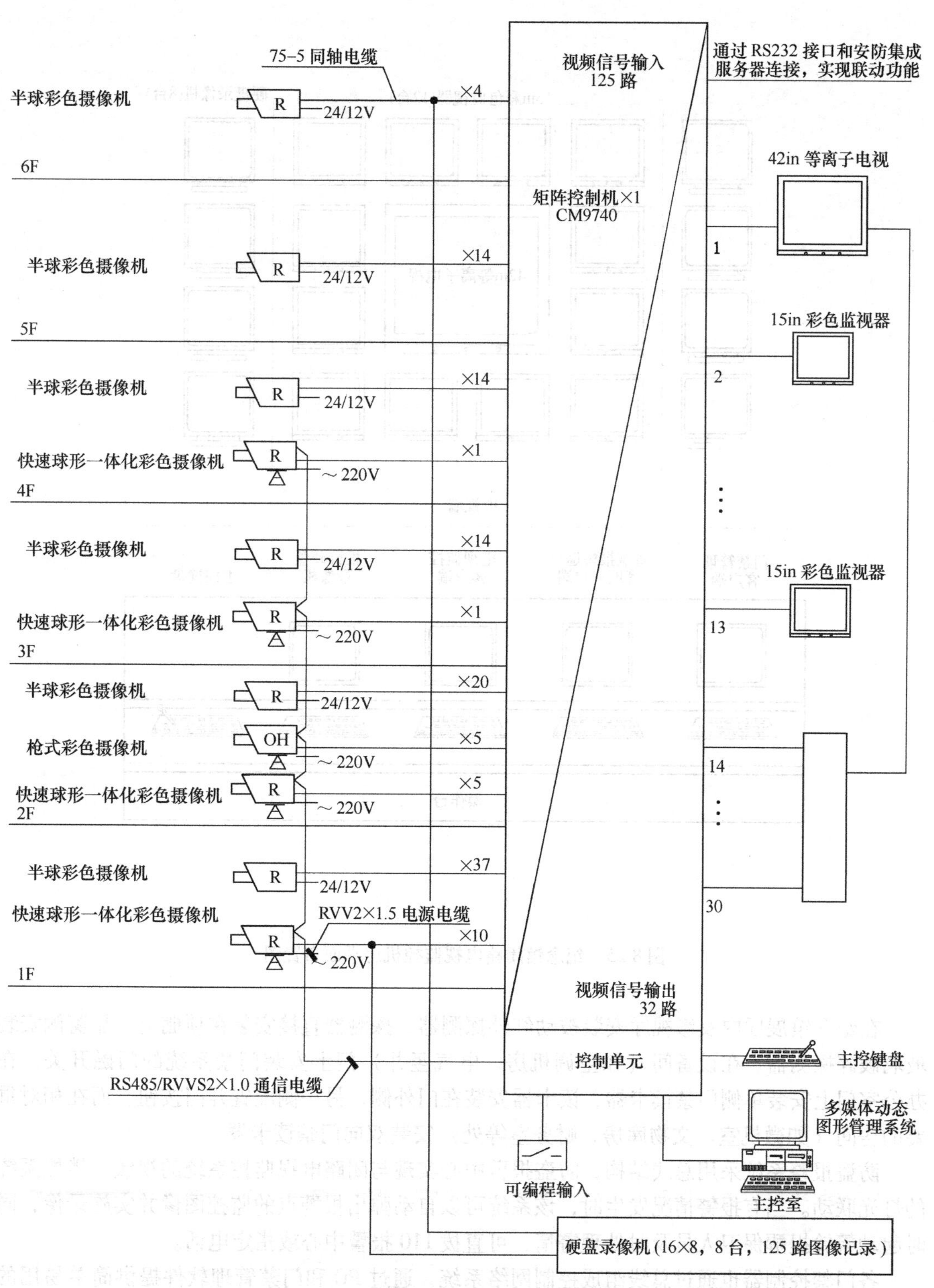

图 8-24　纪念馆闭路电视监控系统图

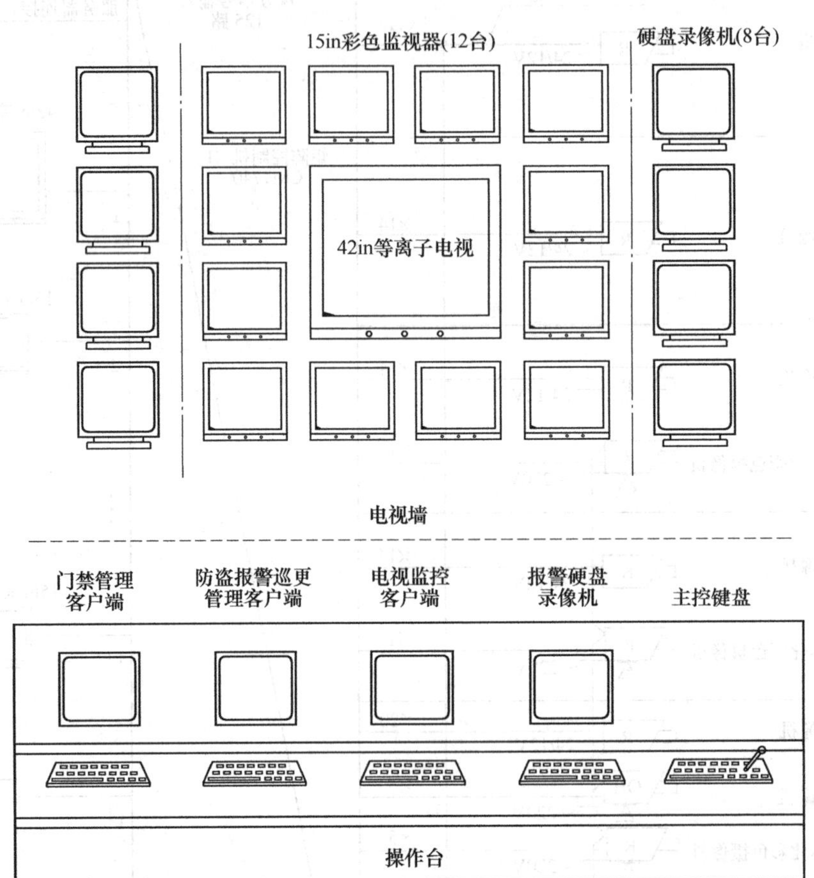

图 8-25 纪念馆闭路电视监控机房平面布置图

在纪念馆展厅内及影视厅安装被动红外探测器，探测器直接安装在顶棚上，靠窗侧安装玻璃破碎探测器。在设备间（如空调机房，电气竖井）门上安装门禁系统的门磁开关，在办公室门上安装单侧门禁读卡器，读卡器安装在门外侧，另一侧配置开门按钮，而在相对重要的房间（如微机室、文物库房、财务室等处）安装双向门禁读卡器。

防盗报警系统采用总线结构，防盗报警中心实现与闭路电视监控系统的视频、楼控系统的灯光联动。当有报警情况发生时，该系统可以自动弹出报警点的监控图像并实施录像，同时起动警铃提醒保卫人员及时处理警情，可直拨 110 报警中心或指定电话。

各门禁控制器也通过总线组成控制网络系统，通过 PC 和门禁管理软件提供简单易用的视窗用户界面和丰富的门禁控制功能，采用图形化的人机界面，系统具备开放型的数据库系统，提供访问接口实现与消防联动，满足消防工程规范的要求。

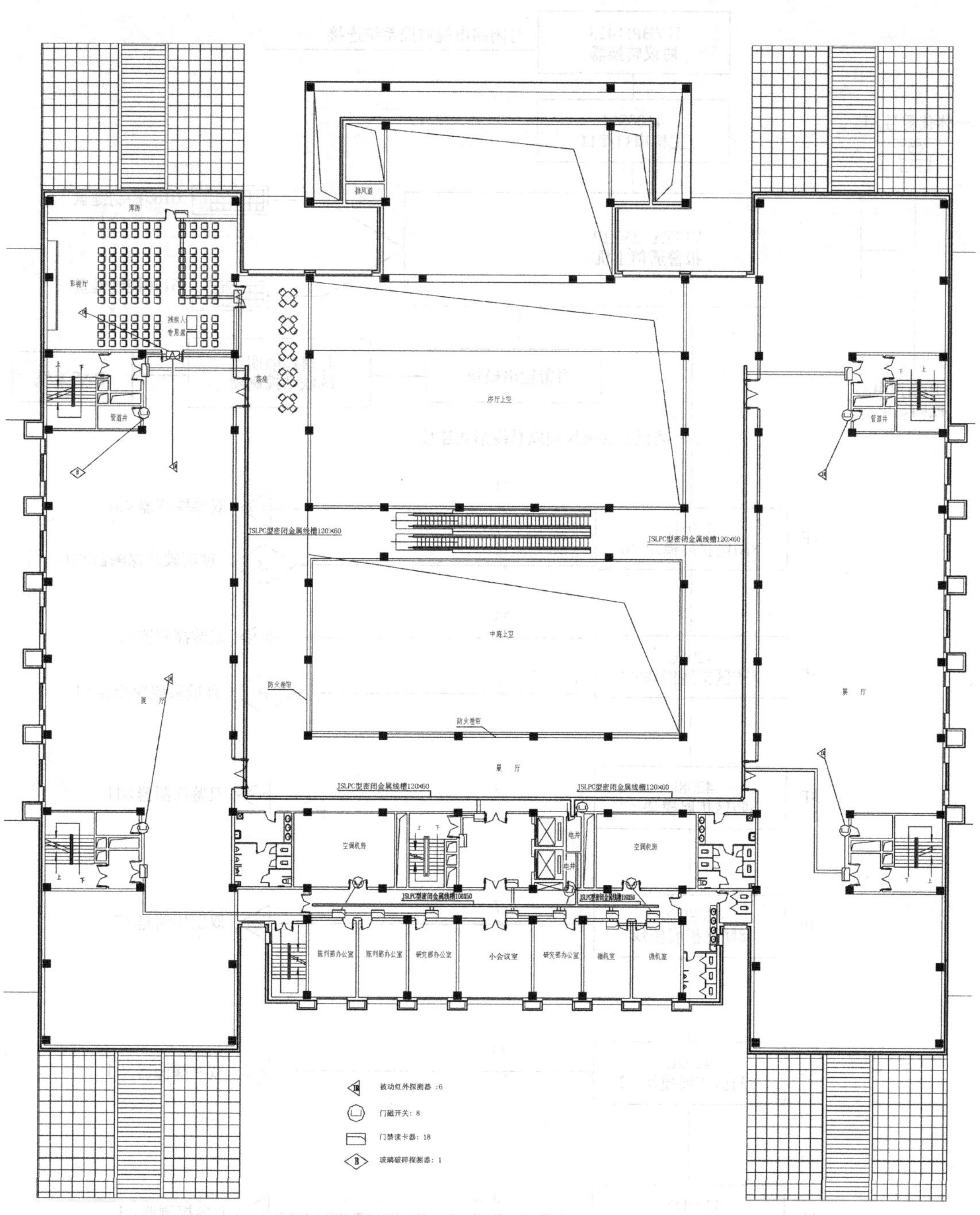

图 8-26　纪念馆防盗报警及门禁控制系统平面图

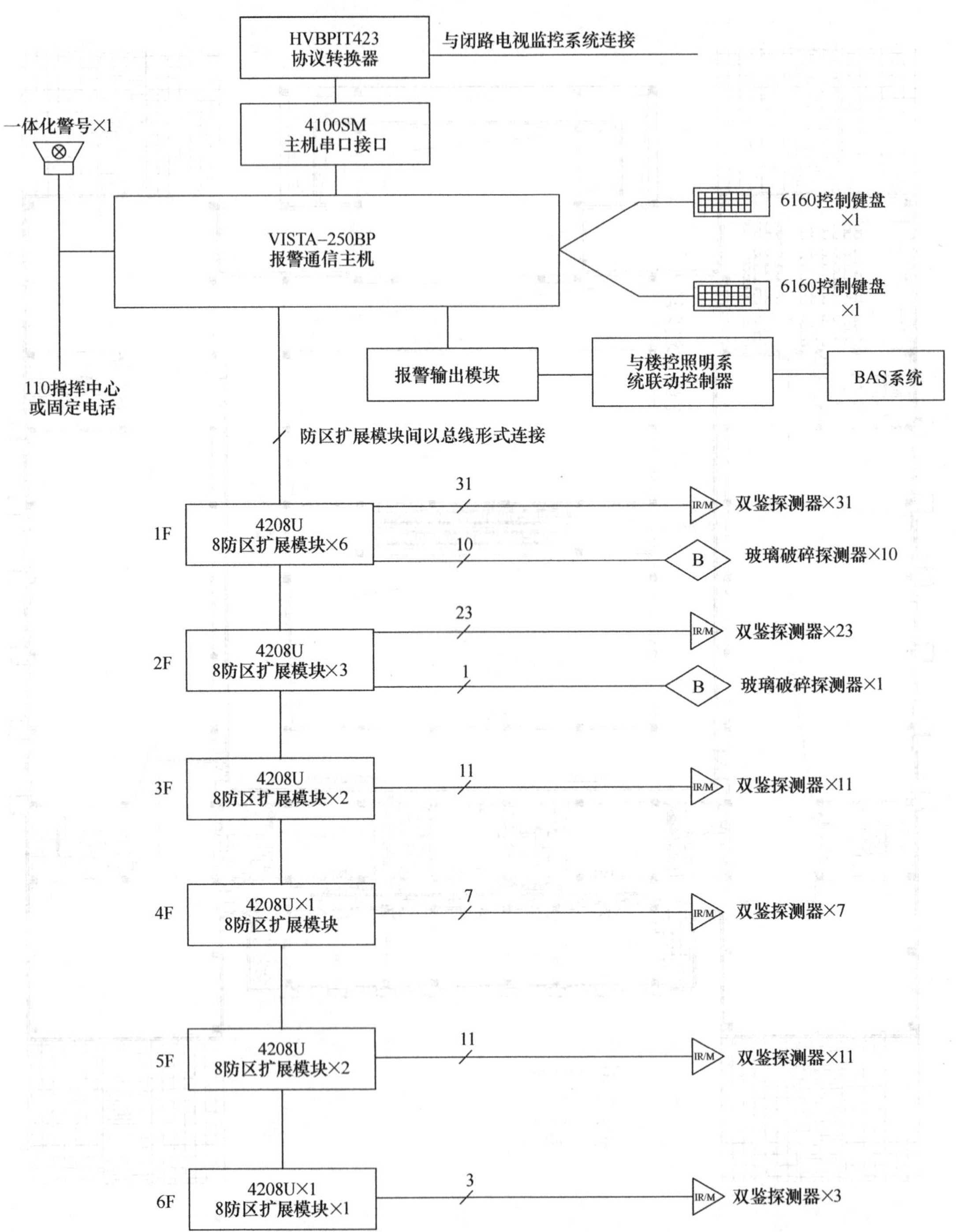

图 8-27 纪念馆防盗报警系统图

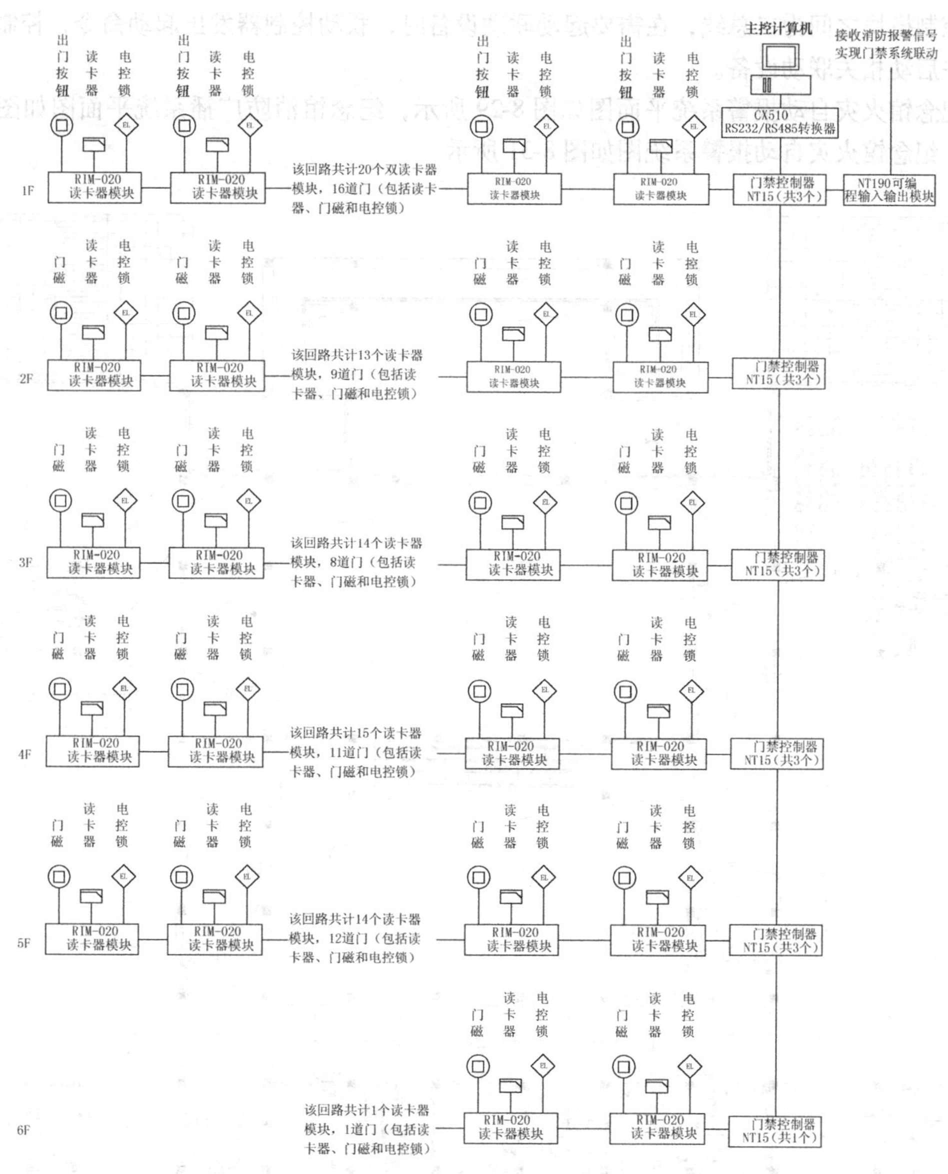

图 8-28　纪念馆门禁控制系统图

8.3.2　纪念馆火灾自动报警系统实例

智能型火灾报警控制系统利用智能分布式探测器在所监测的环境范围内采集烟浓度或温度等数据，以及环境参数值等信息一起传送给报警控制器，报警控制器再根据所取得的数据与系统主机数据库中存有的大量火情资料进行分析比较（分布式探测器本身即可完成此分析比较），利用火灾判断数据可以迅速分析信号是真实火情所致，还是环境干扰的误报。

火灾自动联动系统用于控制各种联动设备。联动系统分为多线制联动控制系统和总线制联动控制系统，多线制联动控制一般用于控制消防泵、喷淋泵、风机类等需要直接控制的设备。在总线制联动控制系统中，火灾自动联动系统由联动控制器和控制模块组成，联动控制器和控制模块之间为二总线，在需要起动联动设备时，联动控制器发出起动命令，控制模块动作并启动相关联动设备。

纪念馆火灾自动报警系统平面图如图 8-29 所示，纪念馆消防广播系统平面图如图 8-30 所示，纪念馆火灾自动报警系统图如图 8-31 所示。

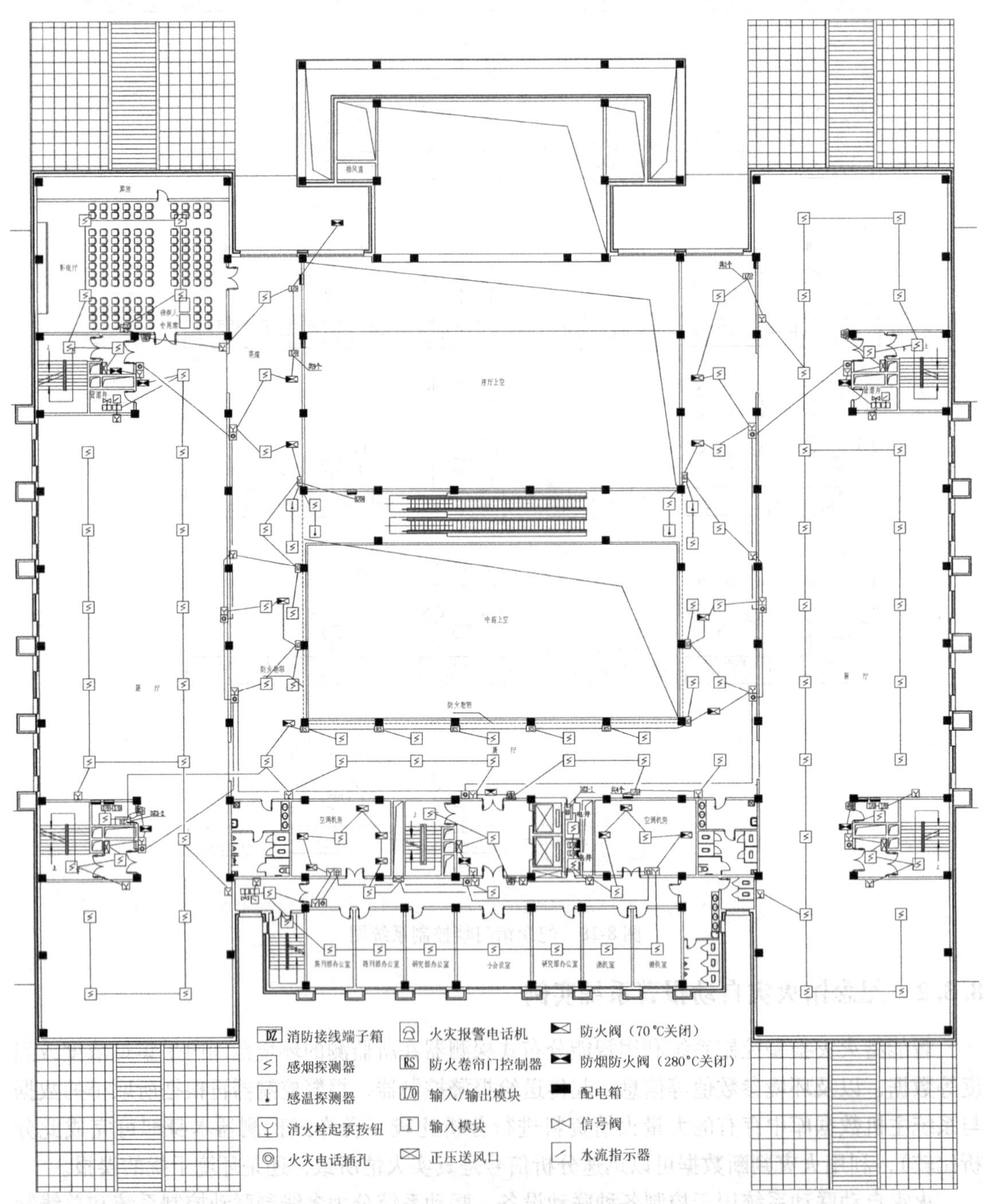

图 8-29 纪念馆火灾自动报警系统平面图

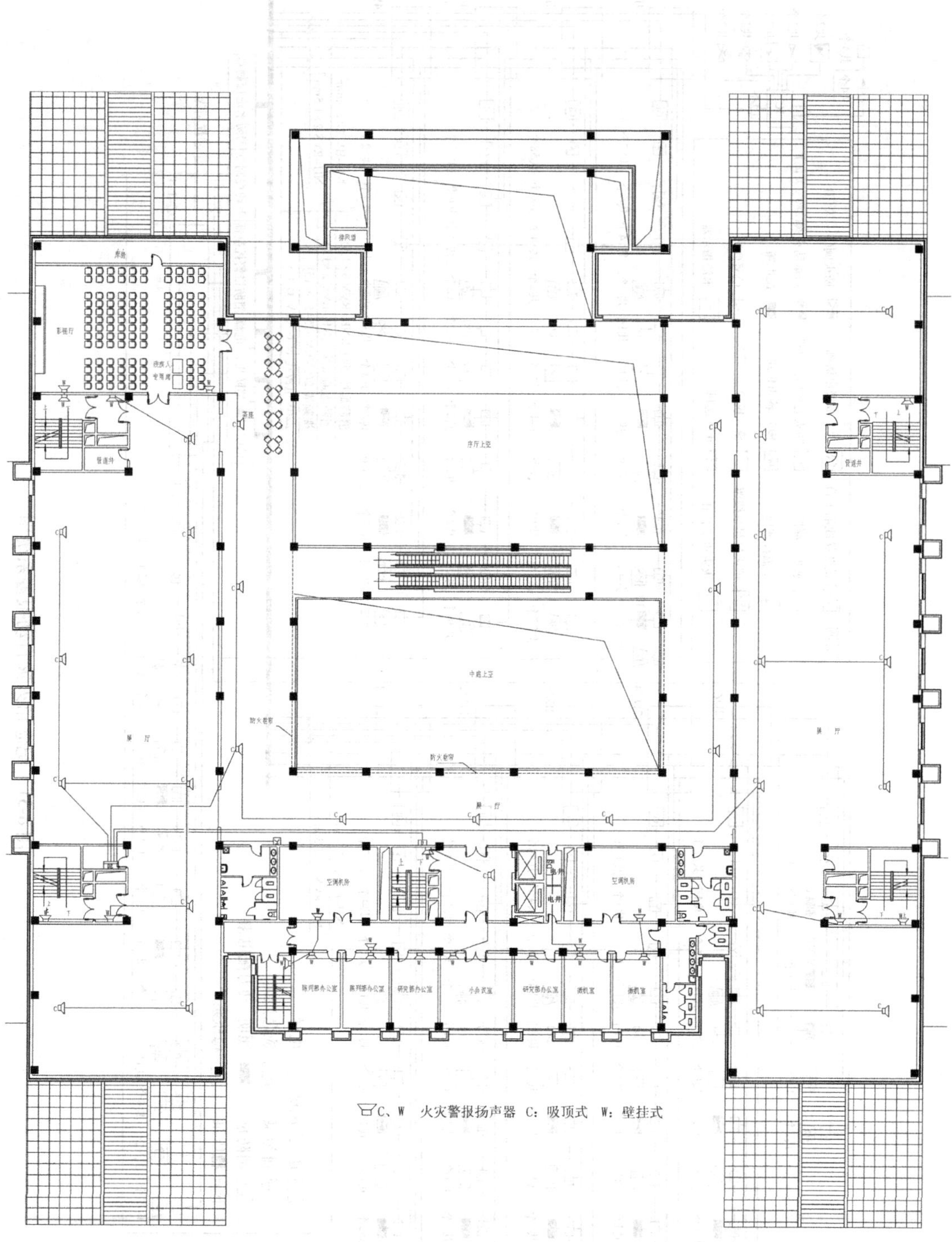

图 8-30　纪念馆消防广播系统平面图

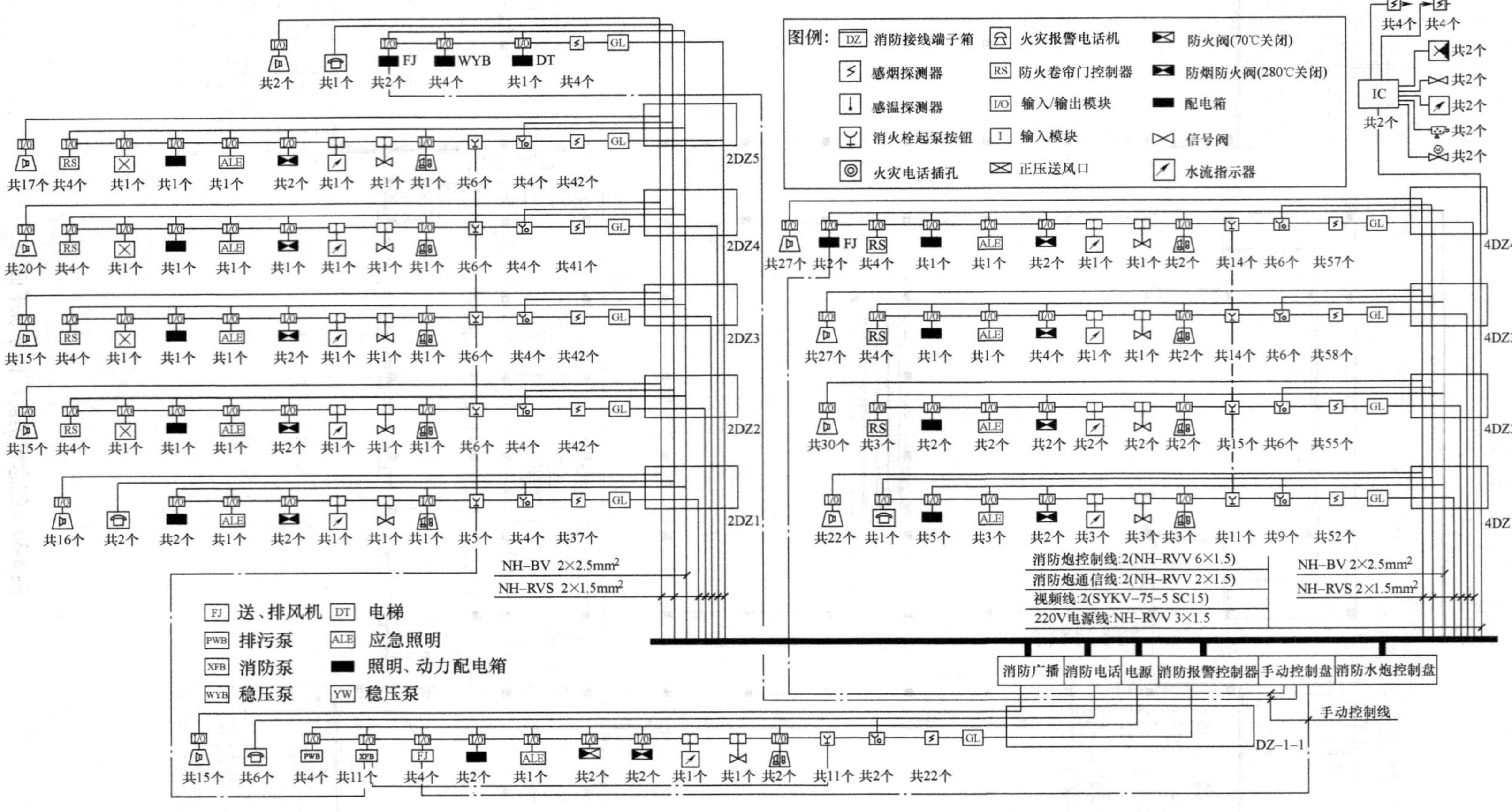

图 8-31 纪念馆火灾自动报警系统图

从图 8-29 纪念馆火灾自动报警系统平面图可以看出，该纪念馆火灾自动报警系统消防指挥中心设于一层，消防控制中心内设报警控制器。按照《火灾自动报警系统设计规范》（GB 50116—1998）的要求，对于不适合安装感烟探测器的场所，如展厅、办公室、会议室、走廊、楼梯间及电梯前室等处设有感烟探测器，并在主要出入口等处设声光报警装置、消防电话插孔、手动报警按钮等报警设备。在消防联动系统设计时，需要选择相关的联动设备，包括排烟阀、排烟风机、防火阀、正压送风机、消火栓按钮、消防电梯、消防配电箱、水流指示器、湿式报警阀、压力信号阀、消防广播、防火卷帘门、消防泵、喷淋泵、水幕泵等。

从图 8-30 纪念馆消防广播系统平面图可以看出，消防广播平时作为纪念馆公共广播及背景音乐广播，火灾时由消防控制室强制转入火灾应急疏散广播状态，设计满足《火灾自动报警系统设计规范》中消防紧急广播的要求。当首层发生火灾时，系统能够首先接通本层、二层以及地下各层。当二层及以上发生火灾时，系统能够应先接通火灾层及相邻层。当地下层发生火灾时，系统能够先接通地下各层、首层（首层与二层有共享空间，故也包括了二层）。

从图 8-31 纪念馆火灾自动报警系统图可以看出，火灾自动报警系统采用分布式智能火灾报警系统，分布式智能火灾自动报警系统由探测器、现场报警单元和报警控制器等部分组成。将主机智能系统中对探测器信号的处理、判断等功能分散配置在终端传感器和控制器中，使主机免去了现场信号处理的负担，从而提高了报警系统的管理水平，提高了报警系统的稳定性和可靠性。

8.3.3　纪念馆多功能厅会议系统实例

根据用户的需求，该纪念馆的多功能厅将作为大型会议厅、演讲报告厅使用，也可供举办歌舞、戏曲、音乐演出使用，并可兼作放映电影厅等使用。由此可知，多功能厅要求配置先进的灯光控制系统、音响系统、舞台控制系统和监控报警系统等。

图 8-32 所示为该纪念馆多功能厅舞台灯布置图。从图中可以看出，舞台分别设有会议灯、聚光灯、光束灯、回光灯等，根据舞台不同的使用功能，在控制室内通过触摸屏控制实现不同的灯光效果。

图 8-33 为该纪念馆多功能厅会议视频显示与摄像系统布置图。在多功能厅会议视频显示系统中，在主席台处设代表机、主席机，多功能厅顶棚设投影机，在主席台后墙设电动投影幕布，近台听众席可通过幕布观看会议播放内容。在观众席中间两侧棚顶各设有一台液晶电视，远台观众可通过液晶电视观看会议播放内容。

在多功能厅两侧各设有一台电动云台摄像机，可拍摄舞台会议及演出内容，也可将舞台画面传至控制室，控制室可通过摄像机传回画面来实时控制舞台灯光、音响等设备。

图 8-34 所示为该纪念馆多功能厅音箱与舞台设备布置图。多功能厅音箱在舞台两侧各设一台主扬声器，舞台中间设两台次声频扬声器，在观众席设置环境扬声器。舞台上同时设有摇头灯插座及烟机，当举办演出时，可根据需要设置摇头灯和烟机。

图 8-35 所示为该多功能厅会议系统图。多功能厅控制室内设有会议与节目源设备控制机柜、灯光与供电设备控制机柜、扩声设备控制机柜等，并设有会议系统操作台，通过中控系统的无线触摸屏实现对灯光和投影系统的控制。

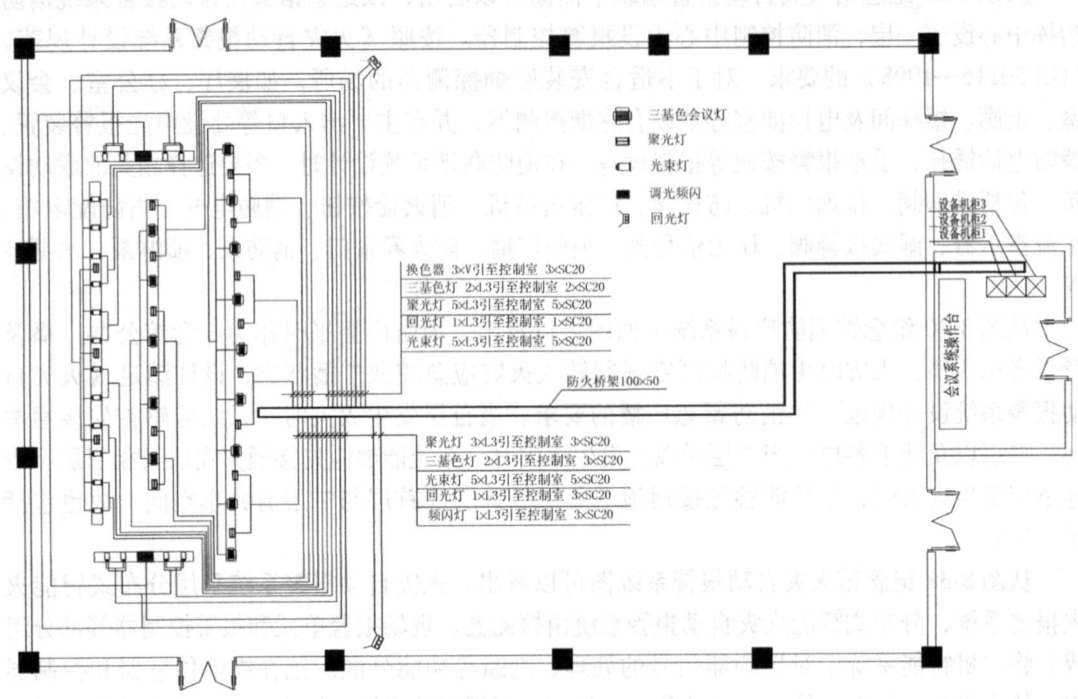

图 8-32 纪念馆多功能厅舞台灯具布置图

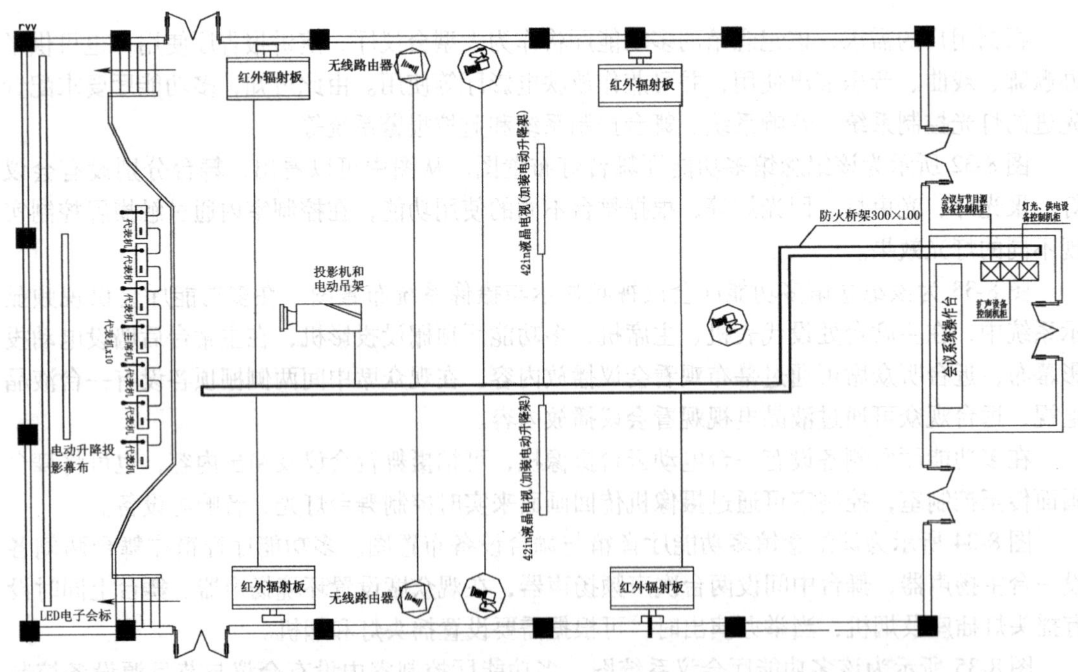

图 8-33 纪念馆多功能厅会议视频显示与摄像系统布置图

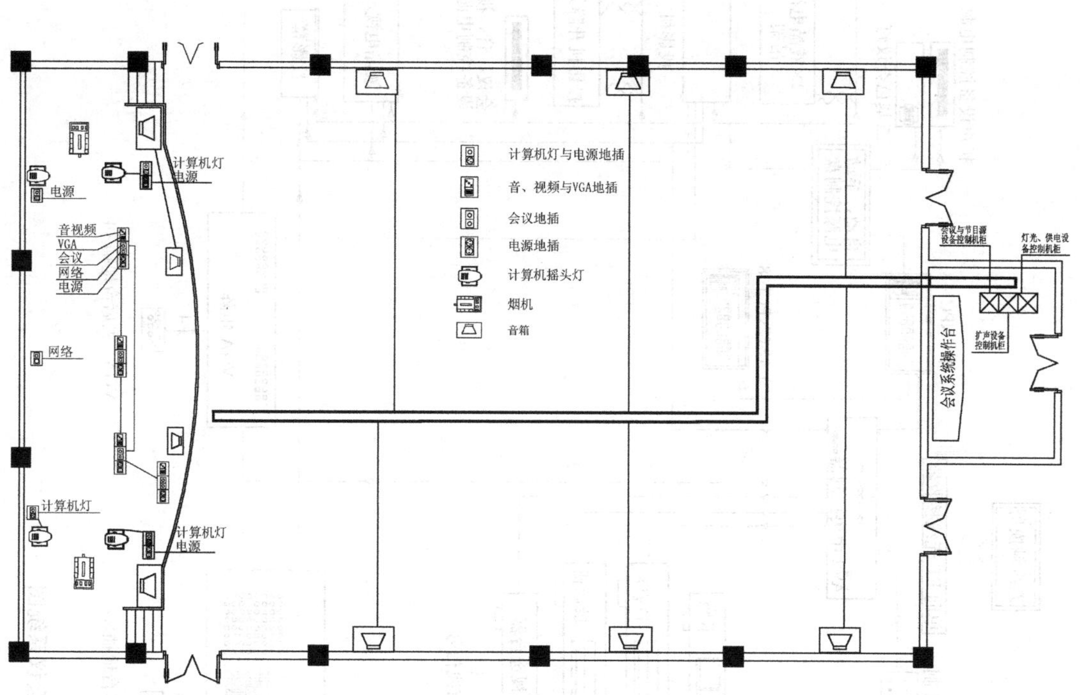

图 8-34　纪念馆多功能厅音箱与舞台设备布置图

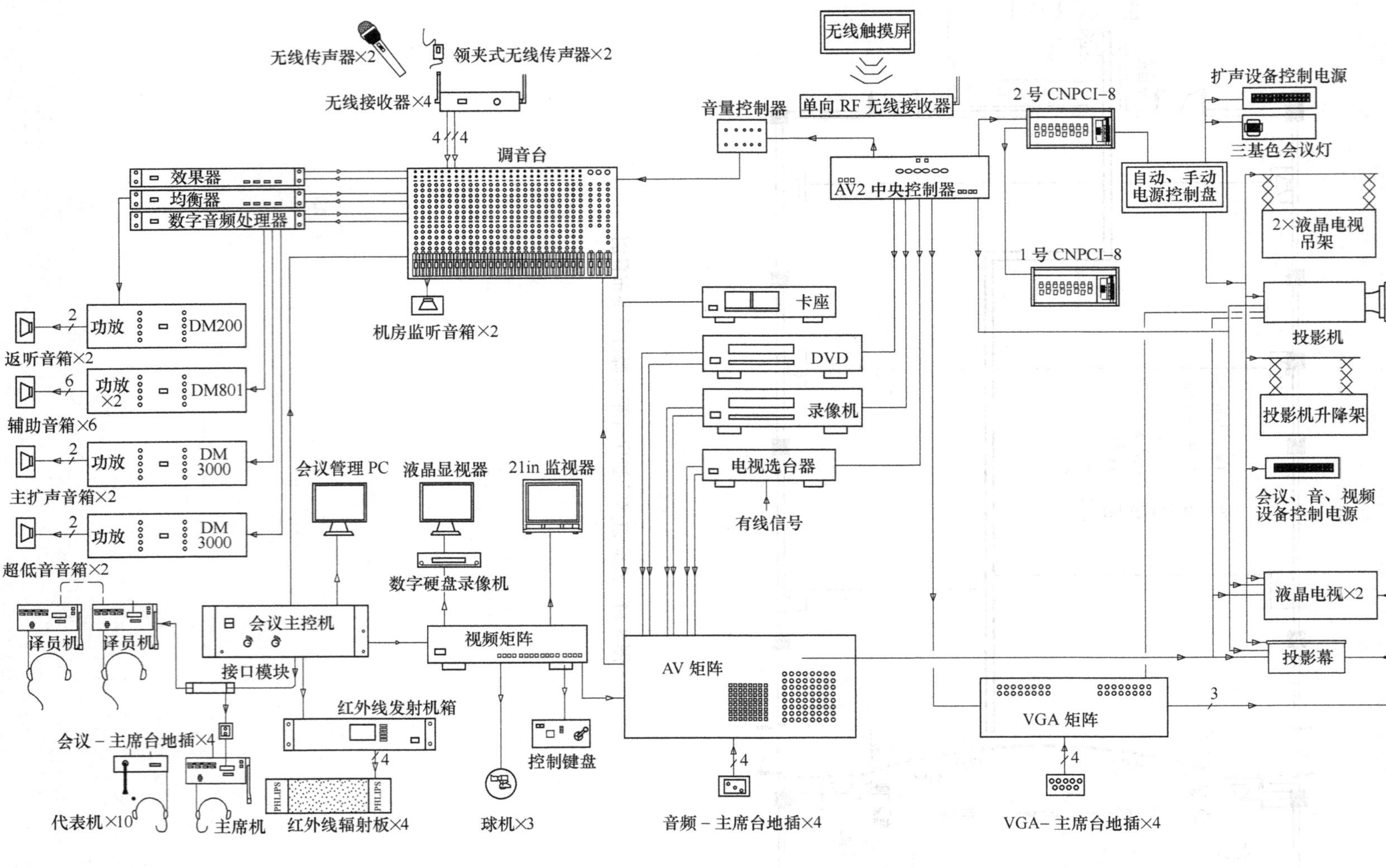

图 8-35 多功能厅会议系统图

8.4 住宅小区智能化系统

智能住宅小区是由智能大厦的基本定义扩展和延伸而来的，它通过对住宅小区建筑群的结构、系统、服务、管理以及它们之间的内在关联的优化组合，提供一个投资合理，又拥有高效率、舒适、温馨、便利以及安全的居住环境。

针对住宅小区的特殊要求，智能住宅小区系统一般包括宽带网络系统、电话系统、有线电视系统、可视对讲系统、闭路电视监控系统、周边防范系统、电子巡更系统、停车场管理系统、背景音乐与公共广播系统、家庭智能化控制系统等部分，这些系统可根据智能住宅用户的需要增减和扩展功能。

8.4.1 住宅小区宽带网络、电话及有线电视系统设计实例

在智能住宅小区系统中，宽带网络、电话及有线电视子系统是基本配置的子系统，这些子系统为住宅用户提供了基础的技术服务。

图 8-36 所示为某住宅小区用户的室内电话、宽带网络及有线电视系统平面图。从图中可以看出，每户内客厅及卧室内均设有电话及有线电视插座，在书房内设网络插座，基本可以满足用户的使用要求。

图 8-37 所示为该住宅有线电视系统图。住宅有线电视信号直接从城市有线电视网络引来，线路采用 SYKV—75—12 视频电缆，并在每幢住宅一层有线电视进线箱内设置信号放大器，每层有线电视箱内设分支器，信号通过分支器引至住宅户内有线电视插座。

图 8-38 所示为该住宅电话系统图。住宅电话信号从城市电话网络中引来，采用 HYA 型电话电缆。如果住宅小区的规模较大，电话电缆数量较多时，也可以采用光纤引入信号。对于住宅室内电话，每层设电话分线箱，电话电缆从电话分线箱内分出电话支线，引至住宅户内电话插座。

8.4.2 住宅小区可视对讲系统设计实例

可视对讲系统是一套为住户与访客间提供图像及语音交流的楼宇控制系统，具有安全、便捷、高效管理等特点。在小区智能楼宇可视对讲系统中，一般在小区出入口值班室设置入口主机，各住户均设置对讲分机，各单元门前设置门前机。

系统管理主机能够随时与小区内任一住户的分机进行通话，各分机也可随时呼叫入口主机，进行三方的双向通话。在通话期间，住户可以通过按室内分机的开锁键遥控开启门锁。住户在楼下可以通过感应卡、密码、钥匙开锁，也可以通过对讲机请求室内人员开启门锁。

该住宅的可视对讲系统图如图 8-39 所示。

8.4.3 家庭智能化系统设计实例

对于智能型住宅小区，每个家庭中可能安装了水表、电能表和煤气表数远传系统、可视对讲系统、防盗报警系统等多个系统，由于系统繁多给使用和维护带来了麻烦，并且室外布线的数量较多，安装成本及设备成本较高。为此，在小区家庭智能化系统解决方案中，经常采用在每户设置家庭智能控制箱的方案来实现住户家庭智能化管理功能。

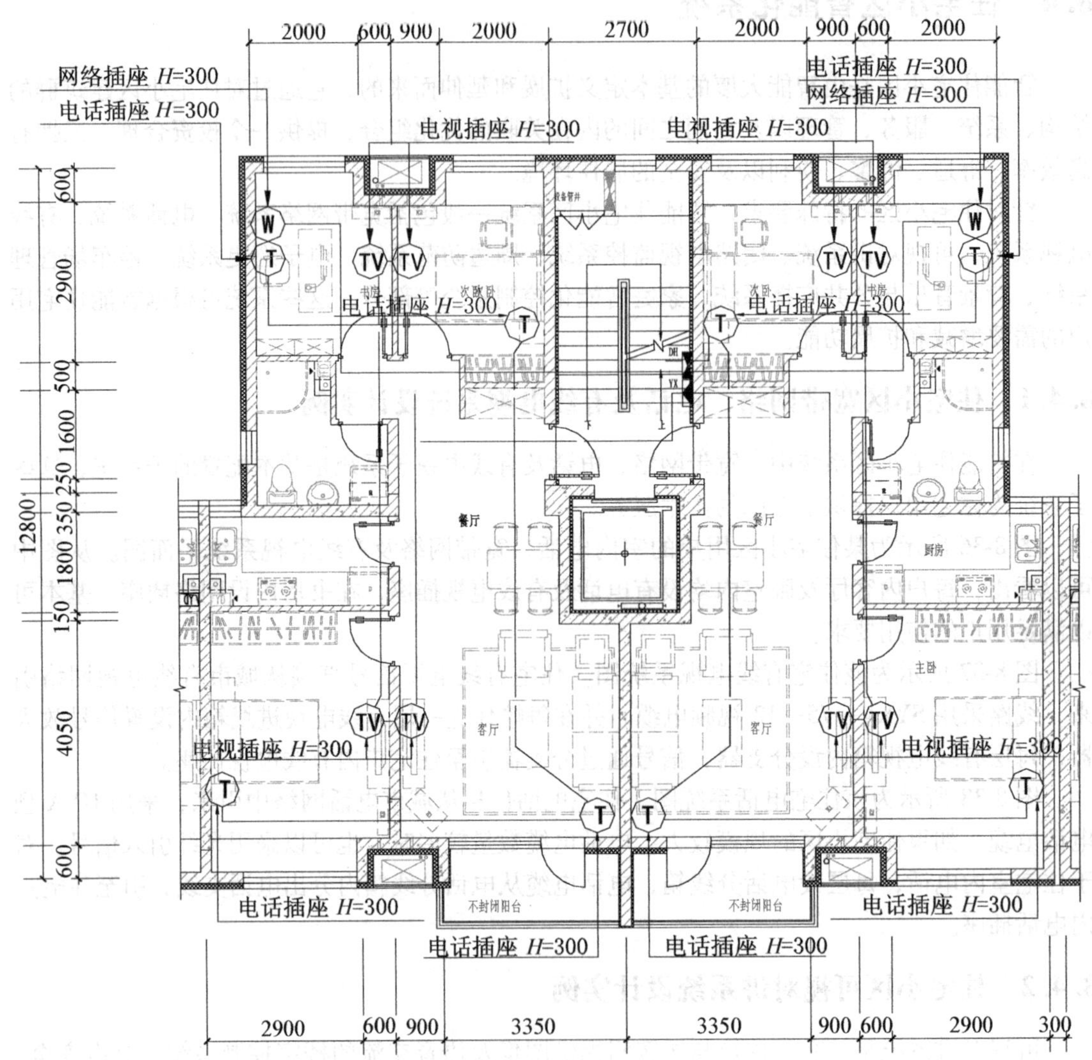

图 8-36 用户电话、宽带网络及有线电视系统平面图

对于别墅型住宅，由于别墅住宅环境的特殊性，如住户人员稀少，居住分散，门窗多且高度偏低等因素的影响，使得人们对于别墅型住宅的智能化系统技术提出了更高的标准要求。

某别墅二层家居智能化系统的平面布置图如图 8-40 所示，图 8-41 为别墅家居智能化系统中智能控制箱的原理图。

从图中可以看出，在别墅住户内安装有家居智能控制箱，在别墅户内有外窗和外门的房间内装有被动红外入侵探测器，厨房设有煤气泄漏探测器，在别墅一层的起居室和各层的卧室内装有紧急按钮，一层门口设门禁按钮，一层设可视对讲主机，在二层、三层设对讲电话分机，同时，户内每个房间均设有电话、有线电视及网络插座。

户内所有弱电线路均可从家居智能控制箱引出，家庭智能控制箱再通过网络连接到小区管理中心，实现小区管理中心对每一住户安全的监控管理。

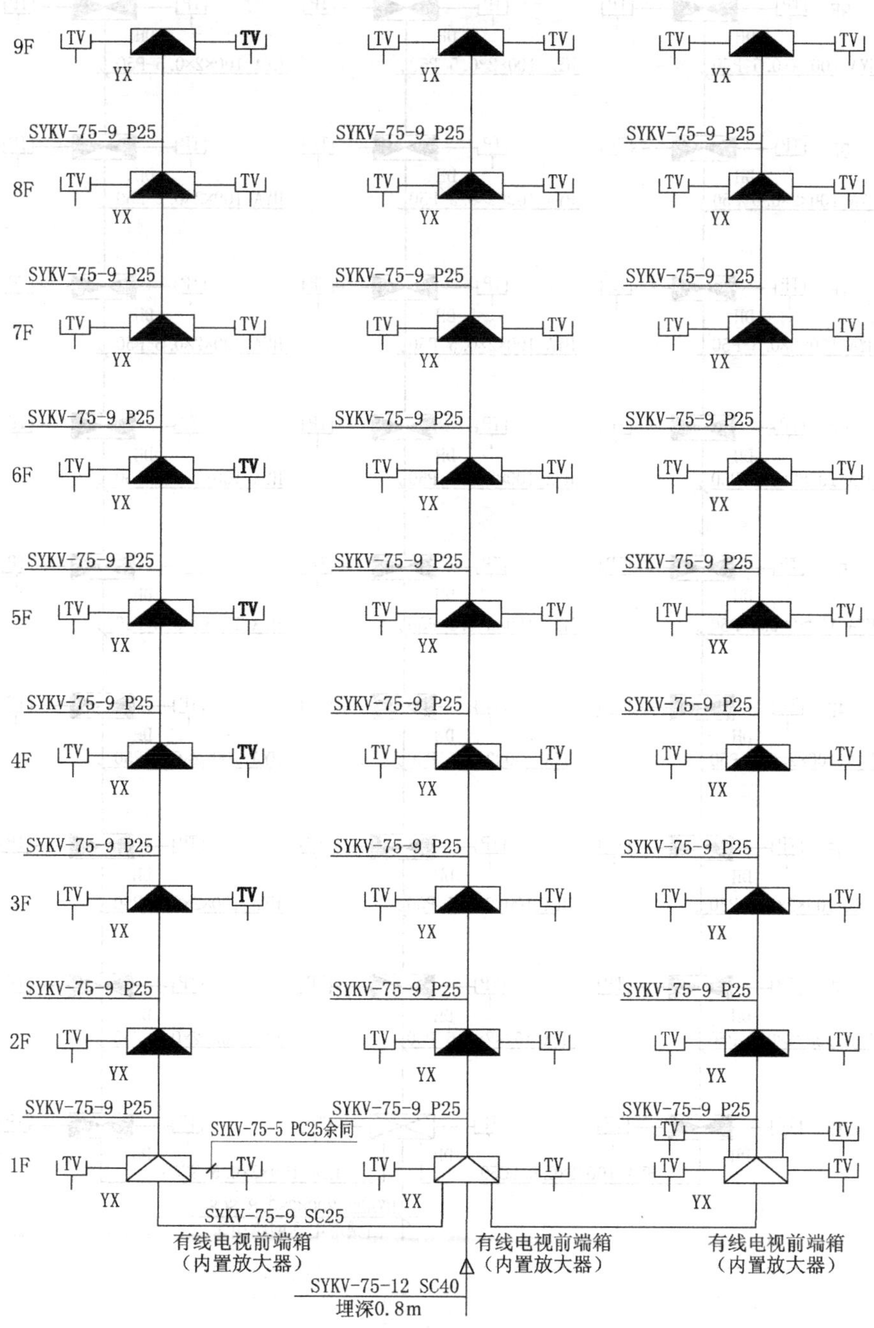

图 8-37　住宅有线电视系统图

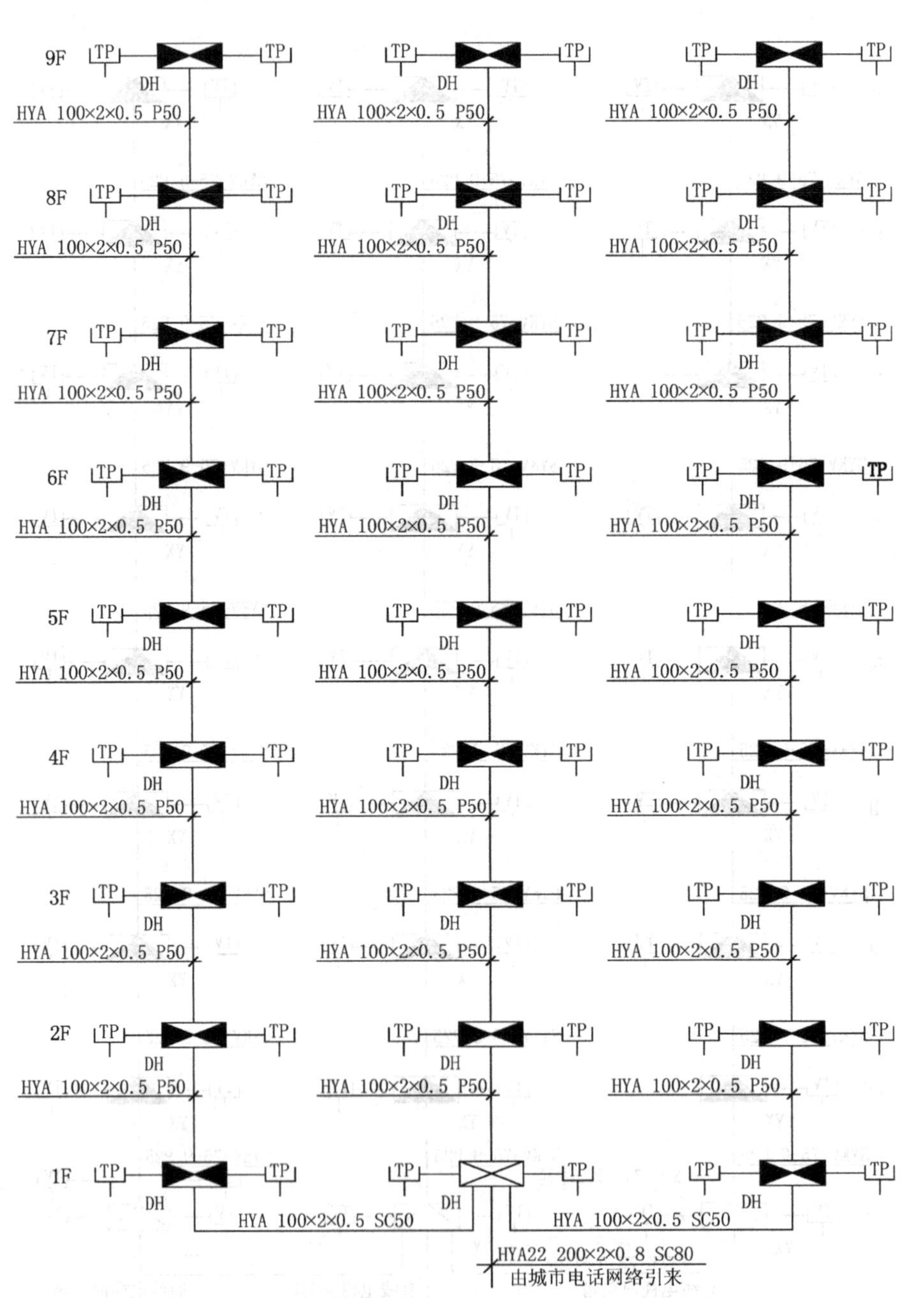

图 8-38 住宅电话系统图

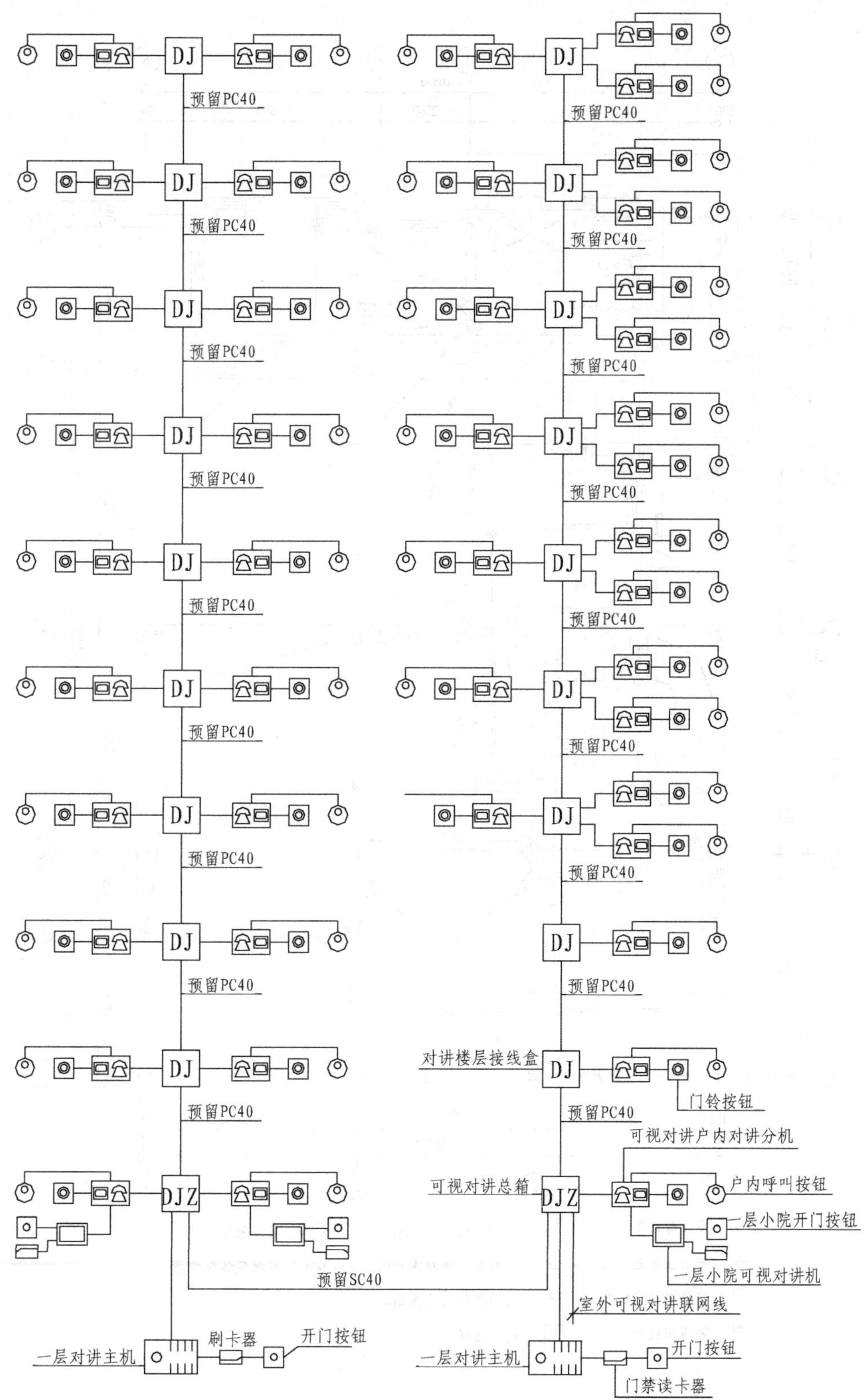

图 8-39　住宅可视对讲系统图

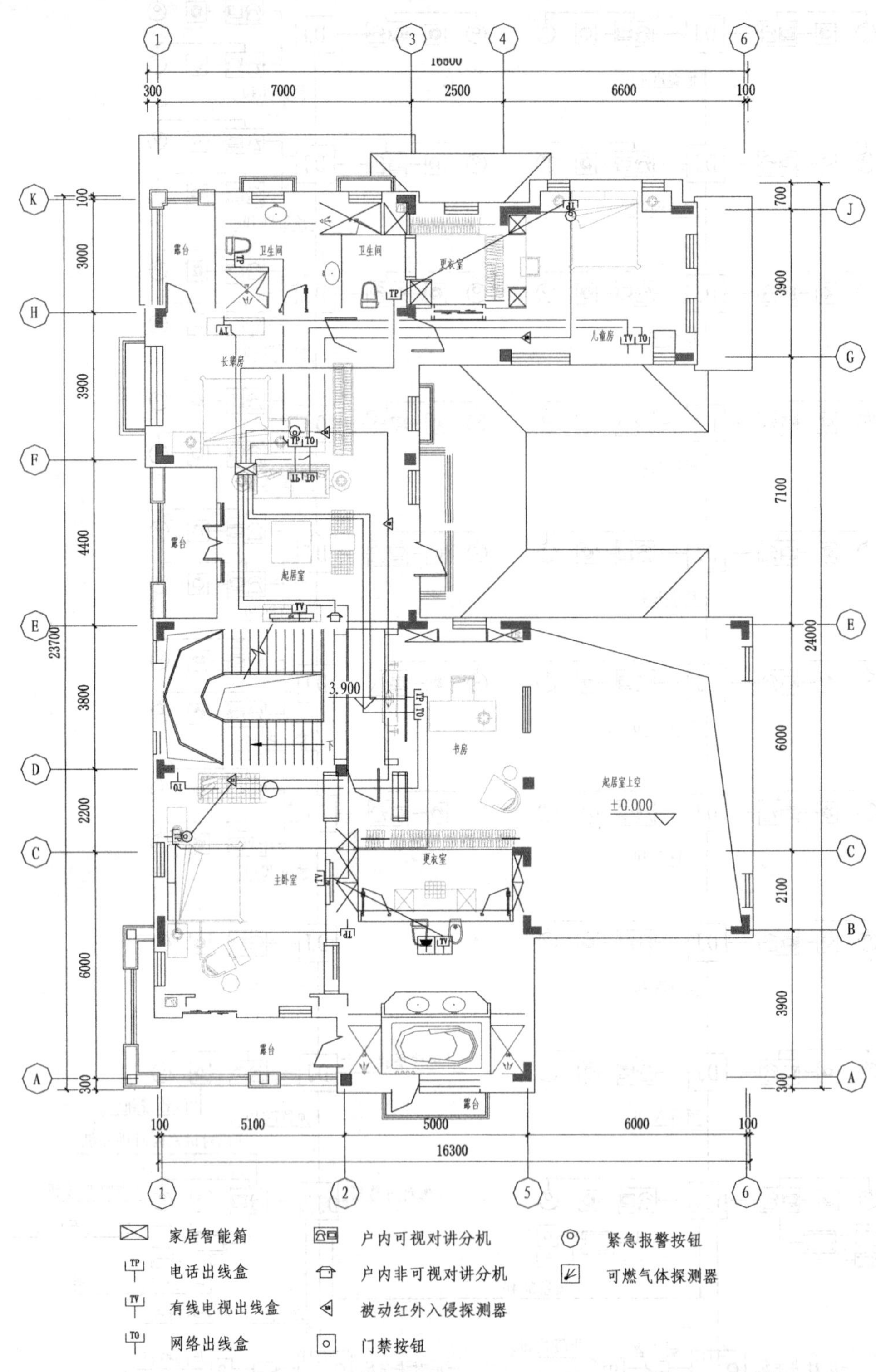

图 8-40　别墅二层家居智能化平面布置图

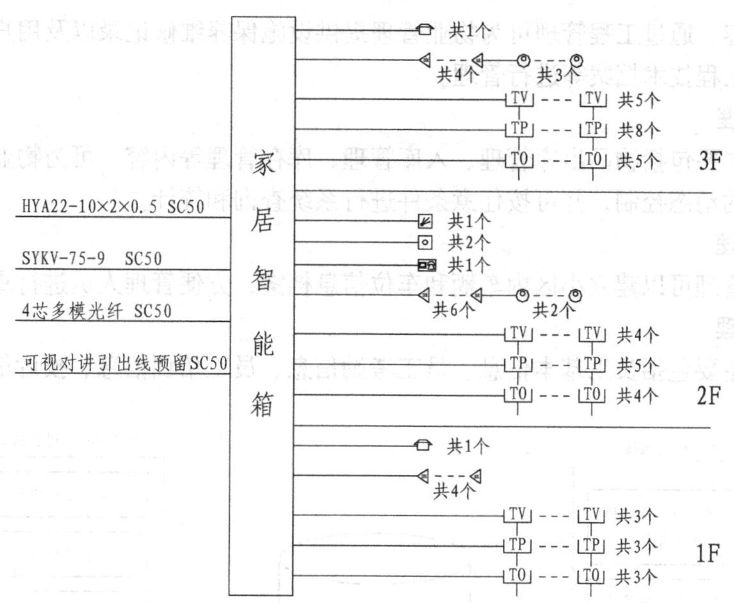

图 8-41　别墅家居智能箱原理图

8.4.4　住宅小区物业智能管理系统

随着住宅小区对物业管理与信息处理功能要求的提高，使得物业管理系统的数据量越来越大。新建的智能住宅小区已经把诸如三表远传、安防报警、电子巡更、出入口控制、停车场管理等智能设备接入到物业管理系统中，系统实行集中管理与分散控制。

物业智能管理系统可以对传统的物业管理业务进行支持，也可以对各种智能设备采集的数据进行实时分析和处理。系统充分利用了计算机网络系统的优势，将物业管理业务通过网络结合成一个有机的整体，使用户能够全面、直观、实时地了解业务运营状况，方便地获取各类信息，及时作出正确的决策。

物业智能管理系统通常分为物业管理系统和社区信息服务系统两个部分，其实现的主要功能包括：

1. 资源管理

资源管理主要包括住宅小区管理、楼宇管理、住户管理等内容。通过提供小区的基础资源数据，可以方便快捷地查询到小区所属房产资源或住户资源信息等管理信息，从而为物业管理工作提供依据。

2. 收费管理

收费管理主要包括收费项目设置、收费情况综合查询、收费信息统计分析等内容。可以确定每户应收金额和执行收款处理等操作，提供方便灵活的报表功能。

3. 合同管理

合同管理主要包括物业管理合同管理、供暖合同管理、租赁合同管理等内容。合同管理可用来录入、保存及查询物业管理中涉及到的各类合同的详细信息等。

4. 工程管理

工程管理主要包括工程设备档案管理、设备运行和维修记录管理、园区维修计划和维修记录管理等内容。通过工程管理可为物业管理提供设施保养维修记录以及用户申报维修记录等，并能够对工程技术档案等进行管理。

5. 库存管理

库存管理主要包括物品出库管理、入库管理、库存管理等内容。可为物业管理中的物流资源进行有效的动态控制，并可按任意条件进行系统查询和统计。

6. 车库管理

通过车库管理可以建立小区内车辆和车位信息档案，方便管理人员进行查询和管理。

7. 人事管理

人事管理主要包括员工基本信息、员工考勤信息、员工培训信息、投诉信息等内容。

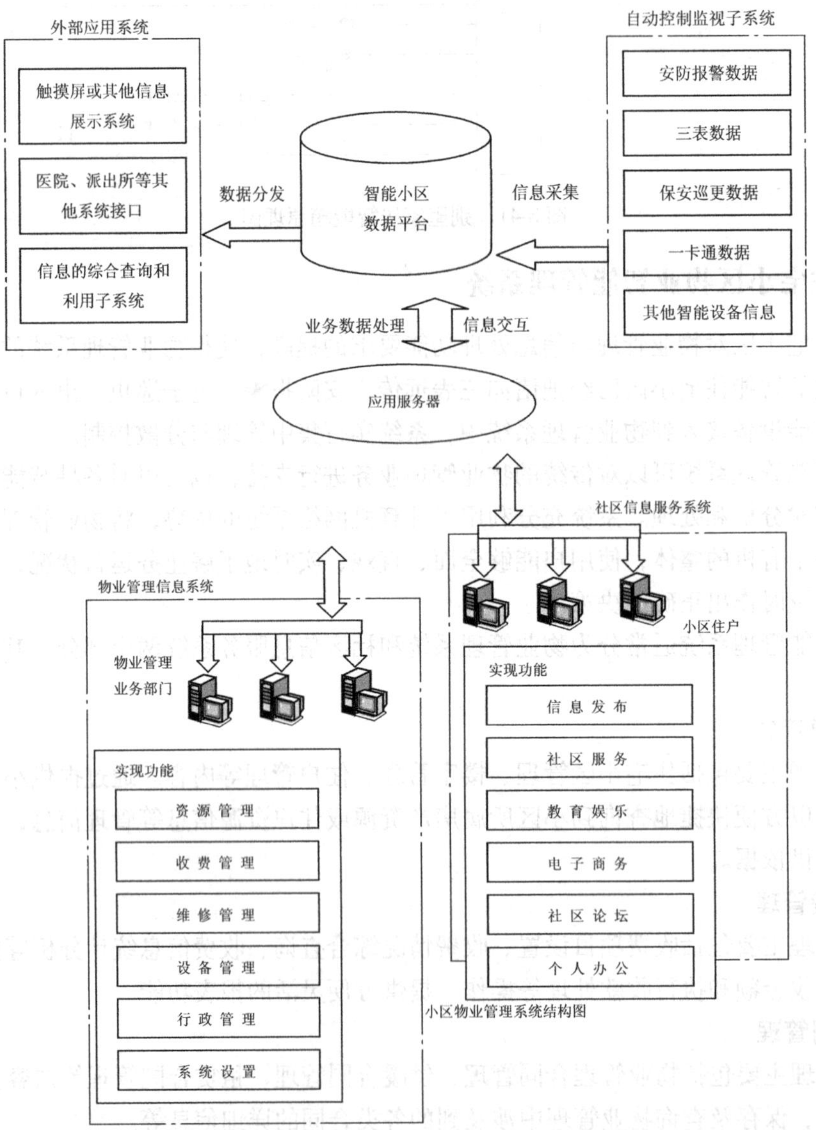

图 8-42 智能住宅小区物业管理系统图

8. 保安管理

通过保安管理可以定义保安值勤的班次、时段、人员、地段等信息，也可以登记辖区范围内发生的治安事件及其处理情况，系统自动保存并进行组合查询。

9. 信息发布

通过信息发布系统可以建立社区公告牌、节目预告、新闻热点、生活资讯、休闲娱乐、科技教育、游戏热点、医疗保健等栏目。

某智能型住宅小区物业智能管理系统图如图 8-42 所示。

8.5　智能建筑系统集成工程实例

8.5.1　工程概况

某工程项目为某政府机关综合业务大楼，主要用于机关工作人员的日常办公。该建筑物的总建筑面积约 50000m^2，其中地上面积约 42000m^2，地下面积约 8000m^2。智能化集成系统机房设置在一层消防控制室内。

建筑智能化系统的建设目标是通过先进的系统集成技术实现整个综合业务大楼的智能化控制和管理。智能化系统集成是各智能化子系统 设备运行信息的交汇与处理中心，要求通过系统集成技术平台对汇集的系统各类信息进行分析、归类和处理，采用优化控制管理手段，对各种设备进行分布式监控和管理，使各子系统及所控设备实现高效运行，以达到节能环保、提高大楼管理效率的目的。

8.5.2　智能化系统集成总体构成

智能化系统集成主要包括以下子系统：

1）建筑设备监控子系统；

2）安全防范监控子系统；

3）数字多媒体发布子系统；

4）公共与消防广播子系统；

5）智能一卡通管理子系统；

6）智能照明控制子系统；

7）建筑物业管理子系统。

各子系统的主要功能简介如下：

1. 建筑设备监控子系统

建筑设备监控子系统的主要功能有以下方面：

（1）网络化设备运行监控及管理　主要包括空调、新风及冷热源系统设备监控、给排水设备监控、变配电设备监控、电梯运行监控，以及大楼设备节能控制管理、设备运行数据管理、设备故障报警管理等。

（2）机电设备运行和检测数据的汇集与分析　智能化集成系统与建筑设备监控系统的主机或控制器相互连通，通过建筑设备监控系统提供接口汇集各种设备的运行和检测参数，并对各类数据进行处理与分析。如冷冻机组、热交换机组、新风机组、空调机组、泵的运行时间和起停次数等，以便更好地进行物业管理。

(3) 机电设备运行状态监测　对建筑主要机电设备进行监测，如冷冻机组、新风机组、空调机组、泵开/关状态、运行正常/非正常状态等数据信息。智能化集成系统按照规定的时间对设备的运行状况数据进行汇总分析，并以文本和图表形式生成报表。

(4) 报警管理　当系统设备如冷冻机组、新风机组、空调机组、泵及管道等出现故障或意外情况时，智能化集成系统将对相关设备运行数据进行采集和记录，并可报送大楼物业管理系统。系统的报警管理功能自动运行而无需操作人员介入，报警优先级别根据设备故障的严重性可分为三级，指导工作人员按轻重缓急来处理异常事件。

当设备发生故障时，系统能够在显示器上弹出警示红色闪烁对话框，配以声响提示，显示出相应设备的图形界面。在报警显示器上可以显示报警点的详细资料，如报警位置、类别、处理方法、时间等，同时，能够显示对设备进行维修和处理的建议方案。系统根据报警优先级别和时间自动记录备案，建立设备的维修档案，并在打印机上输出打印报告。

(5) 电梯管理　智能化集成系统与电梯管理系统的主机进行通信，通过电梯管理系统提供的接口，智能化集成系统可以汇集客梯、消防电梯等运行状态、位置、载重以及故障报警，从电梯管理系统获取电梯系统的运行时间、启停次数，并可报送物业管理系统。

2. 安全防范视频监控系统

基于安防监控系统监视画面，操作人员可以实时地对摄像机进行控制。通过由安防监控系统提供的 ActiveX 控件或其他接口工具，可以采集和显示安防监控系统的视频信号，控制视频画面的切换、缩放、摄像头聚焦、转动和切换预置位等。

通过建筑楼层平面图和园区电子地图，可以选择待操作监控点的设备，从而对安防监控系统进行快捷操作。智能化集成系统可以接受其他子系统的报警信号或请求信号，控制安防监控系统完成相应的画面切换或预置位等功能。

通过入侵报警系统可以实时显示并记录系统的运行状态和报警信息，可以通过安防系统进行有关区域的设防和撤防。当发生非法入侵时，系统集成平台能够立即显示警报发生点的信息，弹出报警区域的地图界面，指示报警的位置并起动警号。

智能化集成系统还可以根据预先设定的功能发出其他联动命令，如打开报警分区灯光、把报警区域画面切换到主监视器并显示报警位置，相关区域和通道的监控画面同时切换到其他监视器，打开现场声音通道对报警情况进行复核，向指定人员发出报警通知等。

3. 数字多媒体发布系统

智能化集成系统通过数字多媒体发布系统提供的通信接口可以实现如下功能：通过数字多媒体发布系统将信息发布和显示终端设备的实时运行数据提供给集成系统，智能化集成系统在数字多媒体发布系统页面工作站上显示开关及故障等状态信息。

如果数字多媒体发布系统提供给集成系统相应的权限，当信息发布和显示终端设备仍然开启时，通过集成系统可以对终端设备进行远程关闭。

4. 公共广播系统

智能化集成系统通过相应的通信接口和协议与公共广播系统集成，实现对公共广播系统设备的工作状态（运行状态、报警信息、故障信息）进行集中监控，在工作站上以电子地图和数据表格的形式显示各区域的信息。对公共广播系统进行背景音乐广播和通知的播报，系统可以实现手动播放和定时播放两种。

5. 智能一卡通系统

智能化集成系统与智能一卡通系统通过相关通信接口进行连接，可以汇集智能一卡通系统的数据库信息。

通过智能化集成系统可以监视智能一卡通系统的运行状态和报警事件，并将故障信息传送给物业管理系统。通过智能一卡通系统可以对大楼所有出入口进行管理和控制，监视记录所有的出入情况，自动记录进出的时间、地点、姓名以及是否是有效进出等信息。可以查询各出入口的刷卡记录（如人员身份、时间、位置）等，并可以监视门磁开关的状态等。

系统可以对大楼的出入信息、故障信息、报警信息等进行统计分析。

6. 智能照明控制系统

通过智能照明控制系统提供的接口，智能化集成系统能够远程控制公共区域内的场景照明，可以获得各区域照明系统是否正常工作或故障状况等信息。

智能照明控制系统可以提供照明设备、灯具等的故障信息和工作时间，并可上报给物业管理系统。可以与安全防范系统实行联动控制，当发生非法入侵时，系统自动起动相关楼层或区域的照明系统。

7. 物业管理系统

物业运行管理系统可以充分利用智能化集成系统采集的大楼内各种机电设备的运行状态和参数，合理安排人员对设备进行维修和保养。通过物业管理系统可以对大楼内办公设备等公共物资进行信息化与网络化管理，达到提高管理效率、规范管理的目的。

8.5.3　智能建筑系统集成平台一般要求

对系统集成平台的一般要求主要有以下方面：

1）智能化集成系统对各子系统具有很强的综合管理能力，同时，各子系统又具有高度的自治能力，可以独立运行。

2）系统选用开放性的智能化系统集成平台，可以满足市场上各硬件及软件的接口要求，使集成系统与各子系统之间进行有效的通信。

3）集成系统软件结构规范，内容全面，功能强大，可以有效地实现系统集成的目标。软件按模块化方法设计，便于系统功能与规模的扩展。

4）各子系统的硬件配置具有模块化结构，保证系统具有良好的兼容性，便于系统的扩展与变更。

5）监控系统的界面应为全中文Windows界面，监控界面直观形象，便于操作员的学习和掌握。

6）计算机网络系统采用标准化的网络协议，便于智能化系统应用开发，满足远程通信管理及计算机技术发展的需求。系统支持由多工作站构成的符合工业标准的局域网。

7）系统可以实时获取监控设备的数据，可以实现快速高效的报警管理。

8）系统具有历史数据和变化趋势图显示功能，具有标准或用户自定义的打印报表功能，具有良好的应用程序开发环境。

8.5.4　系统集成的主要功能

建筑智能化系统集成的主要功能描述如下：

1. 现场控制功能

（1）安全防范系统内部控制

1）当报警系统产生报警信号时，可将镜头切换到相应位置，控制相应的门锁动作，并进行动态录像。

2）当有人进入防范区域时，可将镜头切换到相应位置，并进行动态录像。

3）当安防系统出现异常情况时，可起动紧急广播系统，并进行语音提示。

4）当在下班时间内有人进入消防楼梯时，系统能够联动相应楼层的摄像机进行监视录像。

5）当有多个报警信号出现时，与报警信号对应的监控可以顺序切换到不同的监视器上，报警解除后图像自动取消，防止漏报。

6）当有人进入重要房间（如网络中心机房）读卡时，摄像机可将这一过程切换到控制室并进行录像。

7）在一些特殊要求的场合，如果要求进入房门时需要经过保安人员认可，则视频监控系统能将图像切换到指定的监视器上，由保安人员认可后方才可通过卡片阅读机打开房门。

8）监视非法侵入的事件，当非法侵入情况发生时，如非法的持卡人被检出时，视频监控系统的摄像机自动转到预设位置进行监视并进行录像。

（2）智能一卡通系统与入侵报警系统联动　当入侵报警系统出现报警信号时，智能一卡通系统可以按照程序关闭指定的出入口，此时只能由保安人员开门。

（3）智能一卡通系统与智能照明控制系统联动　当有人读卡时，照明控制系统将打开相应区域的公共照明系统，并根据设定的延时时间关闭灯光照明。

（4）智能一卡通系统与建筑设备监控系统联动　智能一卡通系统，可以与建筑设备监控系统联动控制。例如，通过智能一卡通联动建筑设备监控系统，可以控制新风机组和风机盘管的开启，当有人员进入办公室后自动打开空调系统等。

（5）视频监控系统与智能照明控制系统联动　当摄像机被联动事件触发工作时，系统将联动智能照明控制系统，自动打开摄像机所在区域的灯光，以保证摄像画面具有足够的照度。

2. 系统数据整合功能

对于智能建筑集成管理系统平台的设置要求如下：采用符合数据整合平台技术标准的数据服务器，要求将采集的设备运行状态数据和历史数据建立在通用数据库基础上，要求各智能化子系统数据库提供相应的数据格式与集成管理系统中心数据库进行互联，实现数据库层面的集成。

智能建筑集成管理系统的数据库具备与其他信息化系统数据层面集成的功能。要求智能建筑集成管理系统数据库支持多个并发用户请求。

3. 系统人机界面技术要求

智能建筑集成管理系统是整个大厦的管理核心，要求集成管理系统软件充分体现人机工程学的特点，便于操作，美观实用。集成系统与各子系统的工作界面具有统一格式，图文标志具有一致性。主要要求有以下方面：

1）各系统遵照最新的国家规范，采用统一的中英文标志。

2）各系统采用统一的电子地图、设备组态和图形界面，要求具体到每一个按钮、报警标志、提示文字等。

3）各系统采用统一的数据命名格式。

4. 子系统接口技术要求

智能化系统集成的子系统应该支持国际通用的接口协议，并符合国家现行有关标准的规定。如果采用专用接口协议则应无条件开放，由智能建筑集成管理系统进行接口协议转换以实现系统综合与集成。

智能建筑集成管理系统应有效地汇集系统中设备数据和管理信息，对各子系统应具有较强的信息采集及数据通信能力。智能建筑集成管理系统应选用先进成熟的平台软件，系统具有安全可靠性、容错性、可维护性和快速响应等特点。

8.5.5　系统集成主要性能指标

系统集成的主要性能指标有以下方面：

1）智能化集成系统应独立于任何子系统为独立第三方软件平台。

2）集成系统应支持 B/S 运行模式，或同时支持 B/S 和 C/S 运行模式。

3）集成系统应支持 BACNET、OPC 等国际标准开放系统接入协议，采用即插即用方式接入。

4）集成系统页面组态应支持 HTML 技术，客户端软件不是必选组件，也可以同时提供更加美观的页面展示技术，甚至是全三维的立体展示方式。

5）集成系统具有基于角色访问管理机制，可以区分不同类型人员的职责。

6）集成系统提供可筛选的数据接口，支持与外部系统进行监视信息和管理数据交互的能力。

7）智能管理系统要预留办公自动化系统接口，与现有办公自动化系统进行无缝连接。

8）对于工作站操作系统的配置，应能兼容 Windows 2000/XP/Vista、Windows 7，以及以后新的更高版本的操作系统。

9）智能集成系统的最大监控点数不受到限制。

10）智能系统的实时数据传送时间小于等于 2s；系统控制命令传送时间小于等于 2s；系统联动命令传送时间小于等于 3s。

8.5.6　建筑设备监控子系统集成与功能

本系统主要对中央空调系统、送风排风系统、给水排水系统、配电系统、电梯系统等进行设备的监控管理。

建筑设备监控子系统的一般功能要求有以下方面：

1）系统能够显示并打印各子系统设备的运行状态参数，可以进行远距离控制和程序控制，并进行节能控制。

2）系统可以实现最优起停控制、时间通道、设备台数控制，具有动态图形显示、报警、打印，以及能耗统计等功能。

3）所有受控设备均可就地手动单独起停，中央站应能显示手动工作设置状态。

4）某设备出现故障时，备用设备可自动投入运行，并在中央站显示故障报警。设备具有累计运行时间记录功能。

5）系统工作程序的编制和修改可以在现场分站控制器上进行，也可在中央站进行。

6）中央站能完成所有监控设备的控制和参数显示，对故障报警及日常运作能够进行管理。

7）系统预留一定的余量。

下面对监控子系统的具体功能进行介绍。

1. 给水排水系统监控

纳入建筑设备监控系统的给水排水系统包括生活给水系统、生活排水系统等。系统可以对水泵、水箱或水池、集水坑液位的状态进行联动控制，仅在需要时才投入运转，从而避免不必要的浪费，以节约用水。

给水排水系统主要监控内容如表 8-1 所示。

表 8-1 给水排水系统监控内容

系统监控设备	系统监控内容
生活水箱、水池	高、低液位报警状态
集水坑	高/低液位报警状态；超高液位报警状态
潜水泵	运行状态和故障状态监测；手/自动控制；启停控制
生活水泵	运行状态和故障状态监测

2. 供配电系统监控

建筑设备监控系统通过接口与供配电系统进行数据通信，主要对供配电系统重要的电气参数，如电流、电压、频率、有功功率、功率因数，低压柜主开关、联络开关的状态等数据进行在线实时监测。

同时，可以对变压器的开关状态、超高温报警等数据进行在线实时监测。

3. 电梯系统监控

建筑设备监控系统通过接口与电梯系统进行数据通信，主要对电梯系统的运行状态和故障报警进行监测，可以实时了解电梯的运行状态，及时掌握电梯系统的故障情况，保证电梯系统的安全运行，并可以根据电梯系统的运行情况进行预维护，从而将系统事故消除在萌芽状态。

4. 送排风系统监控

系统可以对新风机组的各冷/热水阀、电动机状态、过滤网等进行在线实时监控，并根据新风温度自动调节冷/热水阀，有效地控制冷/热源的使用，达到防止浪费和节能的目的。

系统可以对送补风机、排风机的电动机状态、故障状态进行监控，可以实现启停控制等功能。

送排风系统的主要监控内容如表 8-2 所示。

表 8-2 送排风系统的主要监控内容

系统监控设备	系统监控内容
新风机组	运行状态、故障报警、手/自动状态、启停控制、过滤网报警、风机压差报警、防冻报警、新风阀开关控制、送风温湿度、水阀调节、加湿器开关控制、电动保温阀控制
送补风机	运行状态、故障报警、手/自动状态、启停控制、电动保温阀控制
排风机	运行状态、故障报警、手/自动状态、启停控制

5. 空调机组监控

对空调机组各种水阀、风阀、电动机状态、隔尘网等对象进行实时在线监控，并根据回风温度自动调节冷/热水阀，有效地控制冷/热源的使用，防止系统由于过冷或过热调节造成的能源浪费，从而达到节能的目的。系统可以对监控风机、风阀、水阀、过滤网的工作状态进行监控，对异常状态进行报警，从而实现空调机组的自动控制。

8.5.7　智能照明控制子系统集成与功能

1. 智能照明控制子系统的特点

与传统的照明控制技术相比，智能照明控制技术的突出特点是能够预置场景的变化，通过不同的照明回路强度组合可以形成不同的场景，系统调用时只需通过按键就能选择场景和通过预设的程序自动变换场景，操作方便快捷。

基于智能照明控制技术可以实现自动时间控制、自动顺序控制、事件程序响应控制、分割空间控制等多种控制方式，也可实现自动日照控制、事件程序响应控制、远程电话控制、远程 Internet 控制等。

2. 智能照明控制子系统工程范围

在本项目中，智能照明控制子系统主要对大楼中的大厅、室内走廊、地下室车库、游泳池等公共区域进行控制，并预留大楼外墙、园区、室外停车场、室外体育场等照明控制模块。

照明控制中心设置在一层消控室，对上述照明进行集中控制及管理。在大厅或走廊等处设现场控制面板，对其管辖区域内的照明设备实现现场控制；在大楼每层南北两侧设置亮度监测感应器以实现光感自动控制；通过时间控制器实现自动定时控制，照明控制系统采用定时控制与光感探测相结合、手动与自动控制相结合的方式进行控制。

3. 智能照明控制子系统的功能

整个照明系统通过计算机实现远程控制，即在中心机房可以对各种灯光场景的调用、单个照明回路的开关、时段设置等进行操作。系统可根据建筑物本身的特点，对室外的轮廓照明、泛光照明回路进行多种场景的设置和组合，可以根据时间、节假日等情况对照明系统进行自动开/关控制。

系统可以根据事先的设定，自动地设置每一天或不同时刻对灯光效果的调用方式。对其他照明系统，如草坪灯、路灯、广场灯、泛光灯等照明系统进行开关和调节控制等。

公共区域照明主要控制模式有智能开/关控制、光亮感应自动控制、定时控制、场景设置控制等。

4. 智能照明控制子系统技术要求

照明系统的拓扑结构为总线型网络结构，便于系统安装和操作维护。系统采用总线型供电模式。要求系统布线简单，可扩展性强，可以根据环境及用户需求变化进行变更，只需通过软件修改或少量线路改造，即可实现照明布局的改变和功能扩充。

照明回路采用集中控制和区域就地控制两种模式。对于系统的分区就地控制，可以由独立的控制面板操作完成，一个分区系统停止工作不会影响到其他分区和设备的正常运行。

系统控制可实现以天、周、年为周期的定时设定功能，实现各受控区域的自动化管理，并可在某些特定区域实施感光控制，对靠近建筑物外围的部分照明回路，系统可以实现光信号自动控制。

系统硬件主要包括中央控制设备、传感器、就地控制面板、控制模块、供电电源（或自带电源）、通信网络、通信接口设备及系统检测装置等设备。

系统软件主要包括操作系统、控制系统软件（全中文、图形与文字相结合）、智能照明控制系统开放性通信接口协议及中文编程操作说明等。

8.5.8 安全防范子系统集成与功能

1. 安全防范子系统的构成

本工程的安全防范子系统主要由视频监控系统、防盗报警系统、手机二维码访客系统、安检通道系统等组成。

安全防范子系统根据区域划分成独立的4个系统。其一是公共部分安全防范系统，主要负责通信机房、消防控制室、电梯厅、电梯、室外、地下室等公共场所的视频监控以及报警；其二是大楼专用办公区域的公共安全防范系统；其三是大楼内专用网络机房的安全防范系统，主要负责专网机房、重要场所的视频监控以及报警；其四是大楼内保密机房的安全防范系统，主要负责保密机房的视频监控以及报警。

2. 安全防范子系统的主要功能

1）视频监控系统前端设置于主要入口、室外、地下停车场、消控及安保中心、通信机房等处，根据不同的位置设置彩色半球形摄像机或彩色枪式固定摄像机，必要时可采用高清摄像机以保证图像的清晰。

2）系统中的摄像机可以进行24小时实时录像，记录时间不小于30天。

3）系统具有对操作者、管理工作站和控制键盘进行级别或权限限定的功能。视频管理主机采用具有高速处理能力的计算机，在网络平台架构下管理整个视频监控系统。

4）系统具有报警联动功能，当有报警信号时，系统自动将报警图像切换至指定的监视器，同时起动硬盘录像机进行录像，记录报警过程，以便事后查询。

5）防盗报警系统的设置与功能　在地下室、一层出入口等位置设置红外双鉴探测器，在室外围墙设置红外对射探测器。对设防区域的非法入侵进行实时可靠的报警和复核。为预防抢劫或人员受到威胁，系统应设置紧急报警装置和留有与110公安报警中心联网的接口。

系统应能显示报警部位、区域、时间，能够对报警信息进行打印记录、存档备查，并能提供与报警联动监视画面的接口信号，能通过多媒体实时显示现场报警及有关联动报警的位置与地图。

报警主机采用总线型可扩展式主机，通过网络接入系统集成平台。

6）手机二维码访客系统。在大楼一层北门设置手机二维码识别一体机（需配置220V电源）。当通行者在读写器上读卡后，读写器将给自动门（由业主配置）的主控制器发出开门信号，同时方向指示器由原禁行标志变为允许通行标志，提示通行者可以通过。自动门自动开启使通行者可顺利通过。延时一段时间后自动门系统自动复位，通行指示变为禁行标志。

7）安检通道系统。在大楼东门、大楼一层北门设置金属探测安检门（需配置220V电源）。另外配置手持金属探测器，由安保人员对出入口人员进行安全检查，以确保综合业务大楼内部的安全。

8.5.9　智能一卡通系统集成与功能

1. 智能一卡通系统构成

智能一卡通系统采用手机一卡通技术，其基本原理是在传统的手机卡中嵌入射频模块，以 SIM 卡为核心，以 RFID（射频识别）非接触技术为基础，提供包含门禁、考勤、内部消费等功能。而传统的卡还能够继续使用，从而使智能一卡通系统更加合理先进。

智能一卡通系统由门禁子系统、考勤子系统、POS 消费子系统、停车场管理子系统等组成。各自系统的设置情况如下：

门禁系统：在办公室、机房、大楼出入口、档案室等重要区域设置门禁系统，共设置 491 道门，其中单门磁力锁 396 个，双门磁力锁 95 个。

考勤系统：在一层主要出口等门口设置考勤读卡点，共设置 4 个考勤读卡点，方便上下班考勤管理。

POS 机计费系统：在餐厅、超市、鞋吧等公共消费场所设置 POS 机计费系统，共设置 10 个 POS 机。

停车场管理系统：在地下车库的出入口设置两套一进一出的停车场管理系统，控制和管理车辆的出入。

此外，在保密机房和专网机房入口处分别设置一套独立的指纹门禁系统，用于出入机房人员的身份识别。

2. 智能一卡通系统的主要功能

（1）门禁管理系统的功能　通过读卡器使只有经过授权的人才能够进入受控的区域，读卡器能够读出卡上的数据或通过生物识别仪读取信息，并传送到门禁控制器，如果允许该人员出入，则门禁控制器中的继电器将操作电子锁开门。

门禁系统可以采用多种门禁控制方式，如单向门禁、双向门禁、刷卡 + 门锁双重门禁、生物识别 + 门锁双重门禁等。系统可以对使用者进行多级控制，并具有联网实时监控的功能。

门禁管理系统可以将 SIM 卡与电子锁有机结合，进而由 IC 卡代替钥匙，实现计算机网络化控制和管理。

该子系统由感应 SIM 卡、感应读卡器、门组、门禁控制器、网络控制器、门禁管理软件等组成。

（2）考勤管理系统的功能　被考勤人员在读卡器有效的感应区间内刷卡，便可完成个人的考勤操作。

考勤管理系统可以统计出每个员工的出勤、迟到、早退、请假、加班、出差等情况，具有周、月、年等统计报表功能。各部门可根据需要随时在线查询员工的考勤与请假等情况。

系统可实现员工考勤数据采集、统计和信息查询过程的自动化，进而实现人事、行政管理的自动化。

考勤系统可根据需要方便地设置网络上任一门禁读卡点作为考勤点，也可利用现有门禁读卡器做考勤机来收集人员的考勤刷卡信息，实现考勤管理。

（3）消费管理系统的功能　消费管理系统取消了传统的用现金、磁卡、接触卡等消费方式，采用 IC 卡（手机 SIM 卡）作为电子钱包进行消费管理，实现了食堂无饭票、消费点无现金流通的收费管理模式。消费者只需预先充值于感应卡中，消费时操作员在收费机上输入消费额，消费者在收费机感应区的有效距离内刷卡，收费机认可后便可完成消费。系统操作简单，方便快捷。

(4) 停车场管理系统的功能　停车场管理系统主要满足内部和外部车辆的自动出入库控制管理。系统可以对车库中的车辆出入、停放情况进行实时管理，并可通过网络技术将停车库出入口的车辆信息、设备信息传送给物业管理系统。

该停车场设置两套一进一出停车场控制系统。系统设置专用的出入口控制机及道闸，内部车辆采用月卡形式，不进行现场计费管理。对于外来车辆则进行计费管理。

系统设有远程非接触式读卡器以及手机 SIM 卡读卡器，通过停车场系统管理软件实现车辆的出入管理，并通过数据通信接口与物业管理系统进行通信。

此外，集成系统还包括有线电视子系统、公共广播域消防广播子系统、智能视频会议子系统等子系统。

思 考 题

1. 办公楼智能化系统工程设计主要包括哪些内容？
2. 简述宾馆酒店型建筑智能化系统的结构。
3. 简述智能住宅小区物业管理系统的基本构成。

参 考 文 献

[1] 杨浩. 现代办公设备使用与维护[M]. 广州：华南理工大学出版社，2007.

[2] 陈伟利，等. 楼宇智能化技术与应用[M]. 北京：化学工业出版社，2010.

[3] 董春利. 宾馆酒店智能化设计与实施[M]. 北京：中国电力出版社，2009.

[4] 杨绍胤. 智能建筑工程及其设计[M]. 北京：电子工业出版社，2009.

[5] 王子宇. 微波技术基础[M]. 北京：北京大学出版社，2006.

[6] 吴成东. 智能建筑计算机网络系统设计[M]. 北京：中国电力出版社，2003.

[7] 张少军. 网络通信与建筑智能化系统[M]. 北京：中国电力出版社，2004.

[8] 李界家. 智能建筑办公网络与通信技术[M]. 北京：北方交通大学出版社，2004.

[9] 殷际英，李力. 楼宇设备自动化技术[M]. 北京：化学工业出版社，2004.

[10] 黄宪伟. 有线电视系统设计维护与故障检修[M]. 北京：人民邮电出版社，2009.

[11] 迟长春，等. 有线电视系统工程设计[M]. 天津：天津大学出版社，2000.

[12] Derek Clements-Croome. Intelligent Buildings. London：Thomas Telford Ltd，2004.

[13] 陈龙，李仲男. 智能建筑安全防范系统及应用[M]. 北京：机械工业出版社，2007.

[14] 陆伟良. 实用楼宇管理自动化控制工程[M]. 南京：东南大学出版社，2008.

[15] 王再英，韩养社，高虎贤. 楼宇自动化系统原理与应用[M]. 北京：电子工业出版社，2005.

[16] 秦兆海，周鑫华. 智能楼宇安全防范系统[M]. 北京：北方交通大学出版社，2005.

[17] 赵英然. 智能建筑火灾自动报警系统设计与实施[M]. 北京：知识产权出版社，2005.

[18] 盛建. 火灾自动报警消防系统[M]. 天津：天津大学出版社，1999.

[19] 陈南. 建筑火灾自动报警技术[M]. 北京：化学工业出版社，2006.

[20] 濮容生，何军. 消防工程[M]. 北京：中国电力出版社，2007.

[21] 陈向阳，肖迎元，陈晓明，余小鹏. 网络工程规划与设计[M]. 北京：清华大学出版社，2007.

[22] 吴功宜. 计算机网络[M]. 2 版. 北京：清华大学出版社，2007.

[23] James D. McCabe. Network Analysis，Architecture & Design[M]，Second Edition. San Fransisco：Morgan Kaufmann Publishers，2003.